北方优质果品生产技术

陈守耀　周秀梅　陈建业　主编

中国农业大学出版社
·北京·

内容简介

全书分为理论篇和应用篇。理论篇立足于北方果树栽培，介绍了果树生产基本理论、育苗技术、建园技术、北方果树的露地生产实用技术及园林应用等内容。应用篇具体地介绍了苹果、梨、山楂、葡萄、桃、杏、李、金光杏梅、美国杂交杏李、枣、樱桃、核桃、板栗、猕猴桃、柿、石榴、无花果、草莓18个北方常见落叶果树树种，分别从生物学特性、主要种类、优良品种和无公害生产技术等方面较为系统地介绍了北方常见落叶果树的标准化生产技术。本书内容翔实、通俗易懂、可操作性强，可作为北方地方果树专业技术培训教材，也可作为地方农业技术推广人员和广大果农的参考用书。

图书在版编目(CIP)数据

北方优质果品生产技术/陈守耀，周秀梅，陈建业主编. —北京：中国农业大学出版社，2012.6
ISBN 978-7-5655-0527-0

Ⅰ.①北… Ⅱ.①陈…②周…③陈… Ⅲ.①果树园艺 Ⅳ.①S66

中国版本图书馆CIP数据核字(2012)第070333号

书　名 北方优质果品生产技术
作　者 陈守耀　周秀梅　陈建业　主编

责任编辑 张秀环　周　娜　　**责任校对** 王晓凤　陈　莹
封面设计 郑　川
出版发行 中国农业大学出版社
社　址 北京市海淀区圆明园西路2号　　**邮政编码** 100193
电　话 发行部 010-62818525，8625　　读者服务部 010-62732336
编辑部 010-62732617，2618　　出　版　部 010-62733440
网　址 http://www.cau.edu.cn/caup　　**e-mail** cbsszs@cau.edu.cn
经　销 新华书店
印　刷 涿州市星河印刷有限公司
版　次 2012年6月第1版　2012年6月第1次印刷
规　格 787×1092　16开本　24印张　650千字
定　价 48.00元

编写人员

主　编　陈守耀　周秀梅　陈建业

副主编　薛丽丰　李运成　李彩虹　王尚堃　郑红初　郑文德

编　者　（按单位拼音为序，排名不分先后）

刘米米（河南教育学院）

周秀梅（河南科技学院）

薛丽丰（河南农业职业学院）

王　剑（河南省黄河迎宾馆）

李彩虹（山西林业职业技术学院）

黄　镶　徐函兵　张广波　朱庆松（信阳农业高等专科学校）

陈守耀（许昌林业科学研究所）

陈建业（许昌职业技术学院）

郑文德（鄢陵县林业局）

郑红初　郑红平　刘国报　曹建军（鄢陵花艺园林绿化工程有限公司）

李运成（郑州绿苑园林绿化工程有限公司）

段玉玲（郑州市世纪游乐园管理处）

王尚堃（周口职业技术学院）

前　言

果树是一种高产值、多用途的园艺作物。果树生产具有较高的经济效益、生态效益和社会效益。改革开放以来，随着整个国民经济的快速发展，我国果树的综合生产能力有了很大提高。从1993年起，我国水果总产量跃居世界第一位，其中苹果和梨的产量为世界各国之首，分别占世界总产的28.2%和42.6%。2003年全国果树总面积9 436.7万 hm^2，总产量7 551.5万t，面积、产量比2002年稳中有升。果树产业结构趋合理，生产区域化、基地化更加突出。随着人民生活水平的提高，对果品质量提出了更高的要求，"绿色、有机、营养"已成为人们对果品的时尚追求。为了提高果品质量，推广先进实用的果树生产新技术，同时扩大果树的应用范围，我们根据多年的教学、科研和生产实践，组织有关人员，精心编写了《果树生产实用新技术及园林应用》。本书立足于北方，介绍了苹果、梨、山楂、葡萄、桃、杏、李、金光杏梅、美国杂交杏李、枣、樱桃、核桃、板栗、猕猴桃、柿、石榴、无花果、草莓18个果树树种的露地生产实用新技术及园林应用，其中，金光杏梅、美国杂交杏李是最新选育和引进的新品种，市场前景广阔，具有重要的应用推广价值。该书突出实用、可操作性，配合相应的插图，图文并茂，加以注解说明，通俗易懂，便于读者掌握住有关技术要领。

本书内容分为理论篇和应用篇，理论篇分为果树生产基本理论、育苗技术、建园技术3章。基本理论中详细介绍了果树的树体结构、生命周期、年龄时期等有关内容；育苗技术嫁接中重点详细介绍了"T"字形芽接和嵌芽接两种方法，扦插育苗较为具体地阐述了硬枝扦插和绿枝扦插技术规程，其他类型苗木的培育主要介绍了压条育苗和分株育苗，简要介绍了无病毒果苗的培育，并对苗木出圃的程序做了具体的阐述；建园技术较为具体地介绍了果园规划的内容，详细介绍了果树的栽植及栽植后的管理技术。应用篇较为具体地介绍了北方常见果树露地生产实用技术，分别从生物学特性、主要种类和优良品种、无公害生产技术、园林应用等方面详细讲解。

本书在编写过程中，重点参考了《果树生产技术》(北方本)(马骏主编，2006)、《果树栽培》(北方本)(李道德主编，2001)、《果树栽培学总论》(第3版)(郗荣庭主编，1997)、《果树栽培学各论》(北方本)(第3版)(张玉星主编，2003)、《园林植物》(张文静主编，2010)、《园林树木》(邱国金主编，2006)、《花卉果树栽培实用新技术》(杜纪格主编，2009)、《果树生产技术》(北方本)(冯社章主编，2007)、《果树栽培》(第2版)(于泽源主编，2010)、《果树生产实用新技术及园林应用》(王尚堃主编，2011)、《葡萄生产技术手册》(刘捍中主编，2005)、《桃树丰产栽培》(周慧文主编，1995)等教材、技术书籍。此外，在本书中也重点介绍了编者发表在《中国果树》、《林业实用技术》、《北方园艺》等有关专业杂志上的新技术，结合生产实际，非常实用。并广泛查阅了《中国农学通报》、《河南农业》、《现代园艺》、《河南林业科技》、《山西果树》等专业杂志。其中有不少新技术或切合实际的经验在书中均多有引用。限于篇幅，无法一一注明，在此一并向各位作者深表谢忱。

本书可作为职业中学、职业中专和农村果树技术员的培训教材，也可作为高等院校教师和果树栽培户的参考书。

本书第一章果树生产基本理论和第十二章美国杂交杏李由陈建业编写，第二章育苗技术和第十八章柿由周秀梅编写，第三章建园技术和第九章杏由李彩虹编写，第四章苹果由薛丽丰编写，第五章梨和第十一章金光杏梅由黄镶编写，第六章山楂和第十五章核桃由朱庆松编写，第八章桃和第十九章石榴由张广波编写，第十章李和第十六章板栗由徐函兵编写，第十三章枣由刘米米编写，第二十一章草莓由王尚堃、陈守耀编写，第七章葡萄、第十四章樱桃、第十七章猕猴桃、第二十章无花果由陈守耀、郑红初、郑红平、刘国报、曹建军、郑文德、王剑、李运成、段玉玲、周秀梅、陈建业编写。

由于时间仓促，编者水平有限，书中错漏之处，在所难免，敬请广大读者在使用过程中提出批评意见，以便进一步修改和完善。

编　者

2012 年 2 月

目　录

第一篇　理　论　篇

第一篇

理　论　篇

第一章 果树生产基本理论

第一节 果树与果树生产

一、基本概念

果树是指能生产人类食用的果实、种子及其衍生物的多年生植物。大多数北方落叶果树如苹果、梨、桃、杏、李等食用部分是果实；核桃、板栗、银杏等食用部分是种子；衍生物主要指砧木；多年生植物主要指多年生的木本植物（如苹果、梨、桃等）和草本植物（香蕉、菠萝、草莓、番木瓜等），也包括藤本植物（葡萄、猕猴桃等）。果树生产则是指人们为获得优质果品，按照一定的管理方式，对果树及其环境采用各类技术的过程。包括苗木培育、果园建立、栽培管理、病虫害防治等各个环节，是以生产过程为导向，以生产技术为核心，包括产后商品化处理、生产资料供应、人力资源管理、信息技术服务、市场营销网络等所有生产要素的集合。果树栽培是果树生产的一部分，它是指从育苗开始，经过建园、管理，到果实采收的整个生产过程。一般不包括产后商品化处理、生产资料供应、人力资源管理、信息技术服务、市场营销网络等生产要素。果树产业是果树生产链条的延伸，是以果品升值、经济增效为核心，由多领域、多行业、多学科共同参与的系统性综合化产业。它包括果树资源开发利用、品种培育、生产技术研究、果园综合利用、果品加工与贮藏、果品贸易以及直接为其服务的其他行业，如信息咨询、资金信贷、技术服务、人力资源开发等。果树生产必须以科学研究为基础，技术创新为核心，市场需求为方向，社会化服务为支撑，尽可能延伸产业链，提高商品率，才能获得最佳效益。

二、果树生产特点

果树为多年生、多次结果，多数为无性繁殖的木本或草本植物，不仅具有春花秋实的年周期变化，同时还受到不同生命阶段规律的支配，对环境条件和栽培措施的反应有时效性和持续性的累积效应。在建立果园时，必须强调适地适栽，选择适宜的树种和优良品种。栽培中所采取的措施不仅要考虑当年产生效益，还需有利于今后的生长和结果。果树根深叶茂，有较多的叶面积制造较多的同化营养物质，并且在采果后要及时施基肥，做好后期的保叶工作，使树体内积累丰富的贮藏营养物质，以利于果树第 2 年的正常生长发育。果树需要进行整形修剪，以保证树体通风透光良好，提高果树的产量和品质。果树要根据不同树种的花芽形成特点，利用顶端优势和芽的异质性，运用疏、截、缓、缩等手段，调节好生长和结果的关系，平衡树势，才能实现早果、优质稳产、高效益。

果树生产与一般大田作物生产相比，具有三个显著的特点。一是绝大多数树种以多年生木本植物为生产对象，且多年生木本是果树区别于其他农作物和蔬菜的显著属性。二是以鲜食为基本产品。鲜食是目前我国果品消费的主要方式。三是以精细管理为技术特点。精细管理体现为集约经营，个性化管理，以果品质量为技术核心。集约经营是指果树生产属于劳动密集型生产，人力资源的成本、技术素质及管理水平能显著影响果园经济效益。个性化管理就是必须根据树种、品种和砧穗组合以单株作为管理单位，采用个性化的技术，做到因树制宜。以果品质量为技术核心就是围绕质量进行精细管理。

三、果树生产现状

(一)取得成绩

我国果树生产经过 50 多年的不断努力，实现了规模扩大、结构优化和技术创新三大目标。

规模扩大是指果树生产规模持续扩大。2003 年全国水果栽培面积 943.67 万 hm^2，总产量7 551.5万 t，分别占全世界的 18.0%和 15.7%。水果总产量及苹果、梨、桃、李、柿的产量均居世界首位，葡萄和猕猴桃产量亦为世界前 5 位。与 1949 年相比，总产量增长约 62 倍，单位面积产量及人均果品占有量都有明显提升。

结构优化是指果树生产结构趋于优化。在区域布局上，果树树种和品种向优势产区集中，形成相应的适宜产区和最适产区，具备了优质果品规模化生产的条件。在果园栽培制度中，矮化密植已基本取代乔化稀植成为生产的主流，设施生产方式发展迅速，成为果品经济新的增长点。高效生态果园正在部分果区推广，有望成为果园栽培的新模式；在生产模式上，适应买方市场、国际市场的需要，由过去单纯生产型向贮藏、加工、营销领域延伸，出现了产业化经营模式“公司＋基地＋农户”。

技术创新是指果树生产新技术大量应用。当前，采用的果树生产新技术有无病毒苗木培育、无公害生产、设施栽培、平衡施肥、节水灌溉、果实套袋、化学调控、采后保鲜等。此外，果树生产及质量控制标准的颁布执行，果树计算机专家系统的应用，果品市场信息网络的建立和大量名、优、新品种的推广及配套新技术的应用，都使果树生产发生了巨大的变化。

(二)存在问题及原因

我国果树生产上存在的突出问题集中表现为比较效益不高，果品质量与安全问题突出，生产社会化程度低。比较效益不高是指我国果品人均占有量低，果品出口量低及单位面积产量低。尽管我国果树栽培面积和总产量居世界第一位，但我国果品人均占有量 2003 年仅为 53.48 kg，仅占世界平均水平的 71.3%；2003 年我国水果出口量为 148.7 万 t，只占生产总量的 1.21%。我国果树单位面积产量如苹果 2002 年仅为 9.93 t/hm^2。果品质量和安全问题突出是指优质果率低和果品中有害物质残留量高。我国苹果的优质果率仅为 20%，高档优质果率仅 1%左右，尤其外观质量较差，不能满足国内外市场的需求。由于果园化肥和农药的大量长期使用，果园土壤、灌溉用水及空气污染，造成果品有害物质残留，严重影响消费者信心和果品出口。生产社会化程度低表现为社会服务体系滞后，我国目前的服务体系远远不能适应果树规模化生产的需要。主要表现为营销体系尚未形成，果品市场亟待培育，供需信息闭塞；为果品生产服务的技术体系和产业严重不足，果园营养分析诊断、病虫害测报与防治指导、农资供应、机械修理、经营与生产技术咨询等方面都存在各自为政，无序竞争；风险保障机制缺乏，果树生产在资金信贷、自然灾害保险等方面急需优质服务。而明显滞后的果树教学与技术推广工作，普及程度较低的生产技术，高素质工人的缺乏，都严重制约着果树产业的持续发展。

果树生产存在问题的原因主要有三点：一是盲目发展，一哄而上。一些地方只顾发展，不顾市场需求和本地实际，讲形式而不讲实效。只号召群众栽树，却未能很好地组织技术培训，片面追求速度，盲目引购苗木，品种混杂低劣。果农对果树生产上出现的问题束手无策。二是果品质量差，经济效益低。据有关资料显示：我国约有40%的幼龄果园未投产，在投产园中还有30%低产劣质果园。全国平均667 m^2 产量只及世界中等发达国家的40%左右，成本较高。果品外观和内在品质差，缺乏市场竞争力，经济效益低。这些与果农素质较低、经营粗放不无关系。三是信息不灵，产销渠道不通畅。20世纪90年代后，我国由计划经济逐步转变为市场经济，果品流通体制也相应进行了改革，打破了果品由国有果品公司独家经营的局面。但发展中的农民购销组织还不能完全适应市场经济的要求，不能及时了解和分析市场信息，掌握动态，竞争力非常强烈。果品生产与贮运加工不配套，贮藏加工设施严重不足。加上品种单一，集中上市，流通受阻，使一些产区果品只能降价出售。

（三）果树生产的对策

当前我国种植业生产结构调整的重点是粮、棉、油、糖、菜、果、蚕、花、麻。其中水果的要求是"调整布局，更新品种，提高鲜食果品质量和加工型果品的比重"。今后水果生产的指导思想是："一稳定，二调整，三提高"，就是在稳定现有果园面积的基础上，调整生产布局，调整树种和品种结构，提高单产，提高质量，提高经济效益。我国果树生产应坚持因地制宜、安全优质、规模效益、相对特色的原则，采取相应的措施才能加快发展。

(1)果树栽培区域化。依据树种、品种的生物学特性及其对环境条件的要求，按照"适地适栽"的原则，在最适宜区域生产最优质果品。

(2)发展绿色果品，实现标准化生产。绿色果品是果树生产的最终目标，应在目前普遍推行无公害果品的基础上，采用国家强制标准和市场调节双管齐下的方法，推行以提高果品质量为核心的果树标准化、安全化生产技术体系，逐步改善果园环境，严格按照生产技术规程进行施肥与病虫害防治，最终应建立起有利于保护消费者健康，有利于保证果品质量，有利于出口创汇的生产控制体系，实现标准化生产。

(3)全面调整结构，实现个性化生产。近年来，随着人民生活水平的提高，在树种上应适当调减大宗水果苹果、梨、香蕉、柑橘等，大力发展桃、杏、李、樱桃、枣、柿、石榴等小杂果、特有树种；在品种配置上由集中旺季成熟品种向早、中、晚排开成熟，均衡供应系列化品种转化，并逐步增加设施型、加工型或兼用型新品种；在果品档次上发展高档果外销型、特级特供特销型果品，培育名牌果品，最终实现特色型果品，个性化生产。

(4)突出优质高效，实现专业化生产。主要是采取以提高果实质量为中心的系列化生产技术，以产后分级、包装处理为主要内容的商品化技术，以果品贮藏及初、深加工为核心的产品增值技术。重视果树良种选育、引进和种苗产业化建设；推进采后商品化处理、贮运、加工技术现代化；重视果品生产和市场销售的信息化指导；加快果树生产组织化进程。最终通过果树产业链条的不断延伸增效，实现以果品企业为龙头，基地专门化生产为基础，社会化服务为依托的果树生产产业化。

第二节 果树分类与基本结构

一、果树分类

果树分类是指按生长特性、形态特征或果实构造将果树进行归类。果树分类遵循植物学分类规则，一般按植物学分类划分科、属、种。目前生产上所栽培的果树种类，如苹果、梨、葡萄、柑橘、香蕉等都是植物分类中的属名。果树可以用植物学方法或园艺学方法加以分类。植物学方法按植物系统分类法进行，是植物分类的主要依据，这种分类方法对了解果树亲缘关系和系统发育，进行果树选种、育种或开发利用果树具有重要指导意义。园艺学方法属园艺分类方法，按生物学特性或生态适应性，对特性相近的果树进行归类。这种分类方法研究和生产利用比较方便，在园艺学上使用广泛。果树栽培学分类方法也属园艺学分类方法，在果树生产上应用比较普遍。其分类的主要依据是：果实形态结构相似或具有一些共同特点，生长结果习性和栽培技术相近，在一定程度上是以上几种分类方法的综合。

(一)植物学分类

按植物学分类，果树分为落叶裸子植物果树和被子植物果树。其中，被子植物具体又分为双子叶植物和单子叶植物两大类。

裸子植物门

(1)银杏科：银杏(白果、公孙树)。

(2)紫杉科：香榧。

(3)松科：果松、华山松。

被子植物门

双子叶植物

(4)杨梅科：杨梅。

(5)核桃科：核桃、山核桃、长山核桃。

(6)榛科：榛、华榛、东北榛、欧洲榛、美洲榛。

(7)山毛榉科：板栗、锥栗、毛栗、日本栗。

(8)桑科：无花果、果桑。

(9)番荔枝科：番荔枝。

(10)醋栗科：醋栗、穗状醋栗。

(11)蔷薇科

苹果属：苹果、沙果(海棠果)、山定子、西府海棠(八棱海棠)(烟台苹果)。

梨属：秋子梨、白梨、沙梨、杜梨、西洋梨(莱阳梨)。

桃属：桃(毛桃，4个变种：蟠桃、油桃、寿星桃、碧桃)、山桃。

杏属：杏。

李属：李(中国李)、美洲李、欧洲李。

樱桃属：(中国)樱桃、甜樱桃、酸樱桃(大、小樱桃)。

山楂属：山楂。

木瓜属：木瓜。

草莓属：(大果)草莓、智利草莓。

(12)芸香科

柑橘属：柑橘、四季橘、酸橙、甜橙、柚、葡萄柚、柠檬。

金橘属：金柑、金橘(金枣)。

枸橘属：枸橘。

(13)橄榄科：橄榄。

(14)无患子科：龙眼、荔枝。

(15)鼠李科：枣、酸枣、拐枣。

(16)葡萄科：欧洲葡萄、美洲葡萄、山葡萄。

(17)猕猴桃科：中华猕猴桃(软毛猕猴桃)、硬毛猕猴桃。

(18)石榴科：石榴。

(19)柿树科：柿、君迁子、油柿。

单子叶植物

(20)凤梨科：菠萝(凤梨)。

(21)芭蕉科：香蕉。

(22)棕榈科：椰子。

(二)根据果树生物学特性分类

1. 按照冬季叶幕特性分类

(1)落叶果树：该类果树在秋季集中落叶，冬季树冠上没有叶片，苹果、梨、桃、核桃、柿、葡萄等即属此类。

(2)常绿果树：该类果树不集中落叶，冬季树冠上有叶片存留。柑橘类、荔枝、龙眼、枇杷、芒果等即属此类。

2. 根据植株形态特性分类

(1)乔木果树：乔木果树有明显的主干，树高大或较高大，通常在 2 m 以上，如苹果、梨、银杏、板栗、橄榄、木菠萝等即属此类。

(2)灌木果树：灌木果树丛生或几个矮小的主干，通常在 2 m 以下，如树莓、醋栗、刺梨、番荔枝、余甘等即属此类。

(3)藤本果树：藤本(蔓生)果树这类果树的枝干称藤或蔓，树不能直立，依靠缠绕或攀缘在支持物体上生长，必须攀缘到其他物体上才能生长的一类果树。葡萄、猕猴桃、罗汉果、油渣果、西番莲等即属此类。

(4)草本果树：草本果树无木质茎，具有草本植物的形态，多年生。如草莓、菠萝、香蕉、番木瓜等。

3. 按照果实结构分类

(1)仁果类(图 1-1)：包括苹果、沙果、海棠果、梨、山楂、榅桲、木瓜、枇杷等。该类果实结构为：果实的外层是肉质化的花托，占果实的绝大部分，内果皮革质或骨质化，内有多种仁，花托和内果皮之间为肉质化的外、中果皮。

(2)核果类(图 1-2)：包括桃、李、梅、杏、樱桃、枣、杨梅、油梨、芒果、橄榄等。该类果实结构情况是：外果皮很薄，中果皮肉质化，内果皮木质化成坚硬的核，核内有种子。

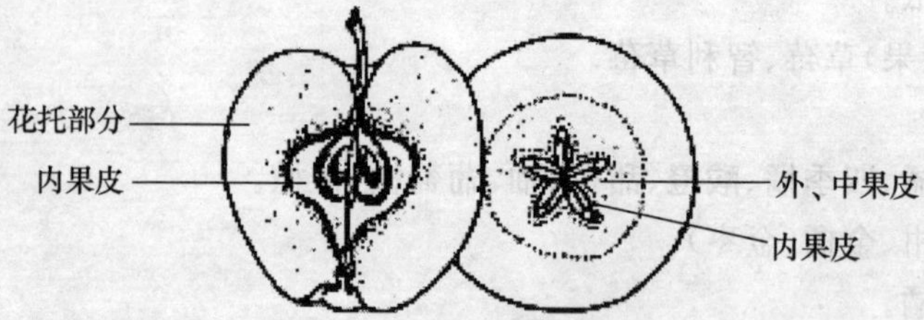

图 1-1　仁果类果实结构

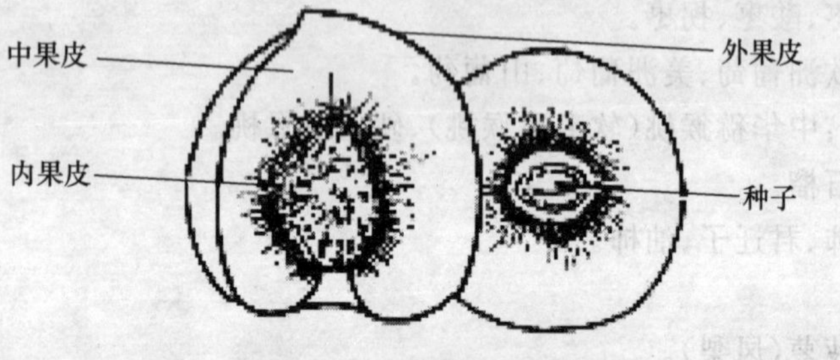

图 1-2　核果类果实结构

(3)浆果类：包括葡萄(图 1-3)、柿、君迁子、猕猴桃、石榴、无花果、草莓、树莓、醋栗、穗醋栗、番木瓜、人参果等。果实富含汁液，大多不耐贮运。果实构造取决于树种。葡萄果实由子房发育而成，外果皮膜质，中果皮柔软多汁，内果皮变为分离的浆状细胞，围绕在种子附近。

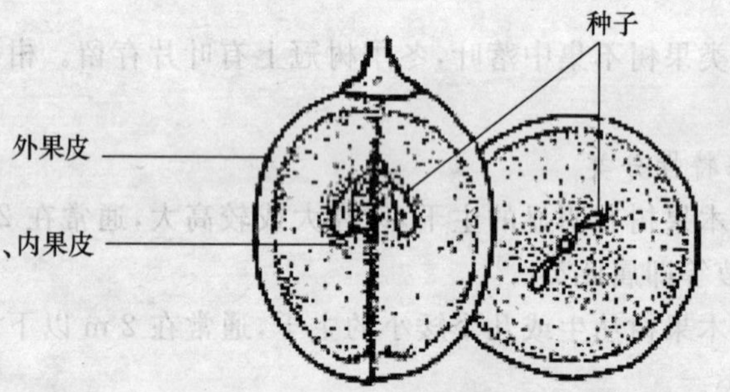

图 1-3　葡萄果实结构

(4)坚果类(图 1-4)：包括核桃、板栗、榛、银杏、阿月浑子、澳洲坚果、椰子、香榧等。果实外面多具坚硬的外壳，壳内有种子，种子富含脂肪、淀粉、蛋白质。

(5)聚复果类：包括果桑、草莓、无花果、菠萝、菠萝蜜、番荔枝、刺果番荔枝等。果实由多花或多心皮组成，形成多花或多心皮果。

(6)荚果类：包括酸豆、角豆树等。果实为荚果，食用部分为肉质的中果皮，外果皮壳质，内果皮革质，包着种子。

(7)柑果类(图 1-5)：包括柑、橘、橙、柚等。果皮厚薄不一，外果皮革质，有多数油胞，中果皮白色呈海绵状，内果皮形成瓤囊，内有多数汁胞和种子。

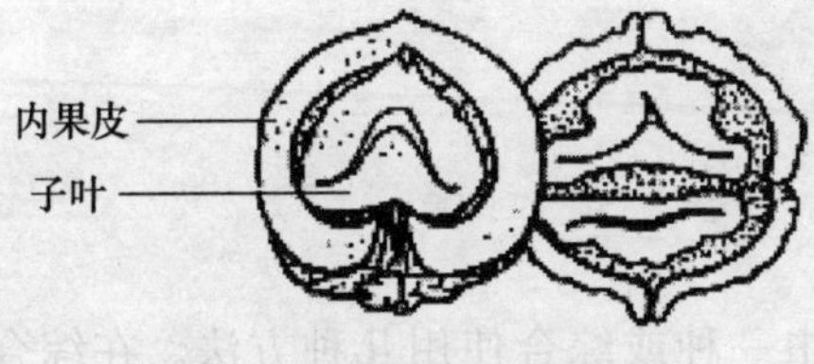

图 1-4　坚果类果实结构

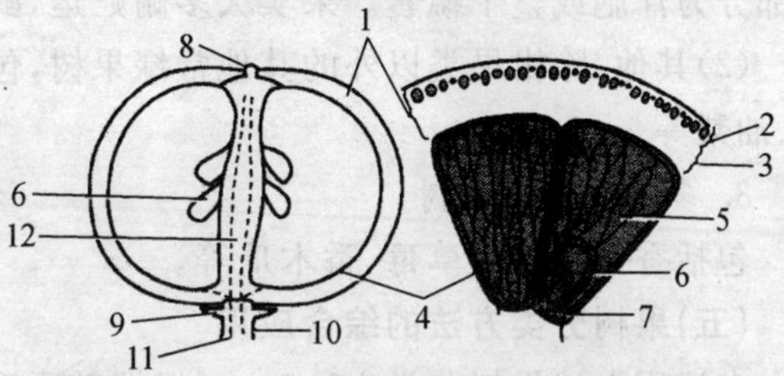

图 1-5　柑果类果实构造(柑橘)

1. 果皮　2. 外果皮　3. 中果皮　4. 内果皮　5. 汁囊　6. 种子　7. 败育胚珠　8. 种脐　9. 萼片　10. 果柄　11. 维管束　12. 果心

(8)荔果类:主要食用部分为假种皮,果皮肉质或壳质,平滑或有突疣或肉刺,如荔枝、龙眼、红毛丹、韶子、木奶果等。

(9)其他:包括非食用果实的多种果树,如食用苞片的玫瑰茄,食用萼片的五桠果,食用胚乳的椰子等。

4. 按照果实含水量及其利用特点分类

按照果实含水量及其利用特点分为水果和干果。水果含水量多,主要利用部分是果实,大多数果树都属于这一类。我国北方"四大水果"为苹果、梨、葡萄、桃。世界"四大水果"为葡萄、香蕉、柑橘、苹果。干果含水量少,主要利用部分是种子。我国北方"四大干果"为核桃、板栗、柿、枣。

(三)根据果树生态适应性分类

根据生态适应性,果树可分为寒带果树、温带果树、亚热带果树和热带果树 4 大类。寒带果树能抗－50～－40℃的低温,如山葡萄、秋子梨、榛子、醋栗、树莓等。温带果树如苹果、梨、桃、李、核桃、枣等。亚热带果树可分落叶性亚热带果树(如扁桃、猕猴桃、无花果、石榴等)和常绿性亚热带果树(如柑橘类、荔枝、杨梅、橄榄、苹婆等)。热带果树可分一般热带果树(如番荔枝、人心果、番木瓜、香蕉、菠萝等)和纯热带果树(如榴莲、山竹子、面包果、可可、槟榔等)。

(四)果树栽培学分类方法

按照果树栽培学分类方法首先将果树分为木本落叶果树、木本常绿果树和多年生草本果树 3 大类。每类再按生长结果习性、栽培技术、果实形态利用特征等分成若干较小的类别。

1. 木本落叶果树

(1)仁果类:该类果树特点是果实为花托和子房共同发育而成的假果;果实食用部分是肉质的花托,其次是外、中果皮;花芽为混合花芽;果实大多耐贮运,鲜果供应期长。

(2)核果类:该类果树特点是果实为子房发育而成的真果;具有 3 层结构,果实食用部分是中果皮;花芽为纯花芽;果实不耐贮运,鲜果供应期短。

(3)浆果类:该类果树特点是果实多浆汁,种子小而多,散布在果肉内。食用部分为中、内果皮;花芽为混合花芽,果实大部分不耐贮运。

(4)坚果类:该类果树特点是果实外面多具有坚硬的外壳,食用部分多为种子,含水分少,极耐贮运。统称干果。

2. 木本常绿果树

(1)柑果类:包括柑、橘、橙、柚等。果实为由子房发育而成的真果,具有 3 层结构。主要食用部分为汁胞或整个瓤囊。果实大多耐贮运，鲜果供应期长。

(2)其他：除柑果类以外的其他常绿果树，包括龙眼、荔枝、枇杷、杨梅、橄榄、椰子、香榧、芒果、油梨等。

3. 多年生草本果树

包括香蕉、菠萝、草莓、番木瓜等。

(五)果树分类方法的综合应用

在运用上述果树分类方法时，可根据需要采用其中一种或综合使用几种方法。在综合使用时，一般以果树冬季叶幕特性为基础配合使用其他的分类方法，如常绿木本果树、常绿浆果类果树、落叶性亚热带果树等。

二、果树的基本结构

果树的基本结构通常指果树个体结构。果树树体分地上部和地下部 2 部分。地下部分为根系。地上部分包括主干和树冠，地上部分和地下部分的交界处为根颈(图 1-6)。

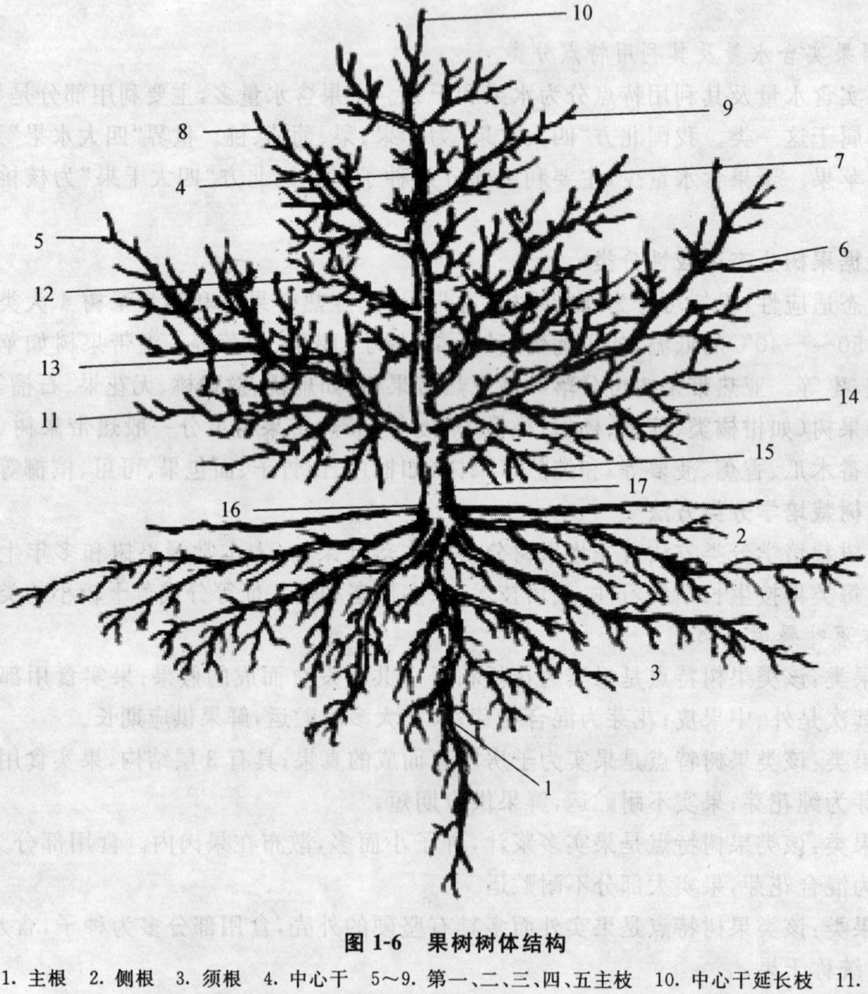

图 1-6 果树树体结构

1. 主根 2. 侧根 3. 须根 4. 中心干 5～9. 第一、二、三、四、五主枝 10. 中心干延长枝 11. 侧枝 12. 辅养枝 13. 徒长枝 14. 枝组 15. 裙枝 16. 根颈 17. 主干

(一)地上部

乔木果树的地上部包括主干和树冠两部分。主干指根颈到第一主枝之间的部分;树冠是树体主干以上部分的总称,由中心干、主枝、侧枝(副主枝)、结果枝组和叶幕组成。中心干亦称中央领导干,是主干以上到树顶之间的部分。主干和中心干组成树干,是树体地上部的中轴。中心干、主枝和侧枝构成树冠的骨架,统称为骨干枝(图1-7)。

1. 主干

木本果树除少数丛状形外,都有主干。主干对树冠起支撑作用,是根系与树冠之间输送水分和养分的通道,具有贮藏养分的作用。主干是地上部分最早形成的部分,经过一个生长季后停止加长生长,以后每年只进行加粗生长。主干的加粗量与树冠和根系的生长量呈正相关,而与结果量呈负相关。因此,主干是反映树体营养状况的一个重要标志。

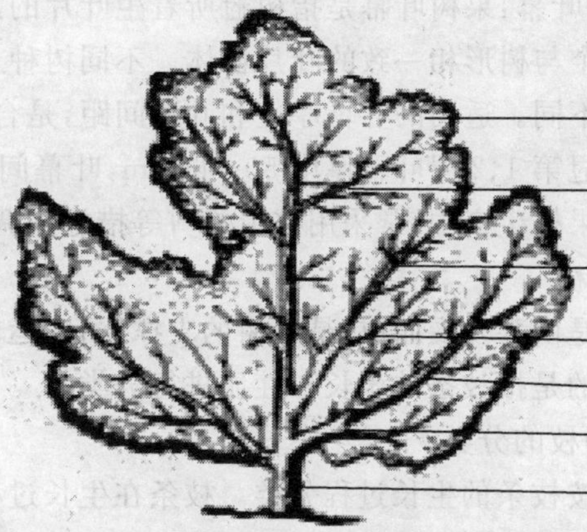

图1-7　果树树体结构

1. 树冠　2. 中心干　3. 主枝　4. 侧枝(副主枝)　5. 主干　6. 枝组

2. 树冠

树冠是果树的主体部分。通常用树形、冠高和冠径来描述。树形是指树冠的形状;冠高是指树冠上、下缘之间的距离(m);冠径是指树冠东西和南北的距离,用东西的距离(m)乘以南北的距离(m)表示。树高则是指从根颈或地面到树冠顶端的距离。衡量树冠,一般以树高、冠径以及骨干枝的数量、结构和分布作为指标。果树上所说的层性是指树冠中各类枝条具有成层分布的特点。

(1)骨干枝:骨干枝一般分为3级。即0级骨干枝、1级骨干枝、2级骨干枝。0级骨干枝为中心干,是主干向上垂直延伸的部分;1级骨干枝为主枝,是指着生在中心干上的骨干枝;2级骨干枝为侧枝,是指着生在主枝上的骨干枝。并不是所有的果树都具备这3级,如核果类果树,多数不留中心干,只有主枝和侧枝2级骨干枝。中心干起维持树形和树势的作用。通常将中心干的强弱及维持时间的长短称为干性。第1侧枝距离中心干很近称为把门侧(枝),一般距离主干30 cm以内。骨干枝先端的1年生枝称为延长枝。着生在延长枝附近,长势与延长枝相当,可能与延长枝产生竞争生长的枝称为竞争枝。骨干枝在能充分占领空间的条件下,越少越好。在同一层内骨干枝数一般不宜超过4个,着生距离不宜过近。果树生产上,随着矮化密植栽培制度的推广,骨干枝的级次已明显减少。

(2)枝组:也称结果枝组,指着生在各级骨干枝上、有两个以上分枝、不断发展变化的大大小小的枝群,是果树生长结果的基本单位。在果树生产实际中,结果枝组有许多不同的名称。以体积大小分为大型、中型和小型枝组。对于以苹果为代表的仁果类,小型枝组有2～5个结果枝,轴长30 cm以下;中型枝组有5～15个结果枝,轴长30～60 cm;大型枝组有15个以上结果枝,轴长60 cm以上。对于桃为代表的核果类,小型枝组有5个以下结果枝,轴长也在30 cm以下;中型枝组有5～10个结果枝,长度30～50 cm;大型枝组有10个以上结果枝,轴长50 cm以上。以所含枝条多少和疏密程度分为紧密型和松散型枝组;以分枝情况不同分为多轴式和单轴式枝组;以着生部位不同分为背上枝组、背下(后)枝组、侧生枝组;以着生方向分为直立枝组、水平枝组、下垂枝组、斜生枝组。果树生产上按适当比例各类枝组是果树优质丰产的重要技术措施。

(3)辅养枝:又称临时枝,是着生在树冠中的非永久性大枝。第1主枝以下的辅养枝称为裙枝。果树整形期间,要保留一定的辅养枝;树形形成后对辅养枝逐步调整处理:或疏除或缩剪改为枝组。

(4)叶幕:果树叶幕是指树冠所着生叶片的总体,就是全部叶片构成叶幕。正常情况下,叶幕是一个与树形相一致的叶片群体。不同树种、品种,栽植密度、整形方式和树龄,叶幕的形状和体积不同。适当的叶幕厚度和叶幕间距,是合理利用光能的基础。多数研究表明:主干疏层形的树冠第1、2层叶幕厚度50～60 cm,叶幕间距80 cm,叶幕外缘呈波浪形是较好的丰产结构。在果树生产中,常采用整形修剪等措施来调整叶幕,从而实现优质、高产和稳产。

3. 枝

枝是由芽发展而成,是果树的支撑器官、运输器官、贮藏器官和繁殖器官。果树生产上应用较多的是按枝条的生长和性质进行分类。

(1)枝的分类

①按枝条的生长过程分类。枝条在生长过程中有两个方向:一是不断沿枝条轴向延伸,并且具有明显的阶段从而形成新梢、1年生枝、2年生枝和多年生枝。新梢又称当年生枝,是指芽萌发后当年落叶之前形成的新枝。新梢在一年中不同季节抽生的枝段分别称为春梢、夏梢和秋梢。生产上常将未木质化的新梢称为嫩梢。新梢落叶后到翌年萌芽以前称为1年生枝。1年生枝在春季萌芽后称为2年生枝。2年生以上的枝统称为多年生枝。芽萌发后留下的芽鳞痕是区分枝条年龄的界限。二是部分果树的新枝在向前延伸的同时由叶腋间产生分枝从而形成各级次的副梢。新梢叶腋间抽生的分枝称为副梢,相对于新梢来说称为二次枝,副梢再抽生的分枝相对于副梢称为二次副梢,而相对于新梢来说称为三次枝。根据这样一种情况,果树上将树冠中最末级新枝的总个数称为枝量。

②按枝条的性质和功能分类。按照性质和功能将果树枝条分为营养枝、结果枝和结果母枝3类。

营养枝是指仅着生叶芽的枝条,其萌芽抽枝展叶后,进行光合作用,制造有机营养物质。具体分两种情况:一是指只有叶芽的1年生枝,如苹果、梨、桃等;二是指没有花序或果实的新梢,如葡萄。营养枝按照形态特征和作用可分为发育枝、徒长枝、纤细枝和叶丛枝。发育枝也称普通营养枝,其特点是生长健壮,组织充实,芽饱满,叶片肥大。发育枝是扩大树冠、营养树体和产生结果枝的主要枝类。徒长枝多数由潜伏芽受刺激萌发而成,发生在树冠内膛和剪锯口附近。其特点是枝条直立且节间长,叶片大而薄,芽不饱满,停止生长晚。纤细枝比发育枝纤细而短,芽发育不良,多发生在光照和营养条件均差的树冠内部或下部。叶丛枝极短,小于0.5 cm,一般由发育枝的芽萌发而成,部分叶丛枝在光照充足、营养良好的条件下可转化为结果枝。一般叶丛枝在仁果类和核果类果树上较多。

结果枝是指直接着生花芽、开花结果的枝,其也分为两种情况:一种是着生花芽的1年生枝,如苹果、梨、桃、杏、李、樱桃等,其中桃、杏、李、樱桃等是着生纯花芽的1年生枝,而苹果、梨等是着生有混合花芽的1年生枝。结果枝按长度分为徒长性果枝、长果枝、中果枝、短果枝、花束状果枝(侧芽一般都是花芽,排列紧密,只有顶芽是叶芽)。一个母枝上由多个短果枝组成的群体称为短果枝群。另一种是指带有果实的新梢,如葡萄、柿、板栗、核桃等。除此之外,结果枝依据年龄可分为2类：一类是在抽生的当年开花结果的为1年生结果枝，是由结果母枝上的混合花芽抽生的，如柑橘、苹果、梨、葡萄、柿等；另一类是在上年的枝条上直接开花结果的为2年生结果枝，如核果类果树杨梅的结果枝。

结果母枝通常是指具有混合花芽的1年生枝。具体分为两种情况：一类是结果母枝上的混合花芽萌发后抽生比较长的结果枝开花结果，如葡萄、柿、山楂、核桃、板栗等果树；另一类是结果母枝的混合花芽萌发后抽生比较短的结果枝开花结果。如苹果、梨等果树的混合花芽萌发后抽生的结果枝（结果新梢）很短，习惯上称果台，而将结果母枝称为结果枝。结果母枝抽生的结果枝在当年结果的同时又形成混合花芽，成为下年的结果母枝，这种现象称为连续结果。

（2）枝的特性

①生长势。生长势是指在一定时间内加长生长和加粗生长的快慢。常按营养枝总生长量、节间长度、分枝级次及春、秋梢生长节奏状况来确定。抽生长枝（大于15 cm）数量越多，则生长势越强。树势强弱是制定栽培管理措施的重要依据，而生长势则是衡量树势强弱的最重要的形态指标。

②生长量。生长量是指加长生长和加粗生长一年内达到的长度和粗度。生长量对1年生和多年生枝均适用，是衡量树体营养多寡的一个指标。在果树整形修剪中，常利用控制生长量的办法来调节骨干枝和一些大、中枝组的长势。对一些过强、过大的骨干枝采用重缩剪、剥翅膀（疏除大分枝）的方法。

③顶端优势。顶端优势又称先端优势，是指同一枝条上由顶端或上部的芽抽生的枝梢生长势最强，向下依次减弱的现象。其是枝条背地生长的极性表现。顶端优势和枝条着生的角度有关，枝条越直立，顶端优势越强，反之则弱；枝条平生，顶端优势减弱，使优势转位，造成背上生长转强；当枝条下垂时，顶端生长更弱，而使枝条基部转旺。

④垂直优势。树冠内枝条生长势的减弱，还与其着生姿态有关，一般直立枝最旺，斜生枝次之，水平枝再次之，下垂枝生长最弱，这种现象称为枝条的垂直优势。根据枝条垂直优势的特点，可通过改变枝芽生长方向来调节枝条的生长势。

⑤干性和层性。顶端优势明显的树种，干性强而持久。苹果、梨、甜樱桃、银杏、香榧等干性强，枝干的中轴部分较侧生部分具有明显的优势。一般顶端优势明显，成枝力弱的树种、品种层性明显，如枇杷、苹果、梨、甜樱桃、核桃、柿等。顶端优势不明显，成枝力强的树种、品种则层性不明显，如柑橘、桃、酸樱桃、枣等。从树龄上看，幼龄果树主枝在中心干上的层性明显，随着树龄增长而逐渐减弱。主枝也有层性，但不及中心干明显。在果树整形上，可利用干性和层性培养不同的树形。凡干性强，层性明显的树种，适于培养成中心干的分层性树形。而干性弱、层次不明显的树种则宜采用开心形或圆头形树冠。

⑥分枝角度。分枝角度指分枝与母枝所形成的夹角。在果树修剪中，常用改变骨干枝、枝组分枝角度的方法平衡树势。

⑦枝条硬度和尖削度。枝条硬度是指枝条的软硬程度；尖削度则是指当年萌发抽生的枝条不同部位粗细程度的差异。在果树修剪中，常利用枝条的硬度选择适宜的拉枝时间。梨等果树枝条脆硬的树种，一般在夏秋季拉枝；苹果等枝条比较柔软的树种，一年四季均可进行拉枝。果树生产上常根据果树尖削度的大小，判断果树生长势的强弱，来制定相应的栽培管理措施。一般枝条尖削度比较小的果树生长发育比较好。

4. 芽

芽是枝、叶、花或花序的雏体，是果树度过不良环境和形成枝、花过程中的临时性器官。芽在繁殖条件下可形成新植株。

(1)芽的种类

①依芽的着生位置分为顶芽和侧芽。顶芽着生在枝梢顶端；侧芽也称腋芽，是指侧面叶腋间的芽。杏、柿、山楂、栗等果树的枝条，在生长过程中顶端自行枯萎脱落，位于枝条顶端的芽实际上是侧芽，故称假顶芽。顶芽、侧芽在枝条上按一定位置发生，称为定芽；无一定位置发生的芽(一般在落叶果树上极少见)及根上发生的芽称为不定芽。按照侧芽在叶腋间的位置和形态分为主芽和副芽。主芽是指着生在叶腋中央、较大且充实的芽，一般当年不萌发；副芽是指着生在主芽两侧或上、下方的芽，其一般比主芽小。仁果类的主芽明显，副芽则隐藏在主芽基部的芽鳞内，呈休眠状态。核果类桃、杏、李、樱桃等的副芽，在主芽两侧；核桃的副芽，在主芽的下方。枣的副芽在主芽侧上方。葡萄的侧芽是复合型结构，由称作冬芽的芽眼和位于其侧下方的夏芽组成。冬芽又由主芽和主芽周围的若干个预备芽组成，而将夏芽看作是副芽；按照芽在同一节的数量分为单芽和复芽。单芽是指在一个节位上有一个明显的芽，如仁果类；复芽是指在同一节位上有两个或两个以上明显的芽，如核果类的桃、杏、李、樱桃等。

②以芽的结构分为鳞芽和裸芽。鳞芽外被覆鳞片，大部分落叶果树的芽是这种芽。裸芽幼叶或芽内器官裸露，多数热带果树和部分亚热带常绿果树具裸芽，如柑橘、荔枝、芒果、菠萝等；也有极少数温带落叶果树，如山核桃的芽、葡萄夏芽、核桃雄花芽也是裸芽。

③以芽的性质分为叶芽和花芽。叶芽是指只具有雏梢和叶原始体，萌发后形成新梢的芽；花芽是指包含有花器官，萌发后开花的芽。花芽有分为纯花芽和混合花芽。纯花芽内只有花的原始体，萌发后只开花结果而不长枝叶，如桃、杏、李、梅、樱桃等核果类果树的花芽即属此类；混合花芽内既有枝、叶原始体，又有花的原始体，萌发后先长一段新梢，再在新梢上开花结果，如柑橘、龙眼、苹果、梨、山楂、柿、枣、板栗、核桃、葡萄等。有些果树的花芽，既有纯花芽，也有混合芽，如核桃、长山核桃、榛的雄花芽为纯花芽，而雌花芽则为混合芽。顶芽是花芽的称为顶花芽；侧(腋)芽是花芽的叫侧(腋)芽。只具有腋花芽的果树有桃、李、杏、梅、樱桃、葡萄等；只具有顶花芽的果树有枇杷、油橄榄和苹果、梨的部分品种；也有些果树既具有顶花芽，也具有腋花芽，如柿、板栗、核桃、柑橘及苹果、梨的部分品种。

④以芽的生理活动状态分为活动芽和潜伏芽。活动芽是指一般上 1 年生长季形成的芽，第二季适时萌发的芽。落叶果树一般一年一季，常绿果树多数为一年数季。芽在形成的第二季或连续几季不萌发者为潜伏芽，也称隐芽。潜伏芽发育缓慢，但每年仍有微弱生长，条件适宜时可萌发，果树进入衰老期或受损伤后，常由潜伏芽萌发强旺新梢，以更新树冠。潜伏芽多而寿命长的树种、品种更新容易，如苹果、梨、葡萄、柑橘等，反之更新不易，如桃、李、樱桃等。

⑤按照芽的萌发特点分为早熟性芽、晚熟性芽和潜伏性芽。早熟性芽是当年形成当年萌发的芽，如桃树的芽；晚熟性芽为当年形成，第 2 年萌发，果树的大多数芽是这种芽，如苹果、梨等果树的芽。潜伏性芽是当年形成第 2 年不萌发的芽。芽的萌发特点决定果树的成形时间、结果早晚，更新能力和寿命长短。一般早熟性芽成形早，结果早，更新能力弱，寿命短，而晚熟性芽成形晚，结果相对晚，更新能力强，寿命也长。

此外，有些果树的芽有专门的名称。葡萄的副芽，当年夏季萌发，称为夏芽；主芽一般要经越冬后萌发，称为冬芽。葡萄的冬芽和香蕉的芽又称芽眼。香蕉由芽眼和菠萝由叶腋发生的芽状体称为吸芽。菠萝除吸芽外，还有冠芽、裔芽和块茎芽。冠芽着生在果实顶端，裔芽着生果梗上。菠萝采果后由吸芽代替已结果的母株继续结果。块茎芽是地下茎有时抽生的。

(2)芽的特性

①顶端优势。顶端优势是指处于枝条顶端的芽总是首先萌发，而且长势最强，向下依次减弱的现象。顶端优势强弱与树种、品种和枝条着生姿势有关。除去顶芽或以瘪芽、盲芽带头或开张枝条角度均可控制顶端优势，促进下面侧芽萌发，是生产中常用的调节枝条长势、防止下部光腿的措施(图 1-8)。

②芽的异质性。芽的异质性指同一枝条上的芽在发育饱满程度上存在差异的现象。芽的异质性是由于不同部位的芽在发育过程中所处的环境条件及树体营养状况不同所造成的。在果树修剪中，常利用芽的异质性，选用饱满芽或瘪芽、盲芽作剪口芽，以调节枝势。

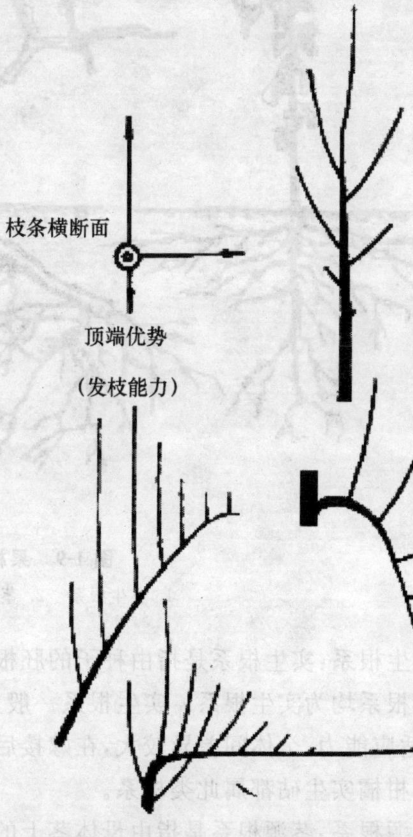

图 1-8　顶端优势及优势的转移

③萌芽力和成枝力。萌芽力指 1 年生枝条上的芽能够萌发的能力，萌芽力用萌芽率表示：是指枝条萌芽数占该枝条总芽数的百分率，萌芽率＝萌芽数/总芽数×100%。成枝力是指枝条上的芽萌发后能抽生长枝(大于 30 cm)的能力，用抽生长枝数量多少来表示。一般抽生长枝 2 个以下者为弱，4 个以上者为强。萌芽率和成枝力是两个不同的概念，其表现强弱有时并不吻合。如苹果短枝型品种、中国梨的多数品种表现萌芽率高而成枝力弱，长枝少，短枝多，修剪时要少疏枝，多短截，并保持一定的长枝数量。桃树、苹果的富士系品种，其萌芽率、成枝率均强，在修剪时要适当疏枝；对萌芽率、成枝力均弱的树种、品种，如杏、柿、苹果的国光品种等，枝条下部易出现光裸现象，修剪时应适当短截、拉枝开角。

④芽的潜伏力。芽的潜伏力指树体潜伏芽的多少和寿命的长短。潜伏芽多、寿命长者潜伏力强，枝条更新容易，如苹果、梨、柑橘等，反之，则弱，如桃的隐芽寿命短，更新过迟，树冠不易恢复。

⑤早熟性和晚熟性。芽的早熟性是指当年形成当年萌发的芽。如葡萄、桃、杏、李、枣等，1年中可发生多次分枝，生长量大，树冠扩大快，幼树进入结果期早。芽的晚熟性是指在形成当年不萌发，次年才萌发的芽。如苹果、梨等果树的芽，1年中发生分枝相对较少，生长量小，树冠扩大慢，幼树进入结果期相对较晚。芽的早熟性和晚熟性决定果树的修剪量和修剪方法。具有早熟性芽的树种，修剪量比较大，需综合应用短截、疏剪、缩剪和缓放等修剪方法；具有晚

熟性芽的树种修剪量相对比较小，一般应以疏剪、缓放为主，尽量少短截。

(二)地下部

果树的地下部即根系，是指根的整体或体系。其主要功能是吸收水分、养分和固定植株，还具有输导、合成、繁殖和贮藏功能。

1. 根系类型

果树的根系根据发生来源可分为实生根系、茎源根系、根蘖根系 3 种类型(图 1-9)。

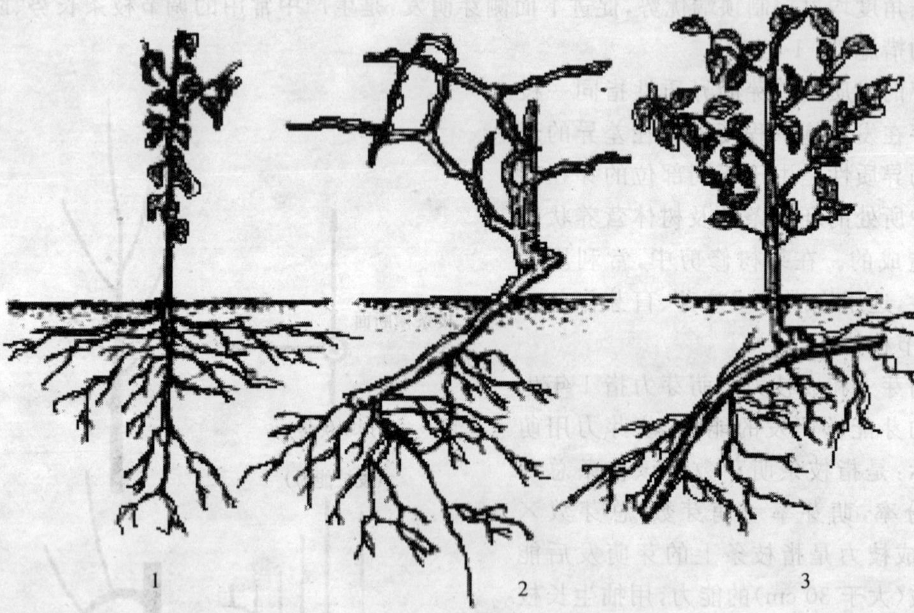

图 1-9 果树根系的类型

1. 实生根系 2. 茎源根系 3. 根蘖根系

(1)实生根系:实生根系是指由种子的胚根发育而形成的根系。实生繁殖和用实生砧嫁接的果树，其根系均为实生根系。实生根系一般主根发达，根系较深，生命力强，对外界环境条件有较强的适应能力，个体间差异较大，在嫁接后还受地上部接穗品种的影响。我国目前应用的苹果、梨和柑橘实生砧都属此类根系。

(2)茎源根系:茎源根系是指由母体茎上的不定根形成的根系。用扦插、压条繁殖的果树，如葡萄、石榴、无花果、草莓的扦插苗，苹果矮化砧、荔枝、龙眼的压条繁殖，试管苗的生根繁殖和香蕉、菠萝的吸芽等均属于茎源根系。其特点是主根不明显，根系较浅，生活力较弱，但能保持母体性状个体间比较一致。

(3)根蘖根系:根蘖根系是指果树跟上发生不定芽所形成的根蘖苗，经与母体分离后成为独立个体所形成的根系，如用分株繁殖的山楂、枣、樱桃、石榴等根系。根蘖根系的特点与茎源根系相同。

整个苹果根系从功能上可分为 2 类:一类是具有次生结构的褐色或黄褐色根系，主要行使固定、贮藏和输导功能，在发育过程中有的更新死亡，有的转化为多年生次生根。另一类是具有初生结构的白色根，主要行使吸收、合成功能，在发育过程中，部分吸收根死亡，另一部分转化为次生根。

2. 根系结构

多数果树的根系为实生根系。实生根系有主根、侧根、须根组成。种子的胚根垂直向下生长形成的初生根为主根。主根上产生的各级较粗的分枝为侧根。主根和各级侧根构成根系的骨架，称为骨干根。骨干根粗而长，色泽深，寿命长，主要起固定、输导和贮藏作用。主根和各级侧根上着生的细小根(一般直径小于2.5 mm)统称为须根。须根细而短，大多数在营养期末死亡，而未死亡的可发育成骨干根。须根起吸收、合成与输导作用。不同种类须根的差异较大，苹果为褐色或淡褐色，李为暗红色，石榴、柿为黑褐色，枳壳为淡褐色。须根根据功能和构造又可分为四类：生长根、吸收根、过渡根和输导根(图1-10)。生长根又称轴根或延伸根，是初生结构的根，白色，生长较快，分生新根的能力强，也有吸收能力。如苹果生长根的直径平均1.25 mm，长度在2～20 cm之间。主要功能是向土壤内延伸和分生新的生长根和吸收根。生长根都可以分为根冠、生长点、延长区、根毛区、木栓化区、初生皮层脱落区和输导根区。吸收根也是初生结构的根，着生有大量根毛能从土壤中吸收水分和营养物质，能将有机营养转化为无机营养。吸收根长度小于2 cm，白色，寿命一般为7～25 d，在根系生长旺季，可达总根量的90%以上，吸收根一般不能发育为次生结构。苹果的吸收根平均直径为0.62 mm，主要功能是吸收，也具有根冠、生长点、延长区和根毛区，但不产生次生组织。生长根和吸收根先端密生根毛，可吸收水分和营养。输导根由生长根发育而成，浅褐色至深褐色，加粗生长后形成骨干根，主要功能是输导水分和养分，并使果树固定于土壤中。

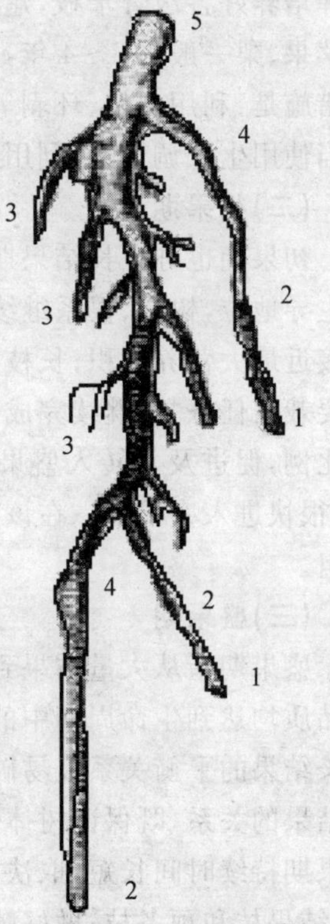

图1-10　苹果须根

1. 根冠　2. 生长根　3. 吸收根
4. 过渡根　5. 输导根

无性繁殖果树的植株没有主根，即使种子繁殖的砧木经过移栽主根已被切断，或由于自然更新与土壤影响也不能一直沿主根方向垂直向下生长。

第三节　果树生长发育规律

一、果树一生生长发育

果树是多年生植物，一生经过生长、结果、衰老、更新和死亡的过程，这个过程称为生命周期。生命周期中的各个阶段称为年龄时期。

果树分实生树和营养繁殖树两种。实生树是由种子繁殖长成的树，具有完整的发育史，但生产上应用较少。营养繁殖树是采用扦插、压条、嫁接、分株和组织培养等方法培育的果树。其不具有完整的发育史，但生产上应用较多。

果树生产上为栽培管理方便，按生产实际中生长和结果的明显转化，一般把营养繁殖的乔木果树的一生划分为幼树期、初果期、盛果期和衰老期四个时期。

(一)幼树期

幼树期也称营养生长期,是指从果树定植至第一次开花结果。该期生长特点是:树体生长旺盛,年生长期长,进入休眠期迟;枝条多趋向于直立生长,生长量大,往往有多次生长,节间较长,组织不充实,越冬性差,长枝比例高。此期主要栽培任务是:促进生长,尽快扩大营养面积;选择培养好各级骨干枝,建立良好的树体结构;促、控结合,促花早结果;加强树体保护。幼树期苹果、梨一般为3～4年,杏、李、樱桃等2～3年,葡萄、桃等1～2年。促进幼树早结果的技术措施是:利用曲枝、环剥等伤枝处理技术;采用矮化砧,深翻扩穴,增施有机肥;轻剪多留枝;适当使用生长调节剂,利用早熟性芽。

(二)初果期

初果期也称生长结果期,是指从第一次结果到大量结果前。该期特点是:前期营养生长仍占主导地位,树冠、根系继续扩大,但随结果量的迅速增加,离心生长趋缓,侧向生长加强,达到或接近最大营养面积;长枝比例下降,中、短枝比例增加;产量逐渐上升,品质逐年提高。此期主要栽培任务是:继续完成整形任务,逐步清理改造辅养枝,维持树体结构;缓和树势,增加花芽比例,促进及早转入盛果期。初果期苹果、梨3～5年,葡萄、核果类树种很短,一经开花结果,很快进入盛果期。在该期应继续深耕改土,加强肥水管理,仍进行轻修剪,注意培养结果枝组。

(三)盛果期

盛果期指从大量结果到产量明显下降。该期特点是:离心生长基本停止,树冠、产量和果实品质均达到生命周期中的最高峰;新梢生长趋于缓和,花芽大量形成,中、短果枝比例加大;生长结果的平衡关系极易破坏,管理不当则出现大小年现象。其栽培管理任务是:处理好生长与结果的关系,既保证树体健壮生长,又满足优质、高产、稳产的需要,尽量延长盛果期的时间。盛果期持续时间长短,取决于树种和栽培管理水平。在该期应加强肥水管理,均衡配备营养枝、结果枝和预备枝;做好疏花疏果工作,控制适宜结果量,防止大小年现象提早出现,注意枝组和骨干枝更新。

(四)衰老期

衰老期是指从产量、品质明显下降到树体死亡。此期特点是:骨干枝先端逐渐枯死,向心生长逐步加强,结果量和果实品质明显下降。栽培上应适时更新复壮。在经济效益降到一定程度后则需砍伐,重新建园。

二、果树年生长发育规律

(一)年生长周期和物候期

年生长周期是指果树在一年中随外界环境条件的变化出现一系列的生理与形态的变化并呈现一定的生长发育规律性的活动过程。物候期全称生物气候学时期,是指在年周期中果树器官随季节性气候变化而发生的外部形态规律性变化的时期。落叶果树在一年中的生命活动,表现为两个明显的阶段:生长期和休眠期。生长期是指从春季萌芽到秋季落叶,可明显看出形态的变化,如萌芽、开花、枝叶生长、芽的形成与分化、果实发育和成熟、落叶等。休眠期是指从落叶后到第二年春季萌芽。在休眠期中看不出明显的形态变化。但仍进行微弱的呼吸、蒸腾等生命活动,并在树体内进行一系列的生理活动。常绿果树无集中落叶期,大多数无明显的休眠期，只是当环境条件不适宜时被迫停止生长。

果树物候期一般选择在形态上有明显标志的阶段，如萌芽期、新梢生长期、开花期、果实成熟期、花芽分化期、落叶休眠期等。其标志着果树和环境的统一。果树物候期的变化既反映果树在年生长周期中的进程，又在树体上体现出一年中气候的变化。

果树物候期具有顺序性、重叠性和重演性。顺序性是指同一种果树的各个物候期呈现一定的顺序。如开花期是在萌芽的基础上进行的，又为果实发育做准备。重叠性指同一树上同时出现多个物候期的现象。如落叶果树新梢的生长、果实发育、花芽分化、根系活动等物候期均交错进行，重叠性会导致营养的竞争。重演性指同一物候期在一年中多次重复出现的现象。如新梢可多次生长，形成春梢、夏梢、秋梢，葡萄一年可多次开花结果等就是这种情况。

(二)根系生长发育

1. 分布特点

实生根系在土壤中呈倒圆锥形，可分为 2～3 层。与地上部相对应，上层根群角(侧根与主根所成的角)较大，分枝性强，土壤耕作及施肥对其影响较大。而下层根系分布则正好相反。按照根在土壤中分布的状况，根可分为水平根和垂直根。水平根是指与地面近于平行生长的根，相当于根系结构中的侧根；垂直根是指地面近于垂直生长的根，相当于根系结构中的主根。水平根和垂直根综合构成根系外貌。

根系在土壤中的分布深度和范围取决于树种、砧木、土壤、栽培管理技术等因素。桃、樱桃、梅等根系分布较浅；梨、柿、核桃等分布较深，苹果等介于其间。矮化砧的水平根发达，而乔化砧的垂直根发达。根系水平分布一般为树冠冠幅的 1.5～3 倍，且以树冠外缘附近较为集中，约有 60% 的根系分布在树冠正投影之内，尤以粗根表现最为明显。成年果树垂直根的分布深度一般小于树高，多分布在 10～80 cm 范围内的土层，10～40 cm 为根系集中分布层。果树大量的须根分布在土壤中含氮和矿物盐最多、微生物活动最旺盛的土层中。在土层深厚肥沃或经常施肥的果园，水平根分布距离小，细根多；在干旱贫瘠的土壤条件下，根延伸远，而细根小。

根系分布还具有某些向性和自疏现象。向性是指果树根系的发展总是向土壤理化性状好、通气良好、养分、水分充足、微生物活跃的范围伸长，而且分布也多。自疏现象是指根系在土壤中的增生、分布也不是无限的，而是随着新根的增加，部分老根随之枯死，使新根在土壤中保持一定的密度。

2. 年生长动态

根系无自然休眠，只要条件适宜，可全年不断生长。由于树种、品种、砧穗组合、树龄、产量、生长发育状况等内部因素以及土壤管理措施等外部条件的影响，1 年中根系的生长表现出周期性的变化。常见的有 3 种类型：单峰曲线、双峰曲线、三峰曲线。未修剪李树根系生长只出现一次高峰，在 5 月初至 7 月底；而梨和葡萄的根系 1 年中有 2 个生长高峰；多数落叶果树的幼树为三峰曲线，1 年中有 3 次生长高峰。

果树根系生长动态表现为四点规律：一是根系生长和地上部生长有相互交替现象。一般发根高峰多在新梢缓慢生长、叶片大量形成之后。二是不同深度的土层中，根系有交替生长的现象。春季土壤表层升温快，根系活动早；夏季表层土温过高时，根系生长缓慢或停止，而中、下层土温达到最适，旺盛生长；进入秋季，表层根系生长又加强。土壤表层根受季节影响变化大，生产中应加强对表层根系的保护。三是地上部与根系生长呈现一定的先后顺序。在根系生长的年周期中，地上部和根系开始生长的先后顺序，取决于树种、枝芽和根系生长对环境条件的要求。苹果、梨根系先开始活动，后萌芽；柑橘根系活动要求地温高，在地温较低地区，先萌芽，后发根；而在地温较高地区，先发根，后发芽。四是多数果树根系夜间的生长量及发根量都多于白天。

3. 影响因素

(1)内部因素：果树根系的生长与树体营养状况、内源激素的平衡等因素有密切关系。根系生长发育、水分和养分的吸收、有机物的合成，都依赖于植株地上部碳水化合物的供应。其中，上年贮藏的养分主要影响根系前期的生长，而当年制造的碳水化合物则影响根系中后期的活动。在田间条件下，超过50％的光合产物用于果树根系的生长、发育和吸收。新梢产生的生长素对新根的发生有重要的刺激作用。在结果过多或枝叶受到损害的情况下，即使加强肥水管理，也难以改变全树的生长状况。砧穗组合可改变植株地上部与根系间营养与激素的平衡，影响根系的分布、形态及年生长周期。

(2)外部因素

①土壤温度。果树根系生长要求的温度取决于树种。主要树种开始发根的温度由低到高的顺序是：苹果＜梨＜桃＜葡萄＜枣＜柿。一般北方果树在土温达3～7℃可发生新根，12～26℃时旺盛生长，＞30℃或＜0℃停止生长。

②土壤水分与通气状况。果树正常生长发育所需最适土壤含水量为田间最大持水量的60％～80％。土壤通气状况主要取决于土壤空隙度的大小。根系正常生长要求土壤空隙度在10％以上。

③其他条件。其他条件主要指有机质和土壤中的生物。最适果树根系生长的土壤有机质含量在1％以上；有机质可改善土壤理化性质，协调水、气、热的关系和矿质营养的供应。土壤中的生物如蚯蚓、蚂蚁、昆虫幼虫、微生物影响土壤物质的转化、营养的供应和土壤肥力，从而影响根系的生长。其中大多数果树都有菌根。菌根是指有些果树的根在吸收区同真菌共生。柑橘、杨梅、荔枝、龙眼、苹果、梨、葡萄、柿、板栗、枣、核桃、草莓等都有菌根。菌根的菌丝体能在土壤含水量低于萎蔫系数时，从土中吸收水分，分解腐殖质，并分泌和提供生长素与酶等，促进根系活动，活化果树生理机能。同时真菌也要从果树根中吸取生活所需的有机养分和其他营养物质。

4. 促进根系生长的措施

在幼树期深翻扩穴，增施有机肥；随树龄和结果量增加，要加深耕作层，深施肥料，同时，还要注意控制结果量。在结果末期，应注意深翻土壤，增施有机肥。在年周期中，早春应注意排水，中耕松土；施用充分腐熟的肥料，配合速效肥；夏季要注意中耕松土、灌水和覆盖；秋冬季深耕土壤，增施大量有机肥料。

5. 土壤与根系生态表现型

土壤是决定根系生长的关键因素。根系的分布常常因果园土壤的结构、质地、肥水状况及其他环境条件的多样性而表现出不同的生态表现型。黏土果园的根系呈“线性”分布，分根少，密度小，但在延伸过程中遇到透气好的区域，会产生大量分根；果园肥水条件好时，根系呈“匀性”分布，根系分布深远，分根级次多，细根量大；“疏远型”是根系在沙地果园的生态表现型，根系分布广、密度小，吸收根细短、干枯、功能差；而山地果园和冲积平原土果园，根系集中分布于表层土壤，称其为“层性”分布。

(三)芽、枝、叶的生长发育

1. 芽的发育

芽由枝、叶、花的原始体以及生长点、过渡叶、苞片、鳞片构成。落叶果树芽的形成过程，一般要经过芽原基出现期、鳞片分化期和雏梢分化期 3 个阶段(图 1-11)。

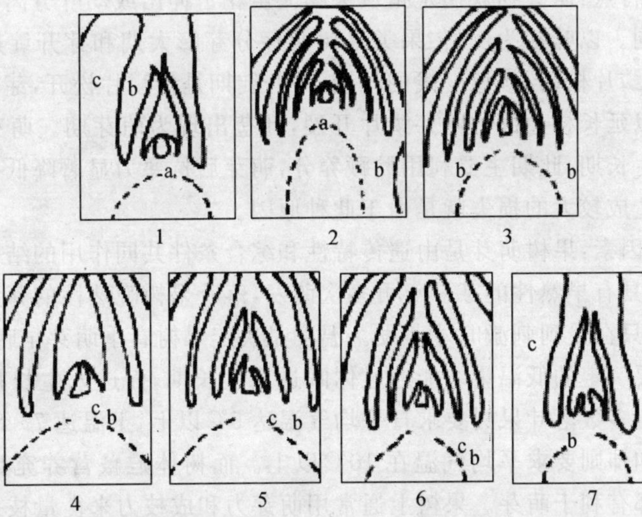

图 1-11　梨叶芽形成过程

1. 芽原基出现期，示新梢顶端生长点向顶芽转化　2. 鳞片分化期　3. 质变期　4. 冬季休眠前雏梢分化期　5. 冬季休眠期　6. 冬季休眠后雏梢分化期　7. 同 1，示新梢顶端生长点又开始向顶芽转化　a. 生长点或芽原基　b. 鳞片　c. 叶

(1)芽原基出现期：芽原基是果树萌芽前后在芽内雏梢或新梢叶腋间产生的由细胞团组成的生长点，是芽的雏形。大多数树种的芽原基出现期与萌芽期同步，随着芽的萌发，自下而上发生新的腋芽生长点，如苹果、梨、桃、杏等果树就是这种情况。有些果树芽原基出现期发生在萌芽前，如栗、柿、核桃、山楂和葡萄在越冬前就已在芽内雏梢的叶腋间形成芽原基。而旺盛生长的新梢前部的芽原基则出现在萌芽后新梢继续延伸的过程中。顶芽无明显的芽原基出现期，由雏梢顶端的生长点分化鳞片而形成顶芽。

(2)鳞片分化期：鳞片分化期是从芽原基出现后，生长点由外向内分化鳞片原基，并逐渐发育为固定的鳞片的过程。苹果、梨鳞片分化从母芽萌动一直延续至该芽所在节位的叶片停止增大时，叶片增大期也就是该节位腋芽的鳞片分化期。栗、柿、葡萄等鳞片较少的芽，在芽从叶腋间显露时，鳞片数已分化完成。鳞片分化期完成后，是决定芽分化方向的关键时期。综合条件适宜的芽通过质变期后转入花芽分化，否则进入雏梢分化期最终发育成叶芽。

(3)雏梢分化期：雏梢分化期是指鳞片分化期完成后，生长点进一步分化出叶原基的过程。大致分为冬前雏梢分化和冬后雏梢分化两个阶段。冬前雏梢分化阶段是指鳞片分化之后，随即进行雏梢分化。冬前雏梢分化完成后，进入冬季休眠。冬季休眠后，有的芽继续进行雏梢分化，增加节数；有的芽不再增加雏梢节数或顶端转为顶芽。经过冬季休眠后的芽萌发后形成不同长度的新梢，有些新梢的先端生长点仍能继续分化新的叶原基，增加节数，直到新梢停止生长后，才开始顶芽的分化，这一分化称为芽外分化。

在芽的发育过程中，由于树体营养状况和外界环境条件的不同，同一枝条上不同部位的芽在形态和质量上存在差异的现象，称为芽的异质性。苹果的中枝，新梢基部的瘪芽在春季萌芽后形成，发育较差；新梢中、上部的叶腋间形成饱满芽和半饱满芽；新梢顶端形成充实饱满的顶芽。在果树整形修剪中，常利用芽的异质性，选用不同质量和状态的芽作剪口芽，以调节枝势。

2. 芽的萌发

(1)萌芽标准与特点：萌芽物候期是指从芽膨大至花蕾伸出或幼叶分离为止。不同树种萌芽物候期的标准不同。以叶芽为例，仁果类果树萌芽分芽膨大期和芽开绽期两个时期。芽膨大期是芽开始膨大，鳞片松动，颜色变浅的时期；芽开绽期是指鳞片松开，芽先端幼叶露出的时期。而核果类果树以延长枝上部的叶芽鳞片开裂，叶苞出现为萌芽期。萌芽标志着果树由休眠或相对休眠转入生长期，此期主要利用贮藏养分，萌芽后抗寒力显著降低。北方春季的倒春寒经常给果树生产造成较大的损失就是由于此种原因。

(2)萌芽的决定因素：果树萌芽是由遗传特性和综合条件共同作用的结果。果树萌芽的早晚取决于芽的特性：具有早熟性的芽一年可多次萌发，落叶果树晚熟性的芽主要集中在春季一次萌发；潜伏性芽则只在受到刺激时才萌发。温度是决定果树春季萌芽早晚的关键环境因素。一方面落叶果树需要一定的低温量才能通过休眠进入生长期，而进入生长状态的芽又需要一定的积温才能萌芽。多数落叶果树要求日平均气温达 5℃以上，土温达 7～8℃，经过 10～15 d 后才能萌芽。但枣和柿则要求平均气温在 10℃以上。而树体贮藏营养充足、土壤通气良好、空气湿度适当偏小都有利于萌芽。果树上通常用萌芽力和成枝力来衡量枝条的萌发状况。

3. 枝的生长

果树叶芽萌发后进入新梢生长，新梢生长使树冠扩大，叶幕形成，并与根的活动相配合。枝的生长包括加长生长和加粗生长。常用生长量和生长势来表示。

(1)加长生长：新梢加长生长是从叶芽萌发后露出芽外的幼叶彼此分离后开始，至新梢顶芽形成或停止生长为止。加长生长是枝条顶端分生组织的细胞分裂伸长的结果。细胞分裂发生在新梢的顶端，伸长则延续到顶端以下几节。随着枝条的伸长，进一步分化出侧生叶和芽，枝条形成表皮、皮层、木质部、韧皮部、形成层、髓和中柱鞘等各种组织。加长生长经过 3 个时期：开始生长期从展叶开始到迅速生长前为开始生长期。此期内第一批簇生叶片增大，而新梢无明显的伸长。生长主要依赖上年的贮藏营养。此期长短主要取决于气温高低。晴朗高温，持续时间短；阴雨低温持续时间长；旺盛生长期从开始加快生长到缓慢下来为止。此期节间加长，新梢明显伸长，幼叶迅速分离，叶片数量和面积快速增加；缓慢生长期从生长变缓直至停止生长。此时形成的节间短，进而形成顶芽，停止生长，持续一段时间后枝条转入成熟阶段。

新梢加长生长动态受多种因素影响。首先是不同树种间差异较大。葡萄、桃、杏、猕猴桃等果树一年多次抽生新梢。苹果、梨等果树的新梢只沿枝轴方向延伸 1～2 次，很少发生分枝，梨的二次枝又比苹果少。核桃、栗、柿等果树的新梢加长生长期短，一般无二次生长，常在 6 月份停止生长，整个生长过程明显集中于前期。其次是同一树种也会因品种、树龄、树姿、负载量、环境等因素影响而有所变化。苹果幼树或负载量较小的树或夏秋季节高温多雨时易发生秋梢，而成年果树负载量大时不易发生秋梢，甚至不发生二次生长。第三是不同类型枝条的生长的动态也存在差异。短枝无旺盛生长期，旺盛营养枝可持续生长到秋季。苹果生长中庸的营养枝，中间有一个缓慢或停止生长的阶段，形成瘪芽或盲节(又叫环痕，在春、夏、秋梢或 1、2 年生枝交界处一般无明显的芽子)，7～8 月份又旺盛生长，形成秋梢。

新梢旺长期是果树叶幕形成期，其生长强度及持续时间对树体全年营养状况影响较大。

新梢旺长期也是树体营养转换期，由利用贮藏营养逐步过渡利用当年制造的营养。除此之外，新梢旺长期还是果树全年需肥水的临界期。生产上必须采取综合措施（如充分供应肥水、夏季修剪及定果等技术措施）满足新梢旺长期的需要。

(2)加粗生长：加粗生长晚于加长生长，是形成层细胞分裂、分化和增大的结果。加粗生长的开始时间和生长强度决定于加粗部位距离生长点的远近，也决定于加粗部位以上生长点和枝叶的数量。果树加粗生长的起止顺序是自上而下，春季新梢最先开始，依次是1年生枝、2年生枝、多年生枝、侧枝、主枝、主干、根颈，秋季则按此顺序依次停止；多数果树每年有2次加粗生长高峰，且出现在新梢生长高峰之后，一年中最明显的生长期在8～9月份。多年生枝干的加粗开始生长期比新梢加长生长晚1个月左右，其停止期比新梢加长生长停止期晚2～3个月。当叶面积达到最大面积的70%时，叶片制造的养分即可外运供加粗生长。枝干加粗的年间差异，表现为木质部的年轮。枝在加粗生长时，使树皮不断木栓化并出现裂痕，多年生枝只有加粗生长，而无加长生长。

4. 叶的生长发育

(1)单叶的发育：单叶发育从叶原基出现，经过叶片、叶柄和托叶的分化、叶片展开，至叶片停止增大为止。叶的发育决定果树单叶面积和叶片功能。

果树单叶面积大小取决于叶片生长期及迅速生长期。叶片生长期长短因树种、枝梢类型及叶在枝梢上的部位不同而异。梨的叶片生长期需要16～28 d，苹果20～30 d，猕猴桃20～35 d，葡萄15～30 d。长梢中、下部叶片生长期较长，而上部叶片生长期较短；短梢除基部小叶生长期较短外，其他叶片基本相似。苹果、梨叶片生长期最长、叶面积最大的是新梢中部的叶片，生长时间达40～50 d，但以开始时的15～20 d内长势最旺盛。

叶片的功能取决于叶面积和叶龄。幼叶光合能力差，净光合为负值。当叶面积达到成叶的1/2时养分收支达到平衡；叶面积达到最大时，叶片的光合能力最强，净光合最大，并持续一段时间。以后随着叶片的衰老和温度的降低，光合能力下降，净光合下降，直至落叶休眠。苹果、梨枝梢中部的叶片功能最强。葡萄叶片光合能力在展叶后30～40 d达到高峰，持续10～40 d，以后随叶片衰老而下降，直至落叶。

(2)叶幕的形成：果树叶幕是枝芽在树冠中生长的结果。叶幕的结构及其在年周期内的动态是衡量果树丰产的重要指标。落叶果树的叶幕，在春季萌芽后，随着新梢生长，叶片的不断增加而形成。叶幕在年周期中随枝叶的生长而变化，为保持叶幕较长时间的生产状态，在年周期中要求叶幕前期增长快，中期相对稳定，后期保持时间长。叶幕形成速度取决于树种、品种、树龄、树体营养、环境条件和栽培技术。苹果成年树以短枝为主，树冠叶面积在短枝停长时增长最快，5月下旬中、长枝停长时，已形成全树最大叶面积的80%以上。桃树以长枝为主，叶面积形成较慢，增长最快的时间是在长枝旺盛生长之后，约在5月下旬。叶幕中后期的稳定可通过栽培技术如夏季修剪、病虫害防治、肥水管理等实现。

叶面积是衡量叶幕结构及其动态的主要指标。果树叶面积的大小用叶面积系数表示。叶面积系数也称叶面积指数，是指单位面积上所有果树叶面积总和与土地面积的比值（叶面积系数＝叶面积/土地面积）。叶面积系数高表明叶片多，光合面积大，光合产物多。但随着叶面积系数的增加，叶片之间的遮阳加重，获得直射光叶片的比率降低。多数落叶果树当叶片获得光照强度减弱至30%以下时，叶片的消耗大于合成，变成寄生叶。生产上一般采用调整树冠形状、适当分层以及错落配置各类结果枝组等措施解决上述矛盾，提高叶面积系数。一般多数果树叶面积系数以4～5较为合适。

落叶果树理想叶幕是在较短时间内迅速形成最大叶面积，结构合理而相互遮阳少，并保持较长时间的稳定。

5. 落叶与休眠

(1)落叶：落叶是果树进入休眠的标志。温带果树在日平均气温达到15℃以下，日照12 h以下开始落叶。温度是果树落叶的主要决定因素，桃树在15℃以下，梨13℃以下，苹果在9℃以下开始落叶。树体及其各部位的发育状况也影响落叶的时间，幼树较成年树落叶迟，壮树较弱树落叶迟；在同一株树上，短枝较长枝落叶早，树冠外部和上部较内膛和下部落叶迟；外界条件的作用是果树非正常落叶的主要原因，干旱、水涝和病虫害都能引起果树落叶；生长后期温度和潮湿又会延迟落叶。过早落叶和延迟落叶对果树越冬和来春的生长结果都不利。

(2)休眠：休眠是指果树的芽或其他器官暂时停止生长而只维持微弱生命活动的现象。休眠期从秋季落叶到翌年春季萌芽为止。果树的休眠是在系统发育过程中形成的，是对低温、高温、干旱等逆境适应的特性。落叶果树的休眠有自然休眠和被迫休眠两种。自然休眠是由果树本身的遗传特性和生理活动决定的休眠。果树在自然休眠期内即使给予适宜生长的环境条件，也不能发芽生长。通过自然休眠需要的一定时间和一定程度的低温条件，称为需冷量。自然休眠要求的需冷量，一般以芽需要的低温量表示，即在7.2℃以下需要的小时数。果树自然休眠与树种、树体发育状况及器官组织类型有关。不同树种因原产地系统发育而形成不同的休眠特性。扁桃在0～7℃低温下200～500 h可完成自然休眠，桃为500～1 200 h，苹果、梨为900～1 000 h。自然条件下，多数果树在12月下旬至翌年2月下旬结束自然休眠。同一树种，幼树进入休眠期晚于成年树，在同一株树上进入休眠的顺序是从小枝到大枝，从木质部到韧皮部，最后到形成层。如果冬季低温不足，未能解除休眠，果树将表现不萌芽、不开花或萌芽不整齐、叶片小、生长结果差等现象。被迫休眠是指由于不利的外界环境条件(低温、干旱等)限制而暂时停止生长的现象。落叶果树冬季通过自然休眠后，往往由于周围温度过低而进入被迫休眠。根系的休眠也属被迫休眠。

6. 影响枝芽发育的因素

(1)树种、品种和砧木：不同树种、品种的枝芽特性存在较大差异，从而有不同的生长表现。不同树种新梢长势不同，桃、葡萄等较强，柿等较弱，苹果居中；苹果的短枝型品种萌芽率高，成枝力低，表现节间短，短枝比例大，树体高度及枝梢长势均弱于普通型品种。砧木对地上部生长有明显的影响，有的砧木能使接穗长成高大的树体，这种影响称为乔化。对接穗有乔化作用的砧木，称为乔化砧。如山定子、海棠果是苹果的乔化砧。有的砧木能使树体变小，这种影响称为矮化，具有矮化作用的砧木称为矮化砧。如M系营养砧多数为苹果的矮化砧或半矮化砧。

(2)枝芽区位优势：枝芽区位优势主要有顶端优势和垂直优势。顶端优势是指在趋于直立生长的同一植株或枝条上，枝芽的生长势和生长量自下而上依次增强的现象(图1-12)。垂直优势现象是指树冠内枝条的生长势，直立枝最旺，斜生枝次之，水平枝再次之，下垂枝最弱。激素是形成枝芽区位优势的主要原因。在直立性强的枝条和处于顶端的枝芽中，含有很多的生长素和赤霉素等物质，能提高枝条调运养分和水分的能力，促进细胞分裂和枝芽生长。修剪中通过改变枝芽生长方向可以调整枝条的生长势。

(3)树体营养状况：枝梢生长的物质基础是树体营养，它既取决于树体当年的营养水平，更决定于树体上年贮藏营养的丰缺，二者又互为基础，相互影响。新梢开始生长时只能利用贮藏

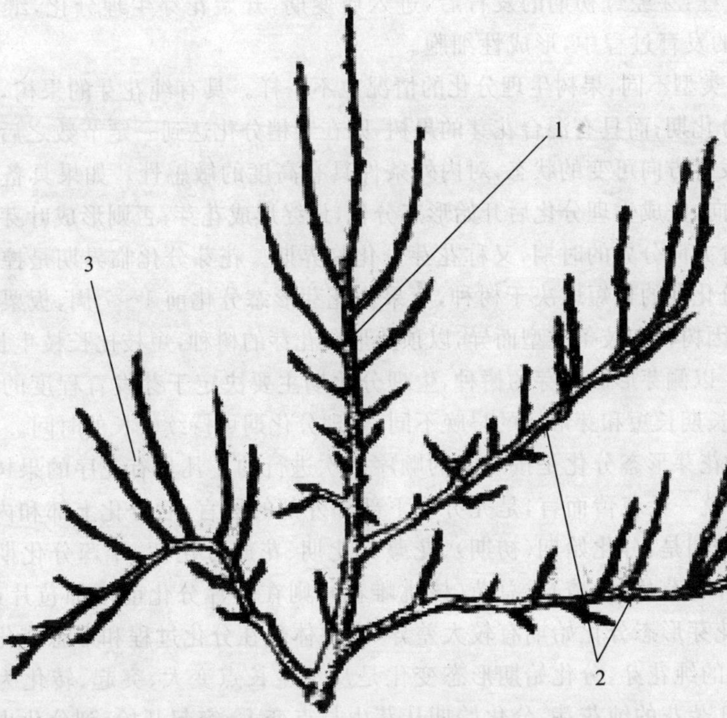

图 1-12 果树顶端优势

1. 直立枝，顶端易萌发旺枝 2. 水平、斜生枝，多萌发中、短枝
3. 向下弯曲枝，弯弓顶端易萌发旺枝

营养，苹果萌芽后 6 周才不再利用贮藏营养，叶丛枝、短枝、中长枝的春梢部分主要依靠贮藏营养生长。贮藏营养不足时，新梢短纤弱，光合能力差，直接影响树体营养水平。当树体结果过多时，大部分光合产物用于果实发育，新梢生长受到抑制，因当年贮藏营养不足而影响翌年枝梢生长；此外，病虫为害枝叶及不良环境因素均可影响树体营养状况，最终影响枝芽当年生长发育。

(4)内源激素：新梢的正常生长是各种内源激素相互作用的结果。茎尖中的生长素和幼叶产生的赤霉素可促进新梢生长，而老叶中产生的脱落酸则抑制新梢生长。

(5)环境条件和矿质元素：环境条件主要指光照和水分。光照通过光合作用和光周期两方面影响枝梢生长，长日照有利于生长素的形成，从而促进枝梢生长，而强光则抑制新梢的生长；春旱秋涝是影响果树枝梢生长的主要水分因素，春旱限制新梢前期生长，而秋涝又造成枝梢秋季徒长，组织不充实。矿质元素指氮素和钾素。氮素对枝梢生长有特别显著的作用，而钾肥使用过多，对新梢生长有抑制作用。

(四)花果发育

1. 花芽分化

花芽分化是指果树芽的生长点经过生理和组织状态的变化，最终形成各种花器官原基的过程。其中，生理分化和形态分化是果树花芽分化的两个重要阶段。生理分化是果树芽生长点内进行的由营养生长状态向生殖生长状态转化的一系列的生理、生化过程。形态分化是指从花原基最初形成至各器官形成完成。

(1)花芽分化过程：芽经过初期的发育后，进入质变期，开始花芽生理分化，继而进行形态分化，在雄蕊、雌蕊的发育过程中，形成性细胞。

生理分化：花芽类型不同，果树生理分化的情况也不一样。具有纯花芽的果树，芽在鳞片分化之后即进入生理分化期；而具有混合花芽的果树，则在雏梢分化达到一定节数之后开始这一过程。这一时期处于发育方向可变的状态，对内外条件具有高度的敏感性。如果具备花芽形成的条件，则改变代谢方向，完成生理分化后开始形态分化，最终形成花芽；否则形成叶芽。生理分化期是花芽和叶芽发育方向分界的时期，又称花芽分化临界期。花芽分化临界期是控制花芽分化的关键时期。生理分化期的长短取决于树种，苹果为花芽形态分化前1～7周，板栗为3～7周。生理分化期的早晚，因树种和枝条类型而异，以顶芽形成花芽的树种，短枝比长枝生长停止早，生理分化期开始也早。以侧芽形成花芽的树种，生理分化期主要决定于芽发育程度的早晚。同一株树，由于枝条的生长期长短和芽形成的早晚不同，生理分化期可持续较长的时间。

形态分化：果树花芽形态分化是按一定的顺序依次进行的。凡具有花序的果树，先分化花序轴，再分化花蕾。就一朵花蕾而言，是先分化下部和外部的器官，后分化上部和内部的器官。形态分化的顺序和分期是：分化始期（初期）、花萼分化期、花瓣分化期、雄蕊分化期、雌蕊分化期。有的果树花萼外有苞片（山楂）或总苞（核桃雌花），则在萼片分化前增加苞片或总苞的分化。不同果树之间花芽形态分化始期有较大差异，主要体现在分化过程和形态变化两个方面。桃、杏等芽内含单花的纯花芽，分化始期形态变化是从芽生长点变大、突起、转化为花原基止。李、樱桃芽内含2～3朵花的纯花芽，分化始期从芽生长点变大、突起开始，到分化出2～3个花原基止。具有花序的果树，花芽分化始期是从芽的分化部位变宽、突起开始，经过花序轴的分化到单花原基出现为止，分化过程形态变化较大，仁果类果树花芽形态分化过程和形态变化共分为7个时期（图1-13）。

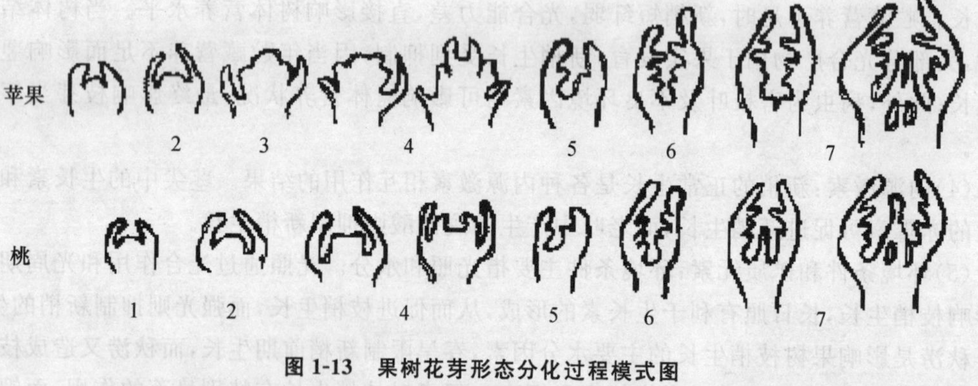

图1-13　果树花芽形态分化过程模式图

1. 叶芽期　2. 分化初期　3. 花蕾形成　4. 萼片形成　5. 花瓣形成　6. 雄蕊形成　7. 雌蕊形成

叶芽期：生长点狭小、光滑。生长点内均为体积小、等径、形状相似和排列整齐的原分生组织细胞。

分化始（初）期（花序分化期）：分化开始，生长点变宽，突起，呈半球形，然后生长点两侧出现尖细的突起，此突起为叶或苞片原基。

花原基分化期（花蕾形成期）：生长点变为不圆滑，并出现突起的形状，在苞叶腋间出现突起，为侧花原基；原中心的生长点成为中心花的原基。苹果中心突起较早，也较大，处于正顶部的突起是中心花蕾原基；梨的周边突起较早，体积稍大，为侧芽原基。

萼片分化期：花原基经过伸长、增大，顶部先变平坦，然后中心部分相对凹入而周围产生突起，即萼片原始体。

花瓣分化期：萼片内侧基部发生突起，即为花瓣原始体。

雄蕊分化期：在萼片内侧，花瓣原始体之下出现突起（多排列为上、下两层），即为雄蕊原基。

雌蕊分化期：在花原始体中心底部发生突起（通常为 5 个），即为雌蕊心皮原基。此后，心皮经过伸长、合拢，形成心室、胚珠而完成雌蕊的发育。与此同时雄蕊完成花药、花粉的发育；花的其他器官如花萼、花瓣也同时发育。

尽管花芽分化都要经过上述的形态变化过程。但花芽开始分化的时间及经历的时期在树种、品种间有较大变化。其中从形态分化到雌蕊分化期，苹果为 40～70 d，枣只有 10 d 左右。从花芽形态分化到开花的时间，最长的核桃的雄花芽为 380～395 d，枣只有 20～30 d。同一品种则因发育状况而异，一般成年树比幼年树分化早，中等健壮树比结果树分化早，结果少的树比结果多的树分化早；即使同一植株也因枝条类型的不同而有明显差异，因为花芽分化需要新梢必要的生长和及时停止生长，不同类型的新梢在一年中分期分批停止生长，同期停长的新梢又处于不同的营养状况和环境条件。花芽分化周年进行，且分期分批完成。苹果的短枝顶芽在 5 月下旬分化花芽，而长枝的腋花芽要延迟到 9 月份才开始分化花芽。枣、葡萄等一年多次发枝，可多次分化花芽。由于果树大部分枝梢是在叶幕形成期停止生长，因此，各种果树的花芽分化又表现为相对集中和稳定。在一年中，苹果、梨一般集中在 5～9 月份，桃为 6～9 月份，葡萄是 5～8 月份，枣则在 4 月份。

（2）花芽分化进程：按照冬季休眠时花芽分化达到的程度为标准，不同树种花芽分化从快到慢的顺序是：核果类＞苹果、梨＞柿＞山楂、核桃＞葡萄＞枣、中华猕猴桃。苹果、梨、核果类等果树到冬季休眠时一般能达到雌蕊分化期，其中桃、杏的雌蕊可出现花粉母细胞，雌蕊有的可能出现胚珠原基；柿分化到花萼或花瓣分化期；山楂分化到花萼分化期；核桃雌花分化到萼片期；葡萄分化到花序分枝或花原基；枣、中华猕猴桃在第 2 年春季萌芽过程中进行形态分化。此外，异常环境条件如高温、低温等常常导致果树加快花芽分化进程，出现二次开花现象。

（3）花芽分化条件

①枝芽状态。花芽分化时芽内生长点必须处于生理活跃状态，并且细胞仍处在缓慢分裂状态。多数果树是在新梢处于缓慢或停止生长时进行花芽分化，特征是新梢缓慢生长但不进行伸长或停止生长但未进入休眠。只有发育到花孕育程度的芽才能最终形成花芽，葡萄是在新梢生长的同时进行花芽分化。

②营养物质。花芽分化依赖碳水化合物、蛋白质、核酸、矿质元素等营养物质。营养物质的种类、含量、相互比例以及物质的代谢方向都影响花芽分化。在足够的碳水化合物基础上，保证相当量的氮素营养，C/N 比适宜，才有利于花芽分化。果树生产中对枝叶生长良好的果树采用抑制营养生长的措施如喷施生长抑制剂、环剥、开张角度等，能促进花芽形成。

③调节物质。花芽分化是在多种激素和酶的作用下发生的，分化要求激素启动和促进。来自叶和根的促花激素和来自种子、茎尖、幼叶的抑花激素的平衡才能促进花芽分化。促花激素主要指成年叶中产生的脱落酸（ABA）和根尖产生的细胞分裂素（CTK）；抑花激素主要指产生于种子、幼叶的赤霉素和产生于茎尖的生长素。结果过多，种子产生的赤霉素多，抑制花芽

分化，摘心可减少生长素而促进花芽分化。

④环境条件。果树花芽分化的环境条件主要指光照、温度、水分和土壤。光照是花芽形成的必要条件。强光有利于花芽形成。大多数北方果树的花芽分化适宜长日照的环境条件；温度影响果树一系列的生理活动和激素的形成，间接影响花芽分化的时期、质量和数量。落叶果树一般在相对高的温度下分化花芽，但长期高温或低温不利于花芽分化。适度的干旱有利于花芽分化。落叶果树分化始期与分化盛期大致与一年中长日照、高温和水分大量蒸发的条件相吻合。土壤养分的多少和各种矿质元素的比例也影响花芽分化。

(4)花芽分化的时期：果树种类不同，花芽分化时期各异，具体可归纳为以下四种类型。

①夏秋分化型。包括仁果类、核果类的大部分温带落叶果树，如苹果、梨、山楂、桃、李、杏、葡萄等，它们多在夏秋，新梢生长减缓后开始分化，要求较高的温度和日照长度，分化后需通过冬季休眠，雌、雄蕊才能发育成熟，于春季开花。

②冬春分化型。包括柑橘及其他一些常绿果树。它们是在冬春进行花芽分化，并继续进行花器官各部分的分化和发育，不需要休眠就能开花。

③多次分化型。一年中能多次分化花芽，多次开花结果。如柠檬、金柑和杨桃等。

④不定期分化型。在一年中只分化一次，但可在任何时间进行，决定因素是植株大小和叶片多少。如香蕉、菠萝等。

单芽分化所需要时间，树种之间差异很大。苹果从花芽分化到雌蕊形成需要 1.5～4 个月，而从形态分化开始到雌蕊原基形成只要 1 个多月，枣形成一朵花的分化期为 5～8 d，分化一朵花序需要 8～20 d；核桃雌花芽分化期常达 10 个月，而雄花芽历时一年还多。北方常见果树的花芽分化期见表 1-1。

表 1-1　北方常见果树花芽分化期

树种	品种	生理分化开始/(月/日)	形态分化开始/(月/日)	分化盛期/(月/日)	研究者、年份、地点
苹果	早生旭	5/20	6/17	5/27～8/20	许明宪等，陕西武功
	红玉	5/29	6/26	5/29～10/3	许明宪等，陕西武功
	倭锦	5/29	6/17	5/29～10/3	许明宪等，陕西武功
	青香蕉	6/19	7/14	6/19～10/3	许明宪等，陕西武功
	国光	6/25	7/1	7/5～9/25	许明宪等，陕西武功
梨	秋白	6/10			蒲富慎，辽宁兴城果树研究所，
	鸭梨	6/中下旬			1955，河北定县
	长石郎	5/下旬	6/10～8/26		华中农学院，1962，武汉
	明月	7/下旬			华中农学院，1962，武汉
	苹果梨	8/上旬			顾模等，1954—1960，吉林
桃	深州水蜜	8/10			杨文衡等，1955，河北保定
	肥城桃	8/上中旬			杨文衡等，1955，河北保定
	玉露	6/26			张上隆，1962，浙江杭州
	小林	7/6			张上隆，1962，浙江杭州
	火珠	7/20			史幼珠，1956，江苏南京

续表 1-1

树种	品种	生理分化开始/(月/日)	形态分化开始/(月/日)	分化盛期/(月/日)	研究者、年份、地点
葡萄	玫瑰香	5/中旬			崔致学,1961,河南郑州
	玫瑰香	5/30			黄灰白,1963,北京
枣			4/7		曲泽洲等,1961,河北保定
柿	镜面柿		6/中旬	7/中旬至8/中下旬	张耀武等,1964,河南百泉

(5)促进果树花芽分化的措施

①选择适宜的繁殖方法。果树上以无性繁殖为主,应选择适宜的无性繁殖方法,如嫁接繁殖、扦插繁殖等。嫁接时,因地制宜选择矮化、半矮化砧。

②平衡果树各器官的生长发育关系。对大年树疏花疏果,可减少养分消耗,有利于花芽形成;幼树轻剪、长放、开张枝条角度等缓和生长势,促进成花;对旺长树采用拉枝、摘心、扭梢、环剥和倒贴皮、断根等促进花芽分化。

③控制环境条件。合理密植,合理修剪改善果园内及树冠内光照条件。花芽分化前适当控水,促进新梢及时停止生长;花芽分化临界期合理增施铵态氮肥和磷、钾肥均能有效地增加花芽的数量。

④应用植物生长调节剂。在果树花芽生理分化前期喷布比久(B_9)、多效唑(PP_{333})、矮壮素(CCC)等生长调节剂,使枝条生长势缓和,促进成花。

2. 花与开花

(1)花与花序类型:果树通常一朵花由花梗、花托、花萼、花瓣和雌蕊组成。一朵花中有雄蕊和雌蕊者称完全花或两性花,如仁果类、核果类、柑橘等果树的花都是两性花。花中仅有雄蕊或雌蕊者,称单性花,如核桃、板栗、猕猴桃、银杏等果树的花呈单性花。雌花和雄花着生在同一树体上的称为雌雄同株,如核桃、板栗等;雌花和雄花着生在不同树体上称雌雄异株,如银杏、猕猴桃、罗汉果等。果树的花序类型有:复总状花序或圆锥花序,如葡萄、枇杷等;伞形花序如苹果等;伞房花序如梨等;聚伞花序如枣等;隐头花序如无花果等;柔荑花序如板栗、银杏、核桃等。一般同一个花序上单花开花有先后,一般花序上先开的花坐果率高。

(2)开花:果树开花是指花蕾的花瓣松裂到花瓣脱落为止。需 3~5 d。常用开花期加以表示,是指一株树从有少量的花开放至所有花全部凋谢时止。果树生产上常以单株为单位将开花期分为初花期、盛花期、终花期和谢花期 4 个时期。初花期是指单株有 5%的花开放的时期;盛花期是指单株有 25%~75%的花开放的时期,又分为盛花始期、盛花期和盛花末期,盛花始期是指全树有 25%的花开放的时期,盛花期是指全树有 50%的花开放的时期,盛花末期是指全树有 75%的花开放的时期;终花期是指单株全部的花开放,并有部分花瓣开始脱落的时期;谢花期是指全树 5%~95%的花的花瓣正常脱落。具体又分为谢花始期和谢花终期。谢花始期是指全树有 5%的花的花瓣正常脱落,谢花终期是指全树 95%以上的花的花瓣脱落。果树开花迟早与延续时间长短取决于树种、品种、树体营养状况及环境条件。梅开花最早,樱桃、杏、李、桃较早,梨、苹果次之,葡萄、枣次之,枇杷最迟。苹果短枝型品种开花早,长枝型品种开花迟。同一树上通常短果枝先开,长果枝和腋花芽后开。枣、板栗、柿、枇杷花期长,桃、梨花期较短。树体营养水平高,开花整齐,单花开花期长,有利授粉受精,结果率高;晴朗和高温时开花早，开放整齐，花期也短。

果树开花早晚主要取决于温度。落叶果树开花一般要求日平均气温在10～12℃，最适12～14℃。除日平均温度外，还要求一定的积温。苹果从花芽萌发到开花需要≥5℃的积温(185±10)℃。温度对果树开花的影响主要体现在以下五个方面：一是不同树种和品种开花要求的温度不同。一般樱桃、杏、梨、桃较低，苹果、山楂次之，葡萄、柿、枣、栗较高。如桃在10℃以上，鸭梨14～15℃，苹果17～18℃，枣18～20℃开花。短枝型苹果开花要求的温度相对较低，而长枝型品种则相对较高。二是地理位置影响开花期的早晚。山地，海拔每升高100 m，开花期延迟3～4 d。平原，纬度向北推进1°(110 km)，果树开花期平均延迟4～6 d，北坡比南坡开花期延迟3～5 d。三是在一天中，花的开放时间多在上午10点至下午2点。四是花芽的着生位置。同一树上短果枝开花早于长果枝，顶花芽早于腋花芽。五是开花习性。苹果为伞形花序，中心花先开，梨为伞房花序，边花先开。葡萄花序由上而下单花帽状脱落。

多数果树一年开花1次。如遇夏季久旱而秋季温暖多雨的气候或遭病、虫害等刺激，易发生2次开花，影响来年产量。但具有早熟性芽的葡萄、早实新疆核桃可开花1次以上。石榴一年能多次开花。生产上利用这一特性实现一年多次结果。

3. 授粉受精

授粉也称传粉，是指果树雄蕊上的花粉粒传送到雌蕊柱头上的过程；受精是指花粉落到柱头后萌发，花粉管穿过花柱进入胚囊，释放精核并与胚囊中卵细胞融合的过程。大多数果树需授粉、受精才能结实。

(1)授粉受精时间：授粉在花刚开放、柱头新鲜且有晶莹黏液分泌时最适宜，大多数果树在晴朗无风或微风的上午适于授粉。果树的受精有效期一般为6～7 d。多数被子植物授粉后24～48 h可完成受精。此外，柱头对花粉具有选择性：当多种花粉传送到同一柱头上时，生物学特性相近的花粉生命力强，容易萌发而完成受精。

(2)传粉媒介：传送花粉到柱头上的媒介，因树种而不同，但主要是风和昆虫。依靠风力传送花粉的叫风媒花；依靠昆虫传送花粉叫虫媒花。坚果类为风媒花。如板栗花粉常以数十粒到数百粒成团随风传播，单粒花粉可风行150 m，但大多数不超过20 m。虫媒花主要依靠蜜蜂传粉，也可利用其他蜂类、蝇类如筒壁蜂属的角额壁蜂、筒壁蜂等作为传粉媒介。仁果类、核果类以及猕猴桃、枣等果树为虫媒花。

(3)授粉结实方式：在果树生产上，结实是指果树能形成一定商品果实产量的过程。按果实形成的机理分为受精结实和单性结实。结实的过程包括授粉受精、坐果、果实与种子发育以及成熟等阶段。具体包括以下三种。

①自花授粉结实。自花授粉是指同一品种内授粉。最典型的自花授粉是闭花授粉，是指在花开放前花粉粒已经成熟，在同一朵花内完成授粉过程。如葡萄的部分品种就是这种情形。自花授粉后能够得到满足生产要求产量的，称为自花结实；而不能形成满足生产要求产量的称为自花不结实。自花结实并产生有生活力的种子的现象叫自花能孕；自花结实但不能产生有生活力的种子的现象叫自花不孕，如无核白葡萄自花授粉结实，但种子中途败育。苹果、梨、樱桃的大部分品种和桃、李的部分品种，自花结实率很低，生产上需要异花授粉。即使自花结实的品种，葡萄、桃、杏的多数品种及部分樱桃、李品种，采用异花授粉产量更高。因此，在果树栽植时，配置适宜的授粉树有着重要意义。

②异花授粉结实。异花授粉是指果树品种间的授粉，也是植物界较普遍的授粉方式。异

花授粉的果树有的是雌雄异株，如银杏、山葡萄、猕猴桃等；有的是雌雄异花，如板栗、核桃、榛等；也有的是两性花，但雌雄异熟，或雌雄不等长，或自交不亲和等，这些都不具备自花授粉的性状。异花结实是指不同品种间授粉结果的现象。提供异花授粉花粉的品种称为授粉品种，这些品种的植株称为授粉树。异花授粉因品种间不亲合而存在异花不结实的现象，或异花不孕现象，在建园时必须注意授粉组合的搭配。

③单性结实。是指子房未经受精而形成果实的现象。单性结实的果实因未受精而无种子。单性结实分为两类：一类是刺激性单性结实。是指子房未经授粉或其他任何刺激能自然发育成果实，如无花果、山楂、柿等；另一类是刺激性单性结实，是指雌蕊必须经过授粉或其他刺激后才能结实。此外，植物生长调节物质和其他化学物质刺激雌蕊，也可人工诱导单性结果。在杏、李、樱桃、葡萄等果树上用赤霉素诱导单性结实，都有一定效果。

4. 果实发育

果实发育包括受精、果实膨大到果实成熟的整个过程。

(1)坐果：坐果是指经过授粉受精后，子房或子房连同其他部分生长发育形成果实的现象。坐果是由于授粉受精刺激子房产生生长素和赤霉素等物质，提高了其调运水分和养分的能力，保证了蛋白质的合成和细胞迅速分裂，最终发育成果实。坐果率指坐果数与开花数的百分比。果树生产上常在生理落果后统计坐果率。其表示有两种方法：一是花朵坐果率。其表示公式为：花朵坐果率＝坐果数/开花数×100%。二是花序坐果率。其表示公式为：花朵坐果率＝坐果花序数/开花花序数×100%。坐果是形成果实的前提，提高坐果率是果树生产的一项重要任务。

(2)果实发育过程：从开花到果实成熟，不同树种历时不同。草莓只有 20 余 d，杏、无花果、梅、枣、石榴等需 50～100 d。同一品种也因栽培地点、生态和栽培条件的不同其果实发育期经历的时间也不同。

果实自受精到果实成熟的发育过程中，按体积、直径或鲜重在各个时期的积累值画成的增长曲线，叫果实生长图形。果实生长图形主要有 2 种："S"形和"双 S"形(图 1-14)。苹果、梨、板栗、核桃、草莓等果实的生长图形为"S"形；大部分核果类以及葡萄、山楂、柿、无花果为"双 S"形。此外，一些特殊树种如猕猴桃和"金光杏梅"(河南科技学院与新乡市农业局培育的杏梅新品种)果实生长图形为"3S"形(图 1-15)，且金光杏梅果核的生长图形则为近"厂"形(图 1-16)。"S"形果实生长的特点是只有一个速长期。"双 S"形果实生长的特点是只有一个速长期，在两个速长期之间，有一个缓慢生长期。"3S"形果实生长发育动态图形呈"慢—快—慢—快—慢"趋势，整个发育过程可分为 5 个时期：即幼果缓慢生长期，果实第 1 次迅速生长期，果实第 2 次缓慢生长期，果实第 2 次迅速生长期和果实熟前缓慢生长期。果实第 2 次缓慢生长期与果实硬核期相吻合，果实第 1、2 次迅速生长期是果实增长的两个关键时期。果实纵、横、侧径、果肉厚度与果实鲜重、体积变化曲线极为相似，果实纵、横、侧径、果肉厚度与果实鲜重、体积是同步增长的。近"厂"形果核的生长发育动态呈"快—慢—停"趋势，谢花后 31 d 前是迅速生长期；31 d 后进入缓慢生长期并开始硬化、变色；至 59 d 达到固有大小和颜色，硬化结束；59 d 后停止生长。果实发育过程可分为细胞分裂期、组织分化期、细胞膨大期、果实成熟期 4 个阶段。

①细胞分裂期。该期从受精到胚乳停止增殖。由于细胞分裂使胚乳与果肉增长。苹果受精后细胞分裂一般延续 3～4 周。"双 S"形的果实同时出现细胞增大。

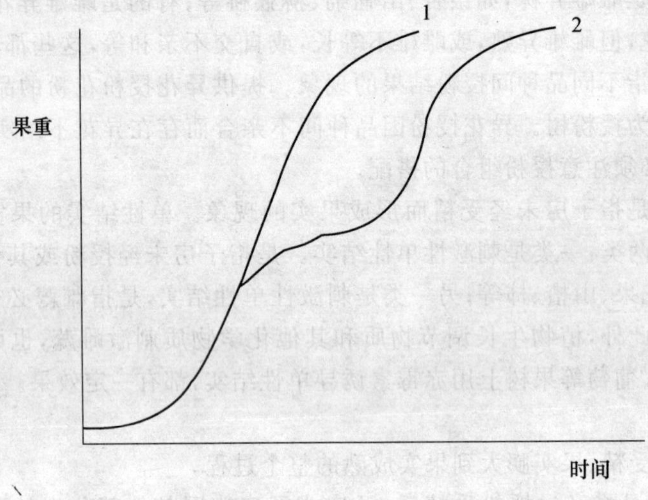

图 1-14 果实生长曲线示意图

1. 苹果 2. 樱桃

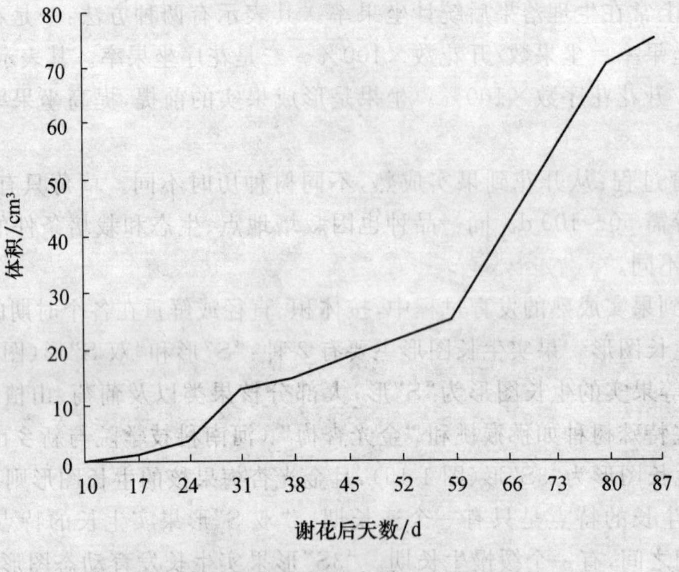

图 1-15 猕猴桃、金光杏梅果实生长曲线

②组织分化期。该期从胚乳停止增殖到种子硬化。苹果细胞停止分裂后主要进行细胞分化和膨大，胚迅速发育并吸收胚乳。此期核果类称为硬核期，内种皮硬化，胚迅速增长，子房壁增长缓慢。早、中、晚熟品种由此期长短决定。

③细胞膨大期。该期从果实明显增大到基本达到本品种大小。由于细细胞体积、细胞间隙增大，致使果实食用部分迅速增长，最后达到最大体积。

④果实成熟期。该期从达到品种应有大小开始进入果实成熟期，直至采收。通常所说的成熟就是果实的发育达到该品种固有的大小、形状、色泽、质地、风味和营养物质的可食用阶段。随着果实的成熟，呼吸强度开始骤然升高，含糖量增加，有机酸分解，果肉变得松脆或柔软，产生芳香味，有的果皮产生蜡质的果粉，果皮变色。最后达到最佳食用期。果实的成熟过

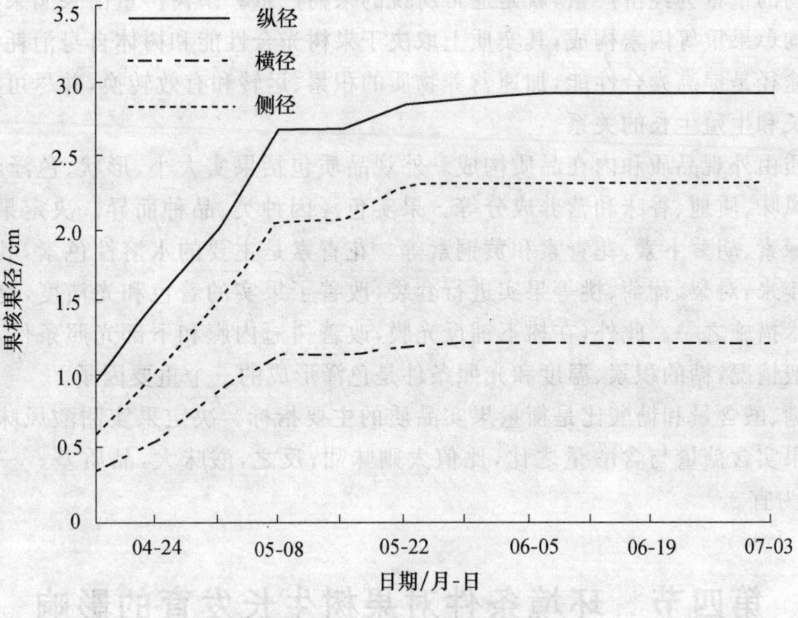

图 1-16　金光杏梅果核生长曲线

程可在树上完成，也可在采后完成。充分成熟的果实，呼吸下降，酶系统发生变化，遂进入衰老。

(3)落花落果：落花落果是指从花蕾出现到果实成熟出现的花、果脱落的现象。包括花蕾、花朵和果实的脱落。落花落果是果树在系统发育过程中为适应不良环境而形成的一种自疏现象，也是一种自身的调节。花果脱落的直接原因是花梗、果柄基部由于激素的变化而产生离层。具体原因包括内在因素和外在条件。其中，由于树体内部原因造成的落花落果统称为生理落果。

生理落果具有一定的规律性。苹果、梨等的生理落果集中时期一般有 4 次。第 1 次是落花，在盛花后期部分花开始脱落，直至谢花。导致落花的主要原因是花器发育不完全，如雌蕊、胚珠退化，或虽然花器发育完全但未能授粉受精，缺乏激素调动营养。第 2 次是落果，也称早期生理落果，出现在谢花后 2 周左右，多数是受精不完全的幼果，其原因主要是授粉受精不充分和树体贮藏营养不足。第 3 次生理落果出现在谢花后 4～6 周，仁果类果树在 6 月上中旬，又称“6 月落果”。其原因主要是新梢生长和果实的营养竞争。部分品种在果实成熟期发生第 4 次生理落果，也称采前落果。其原因主要是生长后期胚产生生长素的能力下降，致使形成离层而脱落。如元帅系苹果从成熟前 30～40 d 起开始少量脱落，15～20 d 大量脱落，成熟前最严重。

具体不同树种，落花落果情况也不相同。枣的落蕾量很高，为 20%～60%，葡萄、杏则落花量很高。雌雄异花果树的雄花，一般在开放、散粉后脱落。葡萄落花落果比较集中，常于盛花后 2 周内一次脱落。具有单性结实的树种或品种，其落果次数不明显。

外部因素如干旱、低温、大风、冰雹、药害、污染及其他人为因素等，生产上应分析落花落果的主导因子，采取相应的技术措施。

(4)果树产量和果实品质：果树单位土地上干物质的总重量为生物学产量。单位土地上人类栽培目的物的重量为经济产量，就是通常所说的果树产量。果树产量由果园果树株数、单株果实数和平均单果重等因素构成，其实质上取决于果树光合性能和树体自身消耗。因此，提高果树产量的途径是提高光合性能，加速营养物质的积累、运转和有效转换，并尽可能降低消耗，调节营养生长和生殖生长的关系。

果实品质由外观品质和内在品质构成。外观品质包括果实大小、形状、色泽和整齐度；内在品质包括风味、质地、香味和营养成分等。果实色泽因种类、品种而异。决定果实色泽的主要物质是叶绿素、胡萝卜素、花青素和黄铜素等。花青素是主要的水溶性色素，其形成需要糖的积累。近年来，对梨、葡萄、桃等果实进行套袋，改善了果实的着色和光洁度，是提高果实品质的主要技术措施之一。此外，在树下铺反光膜，改善树冠内膛和下部光照条件，可使果实着色良好。一般情况，糖的积累、温度和光照条件是色泽形成的三个重要因子。

果实中糖、酸含量和糖酸比是衡量果实品质的主要指标。决定果实甜酸风味的主要因素是糖酸比即果实含糖量与含酸量之比，比值大则味甜；反之，酸味大，品质差。一般糖酸比为(8～14)∶1为宜。

第四节　环境条件对果树生长发育的影响

果树在其生长发育过程中，形成了与环境相互联系、相互制约的统一体。环境影响着果树的生长、发育和分布；反之，果树也能影响环境。

一、温度

(一)温度与果树分布

温度是果树重要的生存因子。它影响着果树的地理分布，制约着果树生长发育速度，果树体内的一切生理、生化活动和变化都必须在一定温度条件下进行。对果树分布、生长和结果起决定性作用的主要是年平均温度、生长期积温和冬季最低温度等。落叶果树生长发育适宜的年平均温度是7～14℃。各种主要果树适栽年平均温度见表1-2。

表 1-2　主要果树适栽的年平均温度　℃

树种	年平均温度	树种	年平均温度
桃(南方)	12～17	梨(白梨)	7～15
桃(北方)	8～14	梨(秋子梨)	5～7
杏	6～14	葡萄	5～18
柿(北方)	9～16	中国樱桃	15～16
柿(南方)	16～20	西洋樱桃	7～12
核桃	8～15	李	13～22
苹果	7～14	枣(北枣)	10～15
梨(沙梨)	15～20	枣(南枣)	15～20

在综合外界条件下，能够使果树萌芽的日平均温度为生物学零度，即生物学有效温度的起点。落叶果树生物学零度为6～10℃；常绿果树为10～15℃。在1年中能保证果树生物学有效温度的持续时期为生长期(生长季)。果树生长季或某个发育期有效温度的累积值，称生物

学有效积温，简称有效积温或积温。积温是影响果树生长的重要因素，积温不足，果树枝条生长发育成熟不好，同时影响果实的产量和品质。树种不同，对积温要求不同。葡萄需要积温在3 000℃以上，南方柑橘需要积温2 500℃以上。积温是果树经济栽培区的重要指标。在有些地区，由于生长期有效积温不足，则果实不能正常成熟，即使年平均温度适宜，冬季能安全越冬，但该地区也失去该种果树的栽培价值。

冬季最低温度及持续时间是决定果树生育和栽培成功的关键因素。大多数北方果树在冬季最低温度达－30～－20℃时受冻，具体不同树种、品种而有差异。

落叶果树有自然休眠的特性。冬季进入自然休眠期后，需要一定低温才能正常通过休眠。如果冬季温暖，平均温度过高，不能满足通过休眠期所需低温，常导致芽发育不良，春季萌芽、开花延迟且不整齐，花期延长，落花落蕾严重，甚至花芽大量枯落。因此，冬季暖温是影响落叶果树南限分布的重要因素。在落叶果树南移时尤需注意。各种果树要求低温量不同。一般在0～7.2℃条件下，200～1 500 h可通过休眠。

(二)温度与果树生长发育关系

果树维持生命与生长发育都要求有一定的温度范围，不同温度的生物学效应有所不同，有其最低点、最适点与最高点，即三基点温度。果树在最适点温度时表现生长发育正常，过高或过低，生长发育过程将受到抑制或完全停止，并出现异常现象。

同化和异化过程对温度的要求不同。二者要求的温度因树种、品种、发育阶段和地理条件的不同而有差异。一般植物光合作用最适温度为20～30℃，最低为5～10℃，最高为45～50℃。而呼吸作用最适温度为30～40℃，最低为0℃左右，最高为45～50℃。当温度超过光合最适温度时，则光合作用减弱，而呼吸作用增强，不利于有机营养积累；当温度在10℃以下，40℃以上时，同化的积累和异化的消耗均少，不能大量积累；而当温度在20～30℃时，光合作用强，呼吸作用弱，同化积累大，有利于有机营养积累。

早春气温对萌芽、开花有很大影响。温度上升快，开花提早，花期缩短。早春气温回升慢，花期延迟，有些果树畸形花增多。花粉发芽适温为20～25℃，过低发芽受抑制，高于27℃时花粉发芽率显著下降。

花芽分化与温度也有一定关系。落叶果树花芽分化需要高温干燥和日照充足。如苹果在平均温度20～27℃时，有利于花芽分化。

温度对果实品质、色泽和成熟度有较大的影响。一般温度较高，果实含糖量高，成熟较早，但色泽稍差。温度低则含糖量少，含酸量高，色泽艳丽，成熟期推迟。昼夜温差对品质的影响非常明显，温差大，糖分积累多，风味浓。

(三)高温与低温对果树的影响

温度在果树年周期中呈现着正常的季节变化和日变化，对果树生长发育有利。如春季温变，可促进解除休眠和萌芽；秋季温变，可促进组织成熟和落叶，为越冬做好准备。但温度突然变化，常造成大量减产，甚至导致整株死亡。

果树生长期温度高达30～35℃时，一般落叶果树的生理过程受到抑制，升高到50～55℃时，受到严重伤害。常绿果树较耐高温，但高达50℃也会引起严重伤害。夏季热量过多，果实成熟推迟，果实小、着色差、耐贮性差；夏季高温，果实易发生日灼；秋冬季温度过高，落叶果树不能及时进入休眠或按时结束休眠。

低温和突然的低温对果树的危害比高温危害更严重。不同树种、品种对低温的抵抗能力不同(表 1-3)。果树一般以枝梢、花芽、根颈易受冻害。同一种果树在不同生育期对低温的忍受力不同。

表 1-3 各种果树受冻温度 ℃

树种	枝梢受冻温度	整株冻死温度
枇杷	−9～−10	−14～−15
葡萄、石榴、核桃	−15～−16	−18～−25
桃、中国李、沙梨	−18～−20	−23～−35
杏、苹果、秋子梨	−25～−30	−30～−45

二、光照

光照通过影响光合作用及营养生长和生殖生长而成为果树的主要生存因素。光照强度、光谱成分、日照长度是衡量光照状况的重要指标。光照强度是单位面积的光通量,随纬度、海拔、季节、天气及树冠中的位置而变化。在一定范围内光照强度与光合作用呈正相关。通常光照强度在 5 000～50 000 lx,能满足大多数果树要求。一般以自然光强的 30%为有效光合作用的下限。光谱成分对果树光合作用有较大的影响。光从来源上分,作用于果树的光有两种:直射光和漫射光。直射光强度大,而漫射光含有 50%～60%植物所需要的红、黄色光,几乎全部可被利用;从投射光的方向来分,果园受光类型分为上光、下光、前光和后光。上光和前光是太阳从空中直接照射到树冠上方和侧方的直射光和漫射光,是果树接受的主要光源。下光和后光是地面及树后物体反射到树冠下部和后部的漫射光。光谱成分对果树的均衡发育和协调结果有重要意义。日照长度取决于地理纬度、海拔、天气及果树树形与栽植密度。

(一)光与果树生长发育的关系

1. 果树受光量

果树对光的利用率决定于树冠大小和叶面积多少。稀植树空间大,受光量小,光能利用率低。在一定范围内,果树密植比稀植的叶面积指数大,光能利用率高,能提高单位面积产量。但应注意合理密植。光照强度影响同化量,光强减弱时,同化量下降。如阴雨天,葡萄叶的同化量为晴天的 1/9～1/2。

果树合理的树体结构可使树冠受光量分布合理,能显著提高光能利用率。合理树体结构的标准是树冠中有效光区大。直立面树形比水平面树形有效光区大,前者为 98.2%,后者为 72%。一般圆形树冠,由外向内分为 4 层,光量由外向内递减,分别为 71%～100%、51%～70%、31%～50%和 30%以下,最内层为非生产区,失去结果能力(图 1-17)对果实品质来说,最好的受光量为 60%以上,40%是最低限。因此,进行合理整形修剪和树体管理,使树冠受光量提高,对提高产量和品质甚为重要。

2. 光照与果树营养生长关系

光照强度对果树地上部和根系的生长都有明显影响。光照强时,易形成密集短枝,削弱顶芽枝向上生长,而增强侧生生长点生长,树姿呈现开张。光照不足时,枝梢细长,直立生长势强,呈现徒长;同时,间接抑制果树根系生长,根的生长量减少,新根发生量减少,甚至停止生长。光照良好,在一定程度上能抑制病菌活动。日照充足的山地果园,果树病害明显减少。但光照过强,常引起枝干和果实日灼。

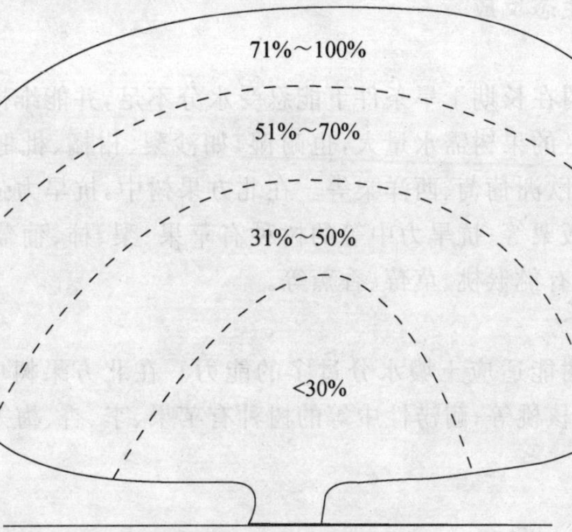

图 1-17　圆形树冠受光量的差异

3. 光照与果树生殖生长的关系

光照与果树花芽分化、花器发育、生理落果、果实产量、色泽和品质等都有密切关系。果树花芽分化需要一定的物质基础，光照充足，同化产物多，营养积累快，有利于花芽分化，且花器发育完全。光照不足会引起结果不良，坐果率低。

果树生长期间日照时间长，则果实的糖分和维生素含量增加，果实品质提高。果实成熟期受光良好，则着色美观。日照对果实糖分的增高有直接作用，通常果实阳面的含糖量较阴面高，套袋果实糖分含量均较不套袋的低。直射光充足，果皮较紧密，有利于提高果实的耐贮运能力。

(二)果实的需光度和光照的反应

果树的光度就是果树对光需要程度，与各树种、品种原产地的地理位置和长期适应的自然条件有关。生长在我国南部低纬度、多雨地区的热带、亚热带树种，对光的要求低于原产我国北部高纬度、干旱地区的落叶树种。原生在森林边缘和空旷山地的果树，绝大部分都是喜光树种。

果树需光度是相对的。一般果树比森林树种喜光；成年树比幼树喜光；同一植株，生殖器官的生长比营养器官的生长需光较多，如花芽分化、果实发育比萌芽、枝叶生长需光较多，休眠期需光最少。

在北方落叶果树中，以桃、扁桃、杏、枣、阿月浑子最喜光；苹果、梨、沙果、李、樱桃、葡萄、柿、板栗、石榴等次之；核桃、山核桃、山楂、石榴、猕猴桃等较耐阴。常绿果树中以椰子较喜光，荔枝、龙眼次之，杨梅、柑橘、枇杷、杨桃较耐阴。

三、水分

水是果树生存的重要生态因素，是组成果树树体的重要成分，如果树枝叶含水量为50％～70％，果实含水量则高达 80％～90％。是果树生命活动不可缺少的重要介质，参与果树的各种生理活动。水可以调节树体温度，避免或减轻灾害。水对土壤中矿物质的溶解和促进根系的吸收利用起着极为重要的作用。

(一)果树对水分的生态反应

1. 果树抗旱性

果树抗旱性是指果树在长期干旱条件下能忍受水分不足,并能维持正常生长发育的特性。通常起源于夏季多雨地区的果树需水量大,也耐湿,如沙梨、柑橘、枇杷等;起源于夏季干旱地区的树种则耐旱怕湿,如欧洲葡萄、西洋梨等。在北方果树中,抗旱力强的树种有桃、扁桃、杏、石榴、枣、无花果、核桃、板栗等;抗旱力中等的树种有苹果、梨、柿、葡萄、樱桃、李、梅、柑橘、枇杷等;抗旱力较弱的树种有猕猴桃、草莓、香蕉等。

2. 果树耐涝性

果树耐涝性是指果树能适应土壤水分过多的能力。在北方果树中耐涝性强的树种有葡萄、柿、枣、杜梨、椰子、山核桃等;耐涝性中等的树种有苹果、李、杏、梅等;耐涝性较差的树种有桃、无花果等。

(二)果树需水量

需水量是指生产 1 g 干物质所需的水量。果树一般需水量为 125～500 g。不同树种、品种、砧木的果树需水量不同。通常冠根比(地上部与根系重量之比)高的比低的需水量高。果树在年周期的不同阶段对水分的需求不同。生长期大量需水,休眠期需求少;在生长期中,前期需水多,后期较少。具体要求是:萌芽期要求水分充足;花期要求空气及土壤水分适宜;新梢旺长期为需水临界期;花芽分化期需水相对较少;果实成熟期至落叶前水分不宜过多;冬季需水少,但缺水易造成冻害和抽条。

四、土壤

土壤是果树生产的基础,良好的土壤能满足果树对水、肥、气、热的要求。土壤厚度、质地、酸碱度、含盐量等都对果树生长与结果有重要作用。适宜果树生长的土壤条件是:土层厚60～100 cm,且无不良层次结构;土壤质地以壤质土较为理想。果树正常生长结果最适土壤含水量一般为田间持水量的 60%～80%。同时要求土壤空气的含氧量不低于 15%,一般不低于 12%时才发生新根。大多数果树喜中性及微酸性土壤,即 pH 值 6.5～7.5,主要果树对酸碱度的适应范围见表 1-4。但不同砧木对土壤适应范围很广。

表 1-4 主要果树对酸碱度适应范围

树种	适应范围(pH)	最适范围(pH)	树种	适应范围(pH)	最适范围(pH)
苹果	5.3～8.2	5.4～6.8	葡萄	7.5～8.3	5.8～7.5
梨	5.4～8.5	5.6～7.2	板栗	7.5～8.3	5.8～7.5
桃	5.0～8.2	5.2～6.8	枣	5.0～8.5	5.2～8.0

土壤的含盐量主要是碳酸钠、氯化钠和硫酸钠,其中以硫酸钠危害最大。其对果树生长有较大的影响(表 1-5)。

五、地形和地势

地形是指地表形态或地面形状变化的总和。地势是指地面形状高低变化的程度。地势对果树的影响是通过海拔高度、坡度、坡向等影响光、温、水热在地面上的分配,进而影响果树的生长发育,其中以海拔高度对果树的影响最为明显。

表 1-5　主要果树耐盐情况　%

树种	土壤含盐量		树种	土壤含盐量	
	正常生长	受害极限		正常生长	受害极限
苹果	0.13～0.16	0.28 以上	葡萄	0.14～0.29	0.32～0.40
梨	0.14～0.20	0.30	枣	0.14～0.23	0.35 以上
桃	0.08～0.10	0.40	板栗	0.12～0.14	0.20
杏	0.10～0.20	0.24			

海拔高度对气温呈现有规律的影响。相同纬度时，海拔高度每升高 100 m，平均气温降低 0.4～0.6℃。海拔越高，光照越强，雨量增多，果树物候期延迟，生长结束期提早。

坡度对果树生长结果有明显的影响。按照有关规定将斜坡地简单分为四级：<5°为缓坡，5°～20°为斜坡，20°～45°为陡坡，>45°为峻坡。5°～20°是发展果树的良好坡地，以 3°～5°的缓坡地最好。

不同坡向接受的太阳辐射量不同，光、热、水条件有明显的差异。南坡日照充足，气温较高，土壤增温也快；而北坡则相反；西坡和东坡得到的太阳辐射量相等，但实际上西坡的日照较强，温度较高，果树遭受日灼也较多。生长在南坡的果树树势健壮，产量较高，果树较早，着色好，含糖量较高，含酸较少。生长在北坡的果树，枝梢成熟不良，常降低越冬力。

六、污染

环境污染包括空气污染、灌溉水污染和土壤污染三方面。污染源主要有工业“三废”、农药、化肥、塑料等。

(一)空气污染

空气中污染物含量过高会影响果树的正常生长，诱发急性或慢性伤害。影响果树正常生长的空气污染物主要包括总悬浮颗粒物、二氧化硫、氟化物、氮氧化物、氯气等。其中二氧化硫和氟化物是最主要的大气污染物。

总悬浮颗粒物(TSP)俗称粉尘，是指悬浮在空气中，直径≤100 μm 的颗粒物，来源于工矿企业排放的烟尘，当降落在植株上，会使嫩叶和果实产生污斑，影响光合作用、呼吸作用和水分蒸发等生理活动，果实品质和商品性降低。

二氧化硫是由煤、石油和焦油等燃烧时产生的有害气体，可通过气孔进入叶片，破坏叶绿素，影响光合作用，使组织脱水，叶片受伤害后极易脱落。果树开花期对二氧化硫最为敏感，此时受污染会导致开花不整齐，花朵受损，提早脱落，影响坐果。大气中二氧化硫浓度高时，会进一步氧化并与雨、雾、霜等结合形成酸雨造成大面积危害。

氟化物主要有氟化氢、氟化硅、氟化钙、氟气等。来自磷肥、冶金、玻璃、搪瓷、塑料、砖瓦等工厂以及燃煤排放的废气。其中氟化氢的毒性最大，比二氧化硫毒性大 20 倍。氟化氢通过气孔进入植物体内，并溶入汁液中，随植物体内的水分运输，流向各个部分，当积累到一定浓度时会抑制生殖生长，降低花朵受精率，不易坐果。氟化物还能抑制多种酶的活性，使叶绿素难以形成，造成植物组织失绿。除此之外，还能引起钙素营养失调。

氮氧化物包括一氧化氮、二氧化氮和硝酸雾等，以二氧化氮的毒性较大，其主要来自汽车尾气以及锅炉、药厂排放的废气。二氧化氮危害症状与二氧化硫相似。

氯气主要来自食盐厂电解工业及农药、塑料、漂白粉和合成纤维等工厂排放的废气。危害极大,其能破坏细胞结构,阻碍水分和养分吸收,植株分枝少,叶片退绿或焦枯,根系不发达。

(二)灌溉水污染

工业"三废",尤其是工业废水,是造成果园灌溉水污染的主要原因。用污水灌溉果园,引起土壤盐渍化,使果树生长受抑制,叶片和植株矮小,以致枯死。并且大部分重金属累积在耕作层,极难去除。污水灌溉不仅污染果园土壤,影响果树生长,还会影响果实品质,造成有害物质和重金属残留、超标。

(三)土壤污染

土壤污染包括重金属(铬、汞、砷、铅、镉、锌、镍等)、有毒物(石油、酚、苯并芘、六六六、滴滴涕、三氯乙醛、多氯联苯等)和其他污染因子(氟化物、硫化物、磷化物、酸、碱、盐类物质等)。土壤污染物主要来自三方面。一是工业"三废"(废水、废气和废渣)的排放;二是农药、化肥、农膜、垃圾杂肥的施用;三是污水灌溉,土壤被污染后,土质变坏,板结无结构,盐渍化,植物不能生长。

第二章 育苗技术

果树育苗是繁殖、培育优质果树苗木的技术。苗木是果树生产的基础。果树育苗的最终目标是培育纯正、生长健壮、根系发达、无检疫对象及其他病虫害的品种和砧木的优良苗木。果树苗木从繁殖材料和方法可分为实生苗、自根苗、嫁接苗；从砧木特性上可分为乔化苗、矮花苗，其中矮花苗又分为矮化自根砧苗和矮化中间砧苗。各种果树的育苗技术不完全相同，但主要繁殖方法有两大类：一类是有性繁殖，利用种子培育实生苗；另一类是无性繁殖，就是以果树营养器官为繁殖材料培育果苗，因此又称营养繁殖，如嫁接苗、扦插苗、压条、分株法、组培苗即属此类。由于无性繁殖没有果树生产上的童期阶段，有利于早果丰产，提高果实的产量和品质，因此在生产上应用较为普遍。

第一节 苗圃建立

一、育苗方式

根据育苗设施不同，果树育苗包括露地育苗、保护地育苗、容器育苗、弥雾育苗、试管育苗等方式

(一)露地育苗

露地育苗是指果苗整个培育过程或大部分培育过程都是在露地进行的育苗方式。通常设立苗圃培育苗木，也可采用坐地育苗，在园地直接育苗建园。是生产上广泛应用的常规育苗方式。

(1)圃地育苗：圃地育苗是将繁殖材料置于苗床中培育成苗。对于小批量和短期性自用苗木的生产，可在拟建园地的就近选择合适地块，建立小面积临时性苗圃培育苗木。对于大批量和长期性商品苗木的生产，应建立专业化的大型苗圃培育苗木。

(2)坐地育苗：坐地育苗是将繁殖材料直接置于园地的定植穴内，长成果树，把育苗工作置于果园建立之中。

(二)保护地育苗

保护地育苗就是利用保护设施对环境条件(温度、湿度、光照等)进行有效控制，促进苗木生长发育，提早或延迟生长，培育优质壮苗。保护地设施有多种类型，常见的有以下5种。

(1)温床：在苗床表土下15～25 cm处设置热源提升地温。如利用电热线、酿热物(骡、马、羊、牛粪或麦糠)、火炕等，建立温床，提高基质温度，对扦插苗的促根培养极为有利。

(2)温室：通常采用普通日光温室，室内的温度、湿度、光照、通气等环境条件与露地大不相同，而且能根据苗木的需要进行人为控制。这种设施可促进种子提早萌发，出苗整齐，生长迅速，发育健壮，延长生长期，有利于快速繁殖。

(3) 塑料拱棚：用细竹竿或薄木片等在床面插设小拱架，覆盖塑料薄膜，建成塑料小拱棚。利用薄膜和日光增加棚内温度，一般气温可维持在25℃左右，配合铺设地膜，可提高地温。塑料拱棚已在生产上广泛应用。

(4)地膜覆盖：地膜覆盖就是用塑料薄膜覆盖在苗床上。一般以深色薄膜覆盖较好。可促进插穗生根，提高扦插成活率。

(5)荫棚：就是在苗床上设置棚架，架顶覆盖遮阳网或苇箔、竹箔、席片等遮阳材料。荫棚主要在生长季遮阳，能避免强光直射，防止幼苗失水或灼伤。

(6)弥雾：利用弥雾装置，在喷雾条件下培育苗木。常用的有电子叶全光自动间歇喷雾(通过特制的感湿软件——电子叶、微信息电路及执行部件，控制间歇喷雾)与悬臂式全光喷雾(主要组成部分包括喷水动力、自控仪、支架、悬臂和喷头)两种类型。弥雾育苗是近几年推广应用的快速育苗新技术，主要用于嫩枝扦插育苗。

(三)容器育苗

容器育苗就是在容器中装入配置好的基质进行育苗的方法。在集约化育苗、组织培养生根苗入土前的过渡培养、葡萄的快速育苗及稀有珍贵苗木的扦插繁殖中应用。容器类型包括纸袋、塑料薄膜袋、塑料钵、瓦盆、泥炭盆、蜂窝式纸杯等。播种和移栽组织培养苗，容器直径5～6 cm，高 8～10 cm；扦插育苗直径 6～10 cm，高 15～0 cm。容器育苗的基质或营养土可单一使用，也可混合使用。播种宜用园土、粪肥、河沙等的混合材料，扦插繁殖和组胚苗的过渡培养，多单用蛭石、珍珠岩、炭化砻糠、河沙、煤渣等通气好的材料，不混用有机质和肥料。而泥炭是理想的培养基质，尿醛泡沫塑料是容器育苗的新型基质材料。

营养土配制的原则是因地制宜，就地取材。对营养土的要求是蓄水保墒，通气良好，重量轻，化学性质稳定，不带草种、害虫和病原体。其具体配方有：配方一为泥、土、腐熟有机肥各1 份；配方二为泥炭土 50%，蛭石 30%，珍珠岩 20%，再加适量的腐熟人畜粪尿；配方三为淤泥、泥炭土、河沙各等份，再加适量的饼肥和过磷酸钙。将培养土装入容器内。培养土装至容器容量的 95%，排放整齐，浇水。待水渗下后，播种、覆土。覆土厚度视种子大小而定，一般为种子直径的 1～3 倍。容器育苗能否成功，关键是能够有效控制温湿度。苗木生长适温为18～28℃，空气相对湿度为 80%～95%，土壤水分保持在田间持水量的 80%左右。幼苗长到 4～5 片真叶时，再根据是否充分形成根系团确定移栽。移栽时如果是纸钵，直接栽到地下即可。如果是塑料钵，可先将底部打开，待栽到地下后，再将塑料袋抽出。

(四)试管育苗

试管育苗又称组织培养育苗，是指在人工配置的无菌培养基中，使植物离体组织细胞培养成完整植株的繁殖方法。因最多应用的培养容器多为试管，故又称试管育苗。试管育苗根据所用材料可分为茎尖培养、茎段培养、叶片培养和胚培养等。试管育苗在果树生产上主要用于快速繁殖自根苗，脱除病毒，培养无病毒苗木，繁殖和保存无籽果实的珍贵果树良种，多胚性品种未成熟胚的早期离体培养，胚乳多倍体和单倍体育种等。该种育苗方式繁殖速度快，经济效益高，占地空间小，不受季节限制，便于工厂化生产，但对技术要求比较高。

苗木生产过程中，常将各种方式组合，形成最优化生产。如保护地育苗中，同时采用日光温室、温床、遮阳网及容器育苗等多种方式。

二、苗圃

苗圃是提供优质苗木的场所，也是探索植物繁殖新方法，改进育苗技术的试验基地。通常所说的苗圃是指露地苗圃。

(一)苗圃地选择

(1)地点:规模较大,长期育苗的专业苗圃,应选择交通方便的地方;规模较小,临时性的苗圃,应选择在需要苗木的中心。但工厂和交通主干道附近不宜选做苗圃地。

(2)地势:苗圃地的土壤宜选择背风向阳、排水良好、地势较高,地形平坦开阔的地方。坡地育苗应选坡度在3°以下的地方,对于坡度较大的应修筑梯田。地下水位在1.5 m以上的低洼地、光照不足的山谷地均不宜做苗圃地。

(3)土壤:苗圃地的土壤以土层深厚而疏松肥沃,中性或微酸性的沙壤土、壤土为宜。过于黏重的土壤,过于沙化的土壤均不宜做苗圃地。黏重土、沙土或盐碱化较重的地块,必须进行改良才能用作苗圃地。

淘汰的老果园不宜做育苗地,前茬育过苗的地不宜连作,特别是繁殖同一种苗木,至少需要间隔2～3年。

(4)水源:苗圃地应具备良好的水源,随时保证水分供应,并且水分应符合有关要求。所需要的灌溉用水,尽量利用河流、湖泊、池塘、水库的水源,但苗圃地不宜离这些水源过近,如无,则应选择地下水丰富,可以打井灌溉的地方作苗圃。

(5)气候:气候包括温度、雨量、光照、霜期及自然灾害等。应考虑其对苗木生长有无较大影响,如冬季严寒的情况下应采取防寒措施或建立保护地设施等。

(6)病虫害:苗圃地应尽量选在无病虫害和鸟兽害的地方。附近不要有能传染病菌的苗木,远离成龄果园;不能有病虫害的中间寄主,如成片的松柏、刺槐等;常年种植马铃薯、茄科和十字花科蔬菜的土地,不宜选作苗圃地。

(二)苗圃地的规划

小型苗圃一般面积比较小,在2 hm^2以下,育苗种类和数量都比较少,可不进行区划,而以畦为单位,分别培育不同树种、品种的苗木。较大型苗圃面积在2 hm^2以上,应搞好规划设计工作。苗圃地的规划应根据育苗的性质、任务、苗木种类,结合当地的气候条件、地形、土壤等资料分析论证,周密考虑。本着经济利用土地,便于生产和管理的原则,合理分配生产用地和非生产用地,划分必要的功能园区。现代化专业性苗圃应包括母本园和繁殖区两部分;苗圃土地规划包括育苗用地和非育苗用地。繁殖育苗地一般占60%。

(1)繁殖区:繁殖区也称育苗圃,是苗圃规划的主要内容,应选最好的地块。根据所培育苗木的种类可将繁殖区分为实生苗培育区、自根苗培育区和嫁接苗培育区。也可按树种分区:如苹果育苗区、梨育苗区、桃育苗区和葡萄扦插区等。也可相同苗木、相同苗龄的苗木集中管理。各育苗区最好结合地形采用长方形划分,一般长度不短于100 m,宽度为长度的1/3～1/2。繁殖区必须实行轮作,同一树种一般要种2～3年其他作物后在育苗,但不同种类可短些。

(2)母本园:母本园是生产繁殖材料的圃地。繁殖材料是指用作育苗的种子、接穗、芽、插穗(条)、根等。包括品种母本园、无病毒采穗圃和砧木母本园等。品种母本园主要任务是提供繁殖苗木所需要的接穗和插条。包括两种类型:一是在科研单位建立的现代化原种母本园和一、二级品种母本园。其中母本繁殖材料可向生产单位提供,建立低一级的品种母本园。二是生产单位在品种纯度高,环境条件好,无检疫对象的果园,去杂去劣,高接换头,进一步提高品种纯度,改造建成母本园。建立无病毒采穗圃,应从国家或省级无病毒园引进苗木,进行隔离栽植,要求采穗圃应距现有果园3 km以上。未种植过果树,与普通果树或苗木的隔离带至少

50 m，栽植密度行距 3 m 以上，株距 2 m 以上。砧木母本园是生产砧木种子或营养系繁殖材料的园区。

(3)配套设施：配套设施就是非育苗用地。包括道路、排灌系统、房屋及其他建筑物等。规划路的宽窄以苗圃面积和使用交通工具的种类而定。规划路的同时，应统一安排灌溉和排水系统、房屋及其他建筑物。这些应本着便于管理、节省开支、少占耕地的原则安排。

第二节　嫁接苗培育

嫁接是指将一植株的枝或芽移接到另一植株的枝、干或根上，接口愈合形成一个新植株的技术。嫁接包括接穗(芽)和砧木两部分。接穗与接芽是指用作嫁接的枝与芽；而砧木是指承受接穗或接芽的部分。

一、嫁接苗的特点和利用

(一)特点

嫁接苗能保持栽培品种的优良性状，很快进入结果期。繁殖系数高。利用砧木可增强果树的抗性、适应性，扩大栽植区域；调节树势，使树冠矮化、紧凑，便于树冠管理。可经济利用接穗，大量繁殖苗木，克服某些果树用其他方法不易繁殖的困难，是果树生产上主要的育苗方法。

(二)利用

嫁接苗在生产上大量用作果苗，几乎全部主要树种都用嫁接苗生产果实。对于用扦插、分株不易繁殖的树种、品种和无核品种常用嫁接繁殖。果树育种上可用于保存营养系变异，使杂种苗提早结果。高接换头，繁殖接穗等材料，建立母本园，生产上更新品种。

二、影响嫁接成活的因素

(一)嫁接亲合力

嫁接亲合力指砧木和接穗的亲合力，是决定嫁接成活的主要因素。具体指砧木和接穗形成层密接后能否愈合成活和正常生长结果的能力。砧木接穗能结合成活，并能长期正常地生长结实，达到经济生产目的，就是亲合力良好的表现。如果嫁接虽然成活，但表现生长发育异常，或者虽然结果，而无经济价值，或生长结果一段时间后，植株死亡，都是嫁接不亲合或亲合力不强的表现。亲合力与植物亲缘关系远近有关。一般亲缘关系愈近，亲合力愈强，愈易成活；同种、同品种亲合力强；同属异种，亲合力较强；同科异属，亲合力较弱；不同科亲合力差，嫁接不成活。果树砧穗嫁接不亲和表现见图 2-1。

(二)生理与生化特性

一般接穗芽眼在休眠状态下，砧木处于休眠状态或刚萌芽状态，任何方法的嫁接都易成活；砧木生理活动过旺时，用不去顶的腹接法嫁接最好；砧穗双方形成层活动旺盛，应用芽接法嫁接。根压大的果树，如葡萄、核桃、猕猴桃等春季易产生伤流，宜在夏秋芽接或绿枝接；桃、杏等果树易产生流胶，一般在 8 月下旬以前嫁接。柿子、核桃、板栗等果树，伤口易形成单宁氧化膜，嫁接成活率比较低。因此，应选择适宜的嫁接时期、相应的嫁接方法以及提高嫁接速度，可促进成活。

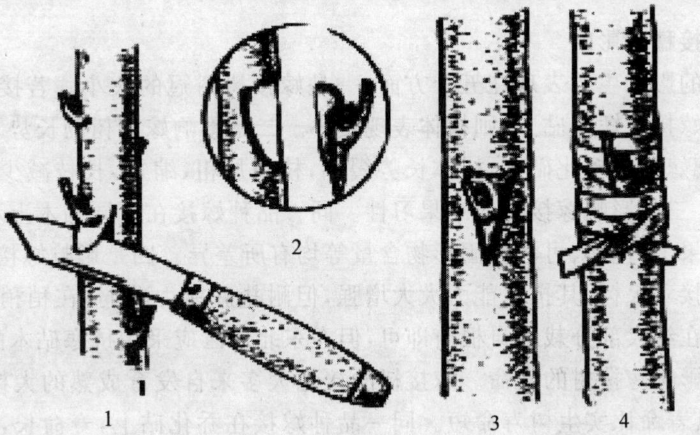

图 2-1　嫁接不亲合的表现

1. 嫁接愈合正常　2. 小脚　3. 肿瘤　4. 大脚

(三)营养条件

营养条件指砧木和接穗的营养状况。砧木生长健壮、发育充实、粗度适宜、无病虫害的苗，嫁接成活率高，接穗(芽)萌发早，生长快，生长不良的细弱砧木苗，嫁接操作困难，成活率低。接穗应选用生长良好、营养充足、木质化程度高、芽体饱满、保持新鲜的枝条。在同一枝条上，应利用中间充实部位的芽或枝段进行嫁接。质量较差的梢部芽不宜使用，枝条基部的瘪芽亦不宜使用。

(四)极性

嫁接时，必须保持砧木与接穗极性顺序的一致性，也就是接穗的基端(下端)与砧木的顶端(上端)对接，芽接也要顺应极性方向，顺序不能颠倒，这样才能愈合良好，正常生长。否则将违反植物生长的极性规律而无法成活或成活而不能正常生长。

(五)环境条件

嫁接成活与温度、湿度、光照、空气等环境条件有关。一般气温在 20～25℃，接穗含水量 50%左右，嫁接口相对湿度在 95%～100%，土壤湿度相当于田间持水量的 60%～80%，嫁接伤口采用塑料薄膜条包扎。嫁接后套塑料袋，有利于嫁接成活。在夏秋季嫁接，苗圃遮阳降温会提高嫁接成活率。低温、高温、干旱、阴雨天气都不利于嫁接成活。

(六)嫁接技术

嫁接技术包括不同树种的最适宜嫁接时期和嫁接方法的选择、操作者的操作水平等。嫁接可全年进行，但芽接最适宜的嫁接时期为 6～10 月份，枝接最适宜的嫁接时期为春、秋两季。嫁接过程要严格按照技术要求进行操作。其关键是砧木和接穗削面要平整光滑，形成层对齐密接，绑扎严紧，操作过程迅速准确。

三、砧木和接穗的相互影响

(一)接穗对砧木的影响

接穗影响砧根系分布的深度、根系的生长高峰及根系的抗逆性。还可影响根系中营养物质的含量及酶的活性。进而影响嫁接树的生长、结果、果实品质以及树冠部分的抗性、适应性等方面。

(二)砧木对接穗的影响

砧木对接穗的影响主要表现在五个方面：一是嫁接树树冠的大小。若接穗嫁接在乔化砧上，树体高大；而嫁接在矮化砧上，则树体表现矮小。二是影响嫁接树的长势、枝形及树形。与乔化砧相比，接穗嫁接在矮化砧上，树体长势缓和，枝条加粗、缩短，长枝减少，短枝增加，树冠开张，干性削弱。三是影响嫁接树的结果习性。同一品种嫁接在不同砧木上，始果年限可提早或推迟 1～3 年，果个、色泽、可溶性固形物含量等均有所差异。四是影响嫁接树的抗逆性。用山定子为砧木嫁接苹果树，其抗寒能力大大增强，但耐盐碱能力减弱，在稍稍偏碱的地方易发生黄叶病。葡萄在绝大部分栽培自根苗即可，但在东北地区应采用抗寒砧木的嫁接苗，可提高其耐寒性。五是影响嫁接树的寿命。嫁接树的接穗大多来自发育成熟的大树上，没有实生树的“童期”阶段，其寿命比实生树寿命短。同一品种嫁接在乔化砧上，寿命长，而嫁接在矮化砧上寿命短。

(三)中间砧对接穗和砧木的影响

中间砧是嵌入接穗和砧木之间的一段茎干，它对上部(树冠)及下部(基砧)都有一定影响。具体表现为两方面：一是中间砧对接穗的影响非常明显。苹果矮化中间砧能使树体矮化。矮化程度与中间砧成正比，一般 15～20 cm 以上才有明显的矮化作用，中间砧越长，矮化性越强。外观表现为短枝率增加，提早结果，提高品质。二是中间砧对基砧的影响也很大。苹果矮化中间砧对基砧根系的生长控制力极强，如果中间砧深栽，大量生根之后逐步可替代基砧，使其缓慢萎缩。

砧木和接穗的相互影响是生理性的，不能遗传，当二者分离后，影响就会消失。

四、砧木

(一)砧木的分类

砧木可是整株果树，也可是树体的根段或枝段。砧木按繁殖方法分为实生砧和自根(无性系)砧。实生砧是指实生繁殖的砧木；自根(无性系)砧指自根繁殖的砧木。按照来源分为野生砧或半野生砧和共砧或本砧，野生砧或半野生砧是指利用野生近源植物或半栽培种的材料作为砧木；共砧或本砧是指利用栽培品种实生苗作为砧木。按利用方式分为基砧和中间砧，基砧是指连同根系用作砧木；中间砧是指只用一段枝条嵌在基砧与接穗之间。矮化中间砧是中间砧的一种特殊类型，是指中间砧为矮化砧。按对接穗的影响分乔化砧、矮化砧和半矮化砧。按抗性和适应性分，对不良环境条件或某些病虫害具有良好适应能力或抵抗能力的砧木，称为抗性砧木，如抗寒砧木、抗根瘤蚜砧木、抗线虫砧木等。

(二)砧木选择利用

果树砧木种类很多，各地又有各自适宜的树种。选择砧木应考虑的条件是：一是与栽培品种有良好的嫁接亲合力，对接穗的生长结果有良好的影响。二是对栽培地区的环境条件有良好的适应性，对病虫害抵抗力强。三是砧木的种苗来源丰富，且容易繁殖。四是具有特殊需要的性状，如乔化、矮化、抗病虫、耐寒冷、耐盐碱或耐干旱等。五是根系发达，固地性好。

果树砧木种类很多，各地都有适宜的树种。砧木区域化的原则是因地制宜，适地适栽，就地取材，育种和引种相结合，经过长期试验比较确定当地适宜的砧木种类。在砧木的选用上，应就地取材，适当引种。引种砧木应对其特性有充分的了解或先行试验，观察其各方面的性能，表现良好的再大量引进推广。北方落叶果树常见砧木见表 2-1。

表 2-1　北方落叶果树常用砧木

树种	砧木名称		砧木特性
苹果	楸子		抗旱、抗寒、抗涝，耐盐碱，对苹果棉蚜和根头癌肿病有抵抗能力。适于河北、山东、山西、河南、陕西、甘肃等地
	西府海棠		抗旱、耐涝、耐寒、抗盐碱，幼苗生长迅速，嫁接亲合力强。适于河北、山东、山西、河南、陕西、甘肃、宁夏等地
	山定子		抗寒性极强，耐瘠薄，抗旱，不耐盐碱。适于黑龙江、吉林、辽宁、山西、陕西和山东北部等地
	新疆野苹果		抗寒、抗旱，较耐盐碱，生长迅速，树体高大，结果稍迟。适于新疆、青海、甘肃、宁夏、陕西、河南、山东、山西等地
	常用矮化砧木	M_9	矮化砧。根系发达，分布较浅，固地性差，适应性也较差，嫁接苹果结果早，适合作中间砧，适合在肥水条件好的地区栽植
		M_{26}	矮化砧。根系发达，抗寒，抗白粉病，但抗旱性较差。嫁接苹果结果早，产量高，果个大，品质优，适合在肥水条件好的地区发展
		M_7	半矮化砧。根系发达，适应性强，抗旱，抗寒，耐瘠薄，用作中间砧在旱地表现良好
		MM_{106}	半矮化砧。根系发达，较耐瘠薄，抗寒，抗棉蚜及病毒病。嫁接树结果早，产量高，适合作中间砧，在旱原地区表现良好
		MM_{111}	半矮化砧。根系发达，根蘖少，抗旱，较耐寒，适应性强，嫁接树结果早，产量高，适合作中间砧，在旱原地区表现良好
梨	杜梨		根系发达，抗旱、抗寒，耐盐碱，嫁接亲合力强，结果早，丰产，寿命长。适合辽宁、内蒙古、河北、河南、山东、山西、陕西等地
	麻梨		抗寒、抗旱，耐盐碱，树势强壮，嫁接亲合力强，为西北地区常用砧木
	楸子梨		抗寒性极强，能耐－52℃的低温。抗腐烂病，不抗盐碱。丰产，寿命长，嫁接亲合力强，但与西洋梨品种亲合力弱。是东北、华北北部及西部地区主要砧木
	褐梨		抗旱，耐涝，适应性强，与栽培品种嫁接亲合力强，生长旺盛，丰产，但结果晚。适合山东、山西、河北、陕西等地
	矮化砧	PDR_{54}	极矮化砧，生长势弱，抗寒、抗腐烂病和轮纹病。与酥梨、雪花梨、早酥、锦丰等品种亲合性良好，用作中间矮花砧效果极好
		S_5	矮化砧木。紧凑矮状型，抗寒力中等，抗腐烂病和枝干轮纹病，与砀山酥梨、早酥梨等品种亲和性好，作矮化中间砧效果好
		S_2	半矮化砧木类型。抗寒力中等，抗腐烂病和枝干轮纹病，与砀山酥梨、早酥鸭梨、雪花梨等品种亲和性好，作矮化中间砧效果好
葡萄	山葡萄		极抗寒，扦插难发根，嫁接亲合力良好
	贝达		抗寒，结果早，扦插易发根，嫁接亲合力好
桃	山桃		抗寒、抗旱，抗盐碱，较耐瘠薄，嫁接亲合力强。为华北、东北、西北等地桃的主要砧木
	毛桃		根系发达，生长旺盛，抗旱耐寒，嫁接亲合力强，生长快，结果早，但树体寿命较短。在华北、东北、西北各地使用广泛
	毛樱桃		抗寒力强，抗旱，适应性强，生长缓慢，可作桃的矮化砧木，嫁接亲合力强，适应华北、东北、西北等地

续表 2-1

树种	砧木名称	砧木特性
杏	山杏	抗寒、抗旱，耐瘠薄，适于华北、东北、西北等地
	山桃	与杏嫁接易活，结果早，为华北、东北、西北等地杏的主要砧木
李	山桃	与中国李嫁接易成活
	山杏	与中国李及欧洲李嫁接易成活
	毛樱桃	与李嫁接亲合力强，有明显的矮化作用，结果早，丰产
樱桃	山樱桃	较抗寒，生长旺盛，嫁接亲合力强。但有些品种易出现小脚现象，易患根癌病
	青肤樱	较抗旱，生长旺盛，易繁殖，嫁接亲合力强，不抗寒，根系浅，易倒伏，不抗根癌病
	莱阳矮樱桃	树体矮小，枝条节间短，生长健壮，根系发达，固地性强，嫁接亲合力强，结果早
	马哈利樱桃	适应性强，耐旱、抗寒，固地性强，嫁接亲合力强，结果早，易丰产
柿	君迁子	抗寒、抗旱，耐盐碱，耐瘠薄，结果早，亲合力强。适宜北方地区栽培
枣	酸枣	抗寒、抗旱，耐盐碱，耐瘠薄，亲合力强。适宜北方地区栽培
核桃	核桃	抗寒、抗旱，适应性强
	核桃楸	抗寒、抗旱，耐瘠薄，嫁接成活率不如共砧，有"小脚"现象，适于北方各省应用
板栗	普通板栗	共砧
	茅栗	抗湿，耐瘠薄，适应性强，结果早

五、砧木苗培育

(一)种子采集

(1)母树选择：母树选择最好在采种母本园内进行。无母本园时，在野生母树体或散生母树上选择。选类型纯正、生长健壮、结果良好、无病虫危害的壮年母树。

(2)适时采收：根据种子的成熟度适时采收。未成熟的种子不能采用。判断种子是否成熟，应根据果实和种子的外部形态确定。若果实应有的成熟色泽，则种仁充实饱满，种皮色泽深而富有光泽，说明种子已成熟。主要果树砧木种子采收期见表 2-2。

表 2-2　主要果树砧木种子采收期、层积天数和播种量

名称	采收时期/月份	层积天数/d	1 kg 种子粒数	播种量/(kg/hm²)
山定子	9～10	30～90	150 000～220 000	15～22.5
楸子	9～10	40～50	40 000～60 000	15～22.5
西府海棠	9月下旬	40～60	约 60 000	25～30
沙果	7～8	60～80	44 800 左右	15～34.5
新疆野苹果	9～10	40～60	35 000～45 000	35～45
杜梨	9～10	60～80	28 000～70 000	15～37.5
豆梨	9～10	10～30	80 000～90 000	7.5～22.5
山桃	7～8	80～100	400～600	450～750
毛桃	7～8	80～100	200～400	450～750

续表 2-2

名称	采收时期/月份	层积天数/d	1 kg 种子粒数	播种量/(kg/hm²)
杏	6～7	80～100	300～400	400～600
山杏	6～7	80～100	800～1 400	225～450
李	6～8	60～100	—	200～400
毛樱桃	6	—	8 000～14 000	112.5～150
甜樱桃	6～7	150～180	10 000～16 000	112.5～150
中国樱桃	4～5	90～150	—	100～130
山楂	8～11	200～300	13 000～18 000	112.5～225
枣	9	60～90	2 000～2 600	112.5～150
酸枣	9	60～90	4 000～5 600	60～300
君迁子	11	30 左右	3 400～8 000	75～150
野生板栗	9～10	100～150	120～300	1 500～2 250
核桃	9	60～80	70～100	1 500～2 250
核桃楸	9	—	100～160	2 250～2 625
山葡萄	8	90～120	26 000～30 000	22.5～37.5
猕猴桃	9	60～90	100 万～160 万	—
草莓	4～5	—	200 万	—

(二)种子层积和播前处理

(1)种子层积：种子层积就是将取种后生命力强的种子与湿润基质混合或分层相间放置，在适宜的条件下，使种子完成后熟，解除休眠的措施。由于所用基质多为河沙，故也称沙藏。基质也可采用蛭石、珍珠岩、泥炭等材料。开始层积时间可根据果树种子完成后熟所需天数和当地春季播种时间决定。

种子层积处理一般多采用露地坑藏。具体方法是：选地形较高、排水良好的背阴处，挖一东西向的层积坑，坑的深度为 60～120 cm(东北寒冷地区深度 100～120 cm，华北中原地区为 60～100 cm)，宽度 80～120 cm，长度随种子数量而定。层积前，先在坑底铺 1 层 5～10 cm 厚的洁净湿沙，沙的含水量 50%左右，以手握成团，但不滴水为度。层积种子先用清水浸泡 1～3 d，每日换水并搅拌 1～2 次。坑中间相隔 60 cm 插一小草把。然后一层种子一层湿沙相间堆放，也可将种子与湿沙混合堆放。混合堆放时，小粒种子河沙用量为种子体积的 3～5 倍，大粒种子为 5～10 倍，种子与沙一直堆放至离地面 10～30 cm(视当地冻土层而异，冻土深则厚，反之则薄)，上覆湿沙与地面持平，盖上一层草后，再用土堆盖成屋脊形，坑四周挖好排水沟。少量种子可用塑料编织袋，装入与湿沙混合后种子，扎封袋口，埋入土堆或沙堆之中。也可用木箱或瓦盆等容器沙藏处理。将装有沙藏的容器埋在室外土内，或在室内、窖内堆放。记载好层积种子的名称、数量和日期，并上下翻动；如沙子变干，应适当洒水；发现霉烂种子及时挑出；春季气温上升时，注意种子萌动情况。如距离播种期较远而种子已萌动，应立即将其转移到冷凉处；若已接近播种期，种子尚未萌动，可白天揭开坑上覆土，盖上塑料薄膜增温，夜间加盖草帘保温。

(2)播前处理：沙藏未萌动或未经沙藏处理的种子，播种前应进行浸种催芽处理。对中小粒种子常用温水浸种。具体方法是将种子放入 40℃左右的温水中，不断搅拌，直至冷凉为止，然后放入清水中浸泡 2～3 d(每天换水 1～2 次)后，捞出种子，混以湿沙，平摊在塑料拱棚、温室大棚，或用地热装置，控温在 20～25℃，加盖草帘，保湿保温，每天用 30～40℃的温水冲洒 1～2 次。当有 20%～30%的种子露出白尖时，进行播种。

（三）土壤管理

土壤管理主要包括防治病虫害的土壤处理、施入基肥、整地作畦等任务。

（1）土壤消毒：在整地时，对土壤进行处理。一般用 50%的多菌灵可湿性粉剂 600 倍液或 70%的甲基托布津可湿性粉剂1 000倍液或 50%的福美双可湿性粉剂 600 倍液，每 667 m^2 地表喷布 5～6 kg，可防治烂芽、立枯、猝倒、根腐等病害。地下害虫中，蛴螬、地老虎、蝼蛄、金针虫可用 50%辛硫磷乳油 300 mL 拌土 25～30 kg/667 m^2，撒施于地表，然后耕翻入土。缺铁土壤，施入硫酸亚铁 10～15 kg/667m^2，以防苗木黄化病的发生。

（2）施入基肥：基肥应在整地前施入，亦可作畦后施入畦内，翻入土壤。每施腐熟有机肥 2 500～4 000 kg/667 m^2，同时混入过磷酸钙 25 kg/667 m^2、草木灰 25 kg/667 m^2，或混入复合肥、果树专用肥。

（3）整地作畦：苗圃地喷药、施肥后，深耕细耙土壤，耕翻 25～30 cm 深，并清除影响种子发芽的杂草、残根、石块等障碍物。土壤经过耕翻平整后作平畦。一般畦宽 1 m、长 10 m 左右，畦埂 30 cm，畦面应耕平整细。低洼地采用高畦苗床，畦面高出地面 15～20 cm。畦四周开 25 cm深的沟。

（四）播种

播种分秋播和春播。秋播在秋末冬初土壤结冻之前进行。一般为 10月下旬至 11 月中旬。在无灌溉条件的干旱地区及旱地采用秋播，但怕冻种子如板栗等不宜秋播。春播在土壤解冻后进行，一般在 3 月中旬至 4 月中旬。塑料拱棚、日光温室育苗播种时间比露地依次提前。冬季干旱、风大、严寒、鸟兽危害较重的地区宜采用春播，春播一般在立春开始，抢墒播种，并尽量缩短播种时间。

播种量指单位土地面积的用种量。通常以每 667 m^2 用种量（kg）或每公顷用种量（kg）表示。播种量可根据树种、当地条件、播种方法、株行距等来确定。由计划育苗数量、每千克种子粒数及种子质量包括种子发芽率和发芽势两部分计算出，具体计算公式是：每 667 m^2 播种量（kg）＝每 667 m^2 计划出苗数（成苗出圃数）/每千克种子粒数×种子发芽率（发芽种子粒数占供试种子的百分数）×种子纯度（不含杂质种子的重量占含杂质种子重量的百分数）。在生产中，实际播种量比理论计算值略高。各地可根据当地实际条件因地制宜地选择适合当地的播种量。

播种方式有大田直播和苗床密播两种。大田直播是将种子直接播种在嫁接圃内；苗床密播是将种子稠密地播种在苗床内，出苗后移栽到大田进行培养的方式。各地应根据当地劳力状况，选择适宜的播种方式。播种方法有撒播、点播和条播三种。撒播适用于小粒种子苗床密播。具体方法是：育苗前先做好苗床，床宽 1.0～1.2 m、长 5～10 m、深 20 cm，东西向设置。床底铲平、压实，撒一层草木灰，铺 10 cm 厚的培养土，用木板刮平，并轻微镇压。播种前将层积的种子筛去沙子，浸种催芽，有 50%以上露白时播种，先用水灌足苗床，待水渗下后，将种子均匀撒播在床面。种子撒播后，覆盖 1 cm 厚的培养土或湿沙。然后在苗床上搭塑料小拱棚。大田直播多用条播，大、中、小粒种子都可采用。条播通常采用宽窄行播种。一般仁果类宽行 50 cm，窄行 25 cm，1 m 宽的畦播 4 行；核果类宽行 60 cm，窄行 30 cm，畦宽 1.2 m 为宜。播时先按行距开沟，沟的深度以种子大小和土壤性质而定。大粒种子宜深，小粒种子宜浅；土壤疏松的应深，土壤黏重的要浅。沟开好后将种子撒在沟中，然后覆土。点播重要用于核桃、板栗、桃、杏等大粒种子。容器育苗小粒种子也多采用点播。大粒种子点播育苗，一般畦宽 1 m，每畦播 2～3 行，株距 15 cm。将种子直接播下即可，但核桃种子要将种尖侧放，缝合线与地面保持垂直；板栗种子要平放。播种后覆土厚度一般为种子直径的 1～3 倍。

(五)播后管理

(1)覆盖：播种后，床面用作物秸秆、草类、树叶、芦苇等材料覆盖。覆盖厚度取决于播种期和当地气候条件，秋播宜厚，为 5～10 cm，春播宜薄，为 2～3 cm，干旱、风多、寒冷地区适当盖厚。在覆盖的草被上，点撒少量细土。当有 20%～30% 幼苗出土时，应逐渐撤除覆盖物。为防止环境突变对幼苗出土带来的不良影响，撤除覆盖物最好在阴天或傍晚进行，且应分 2～3 次揭除。

(2)浇水：种子萌发出土和幼苗期播种地必须保持湿润。种子萌发出土前后，忌大水漫灌，尤其中小粒种子。如果需要灌水，以渗灌、滴灌和喷灌方式为好。无条件者可用喷雾器喷水增墒。苗高 10 cm 以上时，不同灌溉方式均可采用，但幼苗期漫灌时水流量不宜过大。生长期根据土壤墒情、苗木生长状况和天气情况，适时适量灌水，秋季控制肥水，越冬前灌足封冻水。

(3)间苗与移栽：间苗是把多余的苗拔掉，确定留量，使幼苗分布均匀、整齐、分散。间苗、定苗在幼苗长到 2～3 片真叶时进行。要做到早间苗，分期间苗，适时合理定苗。定苗距离小粒种子 10 cm，大粒种子 15～20 cm。间去小、弱、密、病、虫苗。间出的幼苗剔除病弱苗和损伤苗，其他幼苗移栽。移栽前 2～3 d 灌水 1 次。移栽最好在阴天或傍晚进行，栽后立即浇水。首先补齐缺苗断垄的地方，然后将多余的苗栽入空地。

(4)病虫害防治：幼苗期注意立枯病、白粉病与地老虎、蛴螬、蝼蛄、金针虫、蚜虫等主要病虫害的防治。针对不同病虫害，喷布高效、低毒、低残留易分解的农药。

(5)追肥：砧木苗在生长期(4～10 月份)结合灌水进行土壤追肥 1～2 次。第 1 次追肥在 5～6 月份，施用尿素 8～10 kg/667 m^2，第 2 次追肥在 7 月上中旬，施复合肥 10～15 kg/667 m^2。除土壤追肥外，结合防治病虫，进行叶面喷肥，生长前期(8 月中旬以前)喷 0.3%～0.5% 的尿素；8 月中旬以后喷 0.5% 的磷酸二氢钾。或交替使用有机腐殖酸液肥、氨基酸复合肥等。

(6)中耕除草：苗木出土后及整个生长期，经常中耕锄草，保持土壤疏松无杂草状态。

六、接穗采集

(一)接穗选择

选择品种纯正、发育健壮、丰产、稳产、优质、无检疫对象和病毒病害的成年植株作采穗母树。一般剪取树冠外围生长充实、光洁、芽体饱满的发育枝或结果母枝作接穗，以枝条中段为宜。春季嫁接一般多用 1 年生枝，也可用越年生枝条，枣树可用 1～4 年生枝条作接穗；夏季嫁接用当年成熟的新梢，也可用贮藏的 1 年生枝或多年生枝，枣可利用贮存的枝条或采集树上未萌动的枝；秋季嫁接选用当年生长充实的春梢作接穗。无母本园时，应从经过鉴定的优良品种成年树上采取。

(二)采穗时间

北方落叶果树春季嫁接用的 1 年生枝，宜在休眠期剪取，有伤流习性的果树应在落叶后上冻前采集；夏、秋季嫁接用接穗随采随用。采穗时间宜在清晨和傍晚枝内含水量比较充足时剪取。

(三)采集后处理

剪去枝条上、下两端芽眼不饱满的枝段，50～100 根 1 捆，标明品种名称，存放备用。生长期的接穗采后立即剪去叶片，留下与芽相连的一段长 0.5～1.0 cm 的叶柄，用湿布等包裹保湿。为防止病虫害，接穗应进行消毒。

七、嫁接

(一)嫁接方法分类

按接穗利用情况分为芽接和枝接。按嫁接部位分为根接、根颈接、二重接、腹接、高接和桥接。根接是指以根段为砧木的嫁接方法；根颈接是指在植株根颈部位嫁接；二重接是指中间砧进行两次嫁接的方法；腹接是指在枝条的侧面斜切和插入接穗嫁接(芽接也大多在枝条的侧面进行)；高接是指利用原植株的树体骨架，在树冠部位换接其他品种的嫁接方法；桥接是利用一段枝或根，两端同时接在树体上，或将萌蘖接在树体上的方法。按嫁接场所分圃接和掘接：圃接又叫低接，是指在圃地进行的嫁接；掘接是指将砧木掘起，在室内或其他场所进行的嫁接，如嫁接栽培的葡萄常先在室内枝接，然后再催根、扦插。

嫁接时，根据嫁接材料类型、嫁接部位、嫁接场所等综合运用嫁接方法。单芽切腹接，是以带有 1 个芽的一段枝为接穗，接口形式是切接，嫁接部位在砧木以上枝条的一侧。常用的嫁接方法是芽接和枝接。

(二)嫁接时期

(1)春季：在砧木开始萌芽、皮层刚可剥离的 3～4 月份进行。多数果树在此时能用枝条和带有木质的芽片嫁接。使用接穗必须处于尚未萌发状态，并在砧木大量萌芽前结束嫁接。

(2)初夏：5 月中旬至 6 月上旬砧木和接穗皮层都剥离时进行芽接。桃、杏、李、樱桃、枣及扁桃等核果类果树嫁接时期亦在此时。华北地区可在此时采集柿树 1 年生枝下部未萌发的芽，进行方块形贴皮芽接。

(3)夏秋：在 7～8 月份，日均温不低于 15℃时进行芽接。我国中部和华北地区可持续到 9 月中下旬。接芽当年不萌发，翌年春季剪砧后培养成嫁接苗。

(三)嫁接用具及材料

(1)芽接用具与材料：芽接用具有修枝剪、芽接刀、磨刀石、小水桶，包扎材料常用宽 1.0～1.5 cm、长 12～15 cm 的塑料薄膜条。

(2)枝接用具与材料：枝接用具有修枝剪、枝接刀、手锯、劈刀、镰刀、螺丝刀、磨刀石、小水桶、小铁锤；包扎材料采用塑料薄膜条(随砧木粗度，比芽接用条宽、长)，或特制的嫁接专用胶带。

(四)芽接操作规程

1. 时间

嫁接没有严格的时期限制，条件适宜可随时进行。在保护地内嫁接可常年进行，露地芽接一般在接芽充分成熟，砧木苗干基部直径达 0.6 cm 以上时进行。具体时期取决于嫁接方法。芽片接(“T”字形、“工”字形芽接)在砧木与接穗易离皮时进行；带木质芽接在春季萌芽前和生长季节内均可进行。但春季嫁接不能过早，秋季不能过晚，夏季温度过高(超过 30℃)时也不宜嫁接。

2. 嫁接操作程序

(1)“T”形芽接:“T”形芽接又称“盾状”芽接,是芽接中应用最广的一种方法。多用于 1 年生小砧木苗上,在砧木与接穗易离皮时进行。

①削芽片。一手握接穗,另一手持芽接刀,先在被取芽的上方 0.5～1.0 cm 处横切一刀,深达木质部(切透皮层),宽度为接穗粗度的 1/2～1/3,再在芽的下方 1.0～1.5 cm 处斜削入木质部,由浅入深地向上推刀,直到纵刀口与横刀口相遇为止。用拿刀的手捏住接芽两侧,轻轻一掰,取下盾状芽片(图 2-2)。

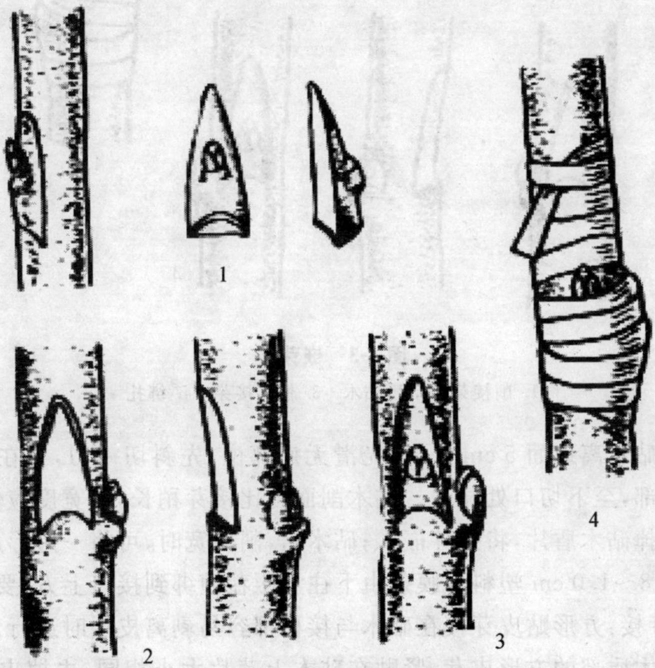

图 2-2　“T”形芽接

1. 削接穗芽片　2. 取下的芽片　3. 在切好砧木上插入芽片　4. 捆绑

②切砧木。在砧木苗基部离地面 5 cm 左右处,选择光滑无疤部位,用芽接刀切“T”字形切口,具体方法是:先横切一刀,宽 1 cm 左右,再从横切口中央往下竖切一刀,长 1.5 cm 左右,深度以切断皮层而不伤木质部为宜。

③插芽片。用嫁接刀的刀柄尖把接口挑开,将芽片由上而下轻轻插入,使芽片上边与砧木横切口紧密相接(也有在横刀口中部用刀尖挑开砧木皮层,再将芽片由上而下轻轻插入,称为“一横一点”芽接法)。

④捆绑。用塑料条由上向下压茬缠绑严密,芽和叶柄外露(要求当年萌发)或不外露(来年萌发)均可。但伤口一定包扎严密,捆绑紧固。

(2)嵌芽接:嵌芽接又称带木质芽接,是在砧木和接穗都不离皮的春季采用的一种方法,其他时间也可进行,多用于高枝接,也可用于苗木嫁接,在生产上应用较为广泛(图 2-3)。

①削芽片。在接穗上选饱满芽,从芽上方 1.0～1.2 cm 处向下斜削入木质部,可略带木质部,但不宜过厚,长约 2 cm,然后在芽下方 1 cm 处呈 30°斜切到第 1 刀口底部,取下带木质盾状芽片。

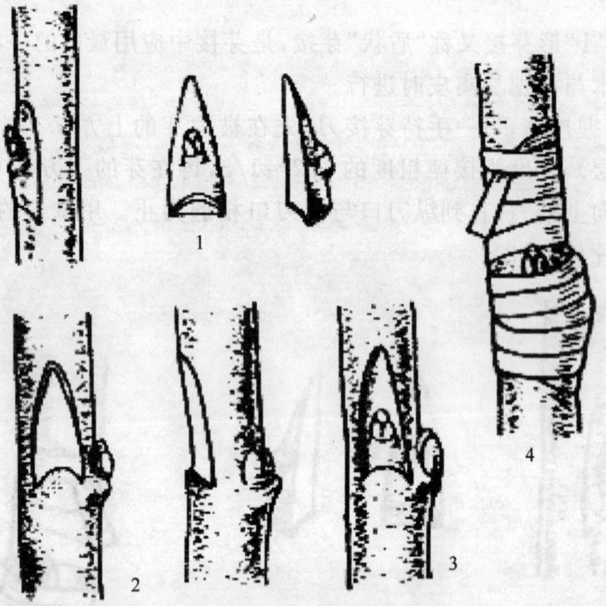

图 2-3　嵌芽接

1. 削接芽　2. 削砧木　3. 嵌入接芽　4. 绑扎

②切砧木。在砧木离地面 5 cm 处，选光滑无疤部位，先斜切一刀，再在其上方 2 cm 处由上向下斜削入木质部，至下切口处相遇。砧木削面可比接芽稍长，但宽度应保持一致。

③贴芽片。取掉砧木盾片，将接芽嵌入；砧木粗，削面宽时，可将一边形成层对齐。

④绑扎。用 0.8～1.0 cm 塑料薄膜条由下往上压茬缠绑到接口上方，要求绑紧包严。

(3)方形贴皮芽接：方形贴皮芽接在砧木与接穗都容易剥离皮层时进行。具体做法是在接穗枝条上切取不带木质部的方形皮芽，紧贴在砧木上芽片大小相同、去掉皮层的方形切口（图 2-4）。方形贴皮芽接刀可利用刮胡刀片自制。

(4)"工"字形芽接："工"字形芽接适用于较粗的砧木或皮层较厚、小芽片不易成活的果树种类，如核桃、板栗、葡萄等。其具体操作步骤如下。

①削芽片。先在芽上和芽下各横切一刀，间距 1.5～2.0 cm，再在芽的左右两侧各竖切一刀，取下方块形芽片。

②切砧木。按取下芽片等长距离，在砧木光滑部位上、下各横切一刀，然后在两横切口之间竖切一刀。

③贴芽片与绑扎。将砧木切口皮层向左右挑开，俗称双开门，迅速将方块芽片装入，紧贴木质部，包严绑紧。

(5)套芽接：套芽接也称环状芽接、管状芽接，适用于小芽片，易发生伤流，不易成活的核桃、板栗、柿等树种，其具体方法是：

①削芽片。先在被取芽上方 1 cm 处将接穗剪断，然后在芽下方 1 cm 处环切一圈，深达木质部。轻轻扭转，使韧皮部与木质部分离，从上端抽出，呈一管状芽套筒。

②切砧木。选择与接芽套筒粗度接近的砧木，在光滑顺直部位剪断，从剪口处向下竖切 3 刀，深达木质部，将皮层剥开。

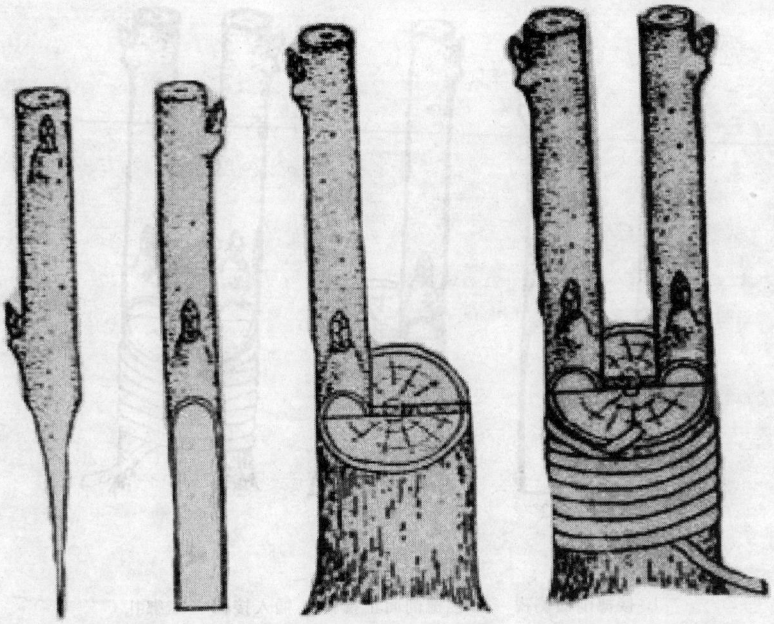

图 2-4　方形贴皮芽接

1. 取接芽　2. 接芽　3. 砧木切接口　4. 贴合接芽　5. 绑扎

③贴芽片与绑扎。砧木皮层剥开后，随即将芽筒套上，慢慢向下推至上口平齐，再将砧木皮层向上拢合包裹芽套，包严绑紧。

无论采用哪种芽接方法，成活率和速度都是衡量芽接技术的两个主要指标。一般情况下，一个熟练的技术工人每天可芽接 800～1 000 株，且成活率在 99%以上。

(五)枝接操作规程

1. 枝接时间

硬枝嫁接在春季树液开始流动的 3～4 月份进行，在接穗保存良好，尚未萌发时，嫁接可延续到砧木展叶后，一般在砧木大量萌芽前结束。葡萄、猕猴桃等伤流严重的树种，适当推迟到伤流期结束时进行。而嫩枝嫁接则在生长期(4～10 月份)进行。

2. 枝接操作程序

(1)劈接：劈接又称割接，适用于较粗砧木。在靠近地面处劈接，又叫“土接”。劈接常用于苹果、核桃、板栗、枣等，是果树生产上应用广泛的一种枝接方法，在春季树液流动至发芽前均可进行。

①削接穗。将采下的穗条去掉上端不成熟和下端芽体不饱满的部分，按 5～7 cm 长，3～4 个芽剪成一段作为接穗，然后将枝条下端削成 2～3 cm 长、外宽内窄的斜面，削面以上留 2～3 个芽，并于顶端第一个芽的上方 0.5 cm 处削光滑平面。削面光滑、平整(图 2-5)。

②劈砧木。先将砧木从嫁接口处剪(锯)断，修平茬口。然后在砧木断面中央切一垂直切口，长约 3 cm 以上。砧木较粗时，劈口可位于断面 1/3 处。

③插接穗。首先将切口用刀锲入木质部撬开，把接穗厚的一面朝外，薄的一面朝内插入砧木垂直切口，要求砧木与形成层对齐，但不要将接穗全部插入砧木切口内，削面上端露出切面

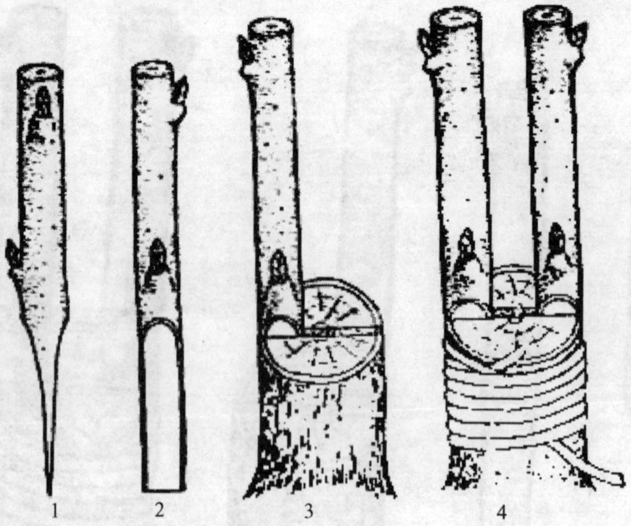

图 2-5　劈　接

1. 接穗削面侧视　2. 接穗削面正视　3. 插入接穗　4. 绑扎

0.3～0.5 cm(俗称露白)。砧木较粗时,在劈口两端各插入 1 个接穗。

④绑扎。将砧木断面和接口用塑料薄膜条缠绑严密。较粗砧木要用薄膜方块覆盖伤口或罩套塑料袋。

(2)切接(图 2-6):切接适用于直径 1～2 cm 的砧木,可用于苹果、桃、核桃、板栗等树种的嫁接。

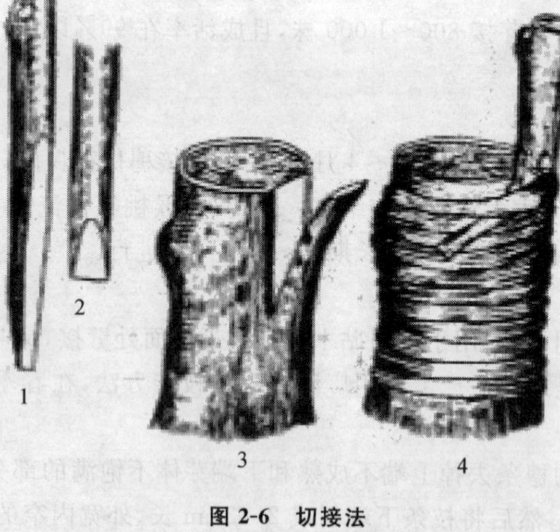

图 2-6　切接法

1,2. 接穗的长削面和短削面　3. 切开砧木　4. 绑扎

①削接穗。在接穗下端先削 1 个 3 cm 左右的长削面,削掉 1/3 木质部,再在长削面背后削 1 个 1 cm 左右的短削面。两斜面都要光滑。

②劈砧木。将砧木从距离地面 5 cm 处剪断,选平整光滑的一侧,从断面 1/3 处劈一垂直切口,长 3 cm 左右。

③插接穗。将接穗的长削面向里，短削面向外，插入砧木切口，使两者形成层对准、靠紧，接穗较细时，保证一边的形成层对准。

④绑扎。将嫁接处用塑料条包扎绑紧即可。

(3)皮下接(图 2-7)：皮下接就是插皮接，为枣树上应用较多的一种嫁接方法，也适用于苹果、山楂、李、杏、柿等树种，是在砧木离皮而接穗不离皮时使用的一种方法，如接穗离皮时也可采用。在此基础上，又发展成插皮舌接和插皮腹接等方法。

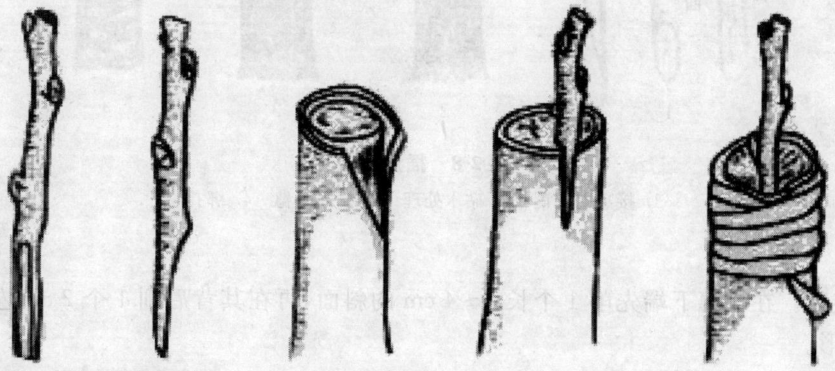

图 2-7　皮下枝接

1. 削接穗　2. 切砧撬皮　3. 插入接穗　4. 绑扎

①削接穗。剪一段带 2～4 个芽的接穗。在接穗下端斜削 1 个长约 3 cm 的长削面，再在长削面背后尖端削 1 个长 0.3～0.5 cm 的短削面，并将长削面背后两侧皮层削去少量，但不伤木质部。

②劈砧木。先将砧木近地面处光滑无疤部位剪断，削平剪口，然后在砧木皮层光滑的一侧纵切 1 刀，长约 2 cm，不伤木质部。

③插接穗。用刀尖将砧木纵切口皮层向两边拨开。将接穗长削面向内，紧贴木质部插入。长削面上端应在砧木平断面之上外露 0.3～0.5 cm，使接穗保持垂直，接触紧密。

④绑扎。将嫁接处用塑料条包严绑紧即可。

(4) 插皮舌接(图 2-8)：插皮舌接适用于皮层较厚的树种，如苹果、李、板栗等幼树及大树高接换优。在砧穗离皮时进行嫁接。

①削接穗。先在接穗枝条下端斜削一刀，使削面呈 3～5 cm 长的马耳形斜面，再在削面上留 2～3 个饱满芽，并于最上芽的上方约 0.5 cm 处剪断，使接穗长 10 cm 左右。

②砧木处理。幼树嫁接，可在离地面 30～80 cm 处剪断砧木；大树高接换优，可在主干、主枝或侧枝的适当部位锯断，锯口用镰刀削平，然后选砧木皮光滑的一面用刀轻轻削去老粗皮，露出嫩皮，削面长 5～7 cm、宽 2～3 cm。

③插接穗与绑扎。插接穗前先用手捏开接穗马耳形削面下端的皮层，使皮层和木质部分离，然后将接穗木质部插入砧木切面的木质部和韧皮部之间，并将接穗的皮层紧贴砧木皮层上削好的嫩皮部分，再用塑料薄膜条绑扎紧实。

(5)腹接(图 2-9)：腹接也称腰接，是一种不切断砧木的枝接法，多用于改换良种，或在高接换头时增加换头数量，或在树冠内部的残缺部位填补空间，或在一株树上嫁接授粉品种的枝

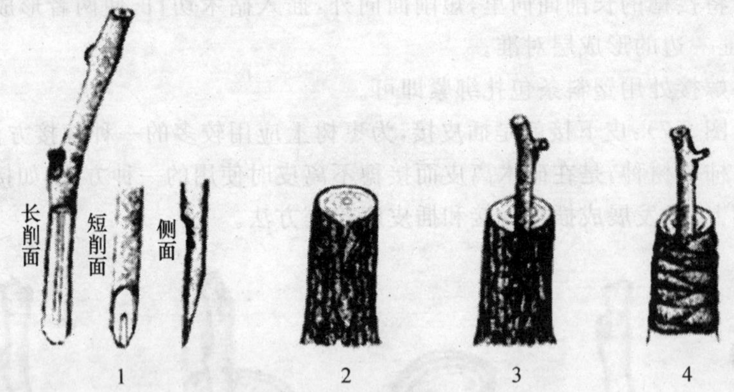

图 2-8 插皮舌接

1. 接惠的切削 2. 砧木处理 3. 插入接穗 4. 绑扎

条等。

①削接穗。在接穗下端先削 1 个长 3～4 cm 的斜面,再在其背后削 1 个 2 cm 左右的短削面,呈斜楔形。

②劈砧木。在砧木离地面 5 cm 左右处,选光滑部位,用刀呈 30°斜切 1 刀,呈倒"V"字形。普通腹接可将切口深入木质部;皮下腹接时,应只将木质部以外的皮层切成倒"V"字形,并将皮层剥离。

③插接穗与包扎。普通腹接应轻轻掰开砧木斜切口,将接穗长面向里,短面向外斜插入砧木切口,对准形成层,如切口宽度不一致,应保证一侧的形成层对齐密接;皮下腹接,接穗的斜削面应全部插入砧木切口面和砧木木质部外面,最后用塑料条绑紧包严即可。

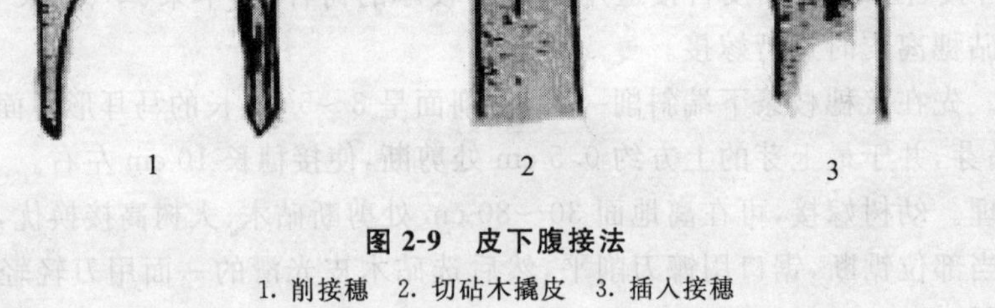

图 2-9 皮下腹接法

1. 削接穗 2. 切砧木撬皮 3. 插入接穗

(六)嫁接后管理

(1)检查成活:芽接后 10～15 d 检查成活。凡接芽新鲜,叶柄一触即落时,表明芽已接活;如果芽片萎缩,颜色发黑,叶柄干枯不易脱落,则未成活。枝接一般需 1 个月左右才能判断是否成活。如果接穗新鲜,伤口愈合良好,芽已萌动,表明枝已接成活。

(2)补接:芽接苗一般在检查成活时做出标记,然后立即安排进行。秋季芽接苗在剪砧时细致检查，发现漏补苗木，暂不剪砧，在萌芽前采用带木质芽接或枝接补齐。枝接后的补接要提前贮存好接穗。补接时将原接口重新落茬。

(3)解绑：芽接通常在嫁接 20 d 后解除捆绑，秋季芽接稍晚的可推迟到来年春季发芽前解绑。解绑的方法是在接芽相反部位用刀划断绑缚物，随手揭除。枝接在接穗发枝并进入旺盛生长后解除捆绑，或先松绑后解绑，效果更好。

(4)剪砧：剪砧是在芽接成活后，剪除接芽以上的砧木部分。秋季芽接苗在第二年春季萌芽前剪砧。7 月份以前嫁接，需要接芽及时萌发的，应在接后 3 d 剪砧，要求接芽下必须保持 10 个左右营养叶。或在嫁接后折砧，15～20 d 剪砧。剪砧时，剪刀刃应迎向接芽一面，在芽面以上 0.3～0.5 cm 处下剪，剪口向接芽背面稍微下斜，伤口涂抹封剪油。

(5)抹芽除萌：芽接苗剪砧后，应及时抹除砧木上长出的萌蘖，并且要多次进行。枝接苗砧木上长出的许多萌蘖也要及时抹除。接穗如果同时萌发出几个嫩梢，仅留 1 个生长健壮的新梢培养，其余萌芽和嫩梢全部抹除。

(6)土肥水管理：春季剪砧后及时追肥、灌水。一般追施尿素 10 kg/667 m^2 左右。结合施肥进行春灌，并锄地松土。5 月中下旬苗木旺长期，再追施尿素 10 kg/667 m^2 或 N、P、K 三元复合肥 10～15 kg/667 m^2。施肥后灌水。结合喷药每次加 0.3%的尿素。7 月份以后控制肥、水供应，叶面喷施 0.5%的磷酸二氢钾 3～4 次，间隔 15～20 d。

(7)病虫害防治：嫁接苗木的病虫害防治见表 2-3。

表 2-3　苗木病虫害防治历

时间	树种	防治对象	防治措施
2～4 月份播种前至幼苗期	苹果、梨	幼苗烂芽、幼苗立枯、猝倒、根腐	在栽培管理上应避开种植双子叶蔬菜的田块，轮作倒茬，多施有机肥；种子用 0.5%的福尔马林喷洒，拌匀后用塑料纸覆盖 2 h，摊开散去气体后播种；土壤处理每 667 m^2 用 50%克菌丹 0.5 kg 加细土 15 kg 撒于地表，耙匀，或用 50%的多菌灵或 70%甲基硫菌灵喷撒 5 kg/667 m^2，翻入土壤
			在幼苗出土后拔除病苗；喷 70%甲基硫菌灵可湿性粉剂 800～1 000 倍液，或 75%百菌清可湿性粉剂 500 倍液喷洒
	苹果、梨、桃、杏	缺素症(叶片黄化)	多施有机肥；每 667 m^2 施入硫酸亚铁 10～15 kg，翻入土壤
		地下害虫(蛴螬、地老虎、蝼蛄、金针虫等)	幼苗出土后：一是灌根，即每 667 m^2 用 50%的辛硫磷拌种，用种子量的 0.1%；二是土壤处理：每 667 m^2 用 50%的辛硫磷乳油 300 mL，拌土 25～30 kg，撒于地表，然后耕翻入土
	苹果、梨	天幕毛虫	喷 5%的灭幼脲悬乳剂 2 000 倍液，或 5%的氯氟氰菊酯乳油 4 000 倍液，或 20%甲氰菊酯乳油 2 000～3 000 倍液，或 50%的辛硫磷乳油 1 000 倍液防治
		白粉病	发芽前喷 5°Be 石硫合剂；发病初期喷 25%的三唑酮可湿性粉剂 5 000 倍液，或喷 12.5%的三唑醇可湿性粉剂 3 000～5 000 倍液进行防治

续表 2-3

时间	树种	防治对象	防治措施
5～6月份	苹果、梨	蚜虫类	喷50%的抗蚜威可湿性粉剂3 000～4 000倍液，或10%的吡虫啉可湿性粉剂3 000～5 000倍液，或喷10%顺式氯氰菊酯乳油3 000～4 000倍液
		潜叶蛾	喷25%的灭幼脲悬乳剂2 000倍液，或喷30%灭幼。哒螨灵可湿性粉剂1 500～2 000倍液，或喷20%甲氰菊酯乳油2 000～3 000倍液
		卷叶虫	喷2.5%的溴氰菊酯乳油3 000倍液，或喷25%灭幼脲悬乳剂1 000～1 500倍液
		斑点落叶病	喷10%多抗霉素可湿性粉剂1 000～1 500倍液，或喷80%代森锰锌可湿性粉剂600～800倍液，或喷50%异菌脲可湿性粉剂2 000倍液
		梨黑星病	喷1∶2∶240波尔多液，或40%氟硅唑乳油800～1 000倍液，或50%异菌脲可湿性粉剂1 500倍液
	桃	穿孔病	用15%农用链霉素可湿性粉剂3 000倍液，80%代森锰锌可湿性粉剂600～800倍液，或70%甲基硫菌灵可湿性粉剂1 000倍液等喷雾防治
	葡萄	白粉病、霜霉病、黑痘病、褐斑病	用1∶0.5∶160倍液波尔多液，70%甲基硫菌灵可湿性粉剂800～1 000倍液，80%代森锰锌可湿性粉剂600～800倍液等喷雾防治
		螨类、二星叶蝉等	20%氰戊菊酯乳油2 000倍液，20%氯氟氰菊酯乳油4 000倍液或2.5%溴氰菊酯乳油2 000倍液喷液防治
7～8月份	苹果、梨	红蜘蛛	用5%噻螨酮乳油2 000倍液，或20%速螨酮可湿性粉剂、3 000倍液，或5%唑螨酯悬乳剂1 000～1 500倍液等喷雾
		其他病虫害	潜叶蛾、蚜虫类、斑点落叶病、梨黑星病防治方法如上
	桃	穿孔病	防治方法同桃穿孔病
		食叶性害虫	2.5%溴氰菊酯乳油2 000倍液，50%杀螟松乳油1 000倍液喷雾防治
	葡萄	霜霉病、白粉病、黑痘病等	用72%霜脲·锰锌可湿性粉剂700倍液，15%三唑酮可湿性粉剂1 500倍液，64%恶霜·锰锌可湿性粉剂400倍液等喷雾防治
9～10月份	苹果、梨	白粉病、潜叶蛾、卷叶虫、食叶类害虫等	根据病虫害发生种类，选用适当药剂进行防治
	葡萄	霜霉病、褐斑病	根据发病情况，喷药防治
11～12月份	所有苗木	各种越冬病虫害	苗木检疫、消毒(参照苗木出圃部分)。苗圃耕翻、冬灌、清除落叶，消灭病虫

八、果苗矮化中间砧2年出圃技术

果苗矮化中间砧是经过2次嫁接而成，采用常规技术育苗需3年才能出圃。生产上为降低成本、加快育苗进度，可采用2年出圃技术。就是第1年春播培育乔砧实生苗；7～9月份芽接矮化砧；第 2 年春季萌芽前剪砧，6 月中下旬芽接栽培品种；接后 3～10 d 剪砧；秋后成苗出圃。具体技术要点如下。

(一)壮砧培育

育苗地选在平整、疏松、肥沃处。首先施足基肥，精细整地。秋播或早秋播种，加强土肥水管理，使砧木苗 7～8 月份达嫁接标准。第 2 年春季萌芽前剪去砧木顶端比较细的部分，加强管理，使矮化砧苗 6 月中旬高度达到 50 cm 以上，苗高 30 cm 处直径达 0.5 cm 以上。

(二)嫁接要及时

实生砧苗第 1 年嫁接矮化砧必须在 9 月中旬以前将未嫁接活的苗补齐。第 2 年 6 月中旬在矮化砧苗上芽接栽培品种，最迟 6 月底以前接完。嫁接采用带木质露芽接。在操作中尽量保护好接口以下矮化砧苗上的叶片。

(三)剪砧要及时

栽培品种芽接 3 d 后剪砧，或接后立即折砧，15～20 d 剪砧。剪口涂封剪油，25 d 后解绑。

(四)加强肥、水管理

播种前施优质农家肥 5 000 $kg/667\ m^2$；砧苗高 10 cm 左右时开沟施尿素 5 $kg/667\ m^2$；6 月上旬结合灌水追复合肥 10～15 $kg/667\ m^2$；第 2 年春季剪砧后，结合灌催芽水，施尿素 10～15 $kg/667\ m^2$；栽培品种嫁接前后施 N、P、K 三元复合肥 10～15 $kg/667m^2$。同时加强根外追肥。栽培品种接芽初萌发时，在嫁接前 10 d 左右喷 0.3%～0.5%硫酸亚铁溶液，每隔 10 d 喷 1 次，连喷 3～4 次，防治黄化病的发生。

(五)覆盖地膜

覆盖地膜在第 2 年春季剪砧、追肥、灌水和松土后进行，将接芽露出，地膜拉展覆盖地表，周围用土压实。

第三节 扦插苗培育

一、扦插苗及类型

扦插是指将果树部分营养器官插入土壤(基质)中，使其生根、萌芽、抽枝，成为新植株的方法称为扦插。扦插可在露地进行，也可在保护地内进行，亦可二者结合。根据所用器官不同，扦插可分为根插、枝插和芽(叶)插。枝插又根据枝条成熟程度分为硬枝扦插和绿枝扦插。

(一)根插

根插就是用根段进行扦插繁殖。凡根上能形成不定芽的树种都可采用根插育苗。如山楂、苹果、梨、枣、柿、李等。根插繁殖主要用于培养砧木。繁殖材料可结合秋季掘苗和移栽时收集，或者收集野生和深翻果园挖断的根系。选直径 0.3～1.5 cm 的根，剪成长 10 cm 左右的根段，并带有须根。

(二)硬枝扦插

硬枝扦插就是利用已完全木质化的枝条进行扦插。此法应用最广，凡容易萌发不定根的树种均可采用。如葡萄、石榴、无花果等。

(三)绿枝扦插

绿枝扦插又称嫩枝扦插,是利用当年生半木质化带叶绿枝在生长期进行扦插。对生根较难的树种(山楂、猕猴桃等)或硬枝扦插材料不足时,可采用绿枝扦插。

二、影响扦插成活因素

(一)内部因素

(1)树种与品种:果树种类与品种不同,其再生能力强弱不同。葡萄、石榴、无花果的再生能力强,而苹果、桃等果树再生能力弱。同一树种,枝和根的再生能力也不同。葡萄枝条容易发生不定根,而根系不易萌发不定芽,因此常用枝插而不用根插;枣、柿、苹果等则相反,根插易生枝,而枝插不易生根。同一树种不同品种的再生能力也表现不同。

(2)树龄、枝龄和枝条部位:幼树和壮年母树的枝条,扦插成活率高,生长良好。一般枝龄越小,再生能力越强。大多数树种 1 年生枝的再生能力强,2 年生枝次之,2 年生以上枝条再生能力明显减弱。西洋樱桃采用喷雾嫩枝插时,梢尖部分作插条比新梢基部作插条的成活率高。

(3)营养物质:插条发育充实,木质化程度高,营养物质含量高,则再生能力强。通常枝条中部扦插成活率高;枝条基部扦插成活率次之,枝条梢部扦插不易成活。

(4)植物生长调节剂:不同类型生长调节剂如生长素(IAA)、细胞分裂素(CTK)、脱落酸(NAA)等对根的分化有影响。IAA 对植物茎的生长、根的形成和形成层细胞的分裂都有促进作用。IAA、IBA、NAA 都有促进不定根形成的作用。CTK 在无菌培养基上对根插有促进不定芽形成的作用。ABA 在矮化砧 M_{26} 扦插时有促进生根的作用。一般凡含有植物激素较多的树种,扦插都较易生根。在生产上,对插条用生长调节剂(如 IBA 或 ABT 生根粉等)处理可促进生根。

(5)维生素:已知维生素 B_1 是无菌培养基中促进外植体生根所必需的营养物质。维生素 B_1、维生素 B_2、维生素 B_6、维生素 C 和烟碱在生根中是必需的。维生素和生长素混合用,对促进生根有良好效果。

无论硬枝扦插或绿枝扦插,凡是插条带芽或叶片的,其扦插生根成活率都比不带芽或叶片的插条生根成活率高。

(二)外部条件

(1)温度:温度包括气温和土壤温度。白天气温 21～25℃,夜间约 15℃时有利于硬枝扦插或压条生根。北方由于春季气温升高快于土温,因此解决春季插条成活的关键是采取措施提高土壤温度,使插条先发根后发芽。插条生根适宜土温为 15～20℃或略高于平均气温 3～5℃。但各种树种插条生根对温度要求不同,如葡萄在 20～25℃的土温条件下发根最好,而中国樱桃则以 15℃为最适宜。

(2)湿度:扦插湿度包括土壤湿度和空气湿度。土壤湿度在田间最大持水量的 50%～60%为宜。空气湿度在 80%以上。补充湿度采用洒水或喷灌的方式灌水,有条件的地方进行喷雾。

(3)氧气:扦插基质中的氧气保持在 15%以上时,对生根有利,葡萄达到 21%时生根最有利。应避免插壤中水分过多,造成氧气不足。

(4)光照:弱光照条件有利于扦插成活,在强光条件下扦插的枝条极易出现失水干枯死亡现象。在扦插时，应避免强光直射，常用草帘、遮阳网等搭棚遮阳。在绿枝扦插时，有条件时，最好采用全光照喷雾育苗。

(5)土壤：土壤质地的好坏直接影响扦插成活率。扦插地应选择结构疏松、通气良好、保水性强的沙质壤土。一般生产上常采用珍珠岩、泥炭、蛭石、谷壳灰、炉渣灰等作扦插基质。

(三)促进生根的方法

对生根较难的树种和品种，在扦插前 20～25 d 进行催根处理，具体催根方法如下。

(1)机械损伤

①剥皮。对枝条木栓组织比较发达的果树，如葡萄中对发根较难的树种和品种，扦插前将表皮木栓层剥去，对促进发根有良好促进作用。

②纵刻伤。加大插条下端斜面伤口，并在伤口背面和上部纵刻 3～5 条 5～6 cm 的伤口，深达形成层，以见到绿皮为度。

③环状剥皮。在枝条某部位剥去一圈皮层，宽 3～5 mm。环剥时间为压条繁殖前在枝条上环剥。或在采插条前 15～20 d 对欲作插条的枝梢环剥，待环剥伤口长出愈伤组织而为完全愈合时剪下扦插。

(2)加温处理：加温处理也叫催根处理，是在早春扦插所采取的一项催根技术生产上常用的增温处理方式有温床、电热加温或火炕等。在热源上铺一层湿沙或锯末，厚 3～5 cm，将插条基部用生根药剂处理后，下端弄整齐，捆成小捆，直立埋入铺垫基质中，捆间用湿沙或锯末填充，顶芽外露。插条基部温度保持 20～25℃，气温控制在 8～10℃。经常喷水，保持适宜的湿度。经 3～4 周后，在萌芽前定植于苗圃。

(3)激素处理：激素处理就是植物生长调节剂处理。对不易生根的树种、品种，采用人工合成的生长素处理插条。常用的植物生长激素有 IBA、IAA、ABT 生根粉等。处理方法有液剂浸渍和粉剂蘸沾。液剂浸渍所用浓度一般为 5～100 mg/kg，嫩枝为 5～25 mg/kg，硬枝为 25～100 mg/kg，将插条基部浸泡 12～24 h；也可用 1 000 mg/kg 蘸 5～10 s。粉剂蘸沾就是插穗基部用清水浸湿，然后蘸粉。具体方法是：用滑石粉作稀释填充剂，稀释浓度为 500～2 000 mg/kg，混合 2～3 h 后即可使用。有些营养物质如蔗糖、果糖、葡萄糖等溶液，与生长素配合使用，有利于生根。

(4)黄化处理：黄化处理就是对插条进行黑暗处理。一般常用培土、罩黑色纸袋等方法使插条黄化。在新梢生长初期用黑布或黑纸等包裹基部，使枝条黄化，皮层增厚，薄壁细胞增多。黄化处理时间必须在扦插前 3 周进行。

(5)化学药剂处理：用高锰酸钾、硼酸等 0.1%～0.5%溶液，浸泡插条基部数小时至 24 h，或用蔗糖、维生素 B_{12} 浸泡插条基部，对促进生根有明显的效果。

三、扦插生产技术

(一)硬枝扦插

硬枝扦插以春季为主，是生产中常用的一种方法。

(1)插条的采集与贮藏：落叶果树插条一般结合冬剪采集。在晚秋或初冬采后贮藏在湿沙中，也可在春季萌芽前，随采随插。葡萄须在伤流前采集。枝条要求充实，芽饱满，无病虫害。贮藏时，将枝条剪成 50～100 cm 长，50～100 根捆成 1 捆，标明品种、采集日期，湿沙贮于窖内或沟内，贮温 1～5℃，湿度 10%。

(2)扦插时间:在春季发芽前,大约在3月下旬,15～20 cm深土层地温达10℃以上时为宜。

(3)插条处理:冬藏后的枝条用清水浸泡1 d后,剪成20 cm左右、有1～4个芽的插条,节间长的树种葡萄多用单芽或双芽插条。坐地育苗建园的葡萄和枣可剪成长50 cm,而枣须有10 cm长的2年生枝。插条上端剪口在芽上距芽尖0.5～1.0 cm处剪平,下端在芽下0.5～1.0 cm处剪成马耳形斜面。剪口要平滑,在扦插前进行催根处理。

(4)整地、作畦垄、扦插:根据地势作成高畦或平畦,畦宽1 m,扦插2～3行,株距15 cm;行距60～80 cm;土壤黏重,湿度大时可起垄扦插,行距60 cm,株距10～15 cm。

(5)扦插方式、方法:扦插方式有直插和斜插。单芽插穗直插,长插穗斜插。扦插时,开沟放条或直接将条插入土中。直插时顶端侧芽向上,填土压实;斜插时插条向南倾斜10°左右,顶芽向北稍露出地面。灌足水,水渗下后再薄覆一层细土。覆盖地膜时将顶芽露在膜上。干旱、风多、寒冷的地区插后培土2 cm左右,覆盖顶芽,芽萌发时扒开覆土(图2-10);气候温和湿润的地区,插穗上端可露出1～2个芽。

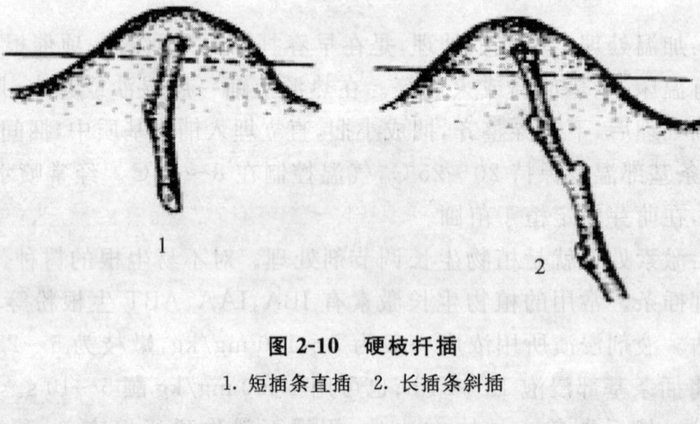

图2-10　硬枝扦插

1. 短插条直插　2. 长插条斜插

(6)扦插后管理

①灌水抹芽。发芽前保持一定的温度和湿度。土壤缺墒时适当灌水。但不宜频繁灌溉。灌溉或下雨后,及时松土除草。成活后一般只保留1个新梢,其余及时抹去。

②追肥。生长期(4～10月份)追肥1～2次。第1次在5月下旬至6月上旬。施入人粪尿10～15 kg/667 m^2;第2次在7月下旬,施入复合肥15 kg/667m^2,并加强叶面喷肥,生长前期(4～6月份)间隔20 d叶面喷施0.2%～0.3%的尿素,后期(7～10月份)间隔15 d叶面喷施0.3%～0.5%的磷酸二氢钾。

③绑梢摘心。葡萄扦插育苗,每株应插立1根2～3 m长的细竹竿,或设立支柱,横拉铁丝,适时绑梢,牵引苗木直立生长。如果不生产接穗,在新梢长到80～100 cm时摘心。

④病虫害防治。注意防治病虫,具体防治方法同前。

(二)绿枝扦插

绿枝扦插又名嫩枝扦插,是利用当年生半木质化的新梢在生长期进行扦插。适用于山楂、猕猴桃等发根较难树种的育苗。

(1)扦插时间:扦插时间在生长季。为提高成活率,保障当年形成一段发育充实的苗干,一般在6月底以前进行,最好不晚于麦收后。

(2)插条采集与处理:选生长健壮的幼年母树,在早晨或阴天采集当年生尚未木质化或半木质化的粗壮枝条。将采下的嫩枝剪成长 5～20 cm 的枝段。上剪口于芽上 1 cm 左右处剪平，要求剪口平滑；下剪口稍斜或平。为减少蒸腾耗水，除上端留 1～2 片叶，其余叶片全部除去，留下叶片大叶型还要将叶片剪去 1/2。插条下端用 IBA、IAA、ABT 生根粉等处理，使用浓度一般为 25 mg/kg，浸 12～24 h。

(3)扦插技术：绿枝扦插宜选用河沙、蛭石等通透性能好的材料作基质。一般先在温室或塑料大棚等处集中培养生根，然后移至大田继续培育。将插条按一定株、行距插入整好的苗床内，适当密植，一般株距 15 cm，行距 50 cm。采用直插，插入部分约为穗长的 2/3(图 2-11)。插后灌足水。

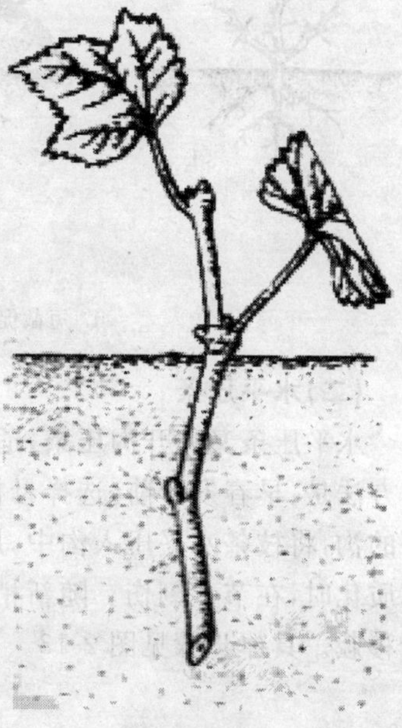
图 2-11　绿枝扦插

(4)扦插后管理：绿枝扦插后要立即搭建遮阳设施，避免强光直射。勤喷水或浇水，保持空气湿度达到饱和，勿使叶片萎蔫。生根后逐渐增加光照，温度过高(超过 30℃)时喷水降温，并及时排除多余水分。有条件者利用全光照自动间歇喷雾设备。

(三)根插

根插就是利用根段进行扦插。凡根上易形成不定芽、易生根蘖的树种李、柿、核桃、山楂、樱桃等都能扦插成活。根插材料一般结合秋季掘苗和移栽时收集。根插条粗 0.4～1.5 cm，可全段扦插，也可剪成长 5～8 cm 或 10～15 cm 的根段，并带有须根。上口平剪，下口斜剪，根段直插或斜插，切勿倒插。根插材料一般冬季进行湿藏，春季进行露地扦插，也可春季随采随插。扦插时间、方法和插后管理同硬枝扦插。但应注意防寒防旱。

第四节　压条育苗和分株育苗

一、压条育苗

压条育苗是在枝条与母株不分离状态下，将其压入土中或包埋于生根介质中，使其生根后，与母株剪断脱离，成为独立植株的技术。该方法多用于扦插生根困难的树种。一般按压条所处位置分为地面压条和空中压条，其中地面压条又分为直立压条、水平压条和曲枝压条等。

(一)直立压条

直立压条又称培土压条，主要用于发枝力强、枝条硬度较大的树种，如苹果和梨的矮化砧、石榴、樱桃、李和无花果等果树。具体方法是：冬季或早春将母株枝条距地面 15 cm 左右(2 次枝仅留基部 2 cm)剪断，施肥灌水，促其萌发新梢。待新梢长到 20 cm 以上时，在其基部纵伤或环割，深达木质部。进行第 1 次培土，促进生根。培土高度 8～10 cm，宽约 25 cm。新梢长至 40 cm 左右时，进行第 2 次培土，2 次培土总高约 30 cm，宽 40 cm，注意踏实。每次培土前先灌水，保持土壤湿润。一般 20 d 左右开始生根。冬剪或翌春扒开土堆，将新生植株从基部剪下，就成为压条苗。剪完后对母株立即覆土。翌春萌芽前扒开土，重复上述方法进行压条繁殖。

具体步骤见图 2-12。

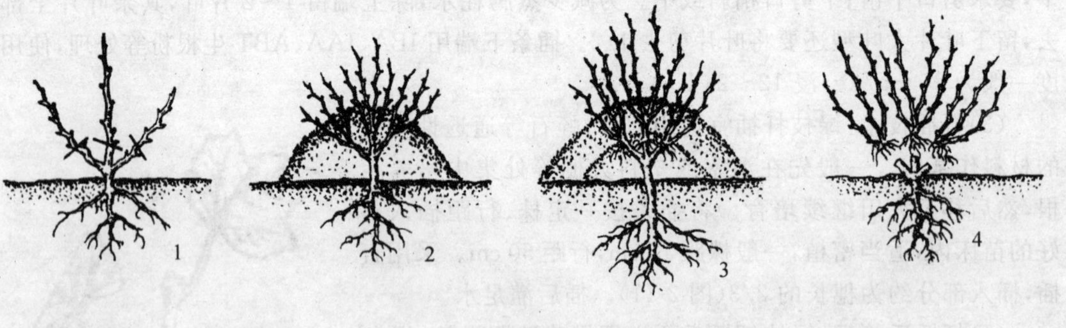

图 2-12 直立压条

1. 短截促萌 2. 第 1 次培土 3. 第 2 次培土 4. 扒垄分株

（二）水平压条

水平压条又称开沟压条，适用于枝条柔软、扦插生根较难树种，如苹果矮化砧、葡萄等。具体方法是：早春发芽前，选择母株上离地面较近枝条，剪去梢部不充实部分。然后开 5～10 cm 深的沟，将枝条水平压入沟中，用枝杈固定。待各节上芽萌发，新梢长至 20～25 cm 且基部半木质化时，在节上刻伤。随新梢增高分次培土，使每一节位发生新根，秋季落叶后挖起，分节剪断移栽。具体步骤见图 2-13。

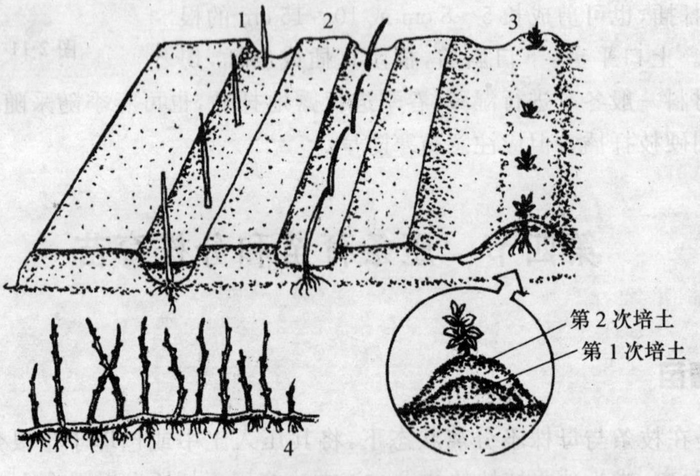

图 2-13 水平压条

1. 斜插 2. 压条 3. 培土 4. 分株

（三）曲枝压条

曲枝压条同样适用于枝条柔软、扦插生根较难的树种。在春季萌芽前或生长季新梢半木质化时进行。在压条植株上，选择靠近地面一二年生枝条，在其附近挖深、宽各为 15～20 cm 沟穴，穴与母株距离以枝条中下部能弯曲压入穴内为宜。然后将枝条弯曲向下，靠在穴底，用沟状物固定，在弯曲处环剥。枝条顶部露出穴外。在枝条弯曲部分压土填平，使枝条入土部分生根，露在地面部分萌发新梢。秋末冬初将生根枝条与母株剪截分离。具体步骤见图 2-14。

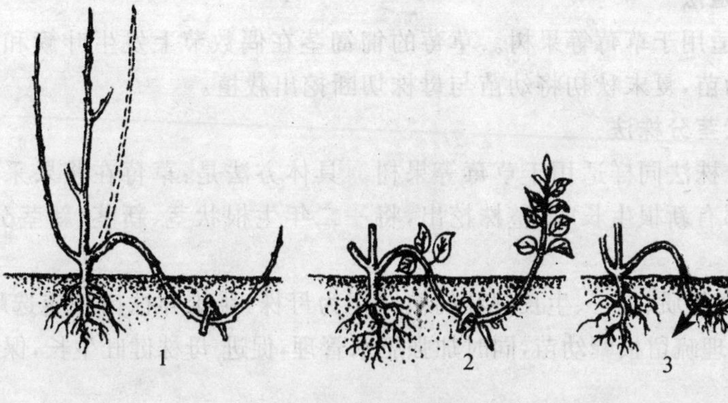

图 2-14　曲枝压条

1. 萌芽前刻伤与曲枝　2. 压入部位生根　3. 分株

(四)空中压条

空中压条又称高压法、中国压条法。在生长季都可进行，但以春季 4～5 月份为宜。适用于木质较硬而不宜弯曲、部位较高而不宜埋土的枝条以及扦插生根较难珍贵树种的繁殖。具体方法是：选择健壮直立的 1～3 年生枝，在其基部 5～6 cm 处纵刻或环剥，剥口宽度 2～4 cm，在伤口处涂抹生长素或生根粉，再用塑料布或其他防水材料，卷成筒套在刻伤部位。先将套筒下端绑紧，筒内装入松软的保湿生根材料如苔藓、锯末和沙质壤土等，适量灌水，然后将套筒上端绑紧，具体见图 2-15。其间，注意经常检查，补充水分保持湿润。一般压后 2～3 个月即可长出大量新根。生根后连同基质切离母体，假植于荫棚等设施内，待根系长大后定植。这种方法育苗成活率高、方法简单、容易掌握，但也存在繁殖系数低、对母体损伤大的缺点，且大量繁殖苗木具有一定困难。生产上空中压条可作为快速培育盆栽果树的好途径：苹果、梨、葡萄等果树，选易形成花芽枝条，环剥或刻伤处理，促其生根，形成花芽，脱离母体后第 2 年便可开花结果。

图 2-15　空中压条

1. 被压枝条处理状

2. 包埋生根基质状

二、分株育苗

分株育苗就是利用母株的根蘖、匍匐茎、吸芽等营养器官在自然状况下生根后切离母体，培育成新植株的无性繁殖方法。这种繁殖方法因树种不同存在一定的差异。该种繁殖方法一般包括根蘖繁殖法、匍匐茎繁殖法和新茎、根状茎分株法。

(一)根蘖繁殖法

根蘖繁殖法适用于根部易发生根蘖的果树，如山楂、枣、樱桃、李、石榴、树莓、杜梨和海棠等。一般利用自然根蘖在休眠期栽植。具体方法是：在休眠期或萌芽前将母株树冠外围部分骨干根切断或刻伤，生长期加强肥水管理，促使根蘖苗多发旺长，到秋季或翌春分离归圃培养。按行距 70～80 cm、株距 7～8 cm 栽植，栽后苗干截留 20 cm，进行精细管理。新栽幼苗继续发生萌蘖，其中一些进行嫁接但不够嫁接标准的，次春再度分株移栽，继续繁殖砧苗。

(二)匍匐茎繁殖法

匍匐茎繁殖法适用于草莓等果树。草莓的匍匐茎在偶数节上发生叶簇和芽,下部生根接地扎入土中,长成幼苗,夏末秋初将幼苗与母株切断挖出栽植。

(三)新茎、根状茎分株法

新茎、根状茎分株法同样适用于草莓等果树。具体方法是:草莓在浆果采收后,当地上部有新叶抽出,地下部有新根生长时,整株挖出,将一二年生根状茎、新茎、新茎分枝逐个分离成为单株定植。

分株育苗应选择优质、丰产、生长健壮的植株作为母株,雌雄异株树种应选雌株。分株时尽量少伤母株根系,合理疏留根蘖幼苗,同时加强肥水管理,促进 母株健旺生长,保证分株苗质量。

第五节　无病毒果苗培育

病毒病害是指由病毒、类病毒、类菌质体和类立克氏体引起的病害。而无病毒果苗是指经过脱毒处理和病毒检测,证明确已不带指定病毒的苗木。建立无病毒苗木繁育体系、健全去病毒检疫检验制度、培育无病毒原种、防止果苗带毒和人为传播是防治和克服果树病毒病危害的根本措施和唯一途径。

一、无病毒母树培育

培育无病毒苗木,首先要有无病毒母树。而无病毒母树主要通过脱毒的途径来获得,果树苗木主要脱毒途径有以下 4 种。

(一)茎尖组织培养脱毒

病毒侵入植物体后,并非所有的组织都带有病毒,在生长点附近的分生组织大多不含有病毒。茎尖组织培养脱毒就是切取茎尖这一微小的无病毒部分(一般 0.1~0.3 mm),进行组织培养,从而获得的无病毒的单株。其技术内容与规程如下。

(1)培养基配制:培养基配制可参考其他组织培养技术手册进行。

(2)取材:取材在春季发芽时,取田间嫩梢,用 70%酒精浸泡消毒 0.5 min,用 0.1%的升汞(氯化汞)液消毒 10~15 min,然后用无菌水冲洗 3~5 遍。

(3)接种培养:在经过消毒并冲洗干净的材料上,切下带有 1~2 个叶原基的生长点,长 0.1~0.2 mm,接种于培养基上培养。培养温度 28~30℃,光照强度 1 500~2 000 lx,光照时间每天 10 h 左右。

(4)继代培养:在初代培养基础上继代培养。方法是在无菌条件下切取茎尖产生的侧芽,接种到增殖培养基上培养。

(5)诱导生根:将增殖得到的芽或新梢移植到生根培养基上,经诱导生根培养,得到完整试管苗。

(6)移栽:移栽前将幼苗 2~3 d 锻炼后,用水洗去培养基,移栽到装有腐殖质与沙(比例 1∶1)的混合基质的塑料钵中,放在温室中生长 10 d 左右后移栽于室外,按常规方法管理。成活后经病毒检测没有病毒后,便获得了茎尖组织培养的脱毒苗。

(二)热处理脱毒

热处理也叫温热疗法,是利用病毒和植物细胞对高温忍耐性不同,利用这个差异,选择适当高于正常的温度处理染病植株，使植株体内的病毒部分或全部失活，而植株本身仍然存活。将不含病毒的组织取下，培育成无病毒个体。苹果的具体脱毒步骤是：先将带毒的芽片嫁接在未经嫁接过的实生砧木上，成活后促进萌发，然后把萌发的植株放入(38±1)℃的恒温器内处理3～5周。从经过热处理的植株上，剪下正在生长的新梢顶端，长1.0～1.5 cm，嫁接在未经嫁接的砧木上，嫁接成活并生长到一定高度时，取一部分芽片接种在指示植物上进行病毒试验，确认无病毒后，作为无病毒母本树繁殖无病毒苗木。

(三)热处理结合茎尖培养脱毒

在单独使用热处理或单独使用茎尖培养脱毒都不奏效时使用热处理结合茎尖培养法脱毒。热处理可在茎尖离体之前的母株上进行，也可在茎尖培养期间进行。一般以前一种方法的处理效果较好。

(四)离体微尖嫁接法脱毒

离体微尖嫁接法脱毒是茎尖培养与嫁接方法相结合，用以获得无病毒苗木的一种技术。它是将0.1～0.2 mm的接穗茎尖嫁接到试管中的无菌实生砧苗上，继续进行试管培养，愈合成完整植株。

二、繁殖无病毒苗木要求

(1)获得无病毒原种材料后，要分级建立采穗用无病毒母本园。母本园应远离同一树种2 km以上，最好栽植在防虫网设备的网室内。母本树应建立档案，定期进行病毒检测，一旦发现病毒，立即取消其母本树资格。

(2)繁殖无病毒苗木的单位或个人，必须填写申报表，经省级主管部门核准认定，并颁发无病毒苗木生产许可证。

(3)繁殖无病毒苗木的苗圃地，应选择地势平坦、土壤疏松、有灌溉条件的地块，同时也应远离同一树种2 km以上，远离病毒寄主植物。

(4)繁殖无病毒苗木使用的种子、无性系砧木繁殖材料和接穗，必须采自无病毒母本园，附有无病毒母本园合格证。

(5)繁殖无病毒苗木的嫁接过程，必须在专业人员的监督指导下进行，且嫁接工具要专管专用。

(6)繁殖无病毒苗木，须经植物检疫机构检验，合格后签发无病毒苗木产地检疫合格证，并发给无病毒苗木标签，方可按无病毒苗木出售。

三、无病毒苗木培育

在苗圃中，用无病毒母株上的材料建立无毒材料繁殖区。利用繁殖区的无毒植株压条或剪取枝条扦插，培育无毒的自根苗。或在未经嫁接过的实生砧木上嫁接无毒品种，培育无毒的嫁接苗。繁殖区内的植株经过5～10年，要用无毒母本园保存的材料更新一次。

第六节　苗 木 出 圃

一、出圃准备

果树苗木出圃前要进行苗木调查、制订计划与操作规程、策划营销与圃地浇水。苗木调查就是对拟定出圃的苗木进行抽样调查，掌握各类苗木的数量与质量。制订计划与操作规程指制定苗木出圃计划和掘苗操作规程；策划营销就是通过现代信息网络、媒体及多种信息渠道，搞好苗木的销售工作；圃地浇水就是在掘苗前苗圃地土壤干旱的情况下，提前 10 d 左右对苗圃地灌水。

二、苗木挖掘

(一)起苗时间

起苗时间在秋季落叶后至春季萌芽前的休眠期内均可进行。最好根据栽植时期进行。秋季从苗木停止生长后至土壤结冻前起苗。就近栽植，最好随起随栽。春栽苗木，在土壤解冻后至苗木发芽前起苗。

(二)挖苗方法

挖苗分带土和不带土两种方式。落叶果树露地育苗，休眠期不带土对苗木成活影响不大；生长季出圃的苗木，带叶栽植需带土球。落叶前起苗，应先将叶片摘除，然后起苗。避免在大风、干燥、霜冻和雨天起苗。起苗前对苗木挂牌，标明树种、品种、砧木、来源、树龄及苗木数量等。如果土壤干燥，应提前 1～2 d 充分灌水，待稍干后再起苗。挖掘时，尽量少伤根系，使根系完整，挖出后就地临时假植，用土埋住根系；或集中放在阴凉处，用浸水草帘或麻袋等覆盖。一畦或一区最好一次全部挖完。

三、分级与修苗

起苗后立即根据苗木规格进行分级。对不合格苗木应留在圃内继续培养。结合分级同时进行修剪。剪去病虫根、过长根及畸形根。主根留 20 cm 左右短截。受伤粗根应修剪平滑，缩小伤面，且使剪口面向下。剪去地上部病虫枝、枯枝残桩和充实的秋梢及萌蘖。

四、检疫与消毒

(一)苗木检疫

苗木检疫是防止病害蔓延的有效措施。我国对内检疫的病虫害主要有苹果棉蚜、苹果蠹蛾、葡萄根瘤蚜、美国白蛾。列入全国对外检疫的病虫害有地中海实蝇、苹果蠹蛾、苹果实蝇、苹果根瘤蚜、美国白蛾、栗疫病、梨火疫病等。育苗单位和苗木调运人员必须严格遵守植物检疫条例，做到从疫区不输出，新区不引入。起苗后至包装之前，主动向当地植物检疫部门申请，对苗木进行产地检疫，检疫合格签发检疫合格证之后，才能起运。

(二)苗木消毒

(1)杀菌处理：杀菌处理用 3～5°Be 石硫合剂溶液，或 1∶1∶100 倍波尔多液浸苗 10～20 min，再用清水冲洗根部。李属植物应慎重用波尔多液。还可用 0.1% 的升汞水浸苗 20 min，再用清水冲洗 1～2 次，在升汞中加醋酸或盐酸，杀菌效力更大。用 0.1%～0.2% 的硫酸铜溶液处理 5 min 后，清水洗净，也可起到消毒效果，但此药主要用于休眠期苗木根系的消毒，不宜用作全株消毒。用于苗木消毒的药液还有甲醛、石炭酸等。

(2)灭虫处理：灭虫处理用氰酸气熏蒸。具体操作方法是：在密闭的房间或箱子中，每 100 m^3 容积用氰酸钾 30 g，硫酸 45 g，水 90 mL，熏蒸 1 h。熏蒸前要关好门窗，先将硫酸倒入水中，然后再将氰酸钾倒入。1 h 后将门窗打开，待氰酸气散发完毕，方能进入室内取苗。少量苗木可用熏蒸箱熏蒸。氰酸气有剧毒，要注意安全。

五、包装运输与贮藏

（一）包装运输

苗木经检疫消毒后，进行包装调运。包装调运过程中要防止苗木干枯、腐烂、受冻、擦伤或压伤。苗木运输时间不超过 1 d，可直接用篓、筐或车辆散装运输，但筐底或车底须垫湿草或苔藓等，且苗木根部蘸泥浆。苗木放置时要根对根，并与湿草分层堆积，上覆湿润物料。运输时间较长，苗木必须妥善包装。一般用草包、蒲包、草席、稻草等包装，苗木间填以湿润苔藓、锯屑、谷壳等，或根系蘸泥浆处理，还可用塑料薄膜袋包装。包裹要严密。包装好后挂上标签，注明树种、品种、数量、等级以及包装日期等。

运输过程中要做好保温、保湿工作，保持适当低温，但不可低于 0℃，一般以 2～5℃为宜。

（二）苗木贮藏

苗木贮藏习惯称作假植。分临时性短期贮藏与越冬长期贮藏两种方式。临时性短期贮藏可就近开沟，将苗木成捆立植于沟中，用湿土埋好根系。越冬长期贮藏是指秋冬出圃到第二年春季栽植的苗木，应选避风背阳、高燥平坦、无积水的地方挖沟假植。南北向开沟，沟宽 1 m 左右，深 50～80 cm，沟长随苗木数量而定。假植时，应除去包装材料，打开捆绳，摊开散置。苗干向南倾斜 45°，整齐紧密地排放在沟内，摆一层苗（苗层不宜太厚），埋一层土，填土应细碎，使苗木根系与土壤密接，不留空隙。培土达苗木干高的 1/3～1/2（严寒地区达定干高度），填土一半时，沟内灌水。对弱小苗木应全部埋入土中。假植地四周应开排水沟，大的假植地中间还应适当留有通道。不同品种的苗木，应分区假植，详加标签，严防混杂。运输时间过久苗木，视其情况立即将其根部浸水 1～2 d，待苗木根部吸足水分后再行假植，浸水每日更换 1 次。苗木假植期间要定期检查，防止干燥、积水、鼠及野兔等危害，发现问题及时处理。

第三章 建园技术

第一节 园地选择

建立商品生产果园应选择生态条件良好，环境质量合格，并具有可持续生产能力的农业生态区域。生态条件良好就是坚持适地适栽的原则，在果树的生态最适宜区或适宜区选择园地，并从气候、土壤、地势、水源、社会经济条件等方面分析评价其优劣，从中选出最佳地段作为园址；环境质量合格是指园地的空气、土壤及农田灌溉水必须符合国家标准；可持续生产能力，就是选择良好的环境条件，保护生态环境，采用无公害生产技术，实现优质、丰产、高效和永续利用的目标。

一、果园类型简介

果园应建在果树的生态最适宜区和适宜区。常见的类型有丘陵山地果园，一般平地果园、沙滩地及盐碱地果园等。生产上一般从气候、土壤、地势、水源、社会经济条件等方面分析评价各类园地的优劣，并以生态因素为主要依据。通常在地势平坦或坡度小于5°的缓坡地带最适合建园。具体要求是土层深厚、疏松肥沃、水土流失少、管理方便、环境质量符合绿色果品生产要求。

丘陵山地建园时，一要选择山麓地带和相对海拔在200～500 m的低位山带建园；二要充分利用丘陵山区的小气候带；三要考虑坡向和坡形的作用。通常南坡向阳，光照充足，昼夜温差大，建园果树产量高、品质好，但易发生霜冻、干旱及日烧。北坡与南坡相反，东坡与西坡的优缺点介于南坡和北坡之间。具体见图3-1。

一般平坦地建园，应选择地势开阔、地面平整、土层深厚、肥水充足、便于机械化管理和交通运输的地方。但在通风、光照、昼夜温差、控排水方面，不如山地果园，果品品质如外观品质、可溶性固形物、风味和耐贮性方面比山地果园差。在选择园址时，关键要避开地下水位高的地段。具体见图3-2。

沙滩地、盐碱地及滨湖滨海地可选择部分宜林宜果地带，有针对性地采取措施改良土壤，提高肥力之后再建园。而重茬地建园必须彻底进行土壤改良。一般采用连续4～5年种植其他作物，尤其豆科作物或绿肥，并翻入土中。如在短时间内重茬建园，应采取全园土壤消毒或深翻、换土等方法。

二、果园环境标准

无公害果品是目前我国果树生产的基本要求。其核心内容是果品生产、贮运过程中，通过严密监测、控制、防止农药残留、放射性物质、重金属、有害细菌等对果品生产及运销各个环节

图 3-1 丘陵山地果园

图 3-2 平地果园

的污染，从而保证消费者的健康，并保持果园及其周围良好的生态环境。选择无污染的产地环境条件是生产无公害果品的基础，根据无公害果品产地环境条件标准及国家 GB/T 18407.2—2001《农产品安全质量无公害水果产地环境要求》，果园环境标准主要包括空气环境质量、农田灌溉水质量和土壤环境质量三方面内容，这三方面的有关要求应达到国家有关标准。

第二节 果园规划基本程序与内容

一、建园调查与园地测绘

(一)建园调查

建园调查首先应进行社会调查与园地踏查。社会调查主要是了解当地经济发展状况、土地资源、劳力资源、产业结构、生产水平与果树区划等,在气象或农业主管部门查阅当地气象资料,采集各方信息。园地踏查主要是调查掌握规划区的地形、地势、水源、土壤状况和植被分布及园地小气候条件等。其次还要进行果品市场构成调查。包括拟发展果品目前市场的基本结构、消费需求、价格变动规律及中长期发展趋势预测,进而为确定良种果树提供依据。

(二)园地测绘

利用经纬仪或罗盘仪对规划区进行导线及碎部测量,达规定精度要求,绘制成1:(5 000~25 000)的平面图。图中须标明地界、河流、村庄、道路、建筑物、池塘、耕地、荒地以及植被等,并计算面积。山地果园规划还应进行测量,绘制地形图。

二、总体规划设计

(一)小区的划分

小区也称作业区,是果园土壤耕作和栽培管理的基本单位。划分小区应根据果园面积、地形等情况进行,应使同一小区内的地势、土壤、气候条件等尽可能地保持一致。

平地果园小区面积以4~8 hm^2 为宜;山坡与丘陵地果园小区面积1~2 hm^2 即可;统一规划而分散承包经营的小果园,可不划分小区,以承包户为单位,划分成作业田块。

小区形状在平地果园应呈长方形,其长边尽量与当地主风方向垂直;山地果园小区的形状以带状为宜,或随特殊地形而定,其长边最好在同一等高线上。

大型果园进行土地规划时,各类用地比例为:果树栽培面积80%~85%,防护林5%~10%,道路5%,房屋、包装场、水池、粪池等约占5%。

(二)道路规划

果园道路的布局应与栽植小区、排灌系统、防护林、贮运及生活设施相协调。在合理便捷的前提下尽量缩短距离。面积在8 hm^2 以上的果园,即大型果园应设置干路、支路、小路。干路应与附近公路相接,园内与办公区、生活区、贮藏转运场所相连,并尽可能贯穿全园。干路路面宽6~8 m,能保证汽车或大型拖拉机对开;支路连接干路和小路,贯穿于各小区之间,路面宽4~5 m,便于耕作机具或机动车通行;小路是小区内为了便于管理而设置的作业道路,路面宽1~3 m,也可根据需要临时设置。对于中小型果园园内仅规划支路和小路。

(三)灌排系统

灌排系统包括灌溉系统和排水系统。灌溉系统灌溉方式有沟灌、喷灌、滴灌和渗灌等。不同的灌溉方式在设计要求、工程造价、占用土地、节水功能及灌溉效应等方面差异很大,规划时应根据具体情况而定。排水系统因地形不同,所采取的排水方式也不同。平地果园排水方式主要有明沟排水与暗沟排水两种。明沟排水系统主要由园外或贯穿于园内的排水干沟、区间的排水支沟和小区内的排水沟组成。各级排水沟相互连接，干沟的末端有出水口。小区内的排水小沟一般深 50～80 cm；排水支沟深 100 cm 左右；排水干沟深 120～150 cm，使地下水位降到 100～120 cm 以下。盐碱地果园各级排水沟应适当加深。暗沟排水是在地下埋设瓦管管道或石砾、竹筒、秸秆等其他材料构成排水系统。暗沟设置的深度、沟距与土壤的关系见表 3-1。山地果园主要是考虑排除山洪。其排水系统包括拦洪沟、排水沟和背沟等。拦洪沟是在果园上方沿等高线设置的一条较深的沟。可将上部山坡的洪水拦截并导入排水沟或蓄水池中。其规格应根据果园上部集水面积与最大降水强度时的流量而定，一般宽度和深度为1.0～1.5 m，比降 0.3%～0.5%。并在适当位置修建蓄水池，使排水与蓄水结合进行。山地果园排水沟设在集水线上，方向与等高线相交，汇集梯田背沟排出的水而排出园外。排水沟宽 50～80 cm，深 80～100 cm。在梯田内修筑背沟（也称集水沟），沟宽 30～40 cm，深 20～30 cm，保持 0.3%～0.5%的比降，使梯田表面的水流入背沟，再通过背沟导入排水沟。

表 3-1　暗沟深度与土壤的关系

cm

土壤	沼泽土	沙壤土	黏壤土	黏土
暗沟深度	1.25～1.5	1.1～1.8	1.1～1.5	1.0～1.2
暗沟间距	15～30	15～35	10～25	8～12

（四）配套设施

果园内的各项生产、生活用的配套设施，主要有管理用房、宿舍（农药、肥料、工具、机械库等）、果品贮藏库、包装场、晒场、机井、蓄水池、药池、沼气池、加工厂、饲养场和积肥场地等。通常管理用房建在果园中心位置；包装与堆贮场应设在交通方便、相对适中的地方；贮藏库设在阴凉背风连接干路处；农药库设在安全的地方；配药池应设在水源方便处；饲养场应远离办公和生活区，山地果园的饲养场宜设在积肥、运肥方便的地方。

（五）防护林的设置

果园防护林系统可调节果园的生态小气候，调节温、湿度平衡，减弱风力，减轻霜冻，为果树生长发育创造良好的生态环境。在没有建立农田防护林网的地区建园，都应在建园之前或同时营造防护林。

防护林带的有效防风距离为树高的 25～35 倍，由主、副林带相互交织成网格。主林带是以防护主要有害风为主，其走向垂直于主要有害风的方向，若条件许可，交角在 45℃以上也可，副林带则以防护来自其他方向的风为主，其走向与主林带垂直。在山谷坡地营造防风林时，主林带最好不要横贯谷地，谷地下部一段防风林，应稍偏向谷口，且采用透风林带。在谷地上部一段，防风林及其边缘林带应该是不透风林带，而与其平行的副林带应为网孔式林型。

防护林根据林带的结构和防风效应可分为紧密型林带、稀疏型林带、透风型林带等三种类型。紧密型林带由乔木、亚乔木、灌木组成，林带上下密闭，透风能力差，风速 3～4 m/s 的气流很少透过，透风系数小于 0.3，其防护距离较短，但在防护范围内的效果显著。稀疏型林带由乔木和灌木组成，林带松散稀疏，风速 3～4 m/s 的气流可部分通过林带，方向不改变，透风系数 0.3～0.5。背风面风速最小区出现在林高的 3～5 倍处。透风型林带一般由乔木构成，林带下部（高 1.5～2.0 m 处）有很大空隙透风，透风系数为 0.5～0.7。背风面最小风速区为林高的 5～10 倍处。

林带的树种应选择适合当地生长、与果树无共同病虫害、生长迅速的树种，同时防风效果好，具有一定的经济价值。林带有主要树种、辅佐树种及灌木组成。主要树种应选用速生高大的深根性乔木，如杨树、洋槐、水杉、榆、泡桐、沙枣、樟树等。辅佐树种可选用柳、枫、白蜡及部分果树和可供砧木用的树种，如山楂、山定子、海棠、杜梨、桑、文冠果等。灌木可选用紫穗槐、灌木柳、沙棘、白蜡条、桑条、柽柳及枸杞等。为增强果园防护作用，林带树种也可用花椒、皂角、玫瑰花等带刺树种。

一般果园的防护林以营造稀疏型或透风型为好。平地、沙滩地果园应营造防风固沙林。一般果园四周栽 2～4 行高大乔木，迎风面设置一条较宽的主林带，风向与主风向垂直。通常由 5～7 行树组成。主林带间距 300～400 m。要与主林带垂直营造副林带，由 2～5 行树组成，带距 300～600 m。主林带宽度以不超过 20 m、副林带宽度不超过 10 m 为宜。株行距乔木为 1.5 m×2.0 m，灌木为(0.5～0.75)m×2 m，树龄大时适当间伐。林带距果树距离，北面应不小于 20～30 m，南面为 10～15 m。为不影响果树生长，应在果树和林带之间挖一条宽 60 cm、深 80 cm 的断根沟(可与排水沟结合用)。

(六)山地果园水土保持工程

山地果园水土保持工程主要有水平梯田、等高撩壕和鱼鳞坑三种形式。水平梯田是山地水土保持的有效方法。在修筑水平梯田之前，先要进行等高测量，然后根据坡度和栽植行距设计梯田面的宽度。坡度小或栽植行距大，田面应宽些；反之，则可窄些。一般每台梯田只栽 1 行树者，梯田面宽度不应小于 3 m；栽 2 行树的不应小于 5 m。在修筑梯田时应先修梯壁。等高撩壕简称撩壕，是在坡面上按等高线挖横向浅沟，将挖出的土堆在沟的外侧筑成土埂。果树栽在土埂外侧。撩壕只适宜在坡度为 5°～10°且土层深厚平缓地段应用。撩壕前，选一坡度适中的坡面，由上而下拉一直线为基线，然后按果树栽植的行距，将基线分成若干段，并在各段的正中间打出基点，以基点为起点，按 0.3%的比降向左右延伸，测出等高线，再取 50～70 cm 距离，画出平行于等高线的两条线。撩壕时将两条平行线间的土挖出，堆在下坡方向，培成弧形宽埂。壕沟宽一般为 50～70 cm，深 40 cm 左右，沟内每隔一定距离做一小坝。具体见图 3-3。鱼鳞坑是一种面积极小的单株台田，由于其形似鱼鳞而得名。此法适用于坡度大、地形复杂、不易修筑梯田和撩壕的山坡。修鱼鳞坑时，先按等高原则定点，确定基线和中轴线，然后在中轴线上按株行距定出栽植点，并以栽植点为中心，由上部取土，修成外高内低半月形的小台田。具体见图 3-4。

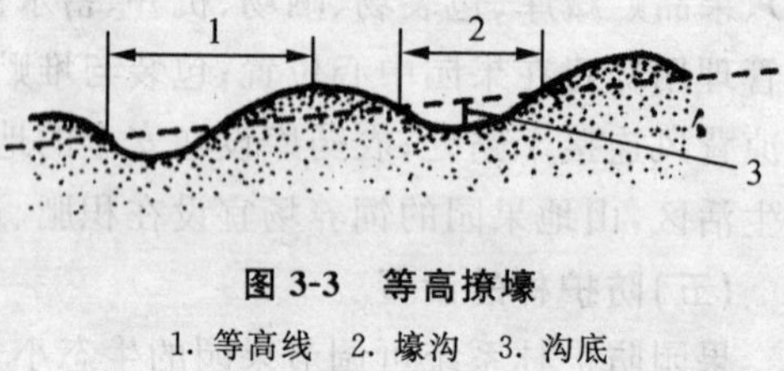

图 3-3 等高撩壕

1. 等高线 2. 壕沟 3. 沟底

(七)树种与品种选择

建园选择树种、品种时要注意三点：一是选择具有独特经济性状的优良品种；二是所选树种、品种能适应当地气候和土壤条件，达到优质与丰产；三是适应市场需要，适销对路，经济效益高。但作为生产果园树种和品种都不宜过多，一般主栽树种 1 个，主栽品种 2～3 个即可。

(八)果树栽植设计

1. 授粉树的配置

(1)授粉树的标准：授粉树应具备三条标准。一是与主栽品种授粉亲合力强，最好能相互授粉。二是授粉品种花粉量大，与主栽品种花期一致。树体长势基本相似。如主栽品种是短

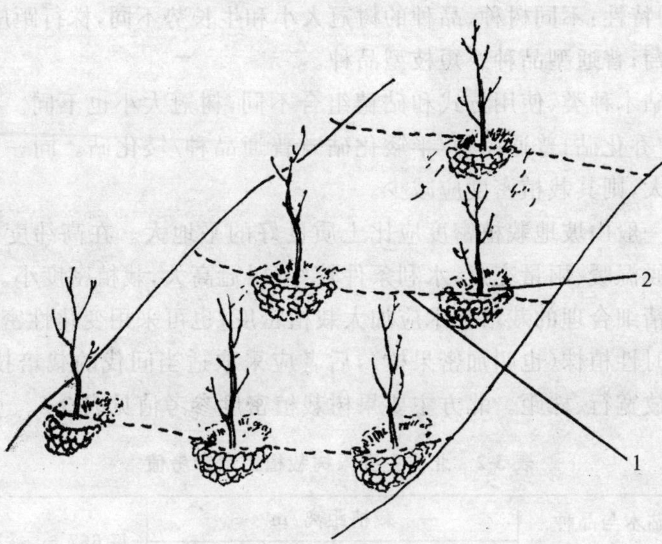

图 3-4　鱼鳞坑

1. 等高线　2. 鱼鳞坑

枝型品种，其授粉树也应是短枝类型；如果是矮化砧，两者也应相同。三是授粉品种果实质量好，开始结果早，容易成花，经济价值高且经济寿命长，最好与主栽品种成熟期一致。

(2)授粉树的配置比例和距离：主栽品种与授粉树的配置比例一般为(4～5)：1，授粉树缺乏时，最少要保证(8～10)：1。配置距离应根据昆虫活动范围、授粉树花粉量的大小以及果树的栽植方式而定。距离主栽品种以 10～20 m 为宜，花粉量少时要更近一些。

(3)授粉树配置方式：授粉树配置方式，应根据授粉品种所占比例、果园栽培品种的数量和地形等确定，通常采用的配置方式有三种。①中心式。授粉树较少时，每 8 株配置 1 株授粉树于中心位置。②行列式。大面积果园，将主栽品种与授粉品种分别成行栽植。授粉树较少时，每隔 2～3 行主栽品种配置 1～2 行授粉品种。如果授粉品种也是主栽品种之一，可隔 3～4 行等量栽植。③复合行列式。两个品种不能相互授粉，如苹果中的某些多倍体品种乔纳金、陆奥、北斗等须配置第 3 个品种进行授粉，可每个品种 1～2 行间隔栽植(图 3-5)。

××××××	××○××○	○××△△○
×○××○×	××○××○	○××△△○
××××××	××○××○	○××△△○
××××××	××○××○	○××△△○
×○××○×	××○××○	○××△△○
××××××	××○××○	○××△△○
1	2	3

图 3-5　授粉树配置方式(×主栽品种，○、△授粉品种)

1. 中心式　2. 行列式　3. 复合行列式

2. 栽植密度

确定果树合理栽植密度的根本依据是树体大小，根据所选树种及品种在果园具体环境条件和既定的栽培管理制度下，能够或者要求达到的最大体积来确定，树体愈小，栽植密度愈大。生产上可根据以下因素综合确定。

(1)树种和品种特性：不同树种、品种的树冠大小和生长势不同，株行距应有所不同。一般苹果＞梨＞桃＞葡萄；普通型品种＞短枝型品种。

(2)砧木种类：砧木种类、使用方式和砧穗组合不同，树冠大小也不同。一般普通品种/乔化砧＞短枝型品种/乔化砧；普通品种/半矮化砧＞普通品种/矮化砧。同一种矮化砧，用作中间砧比自根砧树冠大，则其栽植密度应减少。

(3)自然条件：一般山坡地栽植密度应比土质良好的平地大。在高纬度和高海拔地区，栽植密度应加大。气候温暖、雨量充足、水利条件较好，树冠高大，栽植密度小。

(4)栽植制度：精细合理的栽培技术应加大栽植密度；也可采用变化性密植，将全部果树分为永久性植株和临时性植株(也叫加密果树)，后者应采取适当间伐的栽培技术。大面积果园机械化耕作应适当放宽行、株距。北方主要果树栽植密度参考值见表 3-2。

表 3-2　北方主要果树栽植密度参考值

果树种类	砧木与品种组合(架式)	栽植距离/m		每 667 m² 株数	备注
		行距	株距		
苹果	普通型品种/乔化砧	4～5	3～4	33～56	山地、丘陵
		5～6	3～4	28～44	平地
	普通型品种/矮化中间砧	3～4	2	83～111	山地、丘陵
	短枝型品种/乔化砧	4	2～3	56～83	平地
	短枝型品种/矮化中间砧	3～4	1.5	111～148	山地、丘陵
	短枝型品种/矮化砧	3～4	2	83～111	平地
梨	普通型品种/乔化砧	4～6	3～5	33～56	
	普通型品种/矮化砧 短枝型/乔化砧	3.5～5	2～4	33～95	
桃	普通型品种/乔化砧	4～6	2～4	28～83	
杏	普通型品种/乔化砧	5～7	4～5	19～33	
李	普通型品种/乔化砧	4～6	3～4	28～56	
葡萄	小棚架	3.0～4.0	0.5～1.0	166～444	
	自由扇形、单干双壁	2.0～2.5	1.0～2.0	134～333	
	高宽垂	2.5～3.5	1.0～2.5	76～267	

续表 3-2

果树种类	砧木与品种组合(架式)	栽植距离/m		每 667 m² 株数	备注
		行距	株距		
樱桃	大樱桃	4～5	3～4	33～56	
核桃	早实型核桃	4～5	3～4	33～56	
	晚实型核桃	5～7	4～6	16～33	
板栗	普通型品种/乔化砧	5～7	4～6	16～33	
	短枝型品种/乔化砧	4～5	3～4	33～56	
柿	普通型品种/乔化砧	5～8	3～6	14～44	
枣	普通型品种	4～6	3～5	22～56	
	枣粮间作	8～12	4～6	9～21	
山楂	普通型品种/乔化砧	4～5	3～4	33～56	
石榴	普通型品种	4～5	3～4	33～56	
猕猴桃	T形架	3.5～4	2.5～3	55～76	
	大棚架	4	3～4	42～55	
草莓	普通型品种	0.25～0.35(小行距);垄距:1	0.15～0.18	7 000～10 000	大垄双行栽植

3. 栽植方式

栽植方式以经济利用土地，提高单位面积经济效益和便于栽培管理为原则。

(1)长方形栽植：长方形栽植是生产上广泛采用的栽植方式。果树栽植的行向，一般以南北行向为好，尤其是平地果园更为显著。其栽植株数＝栽植面积(m^2)/株距(m)×行距(m)。

(2)正方形栽植：行距和株距相等。植株呈正方形排列，便于纵向、横向作业管理，但密植郁闭，不利于间作。其栽植株数＝栽植面积(m^2)/株距(m)×行距(m)。

(3)带状栽植(双行栽植、篱植)：宽窄行栽植，一般双行成带，带距为行距的 3～4 倍。带内较密，群体抗逆性较强，但带内光照条件较差，管理不便，应用较少。

(4)等高栽植：适于山地丘陵地果园。栽时掌握“大弯就势”、“小弯取直”的方法调整等高线，并对过宽、过窄处适当增、减树行，在行线上按株距栽植。

(5)城镇绿化或观光果树：可采用孤植、对植、丛植等不规则栽植方式，也可作为行道树进行列植或专类园按一定的行株距进行成片栽植，供游人观赏或采摘。

三、编写果园规划设计说明书

果园规划要最终完成规划设计文书——果园规划设计说明书，并附规划平面图、主要工程设计图。果园规划设计说明书包括八部分：即规划依据、规划区基本情况、总体规划设计、服务保障体系、建设投资概算、经济效益分析、总体实施安排、规划设计图纸等八部分组成。果园规划设计说明书的编写方式及主要内容如下。

(一)规划依据

(1)果园建设的背景、目的、规模和经营方式等。

(2)规划设计工作过程：如调查、文献信息资料查阅、实地考察、咨询研讨、分析论证、测绘和规划设计等工作情况。

(二)规划区基本情况

(1)地理位置及区域范围：规划区所处的区域位置、经纬度、四至(东、西、南、北临界接壤处)、总体地形及规划设计总面积等。

(2)气候资源

①光热资源。年日照时数，年总辐射量。

②热量资源。年平均气温、年极端最高平均气温、极端最高气温、年极端最低平均气温、极端最低气温、≥10℃有效积温等。

③降水和蒸发。年平均降水量，年平均自然植被蒸发量。

④无霜期。年平均无霜期，无霜期最早日期、最晚日期。

⑤灾难性气候。当地容易遭受的自然灾害，如干旱、洪涝、霜冻、冰雹、沙尘暴及风害等。

(3)水资源：过境水(河流)、地表水、地下水。

(4)土地资源：区内土地资源总体情况、土地面积与利用情况(农业生产用地面积与比例、非农业生产用地面积与比例)、土壤类型等。

(5)劳力资源。

(6)生产现状及产业结构。

(三)总体规划

(1)作业区划分：指小区数量、位置、面积形状等。

(2)道路规划：干、支、小路规划设计具体情况。

(3)排灌系统设计：果园灌溉系统、排水系统设计。

(4)配套设施建设：管理(生活)用房、贮藏库、包装场、晒场、配药池、畜牧场及农机具等。

(5)防护林设计：防护林面积、树种、栽植方式及用苗量等。

(6)山地果园水土保持工程设计：修筑梯田撩壕等工程建设设计。

(7)树种与品种设计：设计依据，树种与品种选择，授粉树配置等。

(8)果树栽植设计：栽植密度、栽植方式、苗木用量、肥料用量及栽植用工计划等。

(四)服务保障体系

技术保障体系、信息服务体系、组织管理和协调体系。

(五)建设投资概算

(1)规划设计概算的原则和依据。

(2)各主要工程项目分项概算。

(3)建设投资总概算。

(六)经济效益分析

从建园投资费用，果园管理费用(果园的土肥水管理、整形修剪、花果管理和病虫害防治等），果品加工渠道、销售渠道，当地市场果品需求情况，当地果品价格等方面对拟建果园的经济效益进行分析。

（七）总体实施安排

建园调查与测绘→果园土地规划→树种、品种选择和授粉树配置→果园防护林设计→水土保持规划设计→果园排灌系统规划设计→果树栽植。

（八）规划设计图纸

包括果园建设设计总平面图和主要工程设计图纸。

(1)果园建设设计总平面图：包括果园的生产用地和非生产用地总体规划设计的基本情况。

(2)主要工程设计图纸：主要包括果园防护林的设计图纸、水土保持工程设计图纸、果园排灌系统设计图纸、果园道路及管理用房设计图纸等。

第三节 果树栽植技术

一、常规栽植技术

（一）栽植时期的选择

果树主要在秋季落叶后至春季萌芽前栽植。具体时间应根据当地气候条件及苗木、肥料、栽植坑等准备情况确定。秋栽一般在霜降后至土壤结冻前栽植。秋栽有利于根系恢复，次年春季发根早，萌芽快，成活率高。但在冬季寒冷风大、气候干燥的地区，必须采取有效的防寒措施，如埋土、包草、套塑料袋等。春栽在土壤解冻后至发芽前栽植。春栽宜早不宜迟，一般在立春后即可栽植。栽后如遇春旱，应及时灌水。一般北方多春栽。早秋带叶栽植在9月下旬至10月上旬带叶栽植。但带叶栽植应就近育苗就近栽植；提前挖好栽植坑；挖苗时少伤根多带土，随挖随栽；阴雨天或雨前栽。

（二）栽植点确定

建园时，应确保树正行直。为此，挖坑前必须按照设计的行、株距，测量放线并准确定出栽植点。

(1)平地穴栽：选园地较垂直的一角，画出两条垂直的基线。在行向一端的基线上，按设计行距量出每一行的点，用石灰标记。另一条基线标记株距位置。在其他三个角用同样方法画线，定出四边及行、株距位置，并按相对应的标记拉绳，其交点即为定植点。然后标记出每一株的位置。

(2)平地沟栽：用皮尺在园地分别拉直角三角形，画出垂直的四边基线。在行向两端的基线上，标记出每一行的位置，另两条对应基线标记株距位置。接着在两条行距的基线上，按每行相对的两点拉绳，画出各行线，再按栽植沟的宽度要求（80～100 cm），以行线为中心向两边放线，画出栽植沟的开挖线。四周基线上的株行距标记点应保护好。

(3)山地定植：山地以梯田走向为行向，在确定栽植点时，应根据梯田面宽度和设计行距确定。如果每台梯田只能栽一行树，则以梯田面的中线或距梯田外沿2/5处为行线。向左右延伸按株距要求标记定植点。在遇到田面宽窄不等时，酌情采取加减行处理。

(三)栽植坑挖掘和回填

(1)早挖坑:定植坑应提早 3～4 个月挖好。一般秋栽树夏挖坑,春栽树秋挖坑,早挖坑早填坑。

(2)挖大坑:设计株距在 3 m 以上的可挖栽植穴,以标记的栽植点为中心,挖长、宽、深都为 80～100 cm 的坑;栽植株距在 3 m 以下时应挖栽植沟,沟宽 70～100 cm,深 80 cm 左右。下层土壤坚实或土质较差的地块,应适当加深。挖掘时要把表土、底土分开堆放,拣出粗沙或石块等杂物。

(3)回填灌水:坑挖好后,将秸秆、杂草或树叶等有机物与表土分层填入坑内。在每层秸秆上撒少量生物菌肥或氮素化肥,尽量将好土填入下层,每填一层踩踏一遍。填至离地表 30 cm 左右时,撒入一层粪土。粪土用优质农家肥按每株 25 kg 左右的用量与表土拌匀后撒入。土壤回填后,有灌溉条件的应立即灌水,使坑内土壤和有机物充分沉实。

(四)栽植方法

(1)苗木栽植前处理:苗木栽植前按大小分类,使同类苗木栽在同一地块或同一行内。质量较差的弱小、畸形和伤残苗应另行假植,作为补苗用的预备苗。将分类后壮苗的根用 1%～2%的过磷酸钙浸泡 12～24 h,然后蘸泥浆栽植。运往地里的苗木,先用湿土将根系封埋,边栽边取。

(2)栽植技术:栽时先将栽植坑修整。高处铲平,低处填起,深度保持 25 cm左右,并将坑中间培成小丘状(图 3-6)。栽植沟可培成龟背形的小长垄。然后拉线核对准确栽植点并打点标记。将苗木放于定植点,目测前后左右对齐,做到树端行直。根系周围尽量用表土填埋,填土时轻轻提动苗木使根系舒展,并边填土边踏实,将坑填平后培土整修树盘,然后浇透水。当水下渗后撒一层干土封穴。苗木栽植深度一般普通乔化苗以嫁接口稍高出地面为宜。矮化中间砧苗生产上多采用"深栽浅埋,分批覆土"的方法。就是回填灌水后的栽植坑,合墒修整,深度保持 35 cm 左右,将苗放入坑内,使中间砧 1/2～2/3 处与地面持平,然后填土栽苗,土壤培至中间砧接口处踏实灌水,剩余部位暂不填土。进入 6 月份,结合田间松土除草,给坑内填充湿润细土 10～15 cm;相隔 25 d 左右再用湿润细土将坑填平。

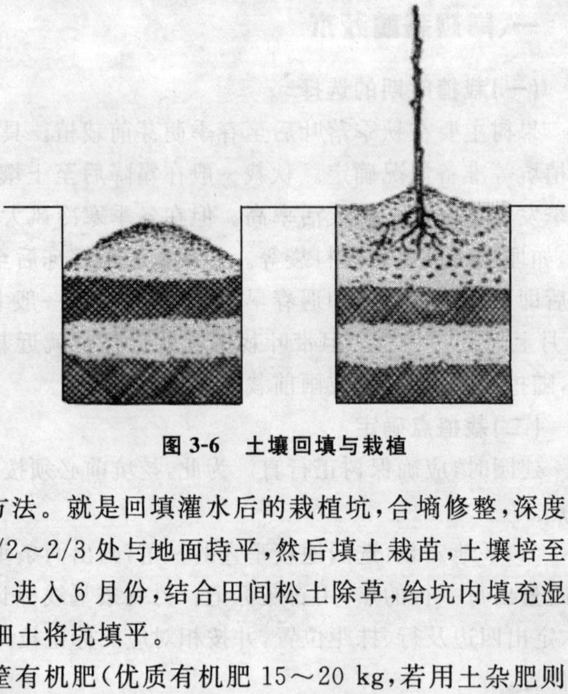

图 3-6 土壤回填与栽植

整个栽植过程可概括为一个大坑、一筐有机肥(优质有机肥 15～20 kg,若用土杂肥则为 100～200 kg),一把化肥 (50～100 g),一担水(100 kg),一块地膜。在整个栽植过程中应注意两点:一是肥料一定要与所有的回填土混合均匀后填入,不能施于土层或根系附近;二是栽植深度。普通苗以根颈与地表平齐为宜。

(五)栽后管理

(1)修剪定干:新栽幼树在春季萌芽前剪截定干。定干高度应根据整形要求决定,苹果、梨、杏和李等果树为 70～90 cm,剪口下 25～30 cm 内为整形带,有 8～10 个饱满芽。定干后立即用封剪油涂抹剪口。

(2)适时灌水：春栽苗应浇好定植水，及时松土或覆盖保墒，萌芽期根据墒情灌水。秋栽苗在春季萌芽前适当灌水。5 月份以后气温升高要注意灌水；7～8 月份高温干旱季节应适时灌水；进入 9 月份之后要控制灌水；入冬前应灌足越冬水。无灌溉条件的地区应覆盖保墒。

(3)覆膜套袋：覆膜套袋是旱地建园不可缺少的措施。有灌溉条件的地方也应推广应用。新栽幼树连续覆盖 2 年效果更好。覆盖地膜应根据栽植密度而定。株距在 2 m 以下的密植园可成行连株覆盖；株距在 2 m 以上的果园用 1 m 见方的小块地膜单株覆盖。覆膜前应将树盘浅锄一遍，打碎土块，整成四周高而中间稍低的浅盘形。覆膜时，将地膜中心打一直径 3.5～4.0 cm 的小孔后从树干套下，平展地铺在树盘上。紧靠树干培一拳头大的小土堆，地膜四周用细土压实。地膜表面保持干净，下雨冲积的泥土要细心清理，破损处及时用土压封。进入 6 月份以后，应在地膜上再覆一层秸秆或杂草，也可覆土 5 cm 左右。在寒冷、干旱、多风地区，应在苗干上套一细长塑料袋。用塑料薄膜做成直径 3～5 cm，长 70～90 cm 的细长塑料袋，将其从苗木上部套下，基部用细绳绑扎，周围用土堆成小丘。幼树发芽时，将苗木基部土堆扒开，剪开塑料袋顶端，下部适当打孔，暂不取下。发芽 3～5 d 后，在下午将塑料袋取掉。

(4)补栽缺苗：幼树发芽展叶后要检查成活情况。若发现死亡现象应分析原因，采取有效措施补救。缺株应立即用预备苗补栽。如果苗干部分抽干，剪截到正常部位。夏季发生死苗、缺株，要在秋季及早补苗。最好选用同龄而树体接近的假植苗，全根带土移栽。

(5)追施肥料：幼树施肥应少量多次。栽树时已施定植肥的，可在新梢长到 15 cm 左右追施尿素 50 g/株，方法是距离树干 35 cm 左右，挖 4～5 个小坑均匀施入，新梢长到 30 cm 时再追尿素 50 g/株。7 月下旬追施 N、P、K 三元复合肥 50～80 g/株。除土壤施肥外，加强根外追肥。结合防治病虫喷药，生长前期(8 月上旬以前)喷 0.3%～0.5%的尿素，生长后期(8 月上旬以后)喷 0.3%～0.5%的磷酸二氢钾或交替喷施光合微肥、腐殖酸叶肥等。

(6)夏季修剪：萌芽后，对靠近地面的萌蘖及时抹除。新梢长达 25～30 cm 时，幼树旺盛新梢不足 4 个，应对中干延长枝重摘心，掐去梢尖 3～5 cm。摘心时间在 7 月中旬以前。生长较旺而枝条角度小时，秋季拉枝开角。

(7)越冬防寒

①树干刷白。在霜冻来临前，用生石灰 10 kg、硫磺粉 1 kg、食盐 0.2 kg，加水 30～40 kg 搅拌均匀，调成糊状，涂刷主干。

②冻前灌水。冻前进行浇水或灌水。灌水降温之前进行，灌后即排。浇水结合施用人粪尿，效果更好。但应注意冻后不要再灌水。

③熏烟。在寒流来临前，果园备好谷壳、锯木屑、草皮等易燃烟物，每隔 10 m 一堆(易燃烟物渗少量废柴油)，在寒流来临前当夜 10 点后，点燃易燃烟物。

④覆盖。冬季树盘周围用绿肥、秸秆、芦苇等材料覆盖 10～20 cm，或用地膜覆盖。

⑤冻后急救措施

a. 摇去积雪：树冠上积雪及时摇去或用长棍扫去，以防积雪压断枝条。

b. 喷水洗霜：霜冻好应抓紧在化霜前，用粗喷头喷雾器，喷水冲洗凝结在叶上的霜。

c. 清除枯叶：叶片受伤后，应及时打落或剪除冻枯的叶片。

d. 及时灌溉：解冻后及时灌水，一次性灌足灌透。

(8)病虫害防治：幼树萌芽初期主要防治金龟子和象鼻虫等危害。可在危害期内利用废旧尼龙纱网作袋，套在树干上。此外，应注意防治蚜虫、卷叶虫、红蜘蛛、浮尘子等害虫及早期落叶病、白粉病和锈病等侵染性病害。具体参照前面有关育苗部分。

二、矮化中间砧苗栽植技术

矮化中间砧苗中间砧入土 1/2～2/3。生产上多采用“深栽浅埋，分批覆土”技术。具体做法是：回填灌水后的栽植坑，合墒修整，深度保持 35 cm 左右。将苗放入坑内，使中间砧 1/2～2/3 处与地面持平，然后填土栽苗，土壤培至中间砧接口处踏实灌水，剩余部位暂不填土。进入 6 月份，结合田间松土除草，给坑内填充湿润细土 10～15 cm；相隔 25 d 左右再用湿润细土将坑填平。

三、特殊栽植技术

（一）干旱半干旱地区建园

（1）选用壮苗：选用壮苗是提高栽植成活率的前提。无论是自育还是外购苗木，都应选用根系发达、茎干粗壮、芽体饱满等特点的纯正一级苗。

（2）利用砧木苗建园：在准备建园地段，根据规定株行距，就地播种或栽植砧木，当砧木长到一定大小时高接品种。

（3）提早挖坑：在水源缺乏的旱地栽树，可提早 3～5 个月，在雨季之前挖 1 m^3 的大坑并及时回填。如果没有提早整地，可采取小坑栽植技术。坑应挖成上下小、中间大的水罐形，一般宽 30 cm，深 50～60 cm。要随挖坑随栽树。填土时务必将小坑周围踏实，而坑中心根系附近的土壤宜稍微虚一些，使水分集中渗入根系附近的土壤中。

（4）使用保水防旱材料

①使用保水剂。旱地建园时，可将保水剂投入大容器中充分浸泡，再与土壤拌匀后施入坑中。

②喷布高脂膜。幼树定植后，将高脂膜稀释后用一般喷雾器在树干和树盘喷施。也可在苗木成活展叶之后及入冬前喷施。

（5）越冬埋土防寒：干旱寒冷地区秋冬栽植，入冬前将苗木细心弯曲，培土 40～50 cm（图3-7），以防止冻害，避免抽条。一二年生幼树，也应采取埋土、套袋、包草或喷布高脂膜等措施保护。

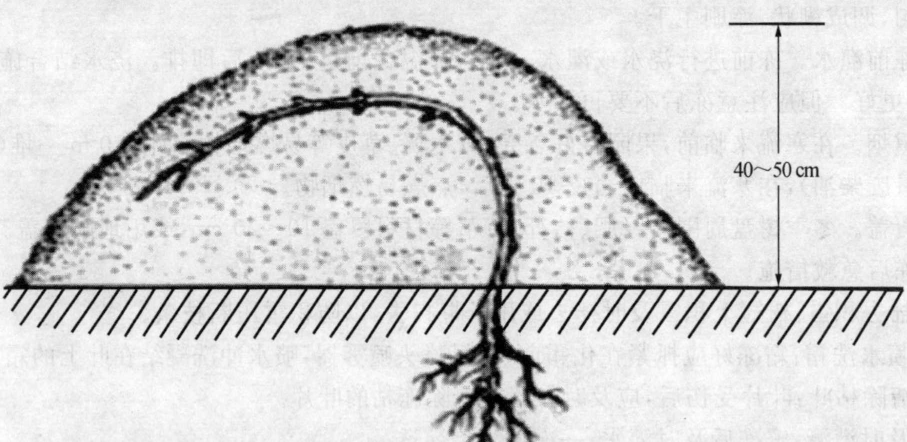

图 3-7　幼树埋土防寒

(二)大树移栽

(1)断根处理:在前一年春季萌芽前距树干 80 cm 左右挖深 70～80 cm 的环状沟,切断粗根后回填混有农家肥的表土,并适当灌水。

(2)移栽时间:大树移栽在春、秋季进行,以早春土壤解冻到发芽前最为适宜。

(3)移栽要求:挖树前 1 周左右充分灌水。挖树前对树冠进行较重回缩修剪。最好带土团挖掘。较大果树挖前应设好支架,并标记大枝方位。装运过程中注意保护好根系和枝干。

(4)栽植坑与移栽要求:栽植坑应提前挖好,坑的规格稍大于根系和所带的土团,将根系按标记方位放入栽植坑后回填混有有机肥的表土,并及时夯实和足量灌水。

(5)移栽后管理:移栽后对树体设立支柱或三角拉绳,避免歪斜。以后根据天气情况及时补水。移栽当年应摘去全部花朵。

第二篇

应　用　篇

第四章

苹 果

苹果是世界四大果树之一，也是落叶果树中的主要栽培树种。其果实外观艳丽，营养丰富、供应期长、耐贮藏又有较广泛的加工用途，能满足人们对果品的多种需求，同时还具有高产高效和适应性、抗逆性强等优点，发展苹果生产对于调整农业产业结构、改善生态环境，增加经济收入方面具有重要意义。

第一节 生物学特性

一、生长结果习性

(一)生长习性

1. 根系生长

苹果根系在土温 3～4℃时开始生长，7～20℃旺盛生长，低于 0℃或高于 30℃时停止生长。在一年中，根系常与地上部器官交替生长，出现 2～3 次生长高峰，一般幼树 3 次，成树 2 次。第一次生长高峰一般地区在 3 月中旬至 4 月份，从地上部开始抽枝展叶前后至新梢加速生长和开花期，根系生长转为缓慢，该次生长，时间短，发根不多，根系的生长主要依靠树体内贮藏的营养物质；第二次生长高峰是从春梢缓慢生长时开始，到果实加速膨大和花芽分化前，此次发生新根较多，随着果实加速生长，花芽大量分化，当秋梢开始生长时，根系生长又转入低潮；第三次生长高峰在 8 月下旬至 10 月中旬前后，此时花芽分化已奠定基础，果实采收后，根系生长加快。以后随着土温下降，根系生长逐渐减弱，地温降至 0℃时停止生长，被迫休眠。

苹果根系的分布受树龄、砧木种类、土壤类型、地下水位和栽培技术的综合影响。一般水平分布范围为树冠直径的 1.5～3 倍，但主要吸收根群集中于树冠外缘附近及冠下。根系的垂直分布深度一般小于树高。乔化砧苹果根系主要集中在 20～60 cm 的土层，矮化砧苹果根系多分布在 15～40 cm 土层。

2. 芽枝叶生长

苹果芽的异质性明显，不同品种间萌芽力和成枝力差异大。短枝型品种普遍萌芽率高而成枝力低，表现长枝少，短枝多，对修剪反应比较迟钝；富士系、元帅系的多数品种(指普通型)萌芽率、成枝力都很强，多修剪反应敏感；也有些品种萌芽率成枝力均低(国光)，枝条下部易光秃。春季日均温 10℃左右时，苹果叶芽萌动，新梢开始生长。一般新梢生长分为 4 个阶段：开始生长期(叶簇期)、旺盛生长期、缓慢及停止生长期和秋梢形成期。不同阶段停长的新梢分别形成短枝(小于 5 cm)、中枝(5～30 cm)和长枝(大于 30 cm)。短枝多数是在叶簇期就形成顶芽的新梢，是成花的基本枝类。一般具有 4 片以上大叶的短枝极易成花。在树冠中维持 40%左右、具有 3～4 片大叶的短枝，是保持连续稳定结果的基础；中枝只有春梢而无秋梢，且有明显的顶芽，其只有1次生长、功能较强，有的可当年形成花芽而转化为结果枝。长枝是在秋梢形成期停长的新梢，对树体具有整体的调控作用。

苹果当年抽生长、中、短枝的数量比称枝类比，是丰产树体的重要指标。一般要求幼年树长枝占10%～20%，成年树占10%左右，而且要求分布均匀，中、短枝应占到80%～90%。苹果树枝量亦是丰产树的指标之一，一般盛果期每亩枝量控制在8万～10万比较适宜。

苹果的果台是指当年的结果新梢结果后膨大。果台大者其上果实也大；果台上有芽，其萌发抽生的枝称果台枝。抽生果台枝的数量和长短主要决定于品种特性，果台枝若生长过旺也会导致幼果脱落。

叶幕是苹果光合作用的主体。其结构和动态直接影响苹果的品质和产量。一般从叶面积系数、光照状况及工作时间评价其好坏。而树体枝量和枝类比是影响叶幕的重要因素。优质丰产果园要求每667 m^2 树冠体积为1 200～1 500 m^2，枝叶覆盖率为60%～80%，叶面积系数为3～4，树冠透光率达30%以上，东西两侧每天受直射光3 h以上。同时应提高叶片质量，保持叶幕较长时间的稳定。

（二）结果习性

苹果花芽分化较难，除满足必要的环境条件外，关键是自身的营养水平。生理分化期多数在5月中下旬，所有分化措施都应在此期间进行。形态分化从6～9月份直至开花前陆续有花芽分化进行。苹果花芽是混合花芽，主要着生在枝条的顶端，也有腋花芽，但数量较少，多集中在枝条的中上部，其结果质量不如顶花芽。腋花芽多少与品种特性有关。如元帅系品种多数腋花芽较少，秦冠则较易形成腋花芽。容易形成腋花芽的品种一般开始结果较早。

苹果结果枝依其长度和花芽着生的位置，可分成长果枝（>15 cm）、中果枝（5～15 cm）、短果枝（<5 cm）及腋花芽枝四类。花芽为混合芽，开放后能抽生结果新梢，并在其顶端开花结果。因结果新梢极短，且着果后膨大形成果台，故其结果枝实际上为结果母枝。多数苹果品种以短果枝结果为主，有些品种在幼树期和初果期长、中果枝和腋花芽枝均占有一定的比例，是幼树能早期结果的一种表现。随树龄增长，各类结果枝的比例会产生变化，逐步过渡到以短果枝结果为主。结果新梢结果后，一般其上发生1～2个果台副梢（即果台枝），或长或短，与品种特性相联系。果台枝连续形成花芽的能力因品种和营养而异，国光可连续5年，金冠3年左右，红星多数隔年形成花芽结果。

苹果果台上着生5～9片叶，其顶端着生伞形花序，有花3～7朵，当日均温达15℃时，多数品种相继开花。在一个花序中，中心花先开，坐果亦好。苹果单花开放期为2～6 d，1个花序为7 d，1株树约15 d。生产上就单株而言，常将苹果的开花期分为初花期、盛花期、终花期和谢花期4个时期。花期一般6～8 d。高温、干燥时花期缩短，空气冷凉潮湿时花期延长。有的品种花期较长，花分批开放，首批花质量好，着果率高，花量多时可及早疏去晚期花；如花量不足，或首批花遭受霜冻时，可充分利用晚期花。

苹果通常是异花授粉结实的树种，生产上需要配置授粉品种，才能达到正常结实率的要求。但三倍体品种如乔纳金、陆奥、北海道9号等因花粉败育不具备受精能力，不能作为授粉树。且有的品种，如国光、安娜、麦艳，具有一定程度的自花授粉结实率。

果实发育过程中，有1次落花、2次落果的过程。落花是未授粉受精花的脱落，子房未膨大。第1次落果在花后1～2周发生，是由于受精不完全所引起，幼果已有一定大小。第2次落果在第1次落果后2～4周发生，又称“六月落果”，主要由于各器官间对养分的竞争所引起，与树势强弱的关系较大。此外，有的品种在果实成熟前还有1次采前落果。6月份落果是果树系统发育过程中形成的一种自疏现象。正常的、一定数量的落果是自然的，但如因气候不良或栽培技术不当造成严重落果，则会影响产量。据计算，在花量较多的情况下，只需5%～15%花量结果，即可保证丰产。不同苹果品种每花序的自然着果数常有差异，金冠、国光可达4～5个，元帅、红星仅1个，红玉也仅1～2个。

苹果的果实发育可分为三个阶段，即细胞分裂期、细胞体积膨大期和果实成熟期。其中细胞分裂期亦称幼果膨大期，受精后花托及子房同时加速细胞分裂，经3～4周，细胞分裂结束，特点是纵生长大于横生长。然后转入细胞体积增加直至成熟前停止，特点是横径生长大于纵径。果实成熟期，自果实着色开始直至成熟，特点是果实体积增长缓慢，色泽风味变化较大，持续时间较长。

一般苹果从坐果到果实成熟需要60～190 d。果实生长图形是"S"形，其大小既决定于细胞分裂的数量，也决定与细胞膨大期形成的果肉细胞的体积和间隙。实质上取决于树体营养状况、内源激素和环境条件。苹果品种间果实发育时间的长短或成熟期早晚，取决于其果实发育过程中组织分化期的长短。在果实成熟期，苹果果实出现本品种应有的色泽和品质，内含物发生变化，水分增加，风味形成。

苹果果枝在树体中的分布以树龄而有明显的不同。结果初期，果枝主要集中在树冠中下部的骨干枝及辅养枝上结果；进入盛果期后，果枝主要转移到枝组上，并布满全树上下、内外的各个部位结果。但枝叶量过大、光照不良时，结果部位则上移、外移，造成树冠内部光秃。

二、对环境条件要求

(一)温度

苹果喜冷凉气候，适宜年平均温度为7～14℃，但以9～14℃生长结果更好，最低月份温度在－12～10℃的地区适宜苹果栽培。生长季(4～10月份)均温在12～18℃，6～8月份均温18～24℃。冬季最低旬均温低于－12℃发生冻害，低于－14℃时死亡。根系活动需3～4℃，生长适温7～12℃；芽萌动8～10℃，开花15～18℃，果实发育和花芽分化17～25℃；需冷量＜7.2℃低温1 200 h。在果实成熟季节，日较差是决定果实品质的重要条件，优质苹果不仅需要大于10℃的日较差，更需要较低的夜温，夜温低于17℃时，红色才能充分发育。

(二)光照

苹果树喜果，要求年日照时数2 200～2 800 h，年日照时数小于1 500 h或果实生长后期月平均日照时数小于150 h，会明显影响果实品质，红色品种着色不良，枝叶徒长，花芽分化少，坐果率低，品质差，抗病虫和抗寒力弱，寿命不长；若光强低于自然光照30%，则花芽不能形成。

(三)水分

年降水量500～800 mm，分布比较均匀，或大部分在生长季节中，可满足苹果生育需要，但春季干旱应灌水。降水量在450 mm以下的地区需进行灌溉和水土保持、地面覆盖等保水措施满足苹果生育需要。年周期中，新梢迅速生长期(5月份)和果实迅速膨大期(6月下旬至8月)需水多，为需水临界期，应保证水分供应。

(四)土壤

苹果对土壤适应范围较广，并可利用不同砧木，在pH 5.7～8.2的土壤中正常生长。但适宜苹果生长的土壤条件是：土壤肥沃、有机质含量在1%～3%，含氧量在10%以上，土层深度达 0.8～1 m，地下水位在 1.0～1.5 m；土壤 pH 6.0～7.5，总盐量在 0.3%以下。

(五)其他条件

包括地势、地形和苹果产地环境质量。一般要求坡度低于15°。产地环境质量要求果园远离城镇、交通要道及工业“三废”排放点等。果园空气、农田灌溉水及土壤环境质量应符合农业行业标准《无公害食品　苹果产地环境条件》(NY 5013—2001)。

第二节　主要种类和优良品种

一、主要种类

苹果属于蔷薇科(Rosaceae)、苹果属(Malus Mill.)。全世界有 36 种，原产我国的有 23 个，其中有的作栽培种，有的作砧木或观赏用。

(一)苹果(*Malus pumila* Mill.)(图 4-1)

目前所有的苹果品种，绝大多数属于这个种或本种与其他种的杂交种。我国原产的绵苹果亦属于本种。本种有两个矮生型变种，即道生苹果和乐园苹果。目前生产上应用较多的 M 系和 MM 系矮化砧中，如 M_2、M_4、M_7、M_9、M_{26}、MM_{106} 等就属于这两个变种。

图 4-1　苹果

(二)山定子(*M. baccata* Borkh.)(图 4-2)

山定子别名山荆子、山丁子。原产我国东北、华北与西北。乔木，果实重约 1 g，果梗细长。本种抗寒力极强，有的可耐－50℃低温，且抗旱，但不耐涝，不耐盐碱，在 pH 7.5 以上的土壤易发生缺铁黄叶病，是北方寒冷地区常见的苹果砧木。与苹果嫁接有轻微的小脚现象。本种类型多，分布广，其他地区从中选出适用于当地的类型，如沁源山定子、蒲县山定子、黄龙山定子等。

图 4-2　山定子

(三)沙果(*M. Asiatica* nakai)(图 4-3)

沙果又名花红。原产我国西北。果实小(20～50 g),味甜酸,有特殊香味,不耐贮藏,稍贮后肉质沙化,故名沙果。本种较抗寒,但不耐旱,抗盐碱性稍差,和苹果亲合力好,可作鲜食栽培,也是较好的苹果砧木。

图 4-3　沙果

(四)楸子(*M. prunifolia* Borkh.)(图 4-4)

楸子别名海棠果、海红、林檎。我国西北、华北与东北地区均有分布。果实卵圆形,直径约2 cm,黄色或红色。果实小(多小于 20 g),肉质紧密,味酸涩,生食品质差。本种根系深,适应性广,抗寒、抗旱、耐涝、耐盐碱,抗苹果棉蚜,与苹果嫁接亲合力强,是生产上广泛应用的砧木。

图 4-4 楸子

(五)西府海棠(*M. micromalus* Mak.)(图 4-5)

西府海棠别名小海棠果、海红、子母海棠。我国东北、华北、西北均有分布。果实多扁圆形,单果重 10 g 左右,本种根系发达,抗性较强,耐涝、耐盐碱,较抗黄叶病,与苹果嫁接亲合良好,是北方(黄淮地区)应用最广的苹果砧木之一。本种有许多优良类型,如耐盐碱的河北八楞海棠、耐涝的平顶海棠等。

(六)湖北海棠(*M. hupehensis* Rehder.)(图 4-6)

湖北海棠别名花红茶、秋子、茶海棠、野花红等。四川称秋子,河南、湖北、云南叫野海棠。本种灌木或乔木,高 1~8 m,与山定子相似,但嫩叶、花萼和花梗都带有紫红色,心室 3~4 个。在我国华中、西南和东南各省可作苹果砧木。其喜温,抗涝但不抗旱,具有孤雌生殖能力,种子是由珠心壁细胞形成的胚发育而成,可保持母本性状,不传染病毒。

图 4-5　西府海棠

图 4-6　湖北海棠

(七)河南海棠(*M. honanenhis* Rehder.)(图 4-7)

河南海棠原产我国。有一定抗寒、抗旱能力，对土壤要求不严格，喜肥沃壤土，不耐盐碱。目前已从该种的武乡海棠中选出矮化类型，如 S_{20}(矮化)、S_{63}(半矮化)等，已作为矮化中间砧在生产中应用。

(八)塞威氏苹果(*M. sieversii* Roem.)(图 4-8)

塞威氏苹果又名新疆野苹果，生长于伊犁自治州的伊宁、新源、霍城等地。本种树体高大，根系发达，耐旱，耐瘠薄，与苹果嫁接亲合力强，是我国西部地区苹果栽培的主要砧木，黄淮地区也有使用。

二、主要优良品种

目前，全世界有苹果优良品种 10 000 个以上，我国从国外引进和选育的栽培品种有 250 个。而生产上用于商品栽培的主要品种仅有 20 个左右。果树生产应用较多的是按果实成熟

图 4-7 河南海棠

图 4-8 塞威氏苹果

期将品种分为特早熟(从坐果到果实成熟在 60 d 以内)、早熟(61～90 d)、中熟(91～120 d)、中晚熟(121～150 d)和晚熟品种(超过 150 d);按照生长结果习性分为普通(乔化)品种和短枝型(矮生)品种;根据亲缘关系分为富士系、元帅系和金冠系等。

(一)早捷

美国特早熟苹果品种。我国于 1985 年从美国直接引入。该品种中大,半圆形,树姿半开张,主干和 2 年生以上枝条为黄褐色,1 年生枝红褐色,粗壮顺直,节间长 3～4 cm,嫩梢多茸毛。皮孔中大,椭圆形,灰白色,较稀,不明显。叶片大,叶长 9～11 cm,叶宽 6～7 cm,叶形指数 1.94,卵圆形,平展,顶端极尖,基部楔形,叶片黄绿色,叶面有皱,稍有光泽,叶背多茸毛,叶柄长 1.53 cm,叶柄基部红色,托叶特别大,柳叶形。花芽中大,卵圆形。花冠粉红色,中大,每个花序 5 朵花,花粉多。该品种幼树生长强旺,随树龄增大,坐果量增加,生长势渐缓和,结果盛期树势中庸。1 年生枝长 74.7 cm,萌芽率强,延长枝萌芽率 84%～90%,成枝力弱,为 21%,枝顶端多抽生长枝 2～3 个,果台抽枝力强,65%的果台抽生 1 个果台枝。开始结果早,嫁接树第 3 年开始结果。长、中、短果枝和腋花芽均能结果,进入盛果期前以腋花芽结果为主,4 年生腋花芽占 65.4%,长、中、短果枝仅分别占 2.5%、1.3%、30.8%,在 1 年生营养枝中,79.5%的腋芽是腋花芽,腋叶芽仅占 20.5%,进入盛果期以短果枝结果为主。坐果率中等,花序坐果率 45.13%,平均每果台坐果 1.47 个,果台连续结果能力极低。果实中大,平均单果重 140 g,最大果重 210 g,扁圆形,果皮底色黄绿,全面鲜红至浓红色,鲜艳美丽,果面无锈、无棱,果梗粗、短,梗洼浅广,萼洼浅,萼筒与果心相通果点小、稀、不明显。果肉乳白色,肉质细,松脆,汁液多,酸甜,芳香味浓郁,爽口,品质上等。可溶性固形物含量 11.5%～12%,总糖含量 8.89%,含酸 0.98%,维生素 C 含量 6.32 mg/g。在室温下,果实采后可贮 1 周。该品种有采前落果现象,适于我国中部地区栽培。生产上注意更新结果枝组,及时疏果。授粉树可选辽伏、麦艳等品种。

(二)藤牧 1 号(图 4-9)

又名南部魁,原产美国的早熟品种。1986 年由日本引入我国。该品种果实圆形或长圆形,平均单果重 215 g。果梗短,果实底色黄绿,着鲜红色,着色面积可达 80%以上,果点小而稀,果面洁净美观,果肉黄白色,肉质中粗,松脆多汁,风味香甜,有香味。可溶性固形物含量 11.2%～12.6%,硬度 7.7 kg/cm^2,一般北方 7 月中下旬成熟。树势健壮,树姿直立,萌芽力强,成枝力中等,早果,丰产性好,以短果枝结果为主,腋花芽结果能力强。适应性广,抗寒、抗病(炭疽病、霉心病和白粉病)性强,在苹果适宜区均可栽培。但果实成熟期不一致,有采前落果现象,货架期短,适合在城市近郊发展。应注意合理负载,分期采收。授粉树可选嘎拉、美国8号、珊夏等品种。

(三)嘎拉(图4-10)

新西兰品种。20世纪80年代初引入我国。果实近圆形或圆锥形,大小较整齐。果个中大,平均单果重180 g。成熟时果皮底色黄,果皮红色,有深红色条纹;果皮薄,有光泽,洁净美观。果肉乳黄色,肉质松脆,汁中多,酸甜味淡,有香气,品质极上。树势中等,幼树腋花芽结果较多,盛果期以短果枝结果为主。

图4-9　藤牧1号

图4-10　嘎拉

(四)金冠(图4-11)

金冠又名金帅、黄香蕉、黄元帅,为原产美国的中晚熟品种。该品种果实圆锥形,萼部有5条隆起,单果重约200 g。果面成熟时绿黄色,稍贮后金黄色,阳面常具红晕。果肉淡黄色,致密细脆发,可溶性固形物含量14.6%,具浓郁芳香,品质上等,耐贮藏。但果实易受药害,果锈严重,早期落叶病严重。植株生长中庸,枝条密挤,开张,丰产性佳。该品种适应性强,为苹果产区广泛栽培的乔化品种,亦适宜在我国西南高地产区发展,但幼树易抽条。

(五)元帅系短枝型(图4-12)

系指由元帅的芽变品种及其后代所产生的100余个短枝型品种。通常将元帅称为元帅

图4-11　金冠

图4-12　元帅

系的第一代。其芽变品种称为第二代,如红星、红冠等,多为着色系芽变。第二代的芽变品种称为元帅系第三代,多数为短枝型品种,如新红星、超红、艳红、顶红等。元帅系第四代和第五代品种如首红、魁红、瓦里短枝等,短枝形状更明显,且着色期提早,颜色更浓。元帅系品种为原产于美国的中晚熟品种。该品种果实圆锥形,果顶有明显的五棱,一般单果重约 250 g,成熟时,果面被有鲜红霞和浓红色条纹或全面紫红色。果肉致密,味浓甜微酸,芳香浓烈,品质极上,但耐贮性较差。树势健壮,树冠矮小紧凑,枝条节间短,萌芽力强,成枝力弱。适宜北方各个苹果产区发展。生产上注意增施有机肥,疏花疏果。

(六)乔纳金(图 4-13)

原产美国的中晚熟三倍体鲜食加工兼用品种。果实圆锥形,平均单果重约 220 g。果面底色绿黄至淡黄色,有鲜红霞和不明显的断续条纹。果肉淡黄色,中粗,汁多,味酸甜,可溶性固形物含量 14%,品质上等,较耐贮运。该品种萌芽率高,成枝力强,早果丰产性好,适应性较强,适宜北方各苹果产区发展。但较易感染白粉病、轮纹病,易受叶螨及苹果瘤蚜危害,苦痘病较重。生产上应配置两个二倍体授粉品种,注意疏花疏果。生长季宜补钙。新乔纳金和红乔纳金为其着色芽变品种。

图 4-13 乔纳金

(七)安娜

原产以色列的早熟品种。中国农业科学院郑州果树研究所 1984 年从美国引入。该品种果实圆锥形,平均单果重约 140 g;底色黄绿,大部果面有红霞和条纹;果面光洁,果点小、稀、不明显,果皮较薄;果肉乳黄色、肉质细脆,汁较多,风味酸甜,有香气,含可溶性固形物约 12.0%,品质中上等或上等。幼树生长旺,结果树树姿开张,萌芽率高,成枝力强。结果早,苗圃内有些健壮苗也能形成腋花芽,主要以短果枝和腋花芽结果,花序坐果率较高,采前有轻微落果,产量中等。在河南于 7 月中旬成熟,成熟期不一致,应注意分期采收。果实不耐贮藏。自花结实能力低,最佳授粉树为多金。适于我国中部,尤其黄河故道地区栽培。

(八)奥查金

美国中熟品种,原名奥查克金。该品种树冠自然圆头形,树势中庸,枝条柔软开展。1 年生枝与当年生枝色泽及皮孔皆似金冠。叶片中大,呈狭椭圆形,表面有光泽。萌芽率高,成枝力中等。幼树以腋花芽及长果枝结果为主,盛果期以中长果枝及短果枝结果为主,花序坐果率

85%，花朵坐果率 32%，幼树栽植第 2 年开花率 80%，高接树第 2 年即可结果，无采前落果现象。果实长圆锥形，高桩，大型果，果形指数 0.9，平均单果重 240 g，最大可达 400 g 以上。果面光洁无锈，果皮底色乳黄，阳面有橘红色晕彩，艳丽美观。果肉白色，肉质硬脆，风味较甜，有香味，含可溶性固形物 14.8%，含总酸 0.26%，品质上等。较耐贮运，在自然室温内存放 2 个月仍脆而不绵，不皱不烂。该品种适应性广，抗旱、抗寒，较抗早期落叶病，轮纹病，适宜在沙壤土、壤土上栽植，全国主要苹果产区均可栽植，有望成为黄河故道地区主栽品种之一。

（九）美国 8 号（图 4-14）

美国 8 号又叫华夏，是美国杂交育成的中熟品种。1990 年引入我国。该品种树姿开张，枝条灰褐色。皮孔中大、中多，灰白色。芽体较长，尖部稍弯曲。叶片较大，深绿色，叶革质化，长卵圆形，平均叶长 9.66 cm、宽 5.46 cm，叶柄长 3.2 cm，叶缘复锯齿状 1 年生枝红褐色，多年生枝灰褐色。幼树生长较旺盛，成龄树生长中庸，树姿较开张。萌芽率高（100%），成枝力中等（24%）。始果期较早，初果期以腋花芽结果为主，以后逐渐转为短果枝结果，结果能力较强，一般花序坐果率达 80%以上，花朵坐果率 18%以上。果实近圆形，平均单果重 246 g，最大果重 352 g，果实底色黄，果面光洁、浓红，蜡质中多；果肉黄白色，肉质细脆、汁多，风味酸甜可口，具有芳香味，可溶性固性物 12.1%，品质上等。该品种抗旱、耐寒，对食心虫、金纹细蛾、早期落叶病、斑点落叶病、炭疽病等抗性较强。少量新梢有黄化现象，但不影响产量。

图 4-14 美国 8 号

（十）萌

萌又称嘎富，是日本 1996 年利用富士×嘎拉杂交育成，1997 年引入我国。该品种树势中庸，树姿自然开张。新梢叶片似嘎拉，叶片大小介于嘎拉和红富士之间，较旺枝条叶片向上突起。幼树生长旺盛，新梢生长量大。成年树树势趋向中庸。萌芽率高，成枝力强。苗木定植后第 2 年就可结果。初果期树以短果枝结果为主，有腋花芽结果习性，异花授粉坐果率 75%，花朵坐果率 25%，当年果台枝能形成短枝花芽，成花容易，丰产性好，生理落果轻，无采前落果现象，在树上能持续到 8 月初。果实圆形至圆锥形，果个大，整齐，平均单果重 210 g，最大单果重 280 g。果面光滑，有光泽，底色黄绿，表面鲜红色，着色面占果面的 85%，果肉细，乳白色，汁液多，酸甜适口，有香味。可溶性固形物含量 18.5%，可溶性糖含量 14%，可溶性酸含量0.7%～

0.8%，品质好，20～22℃下可贮藏10 d不变软。2～5℃下可存放3～4个月，果实7月上中旬成熟。对土壤适应性强，耐瘠薄，抗轮纹病和斑点落叶病。在河南省周口市川汇区，萌苹果3月下旬萌芽，4月18日初花，4月22日盛花，花期3～4 d，开花较整齐。7月17日果实开始着色，7月24日左右果实成熟，果实生育期95 d左右，12月中旬落叶。

(十一)着色富士系

着色富士系是指由原产日本的富士苹果选育出的一批着色芽变品种，称为红富士(图4-15)。包括普通型着色芽变品种秋富1号、长富2号、岩富10号、2001富士、乐乐富士、烟富1～5号；短枝型着色芽变品种宫崎短枝、福岛短枝、长富3号、秋富39号、烟富6号；早熟着色富士红王将等，是我国栽培面积最大的苹果品种。该系列品种为晚熟品种。果实圆形或近圆形，单果重230 g。果面有鲜红条纹或全面鲜红或深红。果肉黄白色，细脆多汁，酸甜适口，稍有芳香，可溶性固形物含量14%～18.5%，品质极上，极耐贮藏。其顶端优势强，萌芽率高，成枝力强，年生长量大，枝量多、成形快；幼树直立、健壮，易上强下弱，大量结果后树势渐趋缓和，树冠开张。初果期以2～4年生枝条上的中短果枝结果为主，有腋花芽结果能力。盛果期以短果枝结果为主，花序坐果率高，连续结果能力较差，但结果较早，丰产，适应性强。适宜北方各个苹果产区发展。耐寒性稍差，对轮纹病、水心病、果实霉心病抗性较差，管理不当易出现大小年结果。

(十二)华玉(图4-16)

中国农业科学院郑州果树研究所用藤牧1号和嘎拉杂交培育而成。果实近圆形，整齐端正，平均单果重196 g。果面底色绿黄，着鲜红色条纹，着色面积60%以上。果面平滑，蜡质多，无锈，有光泽。果肉黄白色，肉质细脆，汁液多，可溶性固形物含量13.6%，酸甜爽口，风味浓郁，有清香，品质上等。在郑州地区7月中旬上色，7月下旬成熟，果实发育期110～120 d，室温下可贮藏10～15 d。该品种幼树生长旺盛，枝条健壮，定植后一般第二年即可成形。枝条节间长，尖削度小，在长放时萌芽率和成枝力均高于嘎拉和美八，早果性和丰产性较好。幼树以中果枝和腋花芽结果为主，随树龄增大，逐渐以短果枝和中果枝结果为主。果台副梢连续结果能力强。花序坐果率高，生理落果轻，丰产、稳产。

图4-15 红富士

图4-16 华玉

(十三)早红(图4-17)

早红又名意大利早红，是中国农业科学院郑州果树研究所从意大利引入材料中选育而成：

果实底色绿黄，全面或大半面着橙红色，果肉淡黄色，肉质细，松脆汁多，风味酸甜适度，有香味，可溶性固形物含量 11.2%～13%。品质上等。在郑州地区，果实成熟期 8 月 10 日左右。果实成熟期一致，基本无采前落果现象。提早采收时风味稍淡。果实采收后在一般室温下可贮藏 7～15 d。该品种幼树生长势较强，成形快，结果后树姿开张，易形成短果枝。幼树具有较强的腋花芽结实能力，进入结果期后以中短果枝结果为主，丰产性好。正常管理条件下，定植的幼树一般第 3 年即可开花结果。4 年生后产量可达 2 000～3 000 kg/667 m²，且无明显大小年结果现象。

图 4-17　早红

第三节　基本生产技术

一、高质量建园

北方苹果建园一般春栽。苗木 3 月中旬定植。选择苗高 1.2 m 以上，接口以上 20 cm 处粗 1.0 cm 以上，倾斜度 15°以下，整形带内有 8 个以上饱满芽，根皮与茎皮无干缩皱皮及新损伤处，老损伤处总面积不超过 1.0 cm²，侧根 15 条以上，基部粗 0.25 cm 以上，长 20 cm 以上，分布均匀，舒展不卷曲，无病虫危害的 2 年生优质健壮嫁接苗，砧木为楸子。产地选择远离城镇、交通要道及工业“三废”排放点。要求果园空气、农田灌溉水及土壤环境符合农业行业标准《无公害食品 苹果产地环境条件》(NY 5013—2001)。有机质含量 1.0%以上；活土层在 80～100 cm 之间，地下水位 1.5 m 以下，土壤 pH 值 6.0～7.5，总盐含量 0.3%以下的地块建园。定植前苗木根部用 3～5°Be 的石硫合剂或 1∶1∶100 波尔多液浸 10～20 min，再用清水冲洗根部蘸泥浆。具体栽植参照第三章第三节果树栽植部分。

二、加强土肥水管理

雨后、灌水后及时中耕，1 年 3～5 次，深 10～12 cm，保持土壤疏松无杂草状态。每年 8 月底至 9 月上旬采用“井”字形沟施法与撒施法交替施基肥。每 667 m^2 施充分腐熟有机肥 4 500 kg，三元复合肥 60 kg，硫酸锌 30 kg。每年追肥 3 次：第 1 次在萌芽前后，施尿素 100～200 g/株；第 2 次在花芽分化和果实膨大期，施过磷酸钙 100～150 g/株，硫酸钾复合肥 200～300 g/株；第 3 次在果实生长后期距果实采收期 30 d 以前施硫酸钾复合肥 200～250 g/株。施肥方法是在树冠下开 15～20 cm 深的沟，将肥料均匀撒入沟中，覆土填平浇水。生长季结合喷药，根外喷肥 5 次以上。萌芽前用 3%的尿素喷干枝；花期连喷 2 次 0.2%的硼砂。6 月份以前萌芽展叶后喷 0.3%的尿素，20 d 喷 1 次；6 月份开始，每隔 15 d 喷 1 次 0.3%的磷酸二氢钾＋0.3%的光合微肥。灌水结合施肥进行，重点灌好 4 水：第 1 水春季萌芽展叶期适量灌水；第 2 水春梢迅速生长期足量供水；第 3 水果实迅速膨大期看墒用水；第 4 水是秋后冬前保证冻水。灌水方法有树盘灌水、沟灌、穴灌等。各地可根据当地实际情况，灵活选用适当的灌水方法。最终使土壤含水量相当于田间持水量的 60%～80%，应避免土壤湿度变化过大，在雨季及时排除园内积水。

三、科学整形修剪

苹果生产上主要根据砧穗组合、栽植密度、立地条件和栽培技术四个方面来选择适当的树形。生产上常用的树形有小冠疏层形、自由纺锤形和细长纺锤形。

小冠疏层形属中冠树形。常用于乔砧普通型品种、半矮砧普通型品种和乔砧短枝型品种，适宜采用株行距为(3～4)m×(4～5)m 的栽植密度。成形后树高 3.0～3.5 m，主干高 50～60 cm，冠幅约 2.5 m，全树 5～6 个主枝，分 3 层排列。第 1 层 3 个主枝，邻近或邻接分布，层内距 10～20 cm，开张角度 60°～80°，方位角 120°，每个主枝上留 2 个侧枝，梅花形排布，第 1 侧枝距中心干 20～40 cm，第 2 侧枝在第 1 侧枝的对面，与第 1 侧枝相距 50 cm。第 2 层在第 1 层上方 70～80 cm 处，配置 2 个主枝，第 3 层在第 2 层上方 50～60 cm，配置 1 个主枝。第 2、3 层上不留侧枝，只留各类枝组。生产上为通风透光和便于操作，多数只留 2 层主枝，第 1 层 3 个，第 2 层 2 个，层间距 80～100 cm，层内距20～30 cm。其模式图见图 4-18。具体整形过程是：定植后在距地面 70～80 cm 处定干，剪口下10～20 cm 为整形带。萌芽前在整形带内选择方位合适的芽进行刻伤。萌芽后，及时抹除主干上近地面

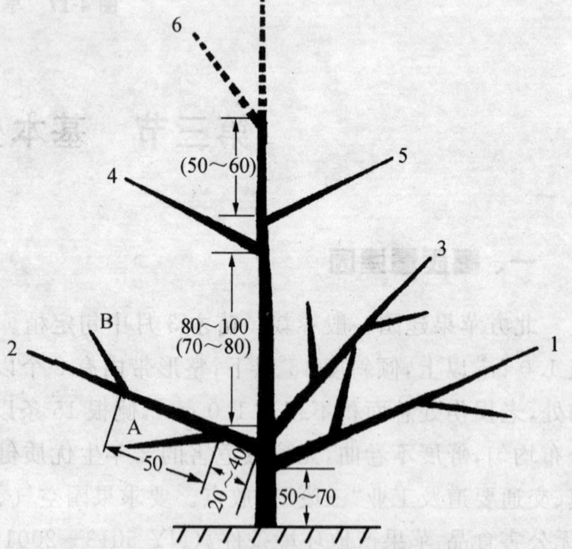

图 4-18 小冠疏层形模式图(单位:cm)

1～6. 主枝顺序 A～B. 侧枝顺序

虚线及括号内数值为第 6 主枝时的模式

40 cm以下的萌芽，不够定干高度的苗剪到饱满芽处，下年定干。夏季选择位置居中，生长健壮的直立新梢作中心干延长枝。对竞争枝扭梢。同时培养方向、角度、长势合适的新梢，留作基部主枝。秋季主枝新梢拉枝，使开张角度达到60°左右，同时调整方位角达 120°。冬剪时，中心干剪留 80～90 cm，各主枝剪留 40～50 cm，未选足主枝或中心干生长过弱时，中心干延长枝剪留 30 cm，在第 2 年选出(图 4-19)。第 2 年春季萌芽前，主枝上选位置合适的芽进行刻伤。萌芽后及生长期内继续抹除主干上近地面 40 cm 内的萌芽、嫩梢，并抹除主枝基部背上萌芽，夏季采用扭梢、重摘心和疏剪方法，处理各骨干枝上竞争梢。秋季按要求拉开主枝角度，拉平 70～100 cm 长的辅养枝，年生长量不足 1 m 的主枝长放不拉。冬剪时，中心干延长枝剪留 50～60 cm，基层主枝头剪留 40～50 cm。按奇偶相间顺序选留侧枝。第 2 层主枝头在饱满芽处短截。在第 1 层至第 2 层主枝间配备几个辅养枝或大枝组(图 4-20)。第 3～5 年夏剪时除按上年方法进行外，还要进行扭梢、摘心、环剥、环割等措施处理辅养枝，同时疏除密生枝、徒长枝。冬剪时，3 年生及 4 年生树的中心干和主、侧枝的延长头分别剪留 50～60 cm、40～50 cm、40 cm。选留第 3 层主枝和基层主枝上第 2 侧枝。辅养枝仍采取轻剪长放多留拉平剪法。5 年生树，树高达 3 m 以上，树冠大小以符合要求时，基层主枝不短截。继续培养第 2、3 层主枝，采用先放后缩法培养枝组(图 4-21)。

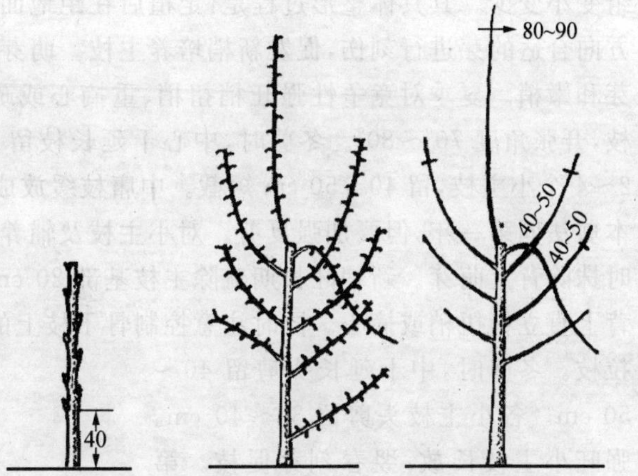

图 4-19　小冠疏层形栽植当年的修剪(单位:cm)

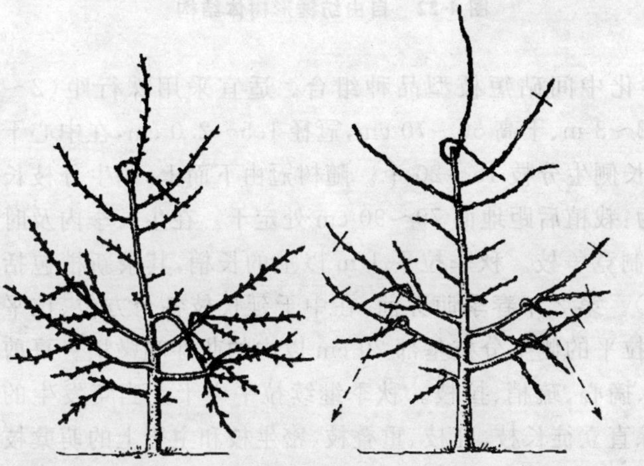

图 4-20　小冠疏层形栽后第 2 年的修剪

图 4-21　小冠疏层形栽后第 5 年的修剪

自由纺锤形属中小冠形，常用于矮砧普通型、半矮砧普通型和生长势强的短枝型品种组合。适宜采用株行距(2.5～3.0)m×4 m 的栽植密度。自由纺锤形成形后树高 2.5～3.0 m，干高 50～70 cm，中心干上按 15～20 cm 间距着生 10～15 个主枝，呈螺旋上升状。同向主枝间距不小于 50 cm。主枝长度 1.5～2.0 m，分枝角度 70°～90°，其上着生枝组。随树冠由下而上，主枝体积变小，长度变短，分枝角度变大，着生枝组变小，长度变短，分枝角度变大，着生枝组变小变少。其具体整形过程是：定植后在距地面 70～90 cm 处定干，萌芽前在整形带内选择方向合适的芽进行刻伤，促发新梢培养主枝。萌芽后及时抹除主干上近地面 50 cm 以内的萌芽和嫩梢。夏季对竞争性强旺梢扭梢、重摘心或疏除。秋季新梢停长时，对小主枝拉枝或拿枝，开张角度 70°～80°。冬剪时，中心干延长枝留 50～60 cm 短截。从其余枝条中按要求选 2～4 个小主枝，留 40～50 cm 短截。中庸枝缓放成辅养枝，并疏除重叠枝、密生枝。第二年基本剪法同第一年，但要加强夏剪。对小主枝及辅养枝刻芽或按 15～20 cm 间距多道环割，并及时抹除背上萌芽。新梢旺长期疏除主枝基部 20 cm 以内长出的背上旺枝及过密新梢，并对其背上直立梢扭梢或摘心。同时注意控制骨干枝上的竞争梢。秋季对中干上发出的新梢拿枝或拉枝。冬剪时，中干延长头剪留 40～50 cm。各小主枝头剪留 30～40 cm。强旺小主枝长放，翌春刻芽促枝。第 3 年及以后生长期修剪同前两年。但秋季应重视中干上部小主枝拉枝。第 3 年冬剪时，中干延长头剪留 50 cm，各小主枝头剪留 40 cm。以后冬剪继续培养上层小主枝和下层主枝的结果枝组。当全树基本成形时，中干延长头长放，或用弱枝换头，各小主枝头不短截。同时及时控制大枝长势，保持中干优势。开始疏缩中下部过多的大枝如重叠枝、把门枝、轮生枝；对下层主枝和辅养枝环剥促花，并疏除背上枝(图 4-22)。

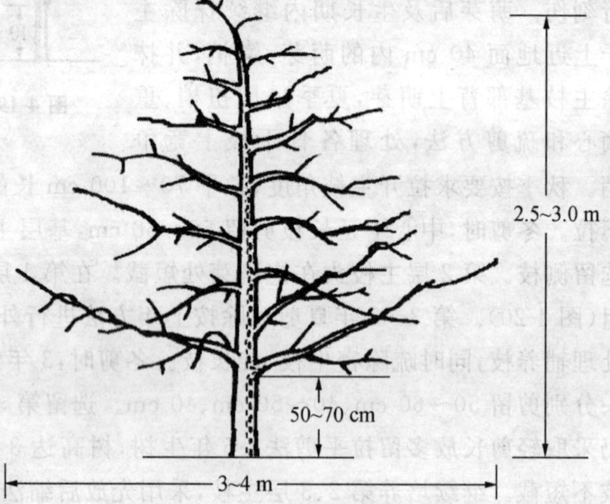

图 4-22　自由纺锤形树体结构

细长纺锤形常用于矮砧普通型、矮化中间砧短枝型品种组合。适宜采用株行距(2～2.5)m×4 m 的栽植密度。成形后树高 2～3 m、干高 50～70 cm，冠径 1.5～2.0 cm，在中心干上不分层次均匀分布势力相近的水平细长侧生分枝 15～20 个。随树冠由下而上，侧生分枝长度变短，角度变大。具体整形修剪过程为：栽植后距地面 70～90 cm 处定干。在生长季内及时抹除基部 50 cm 以内萌芽。夏季扭梢控制竞争枝。秋季拉平 1 m 以上的长梢，其余新梢包括中干延长梢不剪，让其直立生长(图 4-23)。第 2 年春季萌芽前，在中干延长枝各个方位、拉平侧生分枝的两侧进行刻芽。萌芽后抹除拉平的侧生分枝基部 20 cm 以内的萌芽和嫩梢。夏剪时对侧生分枝背上梢根据情况分别扭梢、摘心、疏梢、拉枝。秋季继续拉平中干上当年发生的侧生长梢(80～100 cm)。冬剪时，只疏除直立徒长枝、旺枝、重叠枝、密生枝和主干上的萌蘖枝(图 4-24)。第 3 年及其以后的修剪方法与第 2 年基本相同。但要注意维持上弱下强、上小下大的状态。具体方法是中干延长枝不短截，及时疏除中干上部周密的侧生分枝。注意保持中干优势。整形即将完成时，回缩株间过长的分枝，适当落头(图 4-25)。

苹果在冬季修剪时应把握五个程序。一是全园调查，明确任务。开始修剪前，要全面调查和掌握苹果修剪的整体状况和动态。如品种、栽植密度、选用树形和整形目标及当前进度，产量要求，观察树势、花量、树冠郁闭情况。确定目前修剪在果园总体修剪进程中的位置，当年修

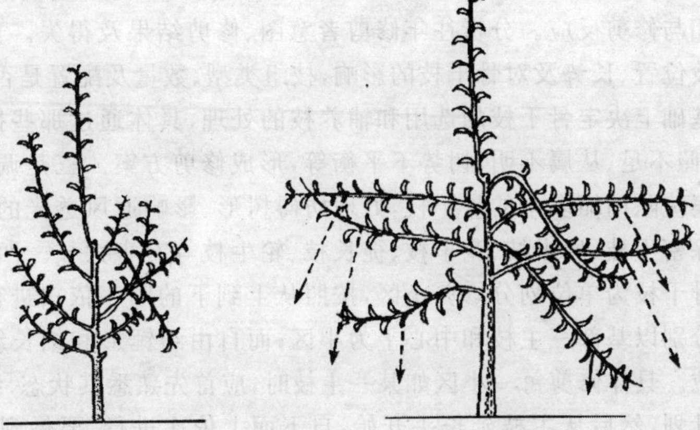

图 4-23 细长纺锤形树栽植当年的修剪

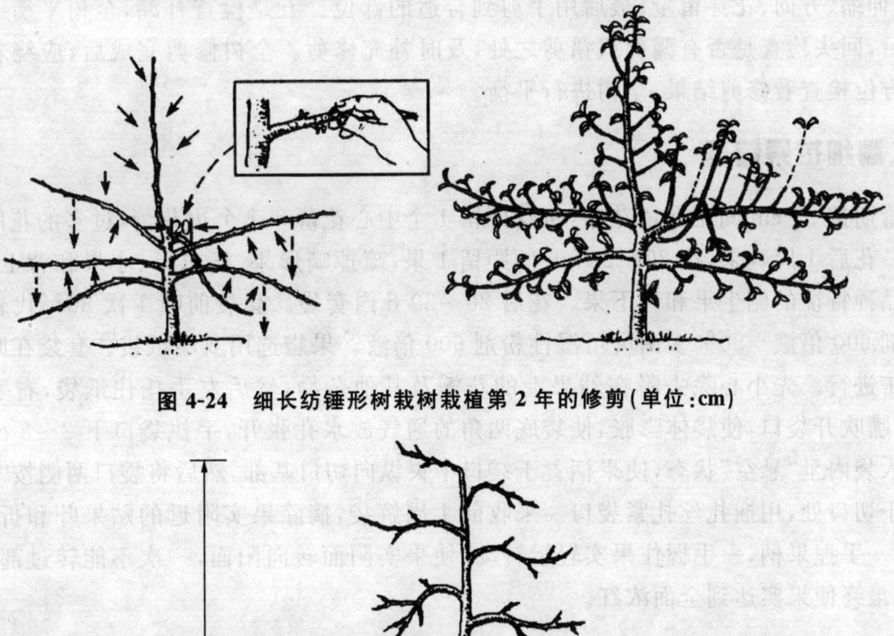

图 4-24 细长纺锤形树栽树栽植第 2 年的修剪(单位:cm)

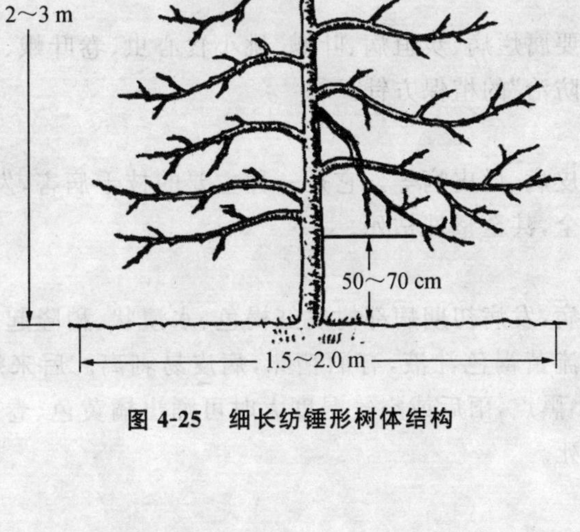

图 4-25 细长纺锤形树体结构

剪的方针和主要任务。二是树下观察，确定方案。具体修剪每一株果树之前，要从不同的方位仔细观察该树树相与修剪反应。分析往年修剪者意图、修剪结果及得失。重点是分析骨干枝数量、角度，辅养枝位置、长势及对骨干枝的影响，枝组类型、数量及配置是否合理，树体存在的突出问题。在此基础上决定骨干枝的选用和辅养枝的处理，具体通过那些措施解决树体存在的突出问题，如光照不足、从属不明、树势不平衡等，形成修剪方案。三是调整骨架，处理有害枝。按照修剪方案疏除回缩多余的骨干枝，处理妨碍树形、影响通风透光的辅养枝、株行间交叉枝、重叠枝，去除密生枝、病虫枝、竞争枝、徒长枝、轮生枝等有害大枝。四是分区按序，精细修剪。将全树以骨干枝为单位划分修剪小区，按照从上到下的顺序依次进行修剪。小冠疏层形、改良纺锤形，分别以基部三主枝和中心干为小区；而自由纺锤形和细长纺锤形则以小主枝或侧生分枝为单位。具体修剪每一小区如某一主枝时，应首先熟悉其状态、结构、枝组配置，在大脑中初步形成计划，然后从主枝延长头开始，自下而上依次进行，要做到眼看、心想、手剪。眼看就是看每一枝组的基本状况、着生位置、大小和作用，想它在主枝中的位置及发展前途，定其去留、伸缩、方向、花芽留量；最后用手剪到合适的部位。五是检查补漏，全树平衡。分区修剪完成后，回头检查是否有漏剪或错剪之处，及时补充修剪。全树修剪完成后，应绕着苹果树从不同方位检查看修剪结果，全树进行平衡。

四、精细花果管理

花蕾期按 25 cm 间距保留花序，每花序留 1 个中心花蕾和 1 个边花蕾，过多的花序和边花蕾疏去。花后 1 周疏果，按 20～25 cm 间距留 1 果，疏掉畸形果、病虫果、小果和背上果，保留具有本品种特征的侧生果和背下果。花后 20～30 d 内套袋。套袋前喷 1 次 80%代森锰锌可湿性粉剂 600 倍液+50%多菌灵可湿性粉剂 600 倍液。果袋选用双层纸袋。套袋在晴朗的上午和下午进行。先小心除去附在幼果上的花瓣及其他杂物，然后左手托住纸袋，右手撑开袋口，或用嘴吹开袋口，使袋体膨胀，使袋底两角的通气放水孔张开，手执袋口下 2～3 cm 处，将果实放入袋内呈“悬空”状态，使果柄置于袋口中央纵向切口基部，然后将袋口两侧按“折扇”方式折叠于切口处，用捆扎丝扎紧袋口。采收前 1 周解袋，摘除果实附近的贴果叶和折光叶，进行转果，一手捏果柄，一手握住果实轻轻转动，使果实阴面转向阳面，一次不能转过部分，分多次进行，最终使果实达到全面浓红。

五、综合防治病虫害

当地苹果病虫害主要腐烂病、炭疽病、叶螨、桃小食心虫、卷叶蛾、蚜虫等。对这些病虫害应贯彻“预防为主，综合防治”的植保方针。

(一)苹果腐烂病

苹果腐烂病俗称臭皮病、烂皮病等。它是一种主要的枝干病害，发病轻则削弱树势，重则可造成果树枝干残缺不全，甚至整株枯死。

1. 症状及发病特点

苹果的枝干均能发病，发病初期病部树皮红褐色、水渍状、稍隆起，病斑圆形或不规则形，病组织松软，手压易陷，流黄褐色汁液，有酒糟味，病皮易剥离。后来病部干缩下陷变成黑褐色，表面有许多突起的小黑点，雨后或空气湿度大时可涌出橘黄色、卷须状的物质。衰弱果树的小枝条发病后很易枯死。

腐烂病菌在病皮及病残枝上越冬，主要通过雨水传播，昆虫也可传播，伤口侵入。树势衰弱、冻害和日烧是诱使发病的主要因素。腐烂病全年都可发生，但以春、秋季发病较多。

2. 防治方法

(1)加强栽培管理，提高树体抗病能力：改善立地条件，增施有机肥，合理搭配P、K肥，避免偏施N肥。合理修剪，疏花疏果，控制大、小年。同时，排水防涝，保护好叶片，进行枝干涂白等。

(2)清除病残体，减少菌源：将病树皮、病枯枝等清除干净，集中烧毁，以减少田间病源。

(3)施药防病：早春发芽前，喷洒长效铲除性杀菌剂，如40%福美胂100～200倍液。对重病树，在夏季7月上中旬可用40%福美胂50倍液对主干、大枝中下部涂刷，秋季采收后再喷一遍500倍福美胂液，防病效果显著。

(4)加强检查，及时治疗：在生长期，特别是春季要加强检查，发现病斑要及时治疗。常用方法有以下两种。

①刮治。将坏死组织彻底刮除，周围刮去0.5～1 cm好皮，深达木质部，边缘切成利茬。刮后涂抹消毒剂，用45%果病特净5～8倍液涂抹可一次治愈。可用40%福美胂50倍液加2%平平加，或10°Be石硫合剂。

②涂治。用刮刀在病斑外1 cm处划一隔离圈，然后在病斑上纵横划道，深达木质部。之后涂药杀菌，可用40%福美胂0.1 kg、平平加0.1 kg、水5 kg配制而成的混合液。

另外，在苹果树生长旺季的5～6月份，对主干、主枝进行普遍轻刮皮可有效防止病菌的扩展。对病斑较大的主枝、主干进行桥接，可有助于恢复树势和枝势。

(二)苹果轮纹病

苹果轮纹病又名粗皮病。主要为害枝干和果实，引起树势衰弱，枝干枯死，果实腐烂。在豫东地区是红富士品种上的重要病害。

1. 症状及发病特点

枝干受害以皮孔为中心，产生红褐色近圆形或不定型的硬质病斑，中心隆起，病、健交界处环裂后病斑呈马鞍状，许多病斑相连后造成树皮粗糙。果实受害后，以皮孔为中心生成水渍状褐色同心轮纹斑，中心表皮下可散生黑色粒点，条件适宜的情况下3～5 d可使全果腐烂。

苹果轮纹病菌在病枝、病果上越冬，借风雨传播侵染危害。枝干上的病菌是侵染果实的主要菌源。谢花后的幼果最易被侵染，一般在幼果期不发病，成熟期或贮藏期才发病。若果树衰弱、管理粗放及幼果期多雨等，其枝干、果实很易发病。

2. 防治方法

(1)加强栽培管理，提高树体抗病力。

(2)减少菌源：在休眠期刮除枝干上的病瘤，清扫病果，并于发芽前全树喷35%轮纹铲除剂100～200倍液等防效较好。

(3)药剂防治：在果树落花15 d开始至8月上旬，每15～20 d喷1次保护剂或内吸性杀菌剂以保护果实和枝干。幼果期可喷洒61%花麦特800～1 000倍液或35%轮纹铲除剂400倍液等，果实膨大后可喷施优果一号4 000～5 000倍液或1：2：240倍波尔多液或50%轮炭必克1 500～2 000倍液。

(4)果实套袋可防治轮纹病，兼治其他害果病虫。

(5)贮藏果的处理：采果后10 d内，用仲丁胺100～200倍液浸果1～3 min，贮藏期间窖内温度控制为1～2℃。

(三)苹果炭疽病

苹果炭疽病又名苦腐病、晚腐病，主要为害果实，也可侵染枝干和果台。河南苹果产区发病非常严重。

1. 症状及发病特点

果实发病后，病斑圆形、褐色、凹陷，腐烂部呈漏斗状、味苦，斑上有同心轮纹排列的小黑点。

病菌在病枝、小僵果、死果台上越冬。借风雨或昆虫传播，可多次侵染，从幼果期到成熟期均可侵染，果实近成熟期以后开始发病。

高温高湿、管理粗放、土壤黏重、地势低洼、肥水不足的果园易发病。

2. 防治方法

(1)减少菌源：结合冬剪剪掉病枯枝、病僵果和病果台等，减少初侵染菌源。生长季节及时摘除病果，清除落果，减少再侵染菌源。

(2)加强栽培管理：增施有机肥与磷钾肥，改善树冠通风透光条件，控制结果量，中耕除草，及时排水。果园周围50 m以内不种植刺槐树。

(3)药剂防治：苹果落花后1周开始，每15 d左右喷药1次，至8月中旬止。药剂可用61%花麦特800～1 000倍液、优果一号4 000～5 000倍液、80%乙膦铝400倍液、80%炭疽福美500～600倍液等。

(四)苹果早期落叶病

早期落叶病主要包括褐斑病、圆斑病、灰斑病和轮斑病四种。发病后易引起大量早期落叶，削弱树势，影响花芽分化和来年产量。

1. 症状及发病特点

叶片发病后，褐斑病的病斑暗褐色，边缘不整齐，呈同心轮纹状或针芒状。圆斑病的病斑圆形、褐色，病、健交界明显，中央有一个小黑点。灰斑病的病斑为圆形，灰褐色至灰白色，斑上散生小黑点。轮斑病的病斑略呈圆形、较大、褐色，有明显的深浅交错的同心轮纹，多发生在叶片边缘，潮湿时病斑背面产生黑色霉层。

病菌多在病叶上越冬，也可在被害枝、果上越冬。次年春季借风雨传播，多次侵染。5～6月份开始发病，7～8月份为发病盛期，10月份停止发展。降雨早而多的年份发病早而重，管理粗放、修剪不合理、树势衰弱等均利于发病。

2. 防治方法

(1)减少菌源：秋末冬初彻底清扫落叶和其他病残体，并集中烧掉或深埋。

(2)加强栽培管理：避免偏施氮肥，控制结果量，雨季及时排水，合理修剪，保持树冠内膛通风透光良好。

(3)药剂防治：一般幼树可于5月上旬、6月上旬、7月上旬各喷1次药，多雨年份8月份再增加1次。结果期可结合防治轮纹病、炭疽病的同时进行防治。常用药剂有1∶2∶200波尔多液(有些苹果品种勿用，如金帅等)、10%抗霉素1 500～2 000倍液或70%丙森多菌灵1 000～1 250倍液、80%可依卡1 500～2 000倍液、12.5%特谱唑200～300倍液等，喷药时要均匀周到。

六、果实采收及采后处理

苹果具体采收时期应根据果皮色泽、果实生长日数及生理指标等综合因素确定。用于长期贮藏的红富士苹 175～180 d，果肉硬度为 6.36～7.26 kg/cm²，可溶性固形物含量 14.0%以上，淀粉指数达 1～2 级，果面由绿为淡红、深红。

采收前应在考察市场、建立销售网络的基础上，掌握市场最新信息，随时与客户联系；准备好采收工具、包装用品、分级包装场所及果场果库；集中培训采收人员，掌握操作规范。分批采收时，第一批先采收树冠上部和外围着色好、果个大的果实。5～7 d 后同样采收着色好的果实，再过 5～7 d 采收其余部分。同一株树上，按先外后内、由近及远的顺序进行采收。

果实采收后，进行清洗、分级、打蜡包装等商品化处理。用于中长期贮藏的苹果可在出库上市前再进行上述处理。清洗是对未套袋果实用清水洗涤果面。对清水未能洗净果实可用 0.1%的盐酸溶液洗果 1 min 左右，再用 0.1%的磷酸钠溶液中和果面的酸，后用清水漂洗。分级可按 NY/T 439—2001 苹果外观等级标准，采用人工或机械方法进行。打蜡是在果面上涂一层半透性薄膜——果蜡。常用的有石蜡类、天然涂被膜剂和合成涂料。数量较少时，可采用人工涂蜡法。就是将果实浸蘸到配好的涂料中，取出即可，或用软刷蘸取涂料均匀抹于果面上，苹果数量较大时，采用涂蜡分级机进行。

苹果销售包装包括普通包装和装潢包装两种，目前以前者为主。随着苹果商品化程度的提高，一方面应注重生产技术中的品牌和诚信意识，另一方面应在外观品牌上形成鲜明的特色，精心设计包装，注重产品形象，强化市场意识，提高竞争力。

第四节 提高苹果关键技术

一、选用优良品种和砧木

目前适合我国栽培的苹果优良品种有 85-1、美国 8 号，生产上正在推广的适宜我国栽培的新品种有宫崎富士、松本锦、红将军、皇家嘎拉等。选用优良砧木是一项具有长期影响的根本措施，在矮化砧上嫁接的红星苹果，在同样管理条件下，比乔化砧红星苹果着色好、糖分高、果实硬度也增加，耐贮性增强。各地应因地制宜，选用适应当地条件的优良品种和砧木。

二、加强土肥水管理

(一)土壤管理

山地果园要整修梯田、树盘，滩地果园要掏沙换土、深翻改土。深翻改土的时期一般在苹果采收后到落叶前结合秋施基肥进行。幼龄果园自定植穴外缘开始，每年或隔年向外挖宽 60～80 cm、深 40～60 cm 的环状沟，挖出的表、心土分别堆放，并剔除翻出的石块、粗沙及其他杂物，剪平较粗根的断面；回填时，先把表土和秸秆、杂草、落叶填入沟底部，再将有机肥、速效肥和表土填入，表土可从环状沟周围挖取，然后将心土摊平，及时灌水。成龄果园采用隔行深翻，盛果期或密植园则采用全园深翻，将栽植穴以外的土壤全部深翻，深 30～40 cm。平原以生产小麦为主的地方，可在 6 月中旬用麦秸覆盖 20 cm 厚，其上放少许土，次年重复进行 1 次，以改善土壤团粒结构，提高土壤肥力及含水量。幼龄果园可利用行间空地种植经济作物（大豆、花生、马铃薯等）和绿肥作物（如田菁、柽麻、苕子、苜蓿等），改善微域环境，增加土壤有机质含量，既有利于幼树生长，又可增加果园收入，提高土地利用率，但要禁止间作高秆作物及需肥量大的作物如玉米、棉花和红薯等。

（二）施肥

（1）增施有机肥：果园有机质含量以1%～2%较好。增施有机肥是提高土壤有机质含量的重要措施。有机肥以人粪尿、家畜厩肥、禽粪、饼肥等为最好。人粪尿和畜禽肥施用前要经过充分发酵。有机肥全年均可施用，以秋季采果后施用效果最好。施肥方法以"井"字形沟施法与撒施法交替进行较好。施肥量盛果期为"千克果千克肥"，有条件果园应"千克果1.5 kg肥"，一般施用量为3 000～5 000 kg/667 m^2，有条件的可施6 000～7 000 kg/667 m^2，盛果前期施用量适当减少。

（2）合理施用化肥：土壤追肥分3次进行。第1次在萌芽前，以氮肥为主，一般施尿素100～200 g/株。第2次在开花前，同样以氮肥为主，施尿素100～200 g/株。第3次在幼果膨大期，以磷、钾肥为主，施过磷酸钙100～150 g/株、硫酸钾复合肥200～300 g/株。施肥方法是在树冠下开15～20 cm深的沟，将肥料均匀撒入沟中，然后覆土填平浇水。叶面喷肥4～6月份以氮肥为主，喷0.3%尿素、500 mg/L硝酸稀溶液2～3次，间隔期15～20 d；7月份以后，以磷钾肥为主，喷0.2%～0.3%磷酸二氢钾、0.3%硫酸钾、5%草木灰浸出液，每隔20 d交替喷1次。喷布时间选择无雨的阴天或晴天10:00前或16:00以后，并尽量喷布在叶背。

（三）合理灌水

1年尽可能保证浇4次水：第1次在春季萌芽展叶期，适量灌水；第2次在春梢迅速生长期，足量供水；第3次在果实迅速膨大期看墒用水；第4次在秋后冬前保证冻水。灌水方法有树盘灌水、沟灌、穴灌、滴灌、喷灌等。

三、辅助授粉与疏花疏果

（一）花期放蜂

蜂种有蜜蜂和壁蜂。蜜蜂选用中华蜜蜂，在开花前放置蜂箱，每0.3～0.5 hm^2放1群蜂（约8 000只蜜蜂），蜂群间距100～150 m，授粉范围为40～80 m。密植园最好每行或隔几行放置。壁蜂主要有角额壁蜂、凹唇壁蜂、紫壁蜂，在开花前5～10 d，在果园内背风向阳处，按40～50 cm间距设置巢箱，巢箱放在45 m高的支架上，巢箱口向东南或南，并且巢箱口要放置带有多个孔洞的纸盒，在纸盒内放入蜂茧，数量为900～1 500头/hm^2，巢箱上面搭设防雨棚，附近1～2 m处挖1个长、宽、深均为40 cm的坑，保持坑内半水、半泥状态，一般20 d左右即可完成授粉。

（二）人工辅助授粉

盛花初期到盛花盛期进行。具体方法有以下4种。

（1）人工点授：将花粉与石松子粉或滑石粉、淀粉按1∶(5～8)比例混合后装入瓶中。授粉时用带铅笔的橡皮头、毛笔等物品点蘸花粉，进行逐花点授，一般每蘸1次花粉可点10多朵花。在花期整齐时授1次，花期不一致时授2次。

（2）鸡毛掸子授粉：将鸡毛掸子用白酒洗去鸡毛上的油脂，干后将掸子绑在木棍上。在盛花期用鸡毛掸子在授粉树花多处反复滚蘸花粉，然后移到要授粉的主栽品种上，上、下、内、外滚动授粉。

(3)喷雾、喷粉法授粉:喷雾法授粉就是将白糖 250 g、尿素 15 g、水 5 kg,配成混合液,喷前再加入 10～20 g 花粉和 5 g 硼砂,用两三层纱布滤出杂质。要求要随配随用,并尽量采用喷雾口较小的喷头。喷粉法授粉就是采用电动采粉授粉器授粉,使用时开启采粉授粉器开关,将采粉授粉靠近已开放的花朵,取出收集的花粉,与滑石粉按 1∶15 的比例混合后放回贮藏瓶中,开动授粉器,花粉通过贮藏瓶中的送粉装置均匀喷出授粉。

(4)花粉袋授粉:花粉袋授粉就是将与喷雾法配比相同的花粉装入 2～3 层纱制的袋中并绑在 1 根较长的竹竿上,将袋子高举到树冠上和树冠内,轻敲竹竿,就可授粉。

(三)花期喷硼

花期喷 0.1%～0.2%硼砂溶液,促进花粉管伸长,促进坐果。

(四)疏花疏果

(1)人工疏花疏果:对花芽较多且成花较易的树,可结合冬剪疏除部分花芽,一般花、叶芽比例为 1∶3,在花期再疏除一部分边花,疏花时可用手掐,也可用疏花剪疏。疏果在花后 7～28 d 进行,可采用叶果比法留果(大型果叶果比为(50～60)∶1,中小型果叶果比为 40∶1),也可采用果间距法留果(大型果果间距为 20～25 cm,中小型果果间距 15～20 cm)。具体操作时,要疏除多留的边花果、朝天果、腋花芽果、畸形果以及其他劣质果,要求每个花序留 1 个果,多留母枝两侧中短枝上的下垂果,最好果形端正、高桩、无病虫危害、果肩平整。疏花疏果的顺序是先上部后下部,先内膛后外围。

(2)化学疏花疏果:疏花,花开放 2 d 后喷 1.0～1.5°Be 石硫合剂,或在花蕾膨大期喷 300～500 mg/L 乙烯利(CEPA)。疏果,在落花后期喷 5～20 mg/L 萘乙酸(NAA)、萘乙酰胺、15281、M&B25105 等。

四、整形修剪

(一)保持良好树体结构

留枝量 6 万～8 万个/667 m^2,树体外稀内密、上稀下密、南稀北密、大枝稀、小枝密。应采取 7 点措施:一是控制树高。将树高控制在行宽的 2/3 以内,超过 2/3 时应及时落头并疏除上层过密的辅养枝。二是注意层间辅养枝的处理。对过密的辅养枝本着去长留短、去大留小、去粗留细、去密留稀的原则,分期分批疏除。大枝较少时,可一次性去除;大枝较多时,可分 3 年去除,每年分别去除 60%、30%、10%。对有空间的辅养枝,应视情况加以利用。三是注意培养主枝角度。应加大下层主枝的角度,降低上层主枝的角度。四是疏除各级竞争枝,防止枝出现"头重脚轻"现象。五是回缩、疏除上层背后冗长枝及下层直立枝。六是清除株间交叉枝,采用缩剪方法改变主枝延长枝方向。七是注意疏除、回缩下层细弱枝、过长枝及裙带枝。使树体内膛光照强度达到自然光照强度 40%,中午时树下有均匀的梅花状小光斑。

(二)及时更新结果枝组

结果能力开始下降的结果枝组及时更新复壮,以维持健壮树势,以壮枝、壮芽带头,进行重回缩。对衰老结果枝组附近的新枝采用先截后放法有计划地培养。对壮树促控结合,根据枝组所处的阶段,采取适当的修剪方法。弱树冬剪时适当重剪,少留花芽,壮枝、壮芽带头;旺树冬剪时轻剪缓放,加大枝梢生长角度,用背后枝换头,以缓和树势,同时,适当增加留果量,以果压冠。

(三)调整枝类比

苹果适宜枝类比是结果枝与营养枝比例(2～3)∶1。调节枝类比常用修剪方法是“三枝配套法”,即在冬剪时,缓放一部分结果枝,来年结果,称为结果枝:缓放部分营养枝,下年形成花芽,隔年结果,称为预备枝:短截部分枝条,促发新枝,形成营养枝。

五、果实套袋

(一)果袋选择

果袋应选择纸袋,长 18～20 cm,宽 14～16 cm,袋口正中有一半圆形缺口。有些种类的袋口两边各有 5 cm 长的细铅丝。难着色的红色品种选用不透水的双层袋,外层纸外表面灰色,内表面黑色,内层纸为红色半透明蜡质:易着色的红色品种,采用不透水的单层袋,外表面灰色,内表面黑色,或采用与难着色的红色品种相同的袋;绿、黄色品种采用内外均为深褐色的单层袋。

(二)套袋时期与方法

红色品种在落花后 30～45 d 套袋,绿色及有果锈品种在落花后 10 d 内完成,落果较严重品种在生理落果后进行,晚熟红色品种在花后 35～50 d 完成。套袋果选择果形端正的中心果。套袋时间为连续晴天后的每天 9:00～17:00。套袋前 7 d 喷 1 次杀菌杀虫药(100 kg 水加25%甲基托布津乳油 120 g、1.5%溴氰菊酯乳油 300 g、中性洗衣粉 100 g,混匀)。对缺水严重的园,套袋 3～5 d 应浇 1 次水,以防止果面发生日灼病。套袋前先将袋撑开,再将果实放入,使果实在袋内呈悬空状态,然后从袋边缘向内折,边缘有铅丝的袋用铅丝折弯固定,无铅丝的用回环针或橡皮筋绑口。套过袋后,注意果柄与袋口之间不能留有空隙,以防病虫侵入。

(三)去袋时期和方法

红色品种在果实成熟前 15～20 d 去袋。先将外层袋撕开 1/2,1～2 d 后去掉外层袋,同时将内层袋也撕开 1/2,过 1～2 d 后再去掉内层袋。套单层袋的红色品种去袋与套双层袋第 1 次去袋操作相同。绿色与黄绿色品种去袋时间在采收前 5～7 d。以上午 10 点前及下午 4 点后去袋为宜。

六、摘叶、转果、吊枝

(一)摘叶

主要是摘除果实附近的贴果叶和折光叶,以防止果面着色时形成花斑及部分害虫缀叶贴果危害。摘叶一般进行 1～2 次。套袋果第 1 次摘叶在去袋后,不套袋的果在采果前 25～30 d 进行。第 2 次摘叶与第 1 次摘叶间隔 5～10 d。总摘叶量控制在 14%～30%,不要超过树冠总叶量的 30%,以果实能良好受光为宜。

(二)转果

转果在果实阳面着色鲜艳时进行。一手捏果柄、一手握住果实轻轻转动使果实阴面转到阳面。一次不能转过的部分应分多次进行。如果一次转果幅度过大,易造成果柄受伤,影响果实后期营养物质的转化,反而降低品质。

(三)吊枝

吊枝是防止果实压冠、内膛受光不良,影响内膛果实着色的一项技术措施。就是将下垂枝用绳绑在主干上达原生长角度,对树冠中的下层枝也可采用撑枝的方法。

七、铺反光膜

铺反光膜可显著改善树冠内膛光照条件，提高果面着色度。常用的有银色反光塑料薄膜和GS-2型果树专用反光膜。未套袋果在果实着色初期铺膜，套袋果在去袋后铺膜。铺膜前5 d清除铺膜地段的残茬、硬枝、石块和杂草，并打碎大土块，把地整成中心高、外围稍低的弓背形。铺膜宽度以树冠为准，要求反光膜的边缘与树冠边缘铺齐。反光膜在采果前1～2 d收起，去掉膜面上的树枝、落果、落叶等，小心揭起反光膜，卷叠起来，用清水漂洗晾干后，放入无腐蚀性室内妥善保存，一般可连续使用3～5年。

八、果面贴字、套瓶和富硒技术

(一)果实贴字技术

在贴字前先将果实按规范的套袋方法进行套袋。在果实采收前20 d左右的果实迅速着色期，解除果实袋，随即将事先备好的字模贴于果实的中间部位，一般可用不干胶或凡士林黏合，字模一般为遮光的黑色纸质地或黑色塑料质地，可根据生产者需要设计。生产上多用带有吉祥的"福禄寿喜"、"恭喜发财"、"吉祥如意"、"一帆风顺"等字样，一个果实可贴一个单字，也可贴一组吉祥用语。待果实采收时，将字模揭去(图4-26)。

图4-26　贴字苹果

(二)果实套瓶技术

(1)果实瓶选择：果实瓶容积大小，要根据苹果品种体积大小进行设计。果实瓶形状可根据需要进行设计，但各种果实都有自己的形状，设计时应尽量接近该品种的果实生长特征。果实瓶口直径不宜太大，以能塞进大拇指为宜。瓶子底下要留有2～4个小孔作为放水孔。

(2)套瓶操作技术要领

①及时疏果。落花后1周在确定果实受精后，及时疏果，应确保套瓶工作能按时进行。

②准确选果。套瓶时，要尽量选取果形端正、易于固定瓶体的果实进行。苹果果形较长的果实，授粉良好，果实生长迅速。

③适时套袋。在华北地区，套瓶一般在5月上中旬进行，为保持果实瓶在整个生长季节洁净，果实瓶外要套一层纸袋保护，纸袋外加套一层黑色的塑料袋进行遮光。固定时只需将纸袋和塑料袋固定在果台或结果母枝上。

④适时去袋、采收。套瓶果要以果为单位精细管理，随时观察，红色品种要在采收前15～20 d及时去瓶外的纸袋和塑料袋。一般果实全红后，即可采摘。

(三)果实富硒技术

在红富士苹果上采用硒素宝进行补硒。使用量按生产100 kg苹果使用硒素宝100 g。采用土施和喷施两种方法。土施在苹果膨大期(5月中下旬)施入，每100 g硒素宝中混加磷酸二铵0.5 kg、硫酸钾1.5～3.0 kg，采用多点穴施或放射状沟施，施入深度为18～25 cm，施后灌水；喷施第1次在7月上旬，第2次在苹果采收前30～40 d，套袋苹果在摘袋后的第5天喷施，浓度为2 500～3 000倍。此外也采用树干注射法，于5月份在树干距地面50 cm处，用打孔器打直径0.8 cm、深4 cm的2个注射孔，注射20 mg/L、50 mg/L、500 mg/L的亚硒酸钠液，用嫁接胶带封口。

九、喷生长调节剂

在花期对花萼喷600～800倍高桩素，盛花后14 d喷20～50 mg/L赤霉素(GA_3)，可明显提高果形指数，盛花后20～35 d喷3 000～5 000倍B_9。采果前15～20 d喷3 000倍萘乙酸(NAA)，采前40 d喷1 000倍7305，可促进果实着色。果实采收前30 d喷700～3 000倍增糖灵1号，采果前20～30 d喷600倍红果88，除能增加含糖量外，还能促进果面着色。

十、病虫害防治

以农业和物理防治为基础，提倡生物防治，按照病虫害的发生规律和经济阈值，科学使用化学防治。要从果园生态系统的整体出发，创造有利于果树生长，有利于有益生物繁衍而不利于病虫滋生和危害的环境条件，保持生态系统的平衡和生物多样化。化学防治提倡使用生物源农药、矿物源农药，禁止使用剧毒、高毒、高残留农药和致畸、致癌、致突变农药。使用化学农药时，按国家有关标准(GB 4285、GB/T 8321)执行。果园化学防治为做到合理用药，必须从四个方面着手。一是加强病虫害预测预报，适时用药，未达到防治指标或益、害虫比合理的情况下不用药。二是根据天敌发生特点，合理选择农药种类、施用时间和方法。三是注意不同作用机理农药的交替使用和合理混用。四是严格按照规定的浓度、每年使用次数和安全间隔期要求使用，并且喷药均匀周到。

十一、适时采收

鲜食、不耐贮藏且在当地销售的品种应在果实充分成熟(10成熟)时采收，外运和贮藏的果实应在硬熟期(七八成熟)采收。采果时按照先采树冠外围、后采内膛，先采下层、后采上层的顺序进行。采双果时要两手同时采：一果台上着生2个以上果时，可一手托住所有果实，另一手逐果采摘；易掉果柄或易折果柄的品种，采果时要注意保护果柄。采果时要避免碰掉花芽和枝叶。采下的果实要轻拿轻放，防止挤压，刺伤果实。采收过程中尽量减少转筐、倒篓次数。

采下的果，在果园内初选，将病虫果、畸形果、过小果及机械损伤果捡出。对初选合格果实进行分级、包装、外运或贮藏。

第五节 园林应用

苹果(图 4-27)原产欧洲中部和东南部、中亚细亚乃至我国的新疆，是世界上栽培面积较广、产量较多的果树之一。苹果在我国的栽培历史已有 2 000 多年，具有适应性强、品种多、分布地域广、产量高、产值大、营养价值和品质风味好等特性。

苹果属植物为落叶乔木或灌木，乔木高达 15 m。小枝幼时密生绒毛，后光滑，紫褐色。叶椭圆形至卵形，长 4.5～10 cm，先端尖，缘有圆钝锯齿，幼时两面有毛，下表面光滑。花白色带红晕，萼片长尖，宿存。果大，两端均凹陷。花期 4～5 月份；果熟期 7～11 月份。

图 4-27 苹果

1. 花枝 2. 去花瓣的花纵剖面 3. 去 2 个花瓣的花，示花柱基部合生 4. 果

苹果开花时节颇为壮观，果熟季节，累累果实，颜色有红、绿、黄等色，色彩鲜艳。苹果喜光，较耐旱、不耐湿。在小区和公园绿化中可广泛种植。

苹果属中的新疆野苹果(*Malus sieversii.*)为落叶乔木，枝条灰褐色，叶卵圆形至椭圆形，先端急尖，花瓣倒卵形，紫红色，枝条和嫩叶初期粉红至紫红色，果实从幼果到果成熟一直保持诱人的红色。新疆野苹果花和果实均为紫红色，并且从幼果到成果一直表现为紫红色，又耐修剪，属难得的观叶观花观果树种，因其具有观花、观果、观枝条的特性，生长势强又耐修剪，所以新疆野苹果既可地栽、盆栽，也可制作成苹果桩景。在园林造景上可采用孤植、丛植，也可群植或片植。孤植于庭院或草坪中可充分表现其个体美，发挥景观的中心视点及引导视线的作用；丛植在一起可突出整体美，既丰富景观色彩，又活跃园林气氛；群植或片植可配置于园林中做背景或伴景用，亦可构成风景林，其美化效果远远好于单纯的绿色风景林。

第五章

梨

梨是人类最早栽培的果树之一。其营养丰富,医疗价值高。梨果除鲜食外,还可用于加工,是我国出口量最大的水果。梨树适应性强,山地、沙荒、平原或盐碱涝洼地均可栽培。梨树抗逆性强,栽培管理比较容易。梨树结果早,易丰产、高产,盛果期长,发展梨树栽培经济效益显著。除此之外,梨树还是美化环境的优良树种,生态效益极为显著。

第一节 生物学特性

一、生长习性

梨属深根性树种,干性强,层性明显。枝条早期生长一般较直立,以后随着枝条生长加快和抽枝增多以及产量增加,树冠逐渐开张。一般定植后 3～4 年开始结果,7～8 年进入盛果期。经济结果寿命一般在 50 年以上,而树龄则更长。

(一)根的生长与分布

1. 根的生长

梨树根的生长与土壤温度关系密切。一般萌芽前表土温度应达到 0.4～0.5℃时,根系便开始活动;当土壤温度达到 4～5℃时,根系即开始生长;15～25℃生长加快,但以 20～21℃根系生长速度最快;土壤温度超过 30℃或低于 0℃,根系就停止生长。梨树根系生长一般比地上部的枝条生长早 1 个月左右,且与枝条生长呈相互消长关系。

长江流域及以南地区,幼龄梨树根系的周年生长活动一般有 3 次生长高峰。第 1 次生长高峰出现在 3 月下旬至 4 月中下旬。这次根系生长,依靠贮藏营养,一般生长量最大。第 2 次根系生长高峰出现在 5 月上中旬至 7 月上旬。该期随着新梢生长和叶面积的基本形成,地上部同化养分供应日渐充足,加上土温适宜,因此根的生长量也较大。以后随着气温升高,根系生长逐渐受到抑制。到 10 月上中旬后,随着地温下降,梨树根系生长又逐渐加快,并出现第 3 次生长高峰,直到 11 月上旬,随着落叶的开始而停止生长。由于该期根系生长时间短,所以根系生长量较小,不及上两次。投产梨树由于开花结果的影响,根系生长一般只有 2 次生长高峰。第 1 次出现在 5 月上中旬至 6 月下旬。此期,同化养分供应日渐充足,土温又在 20℃左右,最适宜梨树根系快速、旺盛地生长,是投产梨树根系生长最重要的时期。以后,随着气温和土壤温度的不断升高,梨树根系生长逐渐变慢。果实采收后,特别是 9 月上中旬开始,随着同化养分的迅速积累,土温又逐渐回落到 20℃左右,因而根系出现第 2 次生长高峰,一般维持到 10 月中旬左右,但生长量不及第 1 次。以后,随着气温的急剧下降,根系生长又渐趋缓慢,至地上部出现落叶后,梨树根系也随之进入相对休眠阶段。

梨树根系生长与栽培管理关系密切。若结果过多,导致树势衰弱;粗放管理,出现病虫严重为害；或受旱、涝等，根系生长就会受到严重影响，不仅生长量大大减少，而且在年生长周期中，往往无明显的生长高峰。因此，在抓好梨园日常田间管理时，要始终加强梨园的疏果管理、病虫防治、土壤管理和肥培管理等措施，为丰产、优质奠定基础。

2. 根的分布

梨树根系分布与品种、砧木、树龄、土壤、地下水位及栽培管理关系十分密切。一般土层深厚，疏松肥沃，垂直分布能达到树高的一半；水平分布则能超过树冠的2倍以上。但梨树根系绝大部分集中分布在离地表30～50 cm范围内，而且愈近主干，根系分布愈密，入土愈浅；反之，入土深，分布稀。

(二)枝梢生长

梨属萌芽率高、成枝力低的树种。除枝条基部几节为盲节外，芽一般均能萌发，但常常只有生长枝顶端1～4节芽能抽发成长枝，其下部芽依品种、种类不同，只抽中、短枝，甚至叶丛枝。梨树枝梢抽生长短与其生长时间关系密切，一般叶丛枝经7～10 d生长即形成顶芽，中、短枝生长多在20～30 d；长枝停长一般需40 d以上。

梨树枝梢顶端优势强。一般树冠顶部、外围，易抽长枝、旺枝、直立枝，使树体上强下弱、外强内弱，导致梨树层性明显。

梨芽属晚熟性芽。在正常情况下，一般1年只有越冬芽抽生1次新梢。但个别树势强旺者或幼年树，当年形成的芽，当年也能萌发抽枝。梨树枝梢上芽均为单芽，一般外形瘦小者是叶芽，萌发后抽生新梢；外形肥胖的是混合芽(俗称花芽)，萌发后既抽生结果新梢，又在该梢上端着生一伞房花序，开花结果。梨树混合芽绝大部分着生在中、短枝的顶部。但长枝中上部腋芽，在营养充足、树势较好的情况下，也能分化形成混合芽，从植物形态学分析，该腋花芽就是无叶2次梢的顶芽。因此，梨树花芽多顶生，叶芽多腋生。而少数顶生叶芽则是受顶端优势或叶片簇生等因素影响所致。

梨树叶丛枝没有明显腋芽，只有“隐芽”，到次年，该芽一般不萌发且不明显，只有树体遇大刺激，如重剪后，隐芽才萌发抽枝。梨树隐芽寿命一般很长，生产上常利用隐芽的这一特性，进行树、枝的更新或复壮。

梨树新梢自萌芽起即开始生长，展叶分离后，生长渐快。在浙江，一般3月下旬开始萌芽，3月底或4月初展叶，4月中旬短枝停梢；6月中旬左右长梢生长也基本停止。就全树而言，4月中下旬至5月上旬是梨树新梢生长的鼎盛时期，以后，新梢生长渐缓，直到顶芽形成。梨树新梢生长，前期主要依靠树体的贮藏养分，后期则依靠树体当年的同化养分。由于新梢停长较早，且1年只抽生1次新梢，故与幼果争夺养分矛盾较小，因此，只要授粉受精良好，梨树坐果率普遍较高。

根据梨树枝梢的生长发育特点，生产上常依其生长长度，把生长枝分成短枝(5 cm以下)、中枝(5～30 cm)和长枝(30 cm以上)的三种类型。一般短枝、中枝易形成花芽，故成年梨树结果母枝多以中、短枝为主。但稳产、丰产的成年梨树，上述三种类型枝梢应保持一定的比例，一般要求短枝占85%左右，中枝占10%左右，长枝占5%左右为好。不同品种有所差异。

(三)叶片生长

梨树叶片生长，随新梢的生长而生长。一般基部第1片叶最小，自下而上逐渐增大。在有芽外分化的长梢上，一般自基部第1片叶开始，自下而上逐渐增大，当出现最大1片叶后，会接着出现以下 1～3 片叶，明显变小，以后又渐次增大，后又渐次变小的现象。对第 1 次自基部由小到大间的叶片，属芽内分化叶，称第 1 轮叶，在此以上叶为第 2 轮叶，属芽外分化。第 1 轮叶在 11 片以上，且最大叶片出现在第 9 片以上，是梨树丰产稳产的形态指标。梨树叶片数量和叶面积与果实生长发育关系密切。如沙梨系统品种，一般每生产 1 个果实需要 25～35 片叶，否则，当年的优质丰产就没有保证。梨树作为坐果率高的树种，生产上应按照不同品种的结果习性，抓好疏花疏果工作，以确保优质、高效。

二、结果习性

(一)花芽分化

梨树的花芽分化一般分 2 个阶段，即生理分化阶段和形态分化阶段。生理分化一般在芽鳞形成的 1 个月时间内基本完成，以后即进入形态分化阶段，到 10 月份，形态分化已完成，出现花器的各原始体。此后，由于气温降低，树体开始正常落叶进入休眠状态，花芽分化暂停进行。次年开春后，随着气温回升，依靠树体上年的贮藏营养，花芽分化继续进行，直到开花前，进一步分化完成包括胚珠、花粉粒等各花器性器官的分化、增大和形成。

梨树花芽分化不仅时间较长，而且隔年分化。梨树花芽分化质量与果实采收后的管理关系密切。因此，梨树果实采后管理是一年管理工作的开始，也是夺取下一年稳产、丰产的基础。

(二)花芽

从外形上鉴别，梨树花芽比叶芽粗壮。梨树枝梢停长早，故大多数梨品种，花芽均容易形成。按照花芽着生部位不同，一般把梨树花芽分为两种，即由顶芽分化发育而成的顶花芽和由腋芽分化发育而成的腋花芽。顶花芽坐果率通常比腋花芽坐果率高。

(三)开花

经过冬季休眠后，花芽内花器官的分化发育随气温回升开始加快完成。外观表现为花芽体积不断增大，直至花芽萌动开绽。在正常气候条件下，长江流域梨产区的花芽开绽期多在 3 月中下旬。梨花芽开绽后，随之就出现现蕾、花蕾分离、花瓣伸展和开花等各个阶段。一般始花在 3 月底至 4 月初，花期 10～15 d。梨树开花早迟和花期长短，因气候、品种而有所差异。若花期前后气温高，雨水少，则开花早，花期短。一般初花期 2 d 左右；盛花期 5～8 d；终花期 3～5 d。

在正常情况下，梨树 1 年只开花 1 次，但也有秋季 9～10 月份发生 2 次开花现象。其主要原因是由于栽培管理不善或遇不可抗拒的外力影响所致。如病虫为害、严重干旱、遭强台风侵袭，导致提早落叶，刺激树体被迫休眠，后又遇适宜气候，使花芽随即开放，从而出现 1 年开花 2 次现象。梨树秋季开花，不仅大大减少了来年的花量，而且还消耗了大量的树体营养，故对次年梨树产量影响极大。

梨绝大多数品种是先开花后展叶。由混合芽萌发的伞房花序，一般由 5～8 朵花组成。花序着生在由混合芽内雏梢发育而成的结果枝上端。就一个花序而言，一般基部花先开，中心花后开，呈向心开放顺序。一般初花期花授粉受精质量高，坐果可靠；由基部花发育而成的果实较大。

由雏梢发育而成的结果枝叶腋内，常能抽发 1～2 个果台副梢，其部分顶芽也能在芽内分化发育成顶花芽，且能随着结果枝上顶花芽的开放而开放，只是时间上迟 10～20 d，生产上称该花为梨树的晚帮花。由于该花发育时间短，分化也不完全，故不能正常结实膨大，生产上应尽早疏去。

果台副梢一般以每果台抽2个居多。只要树体营养好，一般果台副梢当年就能发育形成良好的结果母枝。梨树修剪时也常利用果台副梢作结果枝组的更新和结果母枝的培养，一般疏一留一，或截一留一。果台副梢多寡与强弱，与品种的特性和树体营养状况等有关，这也是鉴定生产梨园管理好坏的重要形态指标之一。

(四)授粉受精

梨属异花授粉果树，自花结实率很低，甚至不能结果。因此生产上必须配置授粉树。梨树授粉树的选择和配制，必须遵循以下四条原则：一是花期相遇或基本相遇；二是花粉亲和性好，花粉量大，且发芽率高；三是授粉品种果实品质好，也可以是主栽品种互为授粉品种；四是授粉树配置比例，一般应达到主栽品种的25%～30%。目前，在早熟优质梨发展过程中，生产上常用翠冠、清香或黄香、黄花互作授粉树，效果很好。

梨花具授粉受精能力的时间一般仅5 d左右。故老梨园或授粉树配制比例不足的生产园，若进行人工辅助授粉时，应重点选择花序基部刚开的1～3朵花进行授粉。

(五)坐果与落果

梨属坐果率高的果树种类。在正常管理情况下，只要授粉受精良好，一般均能达到丰产目的。梨树正常的生理落果，是梨在系统发育过程中所形成的一种自疏现象，不构成生产威胁。只有因不良气候或管理失误而引起严重落果，才会对当年的产量造成影响。梨树正常的生理落果一般有3次高峰。第1次一般出现在4月上旬末，大多认为是授粉受精不良所引起。第2次出现在4月下旬末。第3次一般从5月上中旬开始。后2次主要由于树体营养不良或营养供求失衡造成。

(六)果实发育

梨果实的可食部分由花托发育而成，子房发育形成果心，胚珠发育成种子。早熟品种的果实发育期一般在4个月左右。根据果实的生长发育规律和特点，一般分为以下3个时期。

(1)果实快速增大期：从子房受精后开始膨大起，到幼嫩种子开始出现胚为止。该期主要是花托和幼果的细胞迅速分裂，由于细胞数目的不断增加和堆积，果实体积快速增大，表现为果实纵径比横径增加更明显，因此，幼果在该期呈椭圆形。

(2)果实缓慢增大期：自胚出现到胚发育基本充实为止。该期主要是胚迅速发育增大，并吸收胚乳逐渐占据种皮内全部胚乳的空间，而果肉和果心部分体积增大缓慢，变化不大。因此，此期果实外观变化不明显，属缓慢增大期。

(3)果实迅速膨大期：从胚占据种皮内全部空间到果实发育成熟为止。该期主要是果肉细胞体积和细胞间隙容积的迅速膨大，使果实体积、重量随之迅速增加，特别是果实横径的显著变化，使果实形状发生根本性改变，最终形成品种之固有果形。此期，种子体积增大很少或不再增大，而种皮却逐渐由白色变为褐色，进入种子成熟期。

梨果实的发育、膨大与气候条件关系密切。晴天，一般以晚上膨大为主；阴天，膨大速度不及晴天；雨天由于空气湿度大，叶片蒸腾拉力小，使树体吸肥水能力减弱，膨大少甚至不膨大，或异常膨大造成裂果，尤其是后膨大期，若高温干旱后骤降暴雨，往往会引起未套袋果实的大量裂果，造成严重损失。梨果实膨大速度，尤以雨后初晴第一天最快，常呈直线膨大，第二天起，膨大速度就明显下降。

三、对环境条件要求

(一)温度

由于种类、品种和原产地的不同,梨树对温度的要求差异很大。我国长江以南的沙梨系统梨品种,一般要求年平均温度在15℃以上,4～10月份的生长期均温15.8～26.3℃,11月份至翌年3月份休眠期均温5～17℃。本系统梨品种一般能耐－23℃以上的低温,无霜期要求在250 d左右。

梨不同器官耐寒性有差异,一般花器、幼果最不耐寒。在长江流域,常遇早春气温回升后又骤降温天气,故也有发生冻花芽现象,生产上要引起重视。

温度也影响梨树的授粉受精。沙梨系统品种,一般花粉发芽温度要求在10℃以上,尤以18～25℃为好。在16℃条件下,日本梨从授粉到受精约需44 h,若温度升高,受精时间就缩短,反之则延长。因此,开花期若天气晴好,气温较高,一般授粉受精就好,当年丰产就有基础。否则,落花落果加重,影响产量。

温度还影响梨果实的品质。在果实膨大期若气温偏高,雨水少,则果实往往偏小,石细胞增多,导致口味变差,商品性降低。

(二)湿度

梨是耐湿性较强的果树,尤其是南方主栽的沙梨系统梨品种,生长期要求有足量均衡的水分供应,尤其是果实迅速膨大期。若供应不足,则枝梢生长,特别是果实的发育膨大就会受到抑制甚至严重抑制。反之,湿度过大,如果实膨大期雨量过大或连绵阴雨,使土壤持水量长时期处于饱和或近饱和状态,就会严重影响树体对营养的吸收、运转,阻碍根系生长,导致树势衰弱,或大量裂果发生。一般沙梨系统梨品种多要求在年雨量1 000 mm以上地区分布。湿度过大,往往还会导致病害的流行。在梨树引种时,要考虑品种的区域适应性,切忌盲目。

湿度对梨果实品质影响也较大。如我国南方栽培的沙梨品种,若生长期湿度过大,则果皮角质层容易破裂,使果点变大,果面变粗,锈斑扩大,光洁度下降。同时,果形变小,果实风味变淡,进而降低品质,尤其是绿皮品种更为明显。

(三)光照

梨对光照要求虽不及桃,但也较高。特别是光照对改善树体营养,提高梨果的光洁度,增进品质,具有显著的作用。因此,栽培上多采用疏散分层形的树形结构。为进一步提高梨树的光照效能,目前也有采用开心形的树形结构。生产上主要通过对幼年树的早期整形和成年树的合理修剪来提高和改善光照水平,就是通过拉枝、长放、压枝和适量剪截,先培养好主枝骨架;投产以后调节好叶果比为重点,适量更新枝组,控制徒长,以改善树体的通风透光条件。

(四)风

梨与其他果树相比,抗风性能较差。原因是梨果柄长、细,果实大又重。据调查,一般6级以上大风,就会对梨树造成严重的破坏性落果。但花期的微风有利于授粉受精。

(五)土壤

梨对土壤要求不严。无论黏土、壤土、沙土均能适应。但梨树属生理耐旱性弱的树种,故建园时,最好选择土层深厚,疏松肥沃、透水保肥性能又较好的沙质壤土栽培。梨树对土壤酸碱度要求也不严,一般pH值在5～8.5范围内,均可良好生长,但以pH值6～7最为适宜。

第二节　主要种类和优良品种

梨为蔷薇科(Rosaceae)梨属(*Pyrus* L.)多年生落叶乔木果树。目前,世界梨属植物约有35种,其中原产我国的有13种:秋子梨、白梨、沙梨、河北梨、新疆梨、麻梨、杏叶梨、滇梨、木梨、杜梨、褐梨、豆梨及川梨。1871年从美国引入西洋梨。我国栽培的梨品种绝大多数属于秋子梨、白梨、沙梨、新疆梨和西洋梨5种,其他种类主要作砧木。

一、主要种类

(一)秋子梨(*P. ussuriensis* Max.)

亦称山梨、酸梨。主要分布于我国东北,华北、西北亦有分布。叶大型,暗绿色,叶缘带刺芒的尖锐锯齿,分枝较密,老枝多为黄灰色或黄褐色;幼叶多先展或与花同时开放,叶片落叶前多为绿黄色,花柱基部具有疏柔毛,花柱短;果实多球形或扁圆形,果梗较短,萼片宿存而多外卷。果柄短、萼片宿存、果肉软而多汁,石细胞多,部分有浓郁香气,不耐贮藏。果实个小,一般品质较差,但亦有一些品种统称为秋子梨系品种,如京白梨、南果梨、大小香水梨、红南果、安梨、花盖梨、面酸梨等,多数品种需经后熟后才可食用。本种成枝力强,生长旺盛。抗寒力强,耐旱、耐瘠薄,抗腐烂病,不耐盐碱,寒冷地区栽培表现较好。

(二)白梨(*P. bretschneideri* Rehd.)(图5-1)

原产黄河流域,主要分布在华北、西北地区,辽宁和淮河流域也有少量栽培,是我国栽培梨中分布较广、数量最多、品质最好的种类。本种叶大,叶缘锯齿尖锐,齿芒内合,嫩叶紫红色,密生白色茸毛;幼叶多紫红或棕红色,成叶脱落前变橘红、紫红色;2年生枝多为褐色或茶褐色;果实多倒卵形或圆形,黄色或绿色,果梗长,萼片脱落或残存;中型果,脆而多汁,石细胞少,果皮黄绿色,有香气,多耐贮藏。对土壤和肥水要求严格,性喜干燥冷凉气候,抗寒力较沙梨和西洋梨强,但不如秋子梨和新疆梨。

图5-1　白梨

(三)沙梨(*P. pyrifolia* Nakai.)(图 5-2)

分布于长江流域及南方地区,先北方地区已开始有所发展。本种有优良品种沙梨(*P. pyrifolia* Nakai.)野生于我国长江、珠江流域各省区,日本和朝鲜南部亦有分布。喜温暖湿润气候,抗热、抗火疫病能力强,抗寒力弱于秋子梨和白梨,但强于西洋梨;成枝力较白梨弱,果实肉脆味甜,一般无香气,果皮多褐色,果实石细胞较多,多数品种的耐贮性不如白梨,为长江以南梨区和西洋梨品种的良好砧木。本种栽培品种很多,如四川苍溪梨,日本二宫白、丰水、新世纪等。我国先后引入的日本梨和韩国梨优良品种也属于本种,统称为沙梨系统品种。目前生产上栽培的沙梨有中国沙梨和日韩沙梨两类。

(1)中国沙梨:主要分布在长江流域以南及淮河流域一带,华北、东北也有少量栽培。其叶片先端长尖,基部圆形或近圆形,叶缘刺芒微向内拢;分枝较稀疏,枝条粗壮直立,多褐色或暗绿褐色;嫩枝、幼叶有灰白色茸毛;果实多圆形或卵圆形,果皮多褐色,少数黄褐色;萼片一般脱落,少数宿存。肉质、硬脆多汁,石细胞极多。该类群性喜温暖湿润气候,抗寒力较其他主要栽培种类差。主要种类有苍溪雪梨、宝珠梨、黄花、紫酥梨等。

(2)日韩沙梨类:主要分布在日本的鸟取、福岛、千叶、长野;韩国的罗洲等中部地区。近十几年在我国黄河故道和长江中下游地区引种发展较多。日韩沙梨多数成枝力弱,树冠内枝条稀疏,但萌芽力强,芽较早熟,容易成花,短果枝结果多,并能连续成花,且幼树结果早,产量高,适合密植栽培。该类群多数品种叶片厚而大,颜色深。果肉脆嫩,质细味甜,汁多,品质较好。目前,该类群品种在香港市场上享有很高的声誉。但多数品种贮藏性能较差。其主要代表品种有新水、幸水、丰水、二十世纪、新世纪、新高、晚三吉、黄金梨、圆黄梨、华山梨等。

图 5-2 沙梨

(四)西洋梨(*P. communis* L.)(图 5-3)

此种是我国从欧洲引进,栽培面积较小,主要分布于中国华北、西北等地区。叶小,卵圆形,全缘或圆钝锯齿,枝条直立性强,树冠广圆锥形,亦有少数品种枝软易下垂开张;枝条灰黄色或紫褐色,嫩枝或小枝光滑无毛,有光泽,叶片小,叶缘锯齿圆钝或不明显。果实多葫芦形,少数近圆形,黄色或绿黄色,果饼粗短,萼片多宿存内卷,多数需后熟后方可食用,肉质细软易溶，石细胞少，易溶于口，常有香味，不耐贮藏。抗寒性弱，易染腐烂病。其成枝力与秋子梨相当，生长结果习性与苹果更相似。主要代表品种有巴梨、三季梨、伏茄梨、孔德梨、红把梨、红考密斯、红安久、葫芦梨等。

（五）新疆梨（*P. singianjensis* Yu）（图 5-4）

分布于我国新疆和甘肃河西走廊一带。植株高大，小枝紫褐色，具白色皮孔。芽卵圆形，急尖。叶片卵圆形、椭圆形至阔卵形，先端短渐尖，基部圆形，少数广楔形，边缘上半部具细锐锯齿，下半部近于全缘或浅锯齿。果实卵圆形或倒卵圆形，萼片直立宿存，果心大，石细胞多。本种果形近似西洋梨，但果梗特长而叶片具细锐锯齿。代表品种有新疆的阿木特、甘肃的花长把等。

图 5-3 西洋梨

图 5-4 新疆梨

（六）杜梨（*P. betulaefolia* Bge.）（图 5-5）

杜梨又名棠梨、灰丁子等。野生于我国华北、西北、华东各省区。树高可达 10 m，根系入土深，生长旺盛。枝条开张下垂，有刺，嫩梢密生白色茸毛。果实圆球形，直径 0.5～1 cm，褐色，萼片脱落。本种耐寒、耐旱、耐涝，耐盐碱能力强，是中国北方梨区的主要砧木树种。

图 5-5 杜梨

(七)褐梨(***P. phaeocarpa*** **Rehd.**)(图 5-6)

褐梨亦称棠杜梨,野生于华北各省。树高 5～8 m,嫩梢具白色茸毛,2 年生枝紫褐色;与杜梨相比,叶大,锯齿较细,果大,种子也大,播种当年生长快,但抗寒性稍差。与栽培梨品种嫁接亲合良好,也是暖地梨树常用砧木树种之一。

图 5-6 褐梨

(八)豆梨(***P. call-eryana*** **Dcne.**)(图 5-7)

豆梨亦称明杜梨,野生于华东、华南各省,日本朝鲜亦有分布。与杜梨区别在于小枝无毛,果实略大,种子小有棱角。本种抗腐烂病,但抗寒性稍差,实生苗初期生长缓慢,与栽培梨品种嫁接亲合良好,为我国南方梨区及日本、朝鲜栽培梨树的主要砧木树种之一。

图 5-7 豆梨

二、主要优良品种

梨品种类型极为丰富，世界上梨品种有7 000个以上。我国有3 500个以上。依据形态特征、生态特征不同可分为秋子梨系统、白梨系统、沙梨系统、西洋梨系统和新疆梨系统。生产上梨主要栽培品种有20多个。

梨按果实发育期长短可分为极早熟品种，果实发育期小于80 d，其代表品种有早佳梨、红星、鄂梨2号、六月酥等；早熟品种，果实发育期80～110 d，其代表品种有七月酥、早美酥、绿宝石等；中熟品种，果实发育期111～140 d，其代表品种有新水、新世纪、金世纪、丰水、幸水等；晚熟和极晚熟品种果实发育期都在140 d以上。其中中晚熟品种代表有红考密斯、红安久、新星、白皮酥、金世纪、红皮酥、新兴、黄金梨等；晚熟品种代表有新高、水晶梨等。

(一)鸭梨(图5-8)

原产河北的白梨系统。现北方许多地区都有栽培。该品种植株生长势中庸，树冠开张，萌芽力强，成枝力弱，枝条弯曲，树冠内枝条稀疏，短枝多。定植后3～4年结果，丰产稳产。果实呈倒卵圆形，近果柄肩部有一鸭头状突起，故名鸭梨。果梗长，萼片脱落。果实中等大小，平均单果重185 g。果皮细薄而光滑，有蜡质，果皮绿黄色，贮藏后变为黄色，果柄附近有锈色斑。果肉白色，质细而脆，石细胞少，果汁多，味甜微酸，有香气，可溶性固形物含量11%～13.8%，品质上等，果实9月中下旬，抗成熟。可贮至翌年2～3月份，该品种抗旱，抗寒力中等，抗病虫力弱，喜沙壤土，对肥水条件要求高。适宜在渤海湾、华北平原、黄土高原、川西、滇东北，南疆及甘、宁等地区发展。

图5-8　鸭梨

(二)砀山酥梨(图5-9)

原产安徽砀山的白梨系统。果实大，一般200～250 g，大者可达500 g，近圆柱形，果皮绿黄色，贮后变淡黄色。近果梗处常有锈斑。有白皮酥和金盖酥之分。果肉白色，果心较小，肉质较粗、松脆多汁，味甜，可溶性固形物含量11%～14%，品质上等。果实9月上旬成熟，耐贮藏。该品种树势中等偏强，萌芽力强，成枝力中等。适应性强。定植后4年结果，以短果枝结果为主，丰产稳产。适宜发展地区同鸭梨。

(三)茌梨(图5-10)

原产山东的白梨系统。别名慈梨。为山东莱阳特产，是我国传统的优良品种之一。果实多倒卵圆形或短纺锤形，果形不整齐，侧果肩常突起，平均单果重 233 g。果皮绿色，贮后转为黄绿色。果面粗糙，果肉白色，质嫩，细脆多汁，味浓甜，具微香，石细胞少，果心中大，可溶性固形物含量 13%～15.3%，品质上等。果实 9 月下旬采收，较耐贮藏，一般可贮至翌年 2～3 月份。该品种幼树生长健壮，极性强，新梢多而直立。萌芽力强，成枝力中等，定植后 4～6 年结果，丰产。成年树树势强健，树姿开张，以短果枝结果为主。抗旱不耐涝，抗寒力弱。易感黑星病。适宜发展地区同鸭梨。

图 5-9　砀山酥梨

图 5-10　茌梨

(四)库尔勒香梨(图 5-11)

原产新疆库尔勒地区，南疆栽培较多，为白梨系统。果实倒卵圆形，有沟纹。平均单果重 110 g。果皮薄，绿黄色，贮后变为黄色，阳面具红晕。果梗基部肉质状，果心较大，果肉白色，肉质细嫩，味甜，有浓香，可溶性固形物含量 13%～16%，品质极上。9 月下旬成熟。果实可贮至翌年 4 月份。该品种树势强，枝条较开张，萌芽力中等，成枝力强。定植后 3～4 年开始结果，丰产、稳产，适应性强，抗寒力中等，抗病虫能力强。适宜发展地区同鸭梨。

(五)雪花梨(图 5-12)

原产河北的白梨系统。果实椭圆形，平均单果重 237.5 g。果皮绿黄色，贮后变为黄色，有蜡质分泌物。果肉白色，肉质细脆，汁多味甜，果心较小，可溶性固形物含量 11%～13%，品质上等。9 月中旬成熟。可贮至翌年 2～3 月份。该品种树势较强，萌芽力强，成枝力中等。定植后 3 年结果。幼树以中长果枝结果为主，随树龄增加，短果枝结果比例逐渐提高，腋花芽能结果。喜深厚的沙壤土，抗旱力较强，抗寒力同鸭梨相近，抗黑星病和轮纹病能力较强。适宜发展地区同鸭梨。

图 5-11　库尔勒香梨

图 5-12　雪花梨

(六)中梨1号(图5-13)

中梨1号又叫绿宝石梨，是中国农业科学院郑州果树研究所用新世纪和早酥梨杂交选育而成的，是目前早熟梨中综合性状较好的品种之一。树冠圆头形。幼树树姿直立，成年树树姿开张。树干浅灰褐色，多年生枝棕褐色，皮细光滑，1年生枝黄褐色，梢无茸毛，平均枝长82 cm，粗3.1 cm，节间长5.5 cm，分枝角度45°～55°。叶片长卵圆形，平展，深绿色，叶缘锯齿锐且密，叶背具茸毛。花芽肥大，心脏形，花朵数6～11朵/花序，花初开时粉红色，盛花期呈白色。果实近圆形或扁圆形，果面光滑，有光泽，表面无果锈。果个大，整齐，平均单果重260 g，最大果重460 g。果梗长3.8 cm，粗3 mm。果实翠绿色，采后15 d变为鲜红色。梗洼、萼洼中深、中广，萼片脱落或残存。果皮薄，果心中等大小。果肉乳白色，肉质细脆，石细胞少，汁液多。总糖含量9.67%，可溶性固形物含量12.0%～13.5%，可滴定酸含量0.085%，维生素C含量3.85 mg/100 g。风味甘甜可口，有香味，品质上等。耐贮性较强，室温下可存放30 d左右，3～5℃低温下可贮藏2～3个月。幼树生长旺盛，树势强健，生长易直立；成龄树树姿较开张，分枝少，背上枝较多。干性强，萌芽率高达70%以上发，成枝力中等，剪口下可抽生3个15 cm以上新梢，分枝角度较小。早果性强，高接树当年便可形成花芽，第2年就有产量。花序坐果率较高，自然授粉状态下坐果率高达69%。有腋花芽结果习性。进入盛果期以短果枝结果为主。大小年结果和采前落果现象不明显。在周口市川汇区，花芽膨大期在3月上旬，萌动期3月下旬，盛花期4月6日前后，进入5月份新梢开始旺长，6月中旬幼果迅速膨大，7月中旬果实成熟，11月下旬开始落叶。该品种生态适应性较强，抗寒、抗旱，耐高温多湿耐盐碱。抗病性较强，对轮纹病、黑星病和干腐病均有较强抵抗能力。前期干旱少雨，果实膨大期多雨年份，有裂果现象。此品种适合在豫东等地区发展栽培。

图5-13　中梨1号

(七)红南果梨(图5-14)

南果梨芽变品种，秋子梨系统。果实近圆形，平均单果重112 g，果实阳面着鲜红色，着色面占70%以上，果面平滑，富有光泽。果心较小，果肉乳白色，肉质洁白细腻，柔软多汁，石细胞少，芳香浓郁，可溶性固形物含量 14.8%～16.0%，品质极上等，果实经后熟后，品质更佳。果实 9 月下旬成熟。常温下可贮藏 2～4 个月。该品种树姿直立，萌芽力中等，成枝力强，树势中庸。幼树结果以长果枝为主，成龄树结果以短果枝和短果枝群为主。该品种抗寒性、抗旱性较强，对土壤要求不严格。适宜在燕山、辽西、黄土高原及西北地区发展。

（八）丰水梨（图 5-15）

原产日本的沙梨系统。果实圆形，平均单果重 253 g。果梗长，萼片脱落。果皮锈褐色，阳面微有红褐色，果面粗糙有棱沟，果心中大，果肉黄白色，肉质细嫩，柔软多汁，味甜，石细胞少，可溶性固形物含量 12%～14.5%，品质上等。该品种幼树生长势旺，萌芽力强，成枝力弱。3～4 年开始结果，以短果枝结果为主，中、长果枝及腋花芽较多，连续结果能力较强，抗黑星病、黑斑病，适宜在华中、华北及长江以南地区发展。

图 5-14　红南果梨

图 5-15　丰水梨

（九）红巴梨（图 5-16）

原产美国，为巴梨的红色芽变新品种，西洋梨系统。果实粗颈葫芦形，平均单果重 225 g。果实阳面紫红色，片红，果肉白色，经后熟变软，易溶于口，肉质细腻，香甜多汁，石细胞极少，果心小，可溶性固形物含量 13.8%，品质上等。果实 9 月上旬成熟，常温下可贮藏 10～15 d，0～3℃条件下可贮存至翌年 3 月份。该品种幼苗新梢和幼叶均为红色，展叶后变为绿色，1 年生枝条黄色，一般定植后 3 年结果，抗寒力较差，抗热、旱、涝能力中等，叶片抗病力强。适宜在胶东、辽南、燕山、晋中、秦岭北麓等地区发展。

图 5-16　红巴梨

（十）中华玉梨（图 5-17）

中华玉梨又名中梨 3 号，中国农业科学院郑州果树研究所 1980 年用大香水×鸭梨为亲本杂交培育而成。果实大，平均单果重 300 g，最大单果重达 600 g。果实粗颈葫芦形或卵圆形，果实大小整齐，果面光滑洁净，果皮黄绿色，果点小，梗洼浅平，萼洼中深，萼片脱落。外观似鸭梨。果皮绿黄色，果面光洁，套袋果洁白如玉，外观极美。果肉乳白色，肉质细嫩酥脆，果心极小，无石细胞或很少，汁液多，肉质酥、脆、甜、爽口，清香味浓，无石细胞,果心大小中等,可食率 90%。可溶性固形物含量 12%~13.5%,总糖含量 9.77%,总酸量 0.19%,品质极上等,切开后放置 48 h 果肉不变褐。果实 9 月下旬成熟,极耐储藏,常温下可储藏到翌年 3~4 月份,土窖可储藏到翌年 6~7 月份,果肉不糠心,果皮不变色。幼树树冠长圆形,成年树冠细长纺锤形。树形直立,树干光滑,灰褐色,1 年生枝绿褐色,叶片长卵圆形、淡绿色。每个花序有花 6~9 朵,1 朵花有雄蕊 24 枚,雌蕊4~5枚,花药较多,浅红色,花序自然坐果率 42%。心室 5 个,含种子 6~8 粒,种子黄褐色饱满,圆锥形。树势中庸健壮,幼树生长旺盛,枝条柔软,易平展,多分枝,中短枝占总枝量的 84.5%,中短果枝占总果枝的 98.3%。9 年生树高 3.85 m,新梢年生长量 32.1 cm,萌芽率高达 83%,成枝力较弱,果台副梢抽生能力中等,每果台抽生 1~2 个短副梢。一般栽后 2 年开花结果,以短果枝和叶从枝结果为主,有一定的顶花芽和腋花芽结果能力。果台枝连续结果能力中等,大小年结果和采前落果现象不明显。高接大树,采取成花措施(6 月份喷促花素,8 月份拉枝),当年即可成花,第 2 年即可结果。幼树及嫁接树以短果枝和腋花芽结果为主。该品种适应性广,抗逆性强,抗旱、耐寒、抗病。适宜在河南、陕西、山西等地栽培。

图 5-17 中华玉梨

(十一)中梨 2 号(图 5-18)

1983 年中国农业科学院郑州果树研究所以新世纪×大香水梨为亲本杂交培育的中熟梨新品种。树冠圆锥形,生长势较强。树干灰褐色,表皮光滑;1 年生枝黄褐色,长 89 cm;节间长 4.2 cm。6 年生树高 3.6 m,干周 35 cm,冠幅南北 3 m×3.5 m。萌芽率高(88%)、成枝力低中等。叶片卵圆形,平展、革质,叶缘细锯齿;花冠白色。该品种结果早,定植 3 年即可结果,以短果枝结果为主。极丰产、稳产。对梨黑星病有较高的抵抗能力。郑州地区 3 月中旬花芽萌动,3 月底或 4 月初始花,果实 8 月 10 日成熟,发育期 110 d 左右,自然条件下可贮藏 25 d,冷藏条件可贮至翌年三四月份。果实近圆形,平均单果重 285 g,最大果重 550 g。果面光洁,果点小、中密。果心小,肉质细腻,松脆,石细胞少。风味酸甜爽口。可溶性固形物含量为 12.20%,品质上等。该品种自花不实,需配置中梨一号、金水 2 号、新世纪作为授粉树。适宜在全国各地栽培。

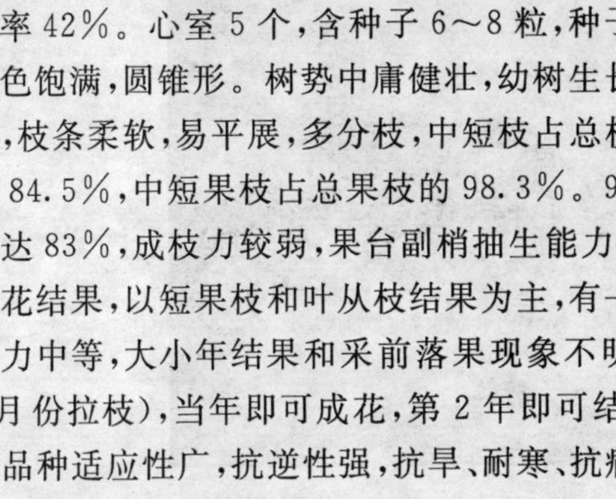

图 5-18 中梨 2 号

(十二)美人酥(图 5-19)

果实卵圆形,单果重 280~380 g,最大单果重 600 g 以上,果皮底色黄绿色,果面鲜红,光洁,极为美观,果柄长 3.5 cm 左右、粗 0.5 cm,多数果柄基部肉质。果心小,果肉白色、细嫩,无石细胞,酥脆多汁,酸甜爽口,可溶性固形物 15%以上,贮藏后风味更佳。树势旺,萌芽率高，成枝力较弱，枝条幼树生长健壮，枝条放易形成短果枝，以短果枝结果为主，果台副梢多为短枝，生理落果轻，结果早，丰产性好。正常年份在郑州地区3月底始花，花期10 d左右，果实9月中旬成熟。高抗梨黑病，花期抗晚霜。

图 5-19 美人酥

(十三)满天红(图 5-20)

果实圆形或高桩形，果个大，一般单果重320～450 g，最大单果重1 000 g以上，果皮底色淡黄色，着色浓红。果柄长3 cm左右、粗0.29 cm，果心小，果肉淡黄白色、汁液多，无石细胞，酸甜爽口，可溶性固形物15%以上，贮藏后香味浓郁，风味更佳。树势强旺，枝条粗壮，萌芽率高，成枝力较弱，幼树生长健壮，枝条甩放易形成短果枝和腋花芽，以短果枝结果为主，部分果台抽生中短副梢并当年形成花芽。苗木栽后第2年开花，第3年结果，早果、丰产性均好。正常年份3月下旬开花，花期10 d左右，果实9月下旬成熟，对梨黑星病抗性强，抗晚霜。

图 5-20 满天红

(十四)红酥脆(图 5-21)

果实圆形或卵圆形，果重220～320 g，最大果重450 g以上，果皮底色淡绿色，果面有鲜红色晕。果实周围均匀分布4条浅纵沟，果柄基部肉质化。果心小，果肉白色，无石细胞，肉质细，酥脆。汁液多，味甜，品质上等，可溶性固形物15%以上。树势中庸，萌芽率高，成枝力弱，幼树生长速度较慢，易形成腋花芽和短果枝，以短果枝结果为主，不易抽生果台副梢，连续结果能力弱，生理落果轻。花期与美人酥、满天红一致，果实9月下旬着色，10月上旬成熟，高抗梨黑星病。

图5-21　红酥脆

（十五）黄金梨（图5-22）

该品种生长势强，树姿较开张，1年生枝绿褐色，叶片大而厚，卵圆形或长圆形。叶缘锯齿锐而密，嫩梢叶片黄绿色。当年生枝条和叶片无白色茸毛。幼树生长势强，萌芽率低，成枝力较弱，有腋花芽结果特性，易形成短果枝，结果早，丰产性好。甩放1年生枝的叶芽，大部分可转化为花芽。连年甩放长、中梢，树势易衰弱。幼树定植后第3年开始结果；大树高接后，第2年结果株率80%以上，第3年产量可达1 000 kg/667 m^2以上。该品种花器官发育不完全，雌蕊发达，雄蕊退化，花粉量极少，需异花授粉。一般自然授粉条件下，花序坐果率70%，花朵坐果率20%左右，需严格疏果。果实近圆形，果形端正，果肩平，果形指数0.9，不套袋果果皮黄绿色，贮藏后变为金黄色；套袋果，果皮黄白，果点小，均匀，外观极其漂亮；果肉乳白色，果核小，可食率95%以上，肉质脆嫩，果汁多而甜，有清香气味，无石细胞。含可溶性固形物12%～15%，平均单果重350 g左右，最大果500 g以上。0～5℃条件下，可贮藏6个月左右，但贮藏期须包保鲜纸。在胶东地区3月中旬花芽萌动，4月10日初花期，4月16～20日盛花期，花期持续10 d左右。叶芽4月上旬萌动，中旬开始萌发。果实9月中旬成熟，生长期145 d左右。该品种适应性较强。在丘陵、平原地均能正常生长结果，对肥水条件要求较高，尤喜沙壤土，沙地、黏土地不宜栽培。抗早春霜害。果实，叶片抗梨黑斑病，黑星病能力较强。

图5-22　黄金梨

（十六）圆黄梨（图5-23）

圆黄梨是韩国园艺研究所用早生赤×晚三吉杂交育成的一个早熟梨品种，是目前韩国正在推广的主栽梨品种中品质最优的品种之一。近几年已成为日本、韩国及东南亚果品市场上的主销梨果精品。圆黄梨果实圆形，平均单果重550 g，最大果重1 000 g，花萼完全脱落，果面光滑平整，果点小而稀，果梗中长，无水锈，无黑斑，表面光洁，外观漂亮，黄褐色。果肉白色，果皮中等厚。石细胞极小，肉质细脆，含糖量15%以上。成熟后有香气，常温下贮藏30 d左右，低温下可贮至春节以后。树势强，枝条半开张，粗壮，易形成短果枝和腋花芽，每花序7～9朵花。叶片长椭圆形，浅绿色且有明亮的光泽，叶缘锯齿中等大，叶面向叶背反卷。叶芽尖而细，紧贴枝条，花芽饱满而大，开白花。1年生枝条黄褐色，新梢浅绿色，皮孔大而密集。抗黑星病能力强，抗黑斑病能力中等，抗旱、抗寒、较耐盐碱，易形成花芽，花粉量大，既是优良的主栽品种又是很好的授粉品种。自然授粉坐果率较高，结果早、丰产性好。在河北遵化地区，3月20日左右芽开始萌动，4月15日为初花期，4月20日为盛花期，4月25日为谢花期，8月上旬为果实膨大期，9月上旬为果实成熟期。但可延长采收至9月下旬，风味不变。果实发育期185 d，11月下旬落叶。

图 5-23　圆黄梨

第三节　基本生产技术

一、高标准建园

北方一般春季建园。3月中旬定植。选择苗高1.2 m以上，接口以上10 cm处粗1.0～1.2 cm，整形带内有8个以上饱满芽，茎皮无干缩及损伤，主根长25 cm以上，基部粗1.2 cm以上；侧根5条以上，长20 cm左右，基部粗0.4 cm以上；须根多，且侧根分布均匀、舒展、不卷曲，无病虫危害和机械损伤的2年生优质健壮嫁接苗，砧木长江中下游可选用豆梨，其他地区可选用为杜梨。定植前苗木根部用3～5°Be石硫合剂，或1∶1∶200的波尔多液浸苗10～20 min，再用清水洗根部后蘸泥浆。南北行向，根据当地土肥水、气候条件、砧木和品种特性，栽植株行距为1.5 m×5 m或2 m×4 m。主栽品种与授粉品种比例为(4～5)∶1，定植穴直径、深均为1 m。要求表、心土分放。每株施30 kg充分腐熟的有机肥，与表土混合均匀后填入穴内，填土踏实。回填至距地表30 cm时，将苗木放入栽植穴，使根系自然舒展。边填土边摇动苗木，且随填土随踏实。苗木栽植深度为芽接口与地面平齐。苗木栽好后在穴的周围做好土埂，充分灌水，待水渗下后，用土封穴，并在树干周围培土堆。

二、加强土肥水管理

雨后、灌水后及时中耕，1年4～5次，深度15～20 cm，保持土壤疏松无杂草状态。每年8月底至9月上旬采用放射沟法施基肥。每667 m^{2}施充分腐熟的有机肥3 000～5 000 kg、果树专用肥 50～100 kg、铁锌肥 8～10 kg。每年追肥 3 次，采用多点穴施法。第 1 次于萌芽前施尿素 0.3～0.5 kg/株；第 2 次于花后施氮、磷、钾三元复合肥 0.5～0.8 kg/株；第 3 次于果实膨大期施饼肥 1～2 kg/株＋硫酸钾复合肥 0.3～0.5 kg/株。6 月中旬树盘内覆盖麦秸，厚 15～20 cm，其上压少许土。幼龄梨园利用行间空地种植大豆、花生、马铃薯等矮秆经济作物或紫花苜蓿、沙打旺、草木樨等绿肥作物。绿肥作物生长季（4～10 月份）高度控制 30 cm 以下，割下的草同样覆盖在树盘上。生长季每 7～10 d 喷 1 次 0.3％的尿素＋0.3％的磷酸二氢钾混合液。灌水结合施肥进行，重点灌好萌芽至开花前、新梢速长期、采果后和越冬前 4 次水，确保土壤含水量相当于田间持水量的 60％～80％，应避免土壤湿度变化太大，雨季应及时排除园内积水。

三、科学整形修剪

（一）树形与整形修剪过程

梨树生产上常用的树形有主干疏层形、小冠疏层形、纺锤形和自由纺锤形。主干疏层形就是苹果上的疏散分层形，成形后树高小于 5 m，主干高 0.6～0.7 m，主枝共 6 个，分 3 层排列，第 1 层排 3 个，第 2 层排 2 个，第 3 层排 1 个，主枝开展角度 70°。第 1、2 层层间距 1 m，2、3 层层间距 0.6 m。一层层内距 0.4 m。二层层内距 0.5 m。每层主枝留侧枝数一层 3 个，2、3 层各 2 个。小冠疏层形成形后树高 3 m，干高 0.6 m，冠幅 3.0～3.5 m。第 1 层主枝 3 个，层内距 0.3 m；第 2 层主枝 2 个，层内距 0.2 m；第 3 层主枝 1 个。1、2 层间距 0.8 m，2、3 层间距 0.6 m，主枝上不配侧枝，直接着生大中小型枝组。纺锤形成形后树高 2.5～2.8 m，主干高 50～70 cm，小主枝 10～15 个，围绕中心干螺旋式排列，小主枝间隔 20 cm，与中心干夹角75°～85°，在小主枝上配置结果枝组。下面以纺锤形为例介绍其整形修剪过程。

纺锤形树形整形修剪过程是：苗木定植后，留 80～90 cm 定干，剪口下 20～30 cm 为整形带。在整形带内选 3 个分布均匀、长势较强的新梢做主枝，整形带以下的新梢全部疏除。主枝长 70 cm 时摘心。冬剪时，中心干留 1 m 短截，主枝延长枝轻短截或中截。定植后第 2 年生长季在中心干上继续选留主枝，主枝交错间隔 20 cm，其余新梢长 50 cm 时摘心，或拉枝开角至 75°～85°，同时疏除背上的直立枝和竞争枝。对较旺幼树主干或主枝环割 2～3 道，间距 10～15 cm，深达木质部。第 3 年生长季修剪方法与第 2 年相同。第 3 年冬剪时树形基本形成。第 4 年已进入结果期，应及时回缩衰弱的主枝，更新复壮枝组。进入盛果期后，有空间的内膛枝适度短截，并及时回缩衰弱的结果枝组。

（二）不同年龄时期修剪

1. 幼树和初结果树修剪

梨幼树和初结果树修剪的主要任务是迅速扩大树冠，注意开张枝条角度、缓和极性和生长势，形成较多的短枝，达到早成形、早结果、早丰产。要求冬季选好骨干枝、延长枝头，进行中度短截，促发长枝，培养树形骨架。夏季拉枝开角，调节枝干角度和枝间从属关系（使中心干生长势大于主枝，主枝大于侧枝，侧枝大于枝组），促进花芽形成，平衡树势。

（1）促发长枝，培养骨架：培养骨架时，要多短截。定干尽量选在饱满芽处进行短截，一般定干高度 80 cm 左右。要求抹除距地面 40 cm 以内萌发的枝芽，其余保留。冬剪时中心干延长枝剪留 50～60 cm，主枝延长枝剪留 40～50 cm，短于 40 cm 的延长枝不剪。

（2）增加枝量，辅养树体：采取轻剪少疏枝、刻芽、涂抹发枝素、环割、开张角度等措施，促使发枝，增加枝量，迅速壮大树冠。

(3)开张角度，缓和长势：采取拉、顶、坠、拿枝以及应用各种开角器开张枝梢角度，以促使形成较多短枝，实现早期丰产。开张角度时间越早越好。

(4)抑强扶弱，平衡树势：采用中心干换头或使之弯曲生长，对强枝、角度小的枝应加大开张角度、弱枝带头、多疏枝缓放少短截、环剥环割、多留果等方法，对弱枝采用相反方法，抑强扶弱，平衡树势。通过改变枝的开张角度，回缩等方法，调整好主从关系。

(5)培养枝组，提高产量：梨树结果枝组培养一般采用先放后缩法为主。第1年长放不剪，第2年根据情况回缩到有分枝处，或第1、2年均长放不剪，等到第3年结果后在回缩到有分枝处。幼树至初结果期应多培养主枝两侧的中小型结果枝组，增加斜生结果枝组。

(6)清理乱枝，通风透光：采取逐年疏枝、回缩，处理辅养枝，清理乱枝，保持树冠通风透光，小枝健壮，以达到优质丰产的目的。

2. 盛果期树修剪

梨树盛果期修剪的主要任务是调节生长和结果之间的平衡关系，保持中庸健壮树势，维持树冠结构与枝组健壮，实现高产稳产。具体要求为树冠外围新梢长度以30 cm为好，中短枝健壮；花芽饱满，约占总芽量的30%；枝组年轻化，中小枝组约占90%；达到3年更新，5年归位，树老枝幼，并及时落头开心。

(1)保持树势中庸健壮：梨树长势中庸健壮的树相指标是树冠外围新梢长度30 cm左右，比例约为10%，枝条健壮，花芽饱满紧实。

(2)保持枝组年轻化：枝组应大小新旧交替，其内部，处于动态变化状态。要求随着树冠的开张，背下、侧背下枝组应逐渐由多变少，侧背上、背上枝组应逐渐由少变多，且以中小枝组为主。位置空间适宜的枝组或培养或维持，不适宜的或更新或疏除，使枝组分布合理，错落有序，结构紧凑，年轻健壮。

(3)保持树冠结构良好：要及时落头开心，疏除上部过多枝，间疏裙枝、下垂枝；回缩行间碰头枝，解决群体光照，全树保持结构良好，中庸健壮。

3. 衰老期树修剪

梨树当产量降至不足15 000 kg/hm^2 时，应进行更新复壮。要求每年更新1～2个大枝，3年更新完毕，同时做好小枝的更新。

梨树潜伏芽寿命长，在发现树势开始衰弱时，要及时在主、侧枝前端二三年生枝段部位，选择角度较小，长势比较健壮的背上枝，作为主、侧枝的延长枝头，将原延长枝头去除。如果树势已经严重衰弱，选择着生部位适宜的徒长枝短截，用于代替部分骨干枝。如果树势衰老到已无更新价值时，要及时进行全园更新。对衰老树的更新修剪，必须与增加肥水相结合，加强病虫害防治，减少花芽量。

四、精细花果管理

花期采用鸡毛掸进行人工辅助授粉。将鸡毛掸子用白酒洗去鸡毛上的油脂，干后绑在一定长度的竹竿上，在主栽品种和授粉品种的植株上轻轻交替滚动，1～3 d后再滚授1次，或开花前2～3 d引入中华蜜蜂，一般放1箱(约8 000只)/667 m^2。为提高果实品质，每年疏花疏果3次：第1次在蕾期，每隔20 cm左右留1个花序，并疏除背上花序，留下垂和两侧花序；第2次在花期，疏去晚开的花、弱花和中心花，每花序留2个边花；第3次在套袋前，每花序留1个果。5 月 20 日至 6 月上旬进行果实套袋。果袋选用双层或 3 层纸袋。套袋前 1～7 d 喷 1 次高效、低毒、低残留、易分解的杀菌剂和杀虫剂。待药液干后立即套袋。套袋时一手拿袋，另一手伸进袋内，用手指将袋底撑开，将梨果放进袋内，使其呈悬空状态，将果柄置于袋口中央纵向切口基部，然后将袋口两侧按“折扇”方式折叠于切口处，用捆扎丝扎紧袋口。采果前 20 d，外层袋撕开 1/2，1～2 d 后去除外层袋，并将内层袋撕去 1/2，再过 1～2 d 选晴天 15:00 以后去除内层纸袋。去除内层纸袋后，摘除贴果叶，疏除遮果枝。果实阳面充分着色后，轻轻转动果实，使阴面转向阳面，并利用透明胶布固定。去袋后在树盘内及稍远处覆盖反光膜，采收前收回。

五、综合防治病虫害

当地梨树病虫害主要有黑星病、锈病、蚜虫、梨木虱、螨类、梨大食心虫、梨小食心虫、梨圆蚧等。具体防治方法是：加强栽培管理，增施有机肥，精细花果管理，科学施肥与灌水，合理整形修剪，综合防治病虫害等，以增强树势，提高抗病能力。生长季及时剪除病枝，摘除病果；冬季刮除病斑和老树皮，清除枯枝、落叶、杂草、树上虫包及僵果，集中烧毁或深埋。果实套袋后，根据病虫害发生情况，选用高效、低毒、低残留、易分解的农药进行防治，但在果实采收前 20 d 要停止喷药。

(一)梨黑星病

梨黑星病又名疮痂病、雾病，为河南梨区的重要病害，能引起落叶落果，造成树势降低。

1. 症状及发病特点

该病主要为害叶片、果实，也可为害新梢、幼芽及花。叶片受害，多在叶背面主脉附近产生圆形或不规则形淡黄色病斑，其上可产生黑色霉层；果实受害，先出现淡黄色圆形斑点，病斑扩大后稍有凹陷并产生黑霉；幼果发病出现畸形果，长成期发病成为硬化黑疤，表面粗糙有星状裂痕。新梢受害，出现黑褐色或黑色、长方形凹陷斑。

病菌在芽鳞、病叶、病果及病枝上越冬，借风雨传播，可多次侵染。一般 5～6 月份叶发病重，7～8 月份果发病重。雨水多的年份发病重，管理粗放、地势低洼、种植过密的发病重。中国梨最易感病。

2. 防治方法

(1)消灭越冬菌源：结合冬剪剪除病梢，清除病叶。发芽前喷一遍 0.3%五氯酚钠加 5°Be 石硫合剂，铲除越冬菌源。

(2)加强管理：施足底肥，增强树势；合理修剪，改善通风透光条件；及时排水，降低果园湿度。

(3)药剂防治：果园一旦发现病情要立即喷药，一般 20 d 左右 1 次，连续喷到 8 月中下旬，药剂可选用 60%克黑净 1 000 倍液、优果一号 3 000～4 000 倍液、氟硅唑 6 000～8 000 倍液或 12.5%速保利 3 000 倍液等。喷药时加入磷酸二氢钾或尿素 300 倍液可增强树势，提高防效。

(二)梨锈病

梨锈病又名赤星病、羊毛疔。是桧柏、龙柏绿化风景区梨园的重要病害。

1. 症状及发病特点

主要为害叶片、新梢和幼果。叶片受害，初期叶片正面产生黄色圆斑，表面密生橙黄色小点，潮湿时分泌黄色黏液，后来叶背产生数条灰黄色毛状物。幼果、新梢受害后，幼果易畸形、早落，新梢病部龟裂，二者病斑周围也产生毛状物。

病菌在桧柏、龙柏上越冬，每年早春借气流传到梨树上为害，深秋又回到桧柏、龙柏上。一般来说，梨树是否发生锈病和发病轻重取决于桧柏、龙柏的有无、多少和远近，展叶期遇雨发病重。中国梨感病。

2. 防治方法

(1)消灭菌源：砍除梨园周围 2.5～5 km 以内的桧柏和龙柏。不能砍的于 3 月上旬喷施 3～5°Be石硫合剂。

(2)喷药防治：在梨树萌芽至展叶的 25 d 中，每 10 d 喷 1 次药，连续 2～3 次。药剂可用 25%粉锈宁 1 500 倍液或井唑酮 1 500～2 000 倍液等。

(三)梨小食心虫

梨小食心虫又名东方蛀果蛾，简称梨小，俗称“黑膏药”等，河南梨、桃产区普遍发生。梨小前期以幼虫为害桃、苹果、梨等果树的新梢，结果期以幼虫为害梨、山楂、桃等的果实。梨新梢被害后，新梢蛀孔外有虫粪并发生流胶后很快枯萎；梨果被害，幼虫入果后直达果心为害，果内排粪，蛀孔周围腐烂变黑，故称“黑膏药”。

1. 发生特点

梨小在河南每年发生 4～5 代，以老熟幼虫主要在树体翘皮裂缝中结茧越冬。第 1～5 代卵和幼虫蛀入时间分别为 4 月下旬至 5 月下旬，5 月下旬至 6 月下旬，6 月下旬至 7 月中下旬，7 月下旬至 8 月中下旬，8 月下旬至 10 月初。1～3 代主要为害桃树新梢，之后多为害梨树等的果实。梨小有转移为害的习性，因此桃、梨、苹果混栽果区易发生，多雨年份发生重。梨小成虫昼伏夜出，有趋光性和趋化性，其中对糖醋液趋性极强。

2. 防治方法

(1)科学建园：新建果园时，避免梨、桃、苹果等混栽。

(2)消灭越冬幼虫：早春刮树皮并涂白；于越冬幼虫脱果前在枝干上绑上草把，诱集越冬幼虫后集中处理。

(3)夏季防治：5～6 月份连续剪除有虫桃梢并及时烧毁，或在桃梢上喷洒 50%杀螟松 1 000倍液等。

(4)诱杀成虫：成虫发生高峰期可用黑光灯、糖醋液或性诱剂等诱杀成虫。

(5)药剂防治：分别在成虫羽化、产卵盛期及幼虫蛀茎、蛀果前喷药，可用 50%杀螟松 1 000 倍液、20%甲氰菊酯 2 500 倍液或高效氯氟氢菊酯 2 000 倍液等。

(6)生物防治：条件允许的情况下，自第二代始每代产卵初期放赤眼蜂，防效良好。

(四)梨星毛虫

梨星毛虫俗称饺子虫、裹叶虫。河南梨产区常有发生，主要为害梨树，也可为害苹果等，一般以幼虫为害梨树的芽、叶、花等器官。春季，花芽被害变黑枯死或不能正常开花。展叶后，幼虫吐丝将叶片向下纵向包成饺子状，从中啃食叶肉，残留网状叶脉。夏季，幼虫常群集叶背啃食，不包叶。

1. 发生特点

梨星毛虫在河南一年发生 2 代，以小幼虫在果树枝干翘皮下(老龄梨树)和根颈附近土块裂缝中(幼龄梨树)结茧越冬。来年春季发芽后，越冬幼虫破茧出蛰为害。一般越冬代 5 月中上旬化蛹，5 月底 6 月上旬羽化成虫，10 d 左右交尾产卵，卵期 7～10 d。第 2 代小幼虫于 8 月下旬开始陆续越冬。成虫飞翔能力差，有假死性，幼虫有转移为害的习性。

2. 防治方法

(1)消灭越冬幼虫：早春对老梨树要彻底刮除树上的老翘皮，并集中烧掉；对幼树要在树干周围压土，阻碍幼虫出土。

(2)人工捕杀：于幼虫发生期，人工摘除虫包、虫叶，消灭幼虫；于成虫发生期，在早、晚气温低时利用成虫的假死性，振树使之坠地，集中杀死。

(3)药剂防治：注意监测，适时用药。一般于春季梨芽萌动即越冬幼虫出蛰后尚未蛀入芽内前，成虫盛发期及幼虫始发期用药防治，药剂可选用90％晶体敌百虫800倍液、20％氰戊菊酯3 000倍液或25％灭幼脲3号2 000倍液等进行喷雾防治。

六、适期采收

梨果适期采收就是在果实进入成熟阶段后，根据果实采后用途，在适当成熟度采收。长期贮藏或远销外地，应在可采成熟度采收；鲜食或加工、短期贮藏的，可在食用成熟度采收；作为种子利用应在生理成熟时采收。

第四节　红梨优质丰产栽培技术

红梨是果皮颜色为红色的一系列品种的总称。是中国农业科学院郑州果树研究所王宇霖研究员与新西兰皇家果树研究所合作培育的12个系列品种，其母本为日本的幸水、丰水、新水等，父本为中国云南火把梨。1998年王宇霖从新西兰引入美人酥、红酥脆和满天红3个红梨品种，一般所说的红梨就是指这3个品种。2004年此3个品种通过河南省种子管理站鉴定。这些品种果实外观鲜红、肉质酥脆多汁、酸甜适口、石细胞极小、果心小，深受人们的喜爱，具有很高的经济价值和很强的市场竞争力。现将其优质丰产栽培技术介绍如下。

一、育苗

(一)选择优良砧木品种

杜梨是应用最广泛的砧木，它与红梨及其他品种亲合力强，生长旺，结果早，抗旱耐涝，耐盐碱，耐酸性强，出籽率高，特别适应北方平原地区果树栽培作砧木用。而在山区则要选用耐寒，耐瘠薄的秋子梨作砧木。

1. 采种及贮藏

在杜梨或秋子梨的果实充分成熟，种子完全变成褐色时采收。果实采回后人工剥取种子并洗净阴干，切忌阳光曝晒。最好当年采种当年播种。贮藏期间种子含水量应控制在13％～16％，空气相对湿度应保持在50％～70％，温度0～8℃。

2. 种子精选与消毒

在播种或层积前应对种子进行精选和消毒处理。将烂籽、秕籽、破损籽和有病虫籽挑出来，然后用3％的高锰酸钾溶液将好种子浸种30 min后用清水洗净备用；或用种子重量0.2％的五氧硝基苯3份与西力生1份混合拌种。

3. 层积处理

砧木种子不经过休眠后熟就不会发芽。秋播种子在湿润的田间自然通过休眠即可发芽。

而春播种子必须进行层积处理。层积时根据种子量的大小采用不同的方法。种子量大时采用地面挖沟法：沟深 60～70 cm，长度视种子量而定，种子量小时用瓦盆沙藏。用 1 份种子、4 份湿润河沙充分混匀放入沟中，然后上面盖一层湿沙。层积温度应保持在 0～5℃。

(二)播种及播后管理

1. 播种时期

秋播、春播均可。秋播在 11 月上旬，可不经过层积处理，且秋播出苗早而齐，生长又健壮。旱地育苗最好秋播。春播应在早春解冻后的 3～4 月份进行。

2. 播量及方法

杜梨种子较大，红梨品种子较小。点播大粒种子，用种量 1 kg/ 667 m^2，小粒种用种量 0.5～0.75 kg/ 667 m^2，每穴 5～6 粒，穴距 20 cm，行距 30～40 cm。条播每 40 cm 一行，用种量相对较多，大粒种用种量 1.5～2 kg/667 m^2，小粒种子用种量 1～1.5 kg/667 m^2。播后薄覆土；旱地要浇足水，覆土可稍厚，易板结的地块覆土要薄。以利出苗整齐健壮。

3. 播种后管理

(1)间苗和定苗：幼苗陆续出齐后，分次间苗。首先除去病虫苗及弱苗，选优质壮苗。条播的按株距 20 cm 定苗，穴播的每穴留 1 株定苗，多余的好苗带土集中定植备用。

(2)补苗：苗木长到 2 片真叶前，选阴天或晴天傍晚结合间苗进行补缺。补栽时间越早越好。起苗时先浇水，以免伤根。补栽后及时浇水，保证成活。

(3)苗期肥水管理：齐苗后注意中耕除草和保墒。间苗前一般不浇水施肥，以防止立枯病发生。间苗后可施尿素 5 kg/667 m^2，结合浇水。6 月下旬至 7 月上旬施尿素 10 kg/667 m^2 并浇水。生长后期追施适量过磷酸钙和钾肥，以促进幼苗木质化。

(4)苗期摘心和培土：7 月上旬苗高 20～30 cm 时摘心，并在砧木基部培土高 5 cm，促进砧木增粗。7 月下旬至 9 月上旬砧木基部 5 cm 高处茎粗达到 0.4 cm 时进行芽接。

(5)苗期病虫害防治：砧木苗期喷 800～1 000 倍的福美胂液防治苗期病害。用 400～600 倍液的乐果结合浇水冲入土壤，连浇 2 次以防治各种地下害虫。

(三)嫁接及嫁接苗管理

1. 接穗采集

选品种纯正，无病无虫，生长健壮，丰产优质的植株作母本来采集接穗。

2. 接穗保存

夏、秋芽接用的接穗随采随用，采下后立即剪去叶片只留叶柄，并用湿布包好带到田间放于阴凉处备用。春季用的接穗，应在冬剪时选择优良健壮无病虫的枝条播入冷凉地窖 10 cm 厚的湿沙中保存备用。

3. 嫁接方法

(1)"T"字形芽接法：首先在接穗中选取饱满芽，先在芽上 0.5 cm 处横切一刀深达木质部，再在芽下方 1.2 cm 处向上斜削一刀至芽上方横切刀口处，用大拇指从一侧向另一侧推下盾形芽片备用。然后在选好的砧木上横竖各切一刀，呈"T"字形切口的砧皮慢慢剥开一条小缝隙，将芽片轻轻插入，使砧木和芽片的横切口对齐，用塑料条扎紧即可。该法一般在砧木和接穗都离皮时采用，不带木质部且操作简单，成活率高达 90%以上。

(2)贴芽接：该法多用于砧木不离皮时采用，春秋季均可进行。先在接穗上削取带木质部的盾形芽片，在砧木距地面 5 cm 处选光滑部位削取和接芽大小一致的带木质部的树皮，然后嵌入接芽用塑料条扎紧即可。

(3)枝接法：枝接可分为切接、壁接、腹接等。不管哪种方法，切口一定要光滑，接穗和砧木二者的形成层一定要对齐，最后用塑料条扎紧，防止泥土和雨水落入接口而影响成活。

4. 嫁接苗管理

(1)芽接苗管理：嫁接后 10 d 左右检查成活情况，若此时接芽芽片皮色新鲜，伤口愈合良好，叶柄变黄且一触即落，表明已成活，此时可解除包扎物。若接芽变黑，表明未接活，应及时补接。春季发芽前及时从接芽以上将砧木剪除。剪口向接芽背面向下倾斜 15°。生长期间随时除去砧木上的萌芽。

(2)枝接苗管理：接穗春季萌芽前进行中耕松土增温；萌发后留一旺梢，其他萌芽全部及早抹掉，待接口完全愈合并木质化后除去包扎物。

二、高标准建园

冬季温暖的地区适宜在 10 月中旬至 11 月中旬栽植，冬季较冷，易发生冻害的地区，宜在春季土壤解冻后至植株萌芽前栽植。选栽 1 级苗，苗高 1.2 m 以上，嫁接口上 10 cm 处的直径 1 cm 以上，地上部 60～80 cm 处具有 4 个以上的饱满芽，有 4 条以上的主侧根，根长 20 cm 以上，须根多，无病虫害。远距离运入的苗木，先用清水浸根 12～24 h，近距离运入的苗木立即栽植。栽前修剪根系，用 ABT 生根粉、IBA 或 NAA 水溶液喷布根系。栽前挖深 0.8 m、宽 1 m 的栽植沟，表土和底土分别放置。按 667 m^2 施充分腐熟的有机肥 3 000 kg、果树专用肥 50 kg，与挖出的表土和行间的表土混合均匀后回填，填至距沟口 20 cm 时踏成丘状，灌入透水沉实土壤。红梨树势中庸健壮，可适当密植，株行距 2 m×4 m。南北行向栽植。根据栽植面积大小选用 1～3 个授粉品种如美人酥、红香酥、早美酥和砀山酥等。栽植面积小的按 8∶1 的比例中心式配置授粉树，面积大的可按(4～6)∶1 的比例行列式配置授粉树。将苗木放入栽植沟内，舒展下顺根系，填入与肥料混合的表土，踏实，灌入透水，促使根土密接，保证苗木对水分的需要；栽植的适宜深度为根颈部与地面相平。秋季栽植的为防风摇和冬季根颈部受冻，以苗木为中心培一个 30 cm 高的土堆。萌芽前，灌水、松土后，顺行向覆盖 1 m 宽的地膜，4 月上旬揭膜。

三、加强土肥水管理

6 月中旬以前，根据灌水和降水情况中耕除草 2～3 次，6 月下旬松土后全园覆草 10～15 cm厚(距树干 30 cm 的范围内不覆草)，草上压少许土。秋季结合扩穴一同埋入施肥沟内。栽后 3 年内株间和行间全部深翻一遍。栽植当年 5 月上旬、6 月上旬各追施尿素 100 g/株，展叶后喷施 2 次 0.2%的尿素，2 次间隔期 20 d。7 月下旬和 8 月上旬各喷施 1 次 0.3%的磷酸二氢钾。第 2 年以后，萌芽前、谢花后各追施尿素 20～30 kg/667 m^2，果实膨大期追施果树专用肥 40 kg/667 m^2。幼果期喷施 2 次 0.3%的尿素，2 次间隔期 20 d；果实膨大期和着色期各喷施 1 次 0.3%的磷酸二氢钾或 0.5%的硫酸钾，采果后喷施 1 次 0.5%的尿素。10 月上中旬，施入腐熟的优质有机肥 3 000 kg/667 m^2、过磷酸钙 50 kg/667 m^2 和硫酸钾 30 kg/667 m^2。栽后的前 3 年结合扩穴施入，以后条沟施肥、放射沟施肥和全园撒施隔年交替进行。每次土壤施肥后均需灌水，花期不灌水，果实着色期适当控水，雨季注意排水。

四、精细花果管理

栽植第 2 年对生长较旺植株的主干、主枝以及辅养枝于 5 月下旬环割或喷布 15%的多效唑可湿性粉剂 300 倍液。花期遇到不良气候的年份，进行辅助授粉。开花前 2～3 d 放入蜜蜂 1 箱/667 m^2。花期将干净的鸡毛掸子绑到一定长度的竹竿上，在授粉品种和主栽品种植株上，轻轻交替滚动，1～3 d 后再滚授 1 次。建园后第 3 年将产量控制在 800 kg/667 m^2 以内，第 4 年控制在1 500 kg/667 m^2 以下，第 5 年进入丰产期后应将产量控制在 2 500 kg/667 m^2 左右。每年疏花疏果 3 次：第 1 次在蕾期，每隔 20 cm 左右留花序 1 个，疏除背上，留下垂和两侧花序；第 2 次在花期，疏除晚开的花、弱花和中心花，每花序留 2 个边花；第 3 次在套袋前，每花序留 1 个果。果实套袋宜选用双层或 3 层纸袋。自 5 月 20 日开始，6 月上旬结束。套袋前 1～7 d喷布 1 次高效、低毒、低残留的杀虫剂和杀菌剂。采果前 20 d，将外层袋撕开 1/2，1～2 d后去除外层袋，并将内层袋撕开 1/2，再经 1～2 d 后选晴天下午的 3:00 以后去除内层袋。去除内层袋后，摘除贴果叶，疏除遮光果枝。果实阳面着色充分后，轻轻转动果实，使阴面转向阳面，并利用透明胶布固定。去袋后在树盘内及稍远处覆盖反光膜，采收前收回。

五、科学整形修剪

红梨适宜的树形有小冠疏层形和自由纺锤形。小冠疏层形树形结构参数为干高 30～50 cm，中心干着生 2 层主枝，第一层 3 个主枝，基角 60°～70°，每主枝着生 2 个侧枝；第二层 2 个主枝，基角 50°～60°，不留测枝。层间距 70～80 cm，层内距 20 cm，成形后树高和冠径均为 2.5～3.0 m。自由纺锤形干高 60 cm 左右，树高 2.5 m 左右，冠径 2.5～3 m，中心干上均匀螺旋着生 10～15 个小主枝，基角 70°～80°，同侧两个小主枝间距 50 cm 左右，小主枝粗度不能超过中心干粗度的 1/2，小主枝上配置中小枝组，枝组粗度不能超过小主枝粗度的 1/2。

萌芽前，按树形要求在适宜高度定干，选直立向上生长的新梢作为主干，在其下选留主枝。冬剪时，中心干和主枝的延长枝适度短截。栽后第 1 年和第 2 年尽量多留枝，通过刻芽增加有效枝量，对有空间的斜生枝短截培养枝组。树冠达到预定大小后，落头开心，对主枝采用缩放结合的方法维持树冠大小。辅养枝影响主枝生长时，逐年回缩直至疏除。生长期，及时疏除主枝延长枝的竞争枝和过密枝、重叠枝、直立旺长枝，维持良好的通风透光条件，提高光能利用率。对有空间处的直立枝，在长至 30～40 cm 时，用“弓”形开角器开角，生长旺的斜生枝长至 30 cm 时摘心。7 月份对结果较多的下垂枝吊枝。9 月份将角度小的主枝按树形要求拉枝开角，将辅养枝拉成 90°，促其成花结果。

六、综合防治病虫害

定植后开始加强栽培管理。生长季及时剪除病枝、摘除病果，冬季刮除病斑和老树皮，清除枯枝、落叶和杂草，集中烧毁，消灭越冬的病菌和虫体。

红梨高抗黑星病，其主要病害是轮纹病。虫害主要是蚜虫、梨木虱、梨网蝽等。具体防治方法是谢花后 15 d 左右第 1 次喷药，以后每隔 15 d 喷 1 次药，直至果实套袋。可选用的农药有：大生“M45”或 50%多菌灵或 70%乙霜锰锌或 70%甲基托布津 800 倍液、5%安索菌毒清 400 倍液。蚜虫、梨木虱、梨网蝽花期前后喷布 10%扑虱蚜或蚜虱净 3 000 倍液，害虫发生期喷布速克星 1 000 倍液或果圣 500 倍液。红蜘蛛在芽开绽期喷布百磷 3 号 4 000 倍液或 1°Be

石硫合剂，麦收前喷布霸螨灵或克螨特 3 000 倍液。金龟子在害虫发生期喷布 2.5%保得乳油 3 000 倍液，或挂瓶诱杀。

第五节　园林应用

梨树具有优美的树姿、洁白芳香的花朵、累累的硕果，春花秋实，绿叶成荫，季相鲜明。由花朵的开、谢与时令的变化形成丰富的园林景观。梨除可欣赏其花实之美，也可将其作为果木和花木，甚至将其作为庭木或观赏树木。梨树在我国古典园林中用于宫苑、庭院绿化、美化迄今已有 2 000 年的历史。在我国南方著名的山水园林中，梨随处可见。园林上应用较多的梨的种类有白梨、沙梨和杜梨。梨树在现代园林中的应用主要体现在以下 6 个方面。

一、在公园中的应用

为了突出梨树的个体美，可将其进行孤植，一般选择在开阔空旷的地点，如开阔的草坪、花坛中心等。梨在池畔、篱边、山下植之亦宜。朝晖夕霭植梨草坪一端，配以山石花卉，可以烘托草坪的宽广，晨雾萦绕其间，给人以置于仙境的感觉。梨同其他园林树种配合应用也能起到很好的效果。如林中植几株梨树，果实挂满枝头，既丰富了观赏内容，又能吸引一些鸟、雀，可增添观赏的乐趣。如山东省莱阳市梨香园的梨花白景区属花园式梨园，不同于其他农家梨园，每当梨花盛开，一片香雪海自成特色，树下配置各种开花灌木及宿根花卉，草坪、地被植物，可增添梨花盛开时节的独特景观。

二、在庭院中的应用

梨除果味之佳与花容之淡以外，其特有的树木美，也是宜于观赏、适作庭木的。当庭栽之，春可观花，夏可避阳，秋可食果赏叶，冬态亦绰约多姿，尤觉宜人。

三、在风景区和森林公园中的应用

大面积栽植梨树，可构成壮丽的自然景观，形成一种浩然浑厚的气魄，最能发挥梨树的群体美。乐山市鱼儿湾公园的“春雪拥翠”现有成片梨林，春风三月，银花泛雪，绿叶映翠，就是其真实写照。唐人诗句有“忽如一夜春风来，千树万树梨花开”，把雪花比作梨花，而春日遍观梨花盛开，倒有雪之韵味。

四、在观光果园中的应用

在观光果园中，将梨树与其他果树进行片植，每当春季，茂盛的梨花争相怒放，散发出阵阵香气，使人心旷神怡。夏秋时节，梨果挂满梢头，非常喜人。

五、在城市道路绿化方面的应用

在城市道路绿化方面，梨树主要用作街道行道树。如垂枝鸭梨，枝条下垂生长，树冠呈垂枝状，可营造一条梨树长廊，既绿化环境，又可成为沿线一大景观，并可产生较大的经济效益。

六、作为果树盆景

人们对果树盆景的欣赏:一在姿态,二在韵味。红茄梨,果实紫红色,美观艳丽;五九香,果实大,外形呈葫芦形,非常美观。梨树盆景高不盈尺、枝干虬曲,树姿优美,融赏花、观景、品景于一体,具有极高的欣赏价值和艺术价值。

总之,梨树在园林绿化中的应用,价值广泛,前景非常广阔。将梨树作为园林树种来应用,使人们在观赏绿树繁花美景的同时,采摘品尝时鲜佳果,可达到身心愉悦的效果。因此,梨树不仅作为经济树种在种植,而且更多地发挥它的观赏和文化价值,可应用于创造园林景观中。

第六章

山　楂

山楂原产我国，又名山里红、红果，是我国特有树种之一。其果实营养丰富，Ca 含量居各种水果之首，维生素 C 含量仅次于枣、猕猴桃，具有营养、保健医疗价值。该树种具有生长快、结果早、寿命长、易管理、耐贮运、适应性等特点。果实除鲜食外，还可加工成各种加工品。山楂树冠整齐，枝繁叶茂，花白色，果实红色，艳丽可爱，也是良好的园林观赏植物和绿化树种。

第一节　生物学特性

一、生长结果习性

山楂栽后 2～4 年开始结果，10 年左右进入盛果期，经济栽培寿命可达 100 年以上。单株产量依树大小而不同，一般产量为 30～50 kg/株，也有产量达 500 kg/株的大树。

(一)根系

山楂为浅根系树种，主根不发达，侧根多分布在 50 cm 以内，以 20～40 cm 的土层中分布最多，在深翻过的壤土或沙壤土中，最深可达 1.2～1.5 cm。水平分布范围为冠径的 2～3 倍。

根系在大部分栽培区无自然休眠，每年随土壤温度、湿度和地上部生长发育而有节奏地变化。一般春季地温达 6～6.5 时开始生长，温度 15～20℃生长旺盛，低于 5℃或高于 20℃时生长缓慢。各地因气候环境条件不同，根系有 2 或 3 次生长高峰。一般幼树根系每年开始活动早，结束晚，有明显的 3 次生长高峰，分别出现在萌芽前、新梢旺长期及采收前后。而盛果期一般只表现 2 次明显的生长高峰。

山楂的根蘖发生能力很强，地表以下 5～20 cm 深处常发生不定芽形成根蘖。随着根系的生长，从春到秋都可发生根蘖，成簇发生，有时多达 10 条或数十条，浅锄切断后，仍能继续萌发，且逐年增多。对零星生长的山楂树或野生山里红也可利用根蘖苗繁殖苗木，断根后就地嫁接或移栽后嫁接。不断根就地嫁接的幼苗生长健壮，但须根少，移栽后影响成活或缓苗较慢。

(二)芽

山楂花芽为混合芽，呈奶头状，肥大饱满，先端较圆，多着生于当年生枝即结果母枝的顶端或顶端以下 1～4 个叶腋间，于翌春萌发抽生带花果的结果枝。叶芽异质性明显，顶叶芽肥大、饱满，延伸能力强，萌发后，常独枝延伸生长，生长势很强，生长量很大。顶芽以下的 2～3 个侧芽也具有较强的生长能力，而其余侧芽则萌发力很弱。在枝条下部和内膛容易光秃。山楂隐芽多位于当年生枝的中下部叶腋间，寿命可达数十年。枝条停长后，芽先迅速分化鳞片，再经过一段较长时间的雏梢分化期，直到 8 月下旬或 9 月上旬，才开始花芽分化。花芽分化期晚，与果实发生矛盾小，花芽容易形成，在结果枝结果的当年其上仍易形成花芽，连续结果(图 6-1)。

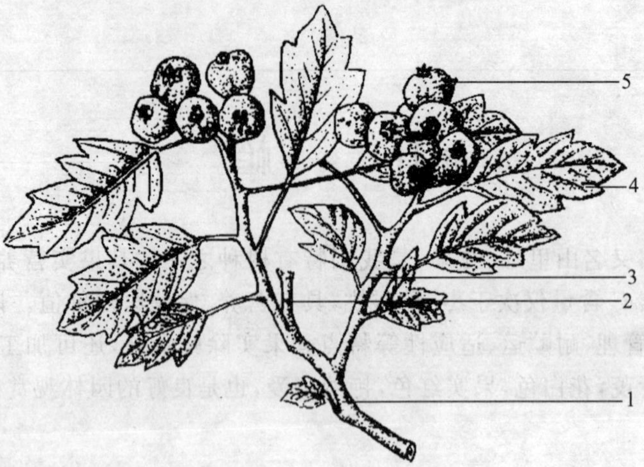

图 6-1　山楂结果习性

1. 结果母枝(上年的结果枝)　2. 结果枝顶端花序下枯死部分　3. 结果枝　4. 叶片　5. 果实

(三)枝

山楂枝可分为营养枝、结果枝和结果母枝三种。营养枝是指只着生叶片的新梢,根据长度不同,营养枝可分为长枝、中枝、短枝和徒长枝。在一般情况下,山楂新梢无二次枝,大树上的营养枝在花前就已停止生长,发育成结果母枝。短截后的枝或幼旺树的旺枝也可延续生长到8月下旬。结果枝是指当年抽枝开花结果的新梢,结果枝一般长6～15 cm,有叶7～11片,在顶端着生花序。长度在7～8 cm以上,生长粗壮的结果枝,在结果的当年,除花序下一小段枯死,其下侧芽还能形成花,第2年连续结果(图6-1)。一个健壮的结果枝,可连续结果3～5年。一般管理的盛果期山楂树,结果枝粗0.4 cm左右,超过0.5 cm是树势健壮的标志,低于0.3 cm是纤细枝,不能形成花芽,即使形成花芽,质量也差,易落果。结果母枝则是指着生混合花芽的枝或着生结果新梢的2年生枝。一般山楂树上7 cm左右长的结果母枝占多数。通常1个结果母枝着生1～2个结果枝,个别生长健壮的结果母枝也可着生4～5个结果枝,甚至更多结果枝。进入结果期后,凡发育适度、生长充实的枝,均可形成结果母枝。结果母枝依据来源分为两种:一种是由上年生长充实的营养枝转化而来,称为交替式结果母枝,这种结果母枝具有顶芽,混合花芽着生在枝的顶端及其以下1～4个叶腋间;也有的结果母枝顶芽为叶芽,腋芽为混合花芽;另一种结果母枝由上年结果枝转化而来,称为连续结果母枝,就是结果枝在开花结果后,其顶端自行枯死,枯桩以下有1～2个侧芽形成花芽。山楂发枝力强,枝条密挤,枝有开张性。结果部位易外移。

(四)叶和叶幕

山楂单叶生长时间约1个月,叶幕形成高峰期,约在开花前15 d,基本形成全年的营养面积。叶幕形成早,同新梢停止生长一致,营养物质(有机物)积累时间长。

(五)花

山楂为伞房花序,着生在结果枝顶端,由15～44朵花组成,单花为两性花。花序中部的花先开,通常在开放后第二天进入盛花期。单花花瓣5片,白色,雌蕊花柱5枚,雄蕊20枚。花多在凌晨开放,单花期3～4 d,花序中第一朵花开放到最后一朵花开发3～4 d,到全谢4～6 d。单株或全园花期9～21 d。山楂有自花授粉结实和单性结实的特点,正常情况下自花授粉结实率可达16.5%～18.5%,异花授粉结实率达18%～20%。花朵单性结实率约为27.6%。不经授粉的果实中仅有坚硬的核,无种仁。山楂异花授粉能显著提高坐果率和成仁率。

(六)果实

山楂从开花到果实成熟需140～160 d。果实生长图形为“双S型”曲线,分为幼果迅速生长期、缓慢生长期和熟前增长期三个时期。三个时期的生长量分别占总生长量的32.3%、28.5%和39.2%。山楂落花落果较为严重,初花后3～4 d开始落花,1周内形成高峰落花,初花后2周出现幼果脱落,约1周为集中脱落期,以后趋于稳定。

二、对环境条件要求

(一)温度

山楂对温度适应范围大,一般年平均气温4.7～16℃的地方都能栽培,以12～15℃为最适发展区。冬季能耐－18～－20℃的低温,可短时间忍耐最高温为43.3℃,能较长时间忍耐40℃高温。各地因气候条件不同,均有当地较适宜的类型和品种。春季当地温6.5℃时根系开始活动,8℃时开始萌芽,15℃时为生长适温,20℃左右有利于果实生长。在月平均气温降到10℃以下开始落叶。生长季要求≥10℃积温2 000～5 000℃,无霜期100 d以上。

(二)水分

山楂对水分要求不严格,年平均降水量170～1 546 mm地区均能发展栽培。在降水量500～700 mm地区生长良好。具有一定抗旱能力,耐旱性比苹果、梨、桃强。干旱会影响果实生长发育。其也比较耐涝,在多雨年份或季节,积水1周左右,仍能正常生长。但不抗暴风雨的突然袭击。

(三)光照

山楂是喜光树种,对光的要求比较敏感,在光照良好的环境中,可明显提高坐果率,果实着色好,糖分高。在夏季,平均光照达10 000 lx时,结果良好,不足5 000 lx时,结果较差,甚至不能孕花。每天利用光能达7 h以上时结果最多,7～5 h则结果良好,5～3 h基本不能结果,每天小于3 h直射光,则不能坐果或坐果很少。

(四)土壤

山楂较耐瘠薄,对土壤要求不严格。在山地、丘陵、平原、沙荒地均能栽植,但以沙质壤土最适宜。对土壤酸碱度要求以中性为宜,在微酸、微碱性土壤上也能生长良好。但在盐碱地、地下水位太高地不宜栽培。

第二节 主要种类和优良品种

一、主要种类

山楂属蔷薇科山楂属(*Crataegus*)植物。本属约有1 000种,广泛分布在北半球。我国已鉴定的有17种,作为果树栽培的仅有我国的几个种。生产上广泛栽培的是山楂的变种大果山楂,主要分布在辽河流域和黄河流域。

(一)山楂(*C. pinnatifida* Bge.)(图 6-2)

原产中国、朝鲜和西伯利亚。乔木,树高 6～7 m。有刺或无刺。当年生枝紫褐色或暗褐色,老皮灰褐色或暗褐色。叶片宽卵形或三角卵圆形,深绿色,叶背浅绿色,先端短渐尖,基部截形或宽楔形,长 5～10 cm,宽 4～7.5 cm,通常两侧各具 3～5 个羽状深裂。边缘具稀疏不规则重锯齿。叶下面沿叶脉有疏生短柔毛或在脉腋有髯毛,侧脉 6～10 对,有时达裂片顶端,有的达裂片分裂处。叶柄长 2～6 cm,无毛,托叶大,革质,镰形。花为两性花,白色,有 12～25 朵,最多 44 朵。果实近圆形、扁圆形或长圆形,直径约 1.5 cm,鲜红或紫红色,果点较多,果肉有粉红、紫红青绿等色,味酸稍甜。种核 3～5 枚,背面稍具棱,两侧平滑,萼片脱落迟,在先端留下圆形深洼。是北方山楂优良砧木。

图 6-2　山楂

(二)大果山楂(*C. pinnatifida* Bge. var. *maior* N. E. Br)(图 6-3)

一般称山楂。其叶片大,裂刻较浅。植株生长繁茂。果实大,直径 2.5 cm 以上,深亮红色。肉厚,品质较原种好。生产栽培都以此变种为主。果实可供鲜食、制药、加工用。多用山楂为砧木嫁接繁殖。

图 6-3　大果山楂

此外，湖北山楂、甘肃山楂、内蒙古的矮型山楂都分别适用于不同地区作矮化砧木。

二、主要优良品种

（一）燕瓤红

也叫红口山楂、红肉山楂。是河北省西北部山区主要栽培的优质高产品种之一。该品种树势健壮，抗旱抗寒，坐果率高，连续坐果能力强。果实卵圆形，平均单果重 7.6 g，果皮深红色，有光泽，果肉厚，粉红色，肉质致密，酸甜适度，品质好风味美，耐贮运，10 月上中旬成熟，适于鲜食、加工，抗旱、抗寒性强。

（二）滦红（图 6-4）

河北承德地区在滦平县选出的优良红肉型品种。树势中庸，树姿开张，结果母枝坐果率高，连续坐果能力强，平均单果重 10.5 g，10 月上旬采收，耐贮藏，可贮至翌年 6 月底。该品种在河北省山楂优良品种鉴评会上获第一名。

图 6-4　滦红

（三）豫北红（图 6-5）

河南省西部山区的主栽品种。主产河南辉县、林县等地。该品种树势中庸，树姿开张，萌芽力、成枝力均强。果实近球形，平均单果重 10 g。果皮鲜红至紫红色，果点较小，果面光洁，果肩部半球状。果肉松软，多为粉红色，味酸微甜，适应性广，高产稳产。当地 10 月上旬成熟，丰产稳产，耐贮存，主要用于加工。

（四）辽红（图 6-6）

辽宁省果树所 1978 年选出，在 1981 年辽宁省山楂良种鉴评会上被评为第一名。该品种树势强健，成龄后开张，以中果枝结果为主，连续结果能力强，丰产、稳产。果实 10 月上旬成熟，果实圆形，平均单果重 7.9 g，果皮深红色，果点中多、黄褐色，果肉红或紫红色，肉质细密，味微酸有香气，抗寒力强，耐贮藏，可贮至翌年 5 月份，适于鲜食和加工。

图 6-5　豫北红

图 6-6　辽红

（五）秋金星（图 6-7）

辽宁省农业科学院园艺研究所于辽宁省鞍山市郊区唐家房乡选出。该品种树势强健，树冠开张，呈自然圆头形，枝密，老树皮暗灰色。果实近秋形，带有明显的小棱起，平均单果重 5.5 g，果皮深红色，有光泽，果点黄白色，圆而大，当地称为大金星，近萼洼处果点渐小而密。果肉深红色，肉质细密而软，甜酸适口，风味浓。产地 9 月中旬成熟。用于鲜食或加工。

（六）敞口（图 6-8）

主产山东益都、临朐等地。该品种树势强健，风土适应性强，丰产。果实扁圆形，个大，平均单果重 9.0～9.5 g。果皮深红色，较薄，具蜡光，果点小而密，近果肩部渐稀大，果肩平，略收缩。果顶平，具五棱，萼筒口宽敞，故称敞口。果肉粉红色，肉质致密，味酸稍甜，爽口，稍具芳香，品质上，10 月上中旬成熟，耐贮运。适于制干，丰产稳产，耐旱，稍抗碱。

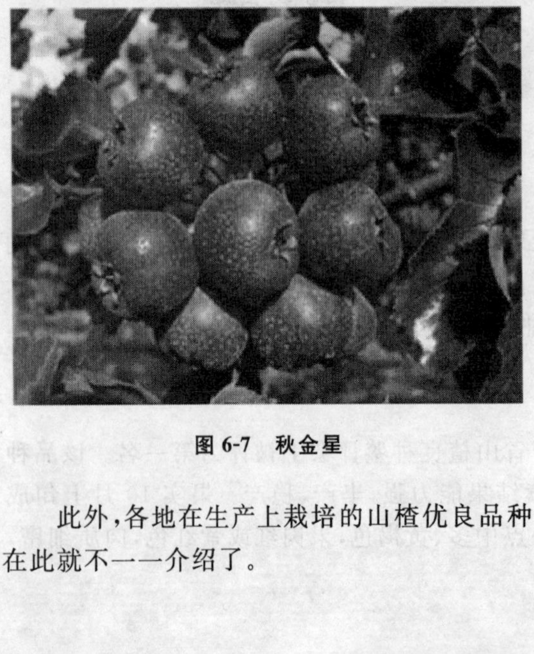

图 6-7　秋金星

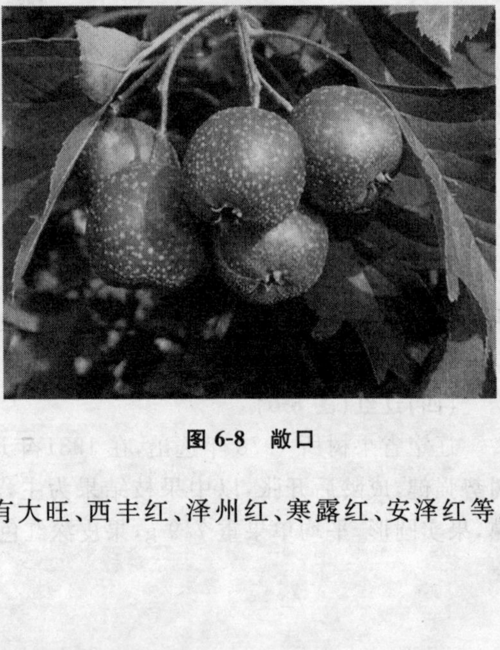

图 6-8　敞口

此外，各地在生产上栽培的山楂优良品种还有大旺、西丰红、泽州红、寒露红、安泽红等。在此就不一一介绍了。

第三节 基本生产技术

一、育苗

(一)种子处理

(1)早采种沙藏法：野生山楂应提早采种，一般在8月中旬至9月上旬，生理成熟期内采种。在果实着色初期采果较为适宜。将采集到的山楂果用碾子将果肉压开，但不可压伤种子，然后用水淘撮，除去果肉和杂质，再将净种放在缸内用凉水浸泡2 d，每隔2 d换1次水，然后从缸内取出山楂种子，趁湿沙藏。按体积将1份种子和4份湿沙混拌均匀，湿度以手握成团，不滴水，松开即散为宜。放入事先挖好的坑内。坑挖在向阳背风处，深1 m，宽80 cm，长度视种子多少而定。将混好的种子放在坑底摊平，厚8～10 cm，然后在种子上方10 cm处搭放一层木棒，在木棒上放一层薄包或席头，并在坑的中央立1把秫秸作通气孔。然后将土填回坑内，并稍高于地面，种子沙藏时间180～210 d，一般4月初(清明)开坑取芽播种。此法可使种子发芽率达95%～100%。

(2)变温处理沙藏法：此法适用于干种子，就是将纯净的野生山楂种子浸泡10昼夜。每天换水1次，再用2瓢开水对1瓢凉水的温水浸泡1昼夜，第2天捞出，放在阳光充足的地方曝晒，夜浸日晒，反复5～7 d，直至种壳开裂达80%以上时，再将种子与湿沙混匀沙藏。该法适用于早秋，深秋可采用的方法为：将净种子用“两开一凉”的温碱水(500 g种子加15 g食用碱)泡一昼夜，而后用温水泡4 d，每天早、晚各换温水1次，然后夜泡日晒，有80%的种壳开裂时即可沙藏。沙藏坑挖在向阳处，深1 m，宽60 cm，长度视种子数量而定。将混有湿沙的种子在坑内铺25 cm厚，上再盖5 cm的湿沙，坑口用秫秸盖严，覆土厚30 cm，在坑两头各立1把秫秸通风换气。第2年3月中旬开坑检查萌芽情况，扭嘴即可播种。

(3)马粪发酵法：秋季将野生山楂籽先用热水烫过，然后用温水浸种3～5 d，将种子捞出和鲜牛粪按1∶4混拌，放入30～50 cm深的坑内，其上覆盖，使之发热35℃左右，经30～50 d，各缝开裂取出，再用湿沙取出层积，翌年春播种，可当年出苗。

(4)腐蚀法：用石灰水或鲜尿浸种，以腐蚀种皮，促使种壳开裂，再经过湿沙层积，第2年春季播种后也可出苗。

(5)一夏一冬沙藏法：对原来存放或夏季买到的干种子，在5～6月份处理种壳，开裂效果特别好。就是用50℃热水浸种1 d后，用冷水浸泡5 d，一天换一次水，而后晚上用凉水泡，白天曝晒，反复3 d左右，就有90%以上的种壳开裂，然后将种子和湿沙按1∶2比例混合装入沙袋，预储于深50 cm、宽60 cm、长视种子量而定的储藏沟，种袋子放一束秫秸通风换气，覆土高出地面。上冻前改入储藏坑内层积沙藏，第2年春发芽率可达有仁种子的95%以上。

(二)整地播种

选择地势平坦、土层较厚、土质疏松肥沃、有灌溉条件的圃地，整地作畦。采用南北畦，畦宽1 m，畦长视地而定。在畦内施入充分腐熟的农家肥5 000 kg/667 m^2，翻入土内，用耙子搂平，灌1次透水，待地皮稍干时播种，播种一般从3月中旬至4月上旬，若在此期间，扒开种子沙藏坑，种子没发芽时进行室内催芽。温度以10～12℃为宜。注意种子湿度不能过干。在种子刚露白时即可播种，不宜发芽过长，若种子发芽过长而未及时整地时，可先在育苗畦内高密度漫撒育苗，覆盖地膜，出至 3～4 片真叶时移栽。播种量目前主要采用条播和点播两种方法。每畦播 4 行 10 cm。具体种植方法是在畦内用镐开沟，沟深 1.5～2 cm，撒入少量复合肥和土壤混合，阻止浇种，沟内坐水播种。条播将种沙均匀撒播于沟内，点播将种子按株距 10 cm，每点播 3 粒种子发芽，然后用钉耙搂平，覆土 0.5～1 cm，再覆盖地膜。

（三）砧木苗管理

播种好 7～10 d，幼苗长出 2～3 片真叶时揭去地膜，3～4 片真叶时按 10 cm 株距间、定苗，保证留苗 2 万株/667 m^2 以上。对间出的幼苗或专门育的移栽到事先准备好的畦内，移栽时先浇足水，立即用木棍或手指插孔，将幼苗根用手放入孔内用手挤压一下，栽后立即浇水，密度同前。幼苗出齐和间、定苗后，要及时中耕除草，保持土壤疏松不板结。松土 3～5 cm，不宜过深，以免伤根。幼苗长到 15～20 cm，结合浇水施尿素 10 kg/667 m^2，以后每月追肥 1 次，并浇水。在嫁接前 5 d 要灌 1 次大水。当小苗长到 20 cm 时摘心，并尽早摘去苗木基部 10 cm 以下生出的分枝。

（四）嫁接

山楂嫁接时间一般在 7 月下旬至 8 月下旬。方法主要采用芽接。先在山楂接穗上取芽片，在接芽上 0.5 cm 处横切一刀，深达木质部，再在芽子两侧呈三角形切开，掰下芽片；在砧木距地面 3～6 cm 处，选光滑的一面的横切一刀，长约 1 cm，在横口中间向下切 1 cm 的竖口，呈“丁”字形，然后用刀尖左右一拨，撬起两边皮层，随即插入芽，使芽片上切口与砧木横切口密接，用塑料条绑好。

（五）嫁接后管理

芽接后 7 d 检查成活。凡接芽新鲜未皱缩，叶柄已落或呈绿色一触即落者表明已成活，若接芽变黑，芽片皱缩，叶柄僵死在芽上即未成活。应马上补接，上冻前浇 1 次水，最好不解塑料条。第 2 年早春树液流动前，对所有芽接苗在接芽上方 0.4 cm 处 1 次剪砧，剪口要平滑并向接芽背面稍倾斜，并解除塑料绑条。剪砧后，砧木基部发出大量萌蘖，应及时检查，尽早抹除。同时加强追肥浇水，促进生长，在秋后出圃。

（六）病虫害防治

山楂苗期病虫害主要立枯病、白粉病、灰象甲、金龟子等。对立枯病在播种前撒施硫酸亚铁 1.5～2.5 kg/667 m^2，或在播种时用300 倍的硫酸亚铁水浇灌根系，长到第 4 片真叶时再浇第 2 次即可控制。白粉病防治从 6 月开始，每隔 15 d 用 0.3°Be 的石硫合剂或 800 倍的托布津防治 1 次，连喷 3 次即可防治。灰象甲、金龟子等害虫主要在幼苗期撒毒谷进行防治。

二、建园

在光照充足、土质良好、土层深厚肥沃、排灌良好、未种植过毛白杨或其他老果树的地方建园。根据当地气候、土壤条件，选择适合当地栽培的优良品种。选择 2 个花期一致或相近的优良品种作为授粉树。苗木选择优质、无病虫害、根系完全、无明显碰伤的壮苗。栽植密度，肥沃土壤株行距为 3 m×5 m，瘠薄地为 2 m×4 m，采用南北行向栽植。栽植时期北部一般春栽，南部秋栽。春栽在土壤解冻后到发芽前进行。一般有灌溉条件的地方以秋栽为好。冬季幼树易受冻害的地方晚秋栽植后，应浇封冻水培土防寒，翌春适时扒开土堆，做好施肥、灌水等工作。

三、土肥水管理

土层深厚的果园要改良土壤质地，加深活土层，提高土壤肥力。土层瘠薄和沙滩果园，要深翻改土或深翻客土改良，加厚土层。有条件地方改良土壤应在栽树前进行，栽树前没进行的可采用连年深翻扩穴，逐年向外扩展，直到株行间打通为止。深翻深度一般为 60～80 cm。一般园要在春、夏、秋三季进行树盘松土，并随时刨除地下根蘖。松土深度通常 20 cm 左右。要求春、夏季浅，秋季适当深些。此外，土壤管理还可施行覆草、生草等制度。但要注意行间不要间作高秆作物玉米、小麦等，并留出 1 m 宽的树盘，并在树盘覆盖地膜。施肥分基肥和追肥。基肥在采果后及时施，以有机肥为主，用量不低于"千克果千克肥"。施充分腐熟的有机肥 3 000～4 000 kg/667 m^2，加施尿素 20 kg/667 m^2，过磷酸钙 50 kg/667 m^2，草木灰 500 kg/667 m^2，特别是鸡粪应充分腐熟。施肥方法有环状沟施，用于幼树或初结果树；放射状沟施，用于盛果期大树；穴施用于大树或干旱地区的果园。土壤追肥全年 3 次：第 1 次一般在 3 月中旬树液开始流动时，追施尿素 0.5～1 kg/株；第 2 次在谢花后施尿素 0.5 kg/株；第 3 次在 7 月末花芽分化前施尿素 0.5 kg/株，过磷酸钙 1.5 kg/株，草木灰 5 kg/株。7～8 月份进行叶面追肥，喷 0.2%尿素，每 15 d 喷 1 次，进入 8 月份喷 0.5%的磷酸二氢钾。灌水一般应掌握每次土壤施肥后必须灌水，如催芽水、花前水、花后水和保果水。在春旱时多浇水，雨季不浇水，秋施基肥后灌大水，封冻前灌封冻水。保持土壤含水量为田间持水量的 60%～80%。

四、整形修剪

山楂主要树形有主干疏层形、小冠疏层形、自然开心形和自由纺锤形等。丰产栽培多采用延迟开心形和自由纺锤形。延迟开心形定干高度 50 cm，第 1 年冬剪时选留 3～4 个主枝，第 2 年冬剪时再选留 1～2 个与上年主枝临近错开的枝条做二层主枝，层间距保持在 1.0～1.5 m，同时采用拉枝等措施使中心枝偏向缺主枝一方，使树冠中央开心。自由纺锤形定干高度 50 cm，第 1 年至第 4 年冬剪时，直接在中心干上选留 5～7 个中型枝组，枝级间距 30～40 cm；枝组延长枝进行中短截或轻短截，为保证中心干直立强壮，要立支柱扶正。枝组骨架枝的基角为 70°～80°，过小时拉枝处理。

(一)幼树期修剪

山楂树定植当年所发枝叶要全部保留。冬剪时长度在 40 cm 以上的直立和斜生枝条，均留 20～30 cm 短截，短于 40 cm 的非骨干枝一律缓放，培养结果枝组。2、3 年生树，主侧枝延长枝每年适度短截，注意剪口留外芽。骨干枝以外的枝条，若长势很强，与骨干枝发生竞争时，或疏除，或采取别、压、拉等手段加以改造，培养成结果枝组，其他枝条一律缓放。

(二)初果期树修剪

初果期修剪以保持树势、巩固树形、培养结果枝组、调节生长和结果矛盾为主。继续对各级骨干枝延长枝短截，扩大树冠。其他枝条，特别是发育粗壮、水平或斜生的枝条尽量不剪，培养结果枝组，而对过密、交叉、重叠枝要及时疏除或回缩。控制背上枝，防止生长势过强。

(三)盛果期树修剪

山楂树进入盛果期，树势开始衰弱，结果部位外移，修剪的主要任务是促发营养枝、维持树势，更新结果枝组，截、疏、缩相结合。外围新梢，有空间的尽量短截，甚至短截部分过密结果枝。对外围过密枝条及时疏除，保持叶面积系数为 4～5。先端下垂骨干枝、树冠内冗长的细弱枝、连年结果的大中型结果枝组及时回缩更新。树冠内徒长枝及外围竞争枝应视空间情况合理利用。

(四)衰老期树修剪

衰老期山楂树，树势明显减弱，但徒长枝却能大量发生。要充分利用徒长枝，对骨干枝进行更新。过密、水平下垂以及长势很弱的大枝可直接疏除，但应注意伤口保护，过大二次枝分三年疏除。对促发徒长枝，选择方向、位置适当的培养成新的主、侧枝、更新树冠，延长结果寿命。

五、花果管理

山楂落花落果比较严重，应在保证单果重的前提下提高坐果率。为此，要加强土、肥、水管理和病虫害防治，使树体健壮，营养充足。花期放蜂，进行人工辅助授粉，小年树花期喷布 1 次 50～60 mg/L 赤霉素以提高坐果率。大年树在幼果期喷 1 次赤霉素，花期不喷，以提高单果重。为提高果实品质，应进行疏花疏果。疏除花序应在花序出现后至分离前进行，越早越好。1 个结果母枝抽生 1～3 个结果枝，前部长势强，后部弱。抽生 1 个结果枝的尽量保留其上花序，2～3 个结果枝，保留前部 1 个，疏除后部 1～2 个结果枝上的花序。保留花序的结果枝，当年完成开花结果任务。疏花序时力求疏留均衡，要强壮枝组少疏多留，较弱枝组适当多疏。冬剪时，将先端已结果的枝疏除，来春再对预备枝转化成的结果母枝作花序的疏除。一般树势强，土肥水条件好时可少疏，反之多疏。要求平均果枝坐果个数不少于 8 个，1 m^2 的叶幕表面上果枝数，一般应达到 45～50 个。

六、病虫害防治

山楂病虫害主要有白粉病、山楂花腐病、白小食心虫等。具体防治方法是休眠期上冻前、解冻后翻树盘，以冻死一部分越冬害虫。同时，彻底清园，将落叶、杂草，冬剪病虫枝、枯枝，树上虫包、僵果、挂的草把清除出园，集中烧毁或深埋。早春(三四月份)刮树皮，将树干和大枝上的老翘皮刮掉烧毁，以消灭老翘皮下越冬的梨小食心虫、卷叶蛾、星毛虫、红蜘蛛等害虫。萌芽前喷布 3～5°Be 石硫合剂，以防治腐烂病、枝干轮纹病、螨类和介壳虫等多种病虫害。萌芽期采用灯光、糖醋液(酒∶水∶糖∶醋＝1∶2∶3∶4)诱杀或人工捕捉金龟子。发芽后用 40％氟硅唑乳油 6 000～8 000 倍液＋10％的吡虫啉可湿性粉剂 3 000 倍液树上喷雾，以防治腐烂病、轮纹病兼治叶螨、蚜虫等。花后 1 周树上喷布 20％的甲氰菊酯乳油 2 500 倍液＋15％多抗霉素可湿性粉剂 1 000～1 500 倍液，以防治叶螨、蚜虫、蛾类和斑点落叶病等。从 6 月下旬开始到果实采收前 20 d，每隔 15～20 d，树上交替喷施 1∶3∶200 波尔多液与 50％多菌灵可湿性粉剂600 倍液，或 70％甲基硫菌灵可湿性粉剂 800 倍液，防治多种病害。喷 48％毒死蜱乳油 1 200倍液，或 10％的吡虫啉可湿性粉剂 5 000 倍液及 30％桃小灵乳油 1 500～2 000 倍液防治桃蛀果蛾类、蚜虫类。果实采收后喷菊酯类农药保护叶片。落叶后清理果园落叶、残枝、病果，焚烧或深埋。

七、果实采收与贮藏

山楂果实成熟期多在 9～10 月份，当果实变为红色，果面有光泽，果点明显，果柄微黄，果实大小、风味出现本品种的特征时，即可采收。采收方法有人工采收与振落或乙烯利催落法。

人工采收果实保持完好，适合于贮藏供鲜食。可用手摘果，也可用剪子剪断果柄。用作加工时可用竹竿敲打振落，然后拾取，果实有部分损伤。为节省劳力和降低成本，可用乙烯利催落法，在采收前 1 周喷布 40％乙烯利 1 000 倍液，使果实自然脱落，或机械、手摇主干，可振落 90％以上果实，最好是人工采摘与乙烯利催落相结合。采用乙烯利催落山楂果实的方法是在采收前 7～10 d，用 40％乙烯利 1 000 倍液喷布，自然状态下，经 6～8 d 开始落果，药后 14 d 可落果 90％以上。一般可在喷药后 1 周左右，在树冠下铺好麻袋等承受物用手摇落。采收时，手采的果实与振落或乙烯利催落的果实不能混放。采下的果实在树下堆放几天，白天用草帘或席子覆盖，温度散热后再用篓筐包装。

山楂果实贮藏，关键是保持适宜的温度和湿度。一般控制在 0～5℃，如温度在 0℃时，相对湿度应应控制在 85％～95％；如温度在 0℃以上时，相对湿度应控制在 80％～85％。贮藏方法有窖藏、缸藏、筐藏和埋藏等。埋藏法是在背阴处，挖深 1 m、直径 0.7 cm 圆坑，在坑底铺一层 15～20 cm 的细沙，然后选无伤的果实堆放在沙上，厚约 50 cm，上面再盖上 15～20 cm 厚的细沙，最后覆土填平或堆成土堆，于 10～11 月份贮藏。

第四节　园 林 应 用

园林上应用的山楂（图 6-9），树高达 6 m，小枝紫褐色，老枝灰褐色，枝密生，有细刺，幼枝有柔毛。单叶互生，三角状卵形至菱状卵形，长 5～12 cm，两侧各有 5～9 羽状裂，裂缘有不规则尖锐锯齿，两面沿脉疏生短柔毛。基部截形或宽楔形，复伞房花序，白色，花序梗、花柄、萼筒外有长柔毛。花径约 1.8 cm。果近球形，径约 1.5 cm，红色，有白色皮孔。花期 5～6 月份；果期 9～10 月份。

在国外，尤其是欧洲和北美，山楂在园林绿化中应用非常普遍，有许多特色种或者种应用较多，如满树红花的英国山楂品种 *C. laevigata* ‘*Crimson Cloud*’，重瓣品种‘*Paul Scarlet*’，无刺、矮化的单子山楂品种 *C. monogynac* ‘*Inermis Compacta*’，秋季叶色转红至橘红色的种有华盛顿山楂 *C. phaenopyrum*、坎萨斯山楂 *C. coccinoides*、鸡矩山楂 *C. crusgalli*，秋叶呈古铜红色的红蕊山楂品种 *C.* × *lavelli*，以及叶色变黄的苏联山楂 *C. ambigua*、毛山楂 *C. mollis* 等，经过长期杂交选育，至今山楂品种已达上千个之多，品种丰富，且观赏性各异，在国外应用广泛。近年来，国内同行开始认识到山楂作为优良的观花、赏果植物的潜力，开始从欧美等地引种，引种较多的山楂品种是红花重瓣品种 *C. laevigata*‘*Paul’s* Scarlet，该品种花色鲜粉红，重瓣，树高 3～10 m，树型直立，呈圆冠形，姿态优雅，初夏开花、密集，花期长，可应用作草坪孤植树、树篱、丛植，或作景观行道树等，目前在北京、山东、安徽等地有少量引种。另外，红花单瓣品种 *C. laevigata*‘*Crimson Cloud*’，花色淡粉红，中心白色，

图 6-9　山楂

1. 花枝　2. 花纵剖面　3. 果

形态娇羞可爱。除了观花以外，一些品种的观果、秋季色叶效果非常好，特别是华盛顿山楂品种 *C. phaenopyrum*'*Fastigiata*'、绿山楂品种 *C. viridis*'*Winter King*'、红蕊山楂品种 *C.* × *lavelli*'*Carrierei*'等，都是值得引种推广的。

山楂树冠整齐，花繁叶茂，果实鲜红可爱，是观花、观果和园林绿化结合生产的良好绿化树种。可作庭荫树和园路树。

第七章

葡　　萄

葡萄是世界上最古老的果树之一，已有5 000～7 000年的栽培历史，我国在汉朝时由张骞有从中亚引入。葡萄营养丰富，用途广泛。除鲜食外，大量用于酿酒、制干和制汁等加工业。葡萄具有早果丰产、繁殖简便、好栽易管等优良的栽培性状，其适应性、抗逆性强，栽培形式多样，可露地生产、设施栽培，盆栽造型及庭院绿化。因此，葡萄成为世界上分布广泛、产量最高的果树。

第一节　生物学特性

一、生长特性

(一)根

葡萄是深根系果树。生产上多采用扦插繁殖。扦插繁殖属无性繁殖，其根系无真根颈和主根，只有根干及根干上发出的水平根及须根构成。根干由扦插育苗时插入土壤中的枝条发育而来。葡萄的根为肉质根，能贮藏大量营养物质，且导管粗，根压大，因此，葡萄较耐盐碱，春季易发生伤流。葡萄根系垂直分布为20～60 cm，水平分布随架式而不同：篱架根系分布左右对称，棚架根系分布偏向架下方向生长，一般架下根量占总根量的70%～80%。葡萄根系的生长取决于葡萄的种类、土壤温度。欧洲葡萄的根在土温达12～14℃时开始生长，20～28℃时生长旺盛。在年周期中有2～3次生长高峰，分别出现在新梢旺长后，浆果着色成熟期及采收后。

(二)茎

葡萄的茎通称为枝蔓。可分为主干、主蔓、侧蔓、1年生枝(又称结果母枝)、新梢和副梢等(图7-1)。主干是指从地面发出的一段茎，埋土越冬的地区不留主干，主蔓从地表附近长出。主蔓上着生的多年生枝叫侧蔓，着生混合芽的1年生蔓叫结果母枝。结果母枝上的芽萌发后，有花序的新梢叫结果枝；无花序新梢叫营养枝。新梢叶腋间的夏芽和冬芽当年萌发形成的二次枝分别称副梢和冬芽二次枝，营养条件好时，其上亦着生花序，进行第二次结果。葡萄新梢由节和节间构成。节部膨大着生叶片和芽眼，对面着生卷须和花序。节的内部有横隔膜，无卷须的节或不成熟的枝条多为不完全的横隔，新梢因横隔而变得坚

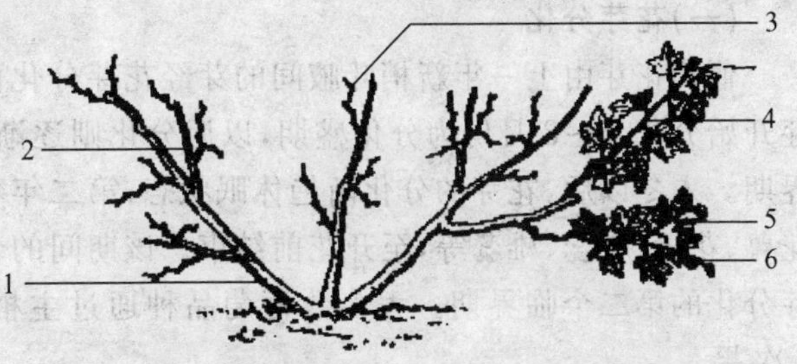

图7-1　葡萄植株地上部各部分名称

1. 主蔓　2. 侧蔓　3. 结果母枝　4. 结果枝　5. 发育枝　6. 副梢

实。节间的长短因种、品种及栽培条件而异。葡萄新梢生长量大，每年有两次生长高峰，第一次从萌芽展叶开始到花前，主要是主梢的生长。以后，随着果穗生长的加快，新梢生长转缓；第二次生长高峰从种子中的胚珠发育结束后到果实快速生长前，为副梢大量发生期。新梢开始生长粗壮，有利于花芽分化和果实发育。葡萄新梢不形成顶芽，全年无停长现象。

(三)芽

葡萄新梢的每一叶腋内有两种芽，冬芽和夏芽。冬芽正中央有一个主芽，周围有 3～8 个预备芽，其中 2～3 个预备芽发育较好(图 7-2)，故冬芽又称芽眼。冬芽内的主芽比预备芽分化深，发育好。大多数品种，春季冬芽内的主芽先萌发，预备芽则很少萌发。当主芽受到损伤或冻害后，预备芽也萌发。在一个冬芽内，主芽和 1～2 个预备芽同时萌发，可形成双芽、三芽并生。冬芽在来年春季如不萌发就叫瞎眼。引起瞎眼的原因有两点：一是秋季到早春受低温冻害；二是结果过多或蔓留得过长，芽眼不充实，贮藏营养不足。瞎眼易造成葡萄架面不整齐，产量降低。生产上要及时抹去副芽萌发的新梢。冬芽在主梢摘心过重、副梢全部抹除、芽眼附近伤口较大时均可当年萌发，可进行二次结果，但影响下一年葡萄的正常生长。夏芽为裸芽，具早熟性，随新梢的生长萌发成副梢的芽。夏芽副梢叶腋间，同样形成当年不萌发的冬芽和与当年萌发的夏芽，这是葡萄快速成型，提早结果的理论基础。但副梢过多，消耗养分也多。故处理副梢是葡萄夏季修剪的重要任务。葡萄潜伏芽也是冬芽的一种，是葡萄冬芽内不萌发的预备芽，多发生在新梢或枝条的基部。葡萄潜伏芽寿命较长，一般不萌发。生产上可利用潜伏芽填补枝蔓光凸部位，更新老蔓。

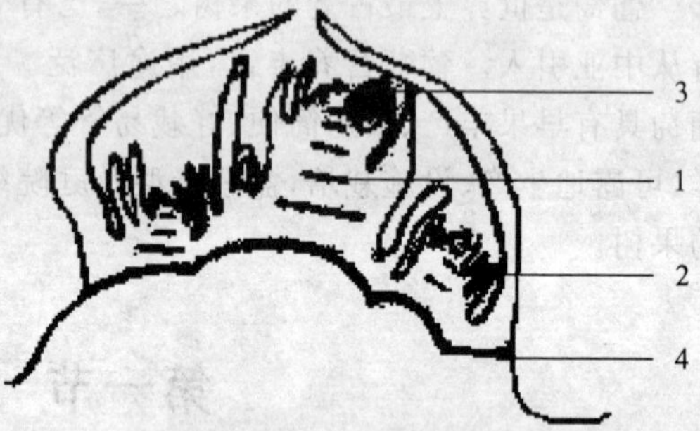

图 7-2　葡萄冬芽

1. 主芽　2. 预备芽　3. 花序原始体　4. 芽垫层

(四)叶

葡萄的叶为单叶、互生、掌状的不完全叶。仅有叶片、叶柄两部分组成。葡萄叶片较大，大部分 5 裂，也有 3 裂或全缘叶。葡萄叶面或叶背着生茸毛，直立叫刺毛，平铺呈棉毛状叫茸毛。葡萄的叶片表面覆盖有较厚的角质层，可防止水分的蒸发，因此其抗旱力较强。葡萄展叶后 30 d 左右的叶且叶色深绿的叶光合能力最强。

二、结果习性

(一)花芽分化

葡萄花芽由上一年新梢叶腋间的芽经花芽分化而形成，约需 1 年。一般花期前后葡萄花芽开始分化，6～8 月份为分化盛期，以后分化则逐渐减缓。花期是葡萄花芽分化的第一个临界期。入冬以后，花芽的分化渐趋休眠状态；第二年春季萌芽前 2 周，花序原始体继续分化出花萼、花冠、雌蕊、雄蕊等，至开花前结束。该期间的营养物质决定花芽分化的方向，是葡萄花芽分化的第二个临界期。大多数葡萄品种通过主梢摘心并控制副梢的生长，可实现 1 年结 2 次果。

(二)开花

葡萄的花芽是混合花芽，一般着生于结果母枝的第 3～12 节，以 5～7 节最多。葡萄花芽萌发后，抽生结果枝，每个结果枝着生 1～3 个花序，多数位于 3～7 节上。结果枝平均着生的果穗数称为结果系数。葡萄的花序为总状花序或圆锥花序，由 200～1 500 朵小花组成。葡萄的花有三种类型：完全花（两性花）、雌能花、雄能花。完全花有花梗、花托、萼片、花冠、雄蕊、雌蕊组成。雌蕊 1 个，子房上位，有 2 个心室，每个心室有 2 个胚珠。雄蕊多为 5 个，由花丝、花药组成，花药内装有花粉。在子房下部有 5 个蜜腺。雌、雄蕊发育正常，能自花授粉结实。未开花的花蕾绿色，似半粒绿豆大小。花萼较小，紧贴在花托上部，大部分合生，仅边缘分出 5 个薄膜状萼片。花冠由 5 个绿色花瓣自顶部合生在一起，形成帽状，紧罩在花萼上。开花前花蕾逐渐变成淡绿色，雌蕊瓶状，雄蕊花丝顶端的花药装有花粉。开花时花冠基部与萼片分离并向上或向外卷曲，由于雌蕊向上生长被顶而脱落。当前生产上应用的品种多为两性花，一般情况下均能自花授粉结实。雌能花雄蕊退化，花丝很短，开花时向下弯曲，花粉也发育不良，在有两性花的花粉或雄能花的花粉授粉的情况下，可正常结实。这类品种在建园时一定要配置好授粉树。雄能花是指雄蕊发育正常，花粉可育，而雌蕊退化，无正常发育的花柱和柱头，不能结实，这种情况多发生在雌雄异株的野生葡萄种类。

当日平均温度稳定在 20℃时，欧亚种葡萄进入开花期，花期最适温度是 25～30℃。开花的顺序是一般花序基部和中部的花蕾先开，副穗和穗尖的花蕾后开。

葡萄的花药借风力和昆虫传播，分别叫风媒花和虫媒花。一般一个花序开花 5～7 d，单株 6～10 d。葡萄的卷须和花序是同源器官，均为茎的变态，着生的部位与花序相同。而卷须着生的方式有两种：间歇性和连续性。欧洲种葡萄的卷须多为间歇性的，即连续着生两节后第 3 节无卷须，卷须多为 2～3 个叉型。美洲种葡萄的卷须是连续的，每个节都有卷须。

（三）果实发育

葡萄开花后，经过授粉、受精，花序发育成果穗、子房发育成浆果；花序梗发育成穗梗。葡萄的果粒由果梗、果蒂、果刷、果皮、果肉、果心和种子组成。果刷长的不易脱落，且耐贮运。葡萄果实的生长发育曲线是双“S”形。果实的发育过程包括三个时期：即两个迅速生长期和一个缓慢生长期。第一个时期是在坐果后 5～7 周，果实生长迅速；随后进入第二个时期生长缓慢，持续 2～3 周；再进入第三个时期浆果后期膨大期，含糖量迅速提高，含酸量减少，果肉变软，持续 5～8 周，直至果实成熟。

三、对环境条件要求

（一）温度

葡萄是喜温果树。当日平均气温达 10℃以上时，芽开始萌发。新梢生长和花芽分化最适温度是 25～30℃，浆果成熟适温为 28～32℃。温度对葡萄生长发育的影响主要体现在平均温度、积温、低温 3 个方面。平均温度影响葡萄物候期和起止时间及进程；积温影响葡萄光合作用及营养积累，并最终影响葡萄生长发育与果实质量。不同品种从萌芽到果实成熟所需≥10℃的有效积温不同。生产上必须根据当地的有效积温，选择合适的品种。具体应用时，还要考虑到小气候和管理水平。低温对葡萄的影响具有双重作用：一方面葡萄需要一定的积温以完成休眠；另一方面低温决定葡萄栽培北限及管理模式的重要因素之一。一般认为，冬季绝对低温低于－15℃的地区需要埋土防寒，其中低于－21℃地区应加覆盖物后再埋土或加大埋土厚度。冬季 50 cm 深地温在－5℃以下地区最好选用抗寒砧木。

(二)水分

葡萄具有较强的抗旱性,但幼树抗性差。一般在萌芽期、新梢旺盛生长期、浆果生长期需水较多,要求有充足的水分的供应。每7～10 d灌水1次,使土壤含水量达田间持水量的70%左右,浆果成熟前土壤含水量达田间持水量的60%左右。雨量过多时应注意排水,雨量过少时,每隔10 d左右灌水1次。

(三)光照

葡萄是喜光树种。要求叶的光饱和点达3万～5万 lx,补偿点1 000～2 000 lx。

(四)土壤

葡萄对土壤的适应性很强。除极黏重的土壤和强盐碱土外,一般土壤均可种植。但以土层深厚肥沃、土质疏松、通气良好的砾质壤土和沙质壤土最好。葡萄适宜的pH值是6.5～7.0;pH值8.3～8.7时易造成缺素性黄叶病或叶缘干焦。土壤含盐量达0.23%时开始死亡,栽培葡萄的地下水位要求在1.0 m以下为好。

第二节 主要种类、品种群和优良品种

一、主要种类及品种群

葡萄在植物分类中属于葡萄科、葡萄属,本属有70多个种,分布于我国的有35种。其中用于栽培的有20多个种,主要用来生产果实或用作砧木,其他均处于野生状态,无栽培及食用价值。葡萄属的各个种按照地理分布和生态特点的不同,一般划分为欧亚、东亚、北美三大种群,此外,还有一个杂交种群。

(一)欧亚种群

该种群目前仅有欧亚种葡萄一个种,称为欧亚葡萄或欧洲葡萄,起源于欧洲及亚洲。其栽培价值高,世界上著名的鲜食、加工制干品种大多属于本种。该种群多达5 000个以上,其产量占世界葡萄产量的90%以上。适宜日照充足、昼夜温差大、夏干冬湿和较温暖的生态条件。抗寒性差,抗旱性强,对真菌病害抗性弱,不抗黑痘病、白腐病、根瘤蚜。根据其亲缘关系和起源地不同可分为3个生态地理品种群。

(1)东方品种群:原产中亚和东北各国,主要为鲜食和制干品种。该品种生长势旺,生长期长,叶面光滑,叶背面无毛或仅有刺毛。穗大松散呈分枝形,果肉无香味,抗热、抗旱、抗盐碱,但抗寒性、抗病性较弱。适宜于雨量少,气候干燥,日照充足,有灌溉的地区栽培和棚架整形修剪。其代表品种有无核白、无核黑、牛奶、龙眼、白鸡心、白木纳格等。

(2)西欧品种群:原产西欧各国,大部分属酿造品种。生长势中等或较弱,生长期短,叶背有茸毛,较抗寒。果穗较小,果粒着生紧密,中大或小,果肉多汁。果枝率高,果穗多,产量中等或较高。代表品种有赤霞珠、贵人香、意斯林、雷司令、黑比诺、法国蓝等。

(3)黑海品种群:原产黑海沿岸和巴尔干半岛各国,是东方品种群和西欧品种群的中间类型。多数为鲜食、酿造兼用品种。如白羽、百雅、晚红蜜等。鲜食品种有花叶白鸡心等。

(二)东亚种群

该种群有40多个种,起源于我国的有27个种,不少种是优良的育种材料,生产上应用最

多的是山葡萄。

(1)山葡萄:山葡萄分布于我国的东北、华北及韩国、朝鲜、俄罗斯的远东地区。尤以东北长白山区最多,主要生长在林缘与河谷旁。其是葡萄抗寒性最强的一个种,根系可耐－16℃,成熟枝条和芽眼能抗－40～－50℃的低温。对白粉病和霜霉病抗性较差,多属雌雄异株。其扦插发根能力较弱,多采用实生播种繁殖。其主要应用于三个方面:一是作寒冷地区的抗寒砧木,以扩大品种的栽培范围;二是作酿酒原料:吉林、黑龙江等地酿制的山葡萄酒,浓郁醇香,畅销国内外;三是作抗寒育种的原始材料:山葡萄作父、母本培育的优良葡萄品种有北醇、北红、北玫、公酿1号、公酿2号等。

(2)董氏葡萄:该种群产于我国华北、华中及华南各地,日本、朝鲜也有分布。其浆果圆形,黑紫色。果汁深红紫色。扦插不易发根,抗寒性较强,在华北一带可露地安全越冬,可作抗寒、抗病育种的原始材料。

除此之外,东亚种群可供酿造和利用的种还有刺葡萄、秋葡萄、毛葡萄等。

(三)北美种群

北美种群起源于美国和加拿大东部,大多分布于北美洲东部,在栽培和育种上有利用价值的有以下三个种。

(1)美洲葡萄:美洲葡萄简称美洲种,原产北美东部。该种植株生长旺盛,抗寒,抗病,耐湿性强。幼叶桃红色,被毡状茸毛,卷须连续性。果肉草莓味,与种子不易分离。著名的制汁品种康可为该种的代表性品种。巨峰、康拜尔、白香蕉等均为本种与欧亚种的杂交种。

(2)河岸葡萄:原产北美东部。叶三裂或全缘,叶片光滑无毛,生长势强,耐热耐湿,抗寒抗旱,抗病性强,对扇叶病毒有较强的抗性,高抗根瘤蚜。该种果实小,味难闻,品质差,无食用价值。扦插易成活,与欧洲葡萄嫁接亲合力好,一般作抗寒、抗旱、抗根瘤蚜的砧木。具有代表性的品种是沈阳农业大学引进和筛选的河岸2号、河岸3号;生产上广泛应用的葡萄抗寒砧木贝拉就是河岸葡萄和美洲种的杂交后代。

(3)沙地葡萄:原产美国中部和南部。叶片光滑无毛,全缘。果实小,品质差,无食用价值。抗寒性较强,根系可抗－8～－10℃的低温,成熟枝芽可抗－30℃的低温。该种抗旱性强,抗根瘤蚜、白粉病、霜霉病。本种及其杂种主要作抗旱、抗根瘤蚜的砧木,具有代表性的品种是圣乔治。

(四)杂交种群

该种群是葡萄种间进行杂交培育成的杂交后代。如欧美杂种就是欧洲种和美洲种的杂交后代;欧山杂种就是欧洲种和山葡萄的杂交后代。其中欧美杂种在葡萄品种中占有相当的数量。这些品种的浆果具有美洲种的草莓香味,具有良好的抗病性、抗寒性、抗潮湿性和丰产性。目前,欧美杂种在我国、日本和东南亚地区已成为当地主栽品种。我国和日本栽培较多的欧美杂种品种有巨峰、京亚、藤稔、康拜尔早生、玫瑰露等。

二、主要优良品种

(一)分类

全世界的葡萄品种有8 000多个,我国拥有600个以上,除植物学分类外,生产上还按成熟期和用途分类。

1. 按品种成熟期早晚可分为以下5类

(1)极早熟品种:从萌芽到浆果成熟大约在110 d以内。其代表品种是87-1系、莎巴珍珠、早玫瑰、京早晶、早红等。

(2)早熟品种:从萌芽到浆果成熟在110～125 d的品种。其代表品种是京亚、京秀、无核白鸡心、乍娜、凤凰51、香妃、早玛瑙等。

(3)中熟品种:从萌芽到浆果成熟在125～145 d的品种。其代表品种是峰后、京超、里扎马特、先锋、伊豆锦、白香蕉等。

(4)晚熟品种:从萌芽到浆果成熟在145～160 d的品种。其代表品种是红地球、美人指、木纳格、无核白、高妻等。

(5)极晚熟品种:从萌芽到浆果成熟在160 d以上的品种。其代表品种是龙眼、秋红、秋黑等。

2. 葡萄按果实用途主要可分为以下四类

(1)鲜食品种:鲜食品种具备较好的内在品质和外观品质。穗行美观,果粒着色均匀、着生疏密适当,甜酸适口(可溶性固形物含量15%～20%,含酸量0.5%～0.9%)。如京秀、红地球、巨峰系等。

(2)酿造品种:酿造品种注重内在品质,其可溶性固形物含量16%～17%,出汁率70%以上,具有特殊的香味和不同的色泽。如赤霞珠、梅露辄、意斯林、霞多丽等。

(3)制汁品种:制汁品种要求有较高的含糖量和较浓的草莓香味。出汁率70%以上。如康棵、康拜尔、卡巴克等。

(4)制干品种:该品种要求无核、肉厚、含酸量小,可溶性固形物含量要求达到20%以上。如新疆的无核白葡萄品种。

(二)代表优良品种

(1)京秀(图7-3):欧亚种,早熟品种,从萌芽到果实成分成熟105～115 d。是中国科学院用潘诺尼亚与60-3(玫瑰香×红无籽露)杂交育成,1994年通过品种鉴定。在北京、河北、辽宁、山东等地栽培较多。露地与设施中生长、结果表现较好。早春嫩梢黄绿色,无茸毛。幼叶较薄,无茸毛,阳面略有紫色,有光泽;成叶中大,心脏形,绿色、中厚,叶缘锯齿较锐,有5个裂片,上裂刻深,下裂刻浅,叶柄洼矢形或拱形,秋叶呈紫红色。两性花。自然果穗圆锥形,平均穗重520 g,最大穗达750 g;果粒着生中密,短圆锥形,稀果后,平均粒重6.5 g,最大8 g;果皮中厚,紫红至紫黑色,果肉细致稍脆,可溶性固形物14%～17.5%,含酸量0.39%～0.47%,汁多味甜,品质上等。该品种果枝率45%,结果系数1.2,丰产性较强,不裂果,不脱粒,抗病力中等。易染白粉病、炭疽病。适宜篱架栽培,中短梢修剪,亦适宜保护地栽培,生产上应注意疏花疏果,合理负载。

(2)乍娜(图7-4):欧亚种早熟品种,又名绯红,从萌芽到果实充分成熟生长期115～125 d。原产美国,是用粉红葡萄和瑞必尔杂交育成,我国于1975年从阿尔巴尼亚引入,在全国各葡萄产区已是露地和保护地栽培的主要早熟优良品种之一。该品种早春嫩梢黄绿色,阳面略带紫晕,有稀疏的茸毛。幼叶淡紫红色,叶表有光泽,叶背有少量茸毛;成叶中等大,心脏形,5裂,上裂刻深,下裂刻浅,叶背有极少茸毛,叶面无毛,光亮,呈波状展开,锯齿大,中锐,叶柄洼拱形,叶柄长,淡绿色。卷须间隔,两性花。平均果穗重580 g。果粒近圆形或短椭圆形,着生中等紧密,牢固,平均粒重8.8 g,果皮紫红色、中等厚,果粉薄,果肉细脆,可溶性固形物含量13.5%～16.0%,含酸

图 7-3　京秀

量 0.55%～0.65%，味淡，有清香味，品质上等。该品种植株生长势较弱，果枝率 53%～60%，结果系数 1.2～1.4，较丰产，耐运输。对霜霉病抵抗力较强，多湿地区易染黑痘病。果实成熟前遇雨易裂果，裂果不及时处理易引起穗腐病。棚架、篱架均可栽培，宜中短梢修剪。

图 7-4　乍娜

(3)巨峰系：巨峰系葡萄是巨峰及与巨峰有亲缘关系的一类品种的总称。包括巨峰(图 7-5)、峰后、京超、先锋藤等系类品种，欧美杂种，多为中熟品种。巨峰品种幼叶、嫩枝浅绿色，边缘粉红色，均密生茸毛。新梢长势很强，绿色略带紫褐色，密生灰白色茸毛，新梢冬芽红色。1 年生枝成熟枝条紫褐色，节间长。成叶大，近圆形，叶厚，深绿色，三裂，裂刻浅，叶面光滑无毛，叶背密生灰白色茸毛，叶缘锯齿双侧直，较尖锐，叶柄洼开张拱形。果穗圆锥形，平均穗重多在 400～550 g。果粒近圆形或椭圆形，平均粒重 11 g 以上，完熟时呈黑紫色或紫红色。果皮厚韧，果肉肥厚多汁，有草莓香味，品质中上等。果枝率 65%～85%，结果系数 1.6～1.8，丰产性强，适应强，抗病，耐湿，对黑痘病、霜霉病、白粉病抵抗力均强。树势强旺，新梢粗壮，适宜于篱架或小棚架栽培，宜中短梢修剪。有的品种落花落果重，大小粒严重，要注意合理负载。

图 7-5 巨峰

(4)里扎马特(图 7-6)：里扎马特又称玫瑰牛奶，属欧洲种中熟品种，从萌芽到果实充分成熟生长期 128～135 d。二倍体品种，原产前苏联，用可口甘与匹尔干斯基杂交育成。我国 20 世纪 70 年代和 80 年代从苏联和日本引入。在我国西北、华北、东北等葡萄产区均有栽培，生长结果表现较好。该品种树势极旺，新梢绿色。幼叶黄绿色有光泽；成叶中大，圆形或肾形，浅 3 裂或浅 5 裂，正面或背面均无茸毛，叶缘锯齿中锐叶柄洼拱形。两性花。冬枝浅黄褐色，节间小，芽中等大，扦插极易生根。果穗大，平均重 800 g，果粒为牛奶型或束腰型，平均粒重10～11 g，果皮底色黄绿，半面紫红色，美观，皮薄肉脆多汁，可溶性固形物含量 11.5%～14.0%，含酸量 0.5%～0.6%，酸甜爽口，品质上等。该品种果枝率 30%～32%，结果系数 1.2，丰产性中等。抗病性中等，易染黑痘病、霜霉病，果实成熟期遇雨易裂果。可棚架栽培，中长梢修剪。

(5)红地球(图 7-7)：红地球又名大红球、晚红、美国红提等。欧亚种，二倍体，晚熟品种。1980 年美国杂交育成品种。美国加州晚熟耐贮运品种，1987 年引入我国。该品种早春嫩梢浅紫红色。幼叶浅紫红色，叶表光滑，叶背有稀疏茸毛。新梢中下部有紫红色条纹，成熟的 1 年生枝条为浅褐色。成叶中等大，心脏形，中等厚，5 裂，上裂刻深，下裂刻浅，叶正背两面均无茸毛，叶缘锯齿两侧凸，较钝，叶柄浅红色，叶柄洼拱形。两性花。自然果穗长圆锥形，平均穗重 880 g，最大穗重可达 2 500 g，果粒着生松紧适度；果粒圆球形或卵圆形，果粒平均纵径 32 mm，横径 28 mm，平均粒重 14.5 g，最大达 22 g 以上，果粒大小均匀；果皮中厚，紫红色至黑紫色，套袋后可呈鲜玫瑰红色，果肉硬脆，可削成薄片，味甜适口，可溶性固形物含量 17%，含酸量 0.5%～0.6%，品质上等，果刷粗长，不脱粒，极耐贮藏和运输。植株生长势强，果枝率 70%，结果系数 1.5，丰产性强。抗病力弱，易染黑痘病、白腐病、炭疽病、霜霉病。适宜小棚架和篱架栽培。幼树宜长中短梢混合修剪，成年树以短梢修剪为主。幼树贪青生长，新梢成熟较晚，生产中要及时摘心和处理副梢，副梢多留叶片，严格控制产量，及早疏穗疏粒，并使结果枝与营养枝比例控制为(2～3)：1。

图 7-6　里扎马特

图 7-7　红地球

(6)美人指(图 7-8):美人指是欧亚种晚熟品种,从萌芽到浆果成熟 145～150 d,二倍体,为日本植原葡萄研究所于 1984 年用尤尼坤与巴拉底 2 号杂交育成。1994 年由江苏省张家港市引入栽培。该品种植株春季枝条嫩梢黄绿色,稍带紫红色,有光泽;成叶中大,心脏形,黄绿色,叶缘锯齿中锐,叶柄中长,浅绿色,略带浅红色,叶柄洼窄矢形。两性花,成熟枝条灰白色。果穗长圆锥形,平均穗重 480 g,最大为 1 750 g,果粒着生松散,平均粒重 15 g,最大粒重 20 g,粒形如手指尖接形状,纵径 6.0 cm,横径 2.0 cm,果实纵横径之比为 3∶1,果粒呈长椭圆形,粒尖部鲜红或紫红色,光亮,基部色泽稍浅,恰如用指甲油染红的美人手指头,故称美人指。果皮薄,果粉厚,果肉脆甜,可溶性固形物含量 16%～18%,含酸量 0.50%～0.65%,品质上等。果枝率 45%,结果系数 1.1～1.3。果实耐拉力强,不落粒,较耐贮运。植株生长势强,极性强,易徒长。该品种抗病力较差,栽培时应做好病虫害防治工作和果实套袋、避雨栽培等技术措施。

图 7-8　美人指

第三节　生产技术特点

一、育苗

葡萄生产上常用的育苗方法是扦插育苗,且以硬枝扦插为主。而嫁接繁殖又以绿枝嫁接为主。其具体技术规程参照第二章育苗有关部分。

二、建园

(一)园地选择

葡萄园选在背风向阳,昼夜温差大,土壤疏松肥沃,排灌条件良好,pH 值适宜的沙质壤土地建园。

(二)园地规划

(1)选择适当的品种，搞好早、中、晚熟品种搭配：品种选择适应当地条件，结果早，产量高、品质好，抗病，易管理的优良品种。葡萄园较大时，应注意早、中、晚熟品种的搭配。要求早熟品种占10%～15%；中熟品种占60%～70%；晚熟品种占15%～30%，1个园最好栽几个主栽品种。

(2)园地规划：拟建葡萄园地带应事先画好整体规划设计图。划分出生产用地与非生产用地。对于非生产用地的防护林、道路、管理用房、排灌系统等应事先考虑好。

(3)行向和株行距

①行向。葡萄棚架栽培时选择东西行向，使枝蔓由南向北爬；篱架选择南北行向，使植株两侧均匀接受阳光。

②株行距。葡萄栽植株行距取决于气候、架式和品种。冬季寒冷的北方地区，需下架防寒，一般多采用棚架，其行距≥4 m。对生长势强的龙眼等品种，行距8～10 m；生长势中庸的品种，行距4～6 m，蔓距0.5～0.6 m，株距0.5～1.8 m；采用抗寒砧木的行距适当缩小，气候较暖和或采用抗寒砧木篱架栽培，其株行距为(1.0～2.5) m×(2.0～3.5) m。

(三)栽植时期和方法

(1)栽苗时期：北方各省春栽要求20 cm深土温稳定在10℃左右时栽植。

(2)栽前苗木处理：苗木栽前剪去枯桩，过长根系剪留20～25 cm，其余根系剪出新茬。地上部剪留2～4个芽，然后将苗木在清水中浸泡24 h左右。

(3)栽植：栽植沟上一年秋季挖好。一般沟宽1 m，深0.7～1.0 m。回填时施足充分腐熟的有机肥25～30 kg/株，灌透水，沉实土。栽植深度自根苗以原根颈与地面平齐；嫁接苗接口离地面15～20 cm，栽后灌1次透水，待水渗下后将苗木培一土堆。天气寒冷地区，无论自根苗或嫁接苗都要培土。自根苗培土时土堆要超过顶芽2 cm左右，嫁接苗要先将苗木压倒固定，然后培一土堆。7～10 d后，芽眼开始萌动时将土堆扒开。

三、建架与整形修剪

葡萄是蔓性果树，在整形修剪上与其他乔木果树相比具有三个显著的特点。一是葡萄枝蔓柔软，整形修剪必须做到架式、树形和修剪的有机结合，即根据栽培条件和品种选择架式，按照架式选择树形，并通过一定的修剪方法来实现。关键是使枝蔓伸展顺畅，均匀分布于架面。二是冬剪必须避开伤流期；三是葡萄生长旺盛，必须加强生长期的修剪。

(一)架式选择与设立

葡萄生产中应用的架式种类很多，基本上可分为篱架和棚架两大类。各种架式的基本结构见图7-9，其主要优点、适用范围和树形见表7-1。现以单壁篱架和小棚架为例说明其建造过程。

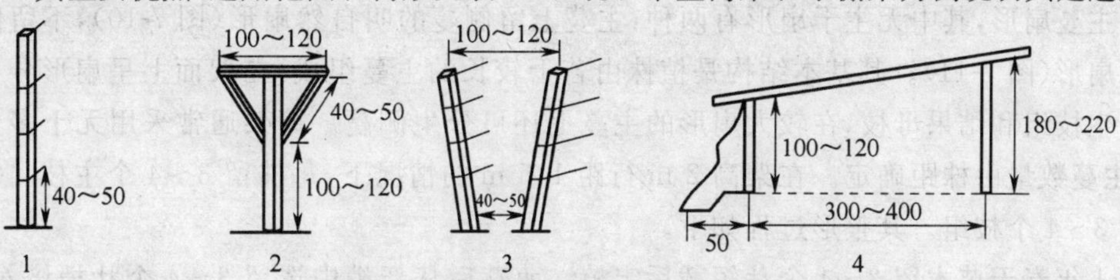

图7-9　葡萄主要架式类型(单位:cm)

1. 单壁篱架　2. 宽顶篱架　3. 双壁篱架　4. 小棚架

表 7-1 葡萄主要架式性能表

架式名称	特点	存在问题	采用树形	适用条件
单壁篱架	通风透光、早果、管理方便、利于密植,果实品质好	架面小,不适宜生长旺盛的品种,结果部位易上移	扇形、水平形、龙干形、U形整枝	密植栽培、品种长势弱、温暖地区
双壁篱架	架面扩大,产量增加	费架材,不便作业,病害重,着色差,对肥水条件和夏季植株管理要求较高	扇形、水平形、U形整枝	小型葡萄园
宽顶篱架(T形架)	有效架面大、作业方便、产量增加、光照条件好、品质好	树体有主干,不便埋土防寒,在埋土防寒地区不宜采用	单干双臂水平形	适合生长势较强的品种,不需要埋土越冬地区
小棚架	早期丰产、树姿稳定,便于更新	不便机耕	扇形、龙干形	长势中等品种,需要冬季埋土地区
倾斜式大棚架	建园投资少,地下管理省工	结果晚,更新慢,树势不稳	无干多主蔓扇形、龙干形	寒冷地区、丘陵山地、庭院栽培、长势强的品种

(1)单壁篱架:架面与地面垂直,架高因行距而定。当行距 3 m 时,架高 2 m 为好。行长以 60～80 m 为宜,行内每 6 m 设一支柱(采用钢管、水泥柱)。其中水泥柱的规格为:边柱 10 cm×12 cm×270 cm,中柱 10 cm×10 cm×250 cm,柱内用 4 根直径 6 mm 钢筋做骨架,柱面按要求设置穿线孔。单壁篱架设在距葡萄栽植行一侧 30～40 cm 处。建架时,边柱埋入土中 70 cm 并用锚石或支柱加固。中柱埋入土中 50 cm,然后将 8 号镀锌丝按要求连接支柱,再用紧丝器拉紧。

(2)小棚架:以行距 4 m 为例,先在葡萄栽植行植株前面 0.5～1.0 m 处与葡萄行平行立第一排支柱,支柱间距 4～6 m,高出地面 70～120 cm,然后以 2 m 的相同的间距再设第二、三排支柱。第三支柱高 2 m 左右,然后在支柱顶部顺枝蔓延伸的方向架横梁。横梁采用粗 6～10 cm 的水泥柱、木杆、竹竿或 8 号镀锌丝。最后参照篱架的方式用 6～8 号镀锌丝将边柱固定,并在架面上顺行向每隔 50～60 cm 拉一道 10～12 号镀锌铁丝。

(二)常用树形及整形过程

(1)扇形整枝:扇形整枝为葡萄产区采用较多的一种树形。依主干的有无分为有主干和无主干多主蔓扇形,其中无主干扇形有两种:主蔓上留侧蔓的叫自然扇形(图 7-10),不留侧蔓的叫规则扇形(图 7-11)。其基本结构是植株由若干较长的主蔓组成,在架面上呈扇形分布。主蔓上着生枝组和结果母枝,在较大扇形的主蔓上还可分生侧蔓。篱架通常采用无干多主蔓扇形,其主蔓数量由株距确定。在架高 2 m 行距 1.5 m 的情况下,每株留 3～4 个主枝。每个主蔓上留 3～4 个枝组。其整形过程如下。

第 1 年春天苗木留 3～4 个芽短截后定植。萌芽后从新梢中选留 3～4 个壮梢培养,其余全部除去。夏天新梢达 80 cm 以上时,留 50～60 cm 摘心,以后对新梢顶端发出的第一副梢留 30 cm 摘心,并去掉其余副梢。按相同方法,副梢上发出的二次副梢留 3～5 片叶摘心,三次副

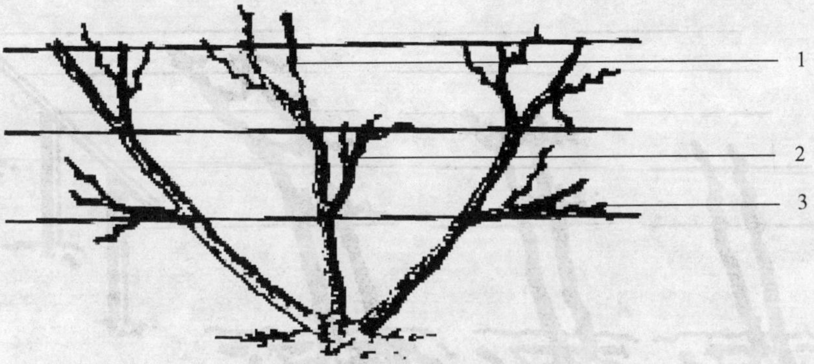

图 7-10　多主蔓自然扇形

1. 主蔓　2. 侧蔓　3. 结果母枝

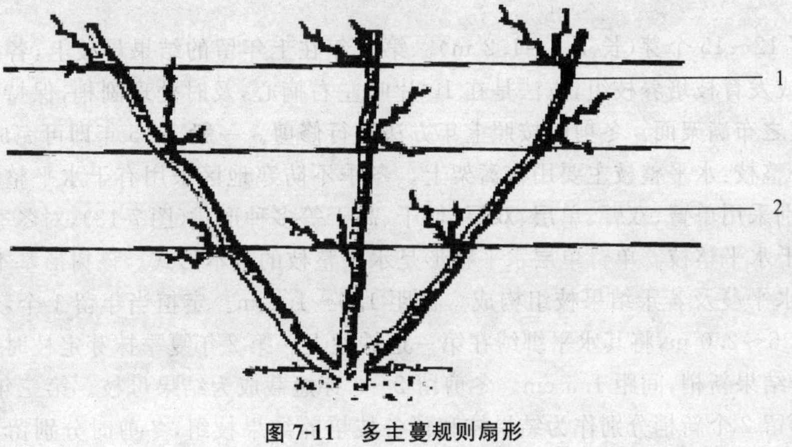

图 7-11　多主蔓规则扇形

1. 主蔓　2. 枝组

梢留 1～2 片叶摘心。夏季生长季较差的新梢适当摘心，以培养壮梢。冬剪时，对壮梢留 50～60 cm 短截，培养成主蔓。弱枝留 30 cm 短截，下年继续培养主蔓。

第 2 年夏季，主蔓上发出的延长梢达 70 cm 时，留 50 cm 左右摘心，其余新梢留 40 cm 摘心，以后参照第 1 年的方法摘心。冬剪时主蔓延长蔓留 50 cm 短截。其余枝条留 2～3 芽短截，培养结果枝组。上一年留 30 cm 短截的待培养主蔓。当年可发出 1～2 个新梢。夏季选其中 1 根壮梢在其长到 40 cm 时留 30 cm 摘心，其上发出的健壮副梢作主蔓延长梢，冬剪留 50 cm，其余副梢按培养枝组的方法进行摘心和冬剪。第 3 年继续按上述原则培养主蔓，直到主蔓具备 3～4 个结果枝组为止。

(2)龙干形：龙干形是我国北方各葡萄产区常用的整形方式，适于棚架和棚篱架。龙干形包括独龙干、双龙干和多龙干。龙干为其基本单元，其结构是从地面直接选留主蔓，引缚上架，在主蔓的背上或两侧每隔 25～30 cm 着生 1 个枝组，每个枝组着生 1～3 个短结果母枝，呈龙爪状。多采用短梢修剪(图 7-12)。现以生产上常用的双龙干为例说明其整形过程。

第 1 年定植时留 2～3 个芽短截，萌发 2～3 个新梢用以培养主蔓。当新梢长至 1 m 以上时摘心，其上副梢留 1～2 片叶反复摘心。冬剪时，主蔓剪留 12～18 个芽。第 2 年主蔓发芽后，抹去基部 30 cm 以下的芽，以上每隔 25～30 cm 留一壮梢，夏季新梢长到 60 cm 以上时，留 40 cm 摘心。以后对其上的副梢继续摘心，冬剪时留 2～3 个芽短截。延长梢留 15～18 节摘

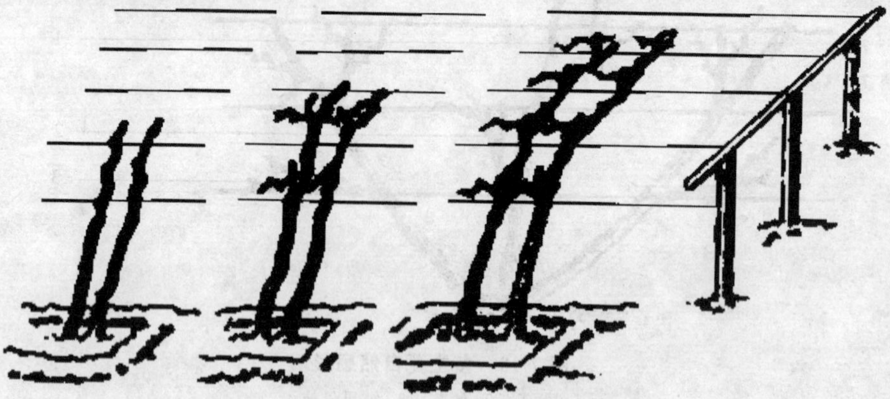

图 7-12　无主干双龙干形

心，冬剪剪留 12～15 个芽（长 1.0～1.2 m）。第三年在上年留的结果母枝上，各选留 2～3 个好的结果枝或发育枝培养枝组，方法是在 10 片叶左右摘心，及时处理副梢，保持延长蔓优势，继续延伸，使之布满架面。冬剪时按照上年方法进行修剪。一般 3～5 年即可完成整形。

（3）水平整枝：水平整枝主要用在篱架上。冬季不防寒地区采用有干水平整枝，其树形根据架式可分别采用单臂、双臂、单层、双层、低干、高干等多种形式（图 7-13），对冬季防寒地区则必须使用无干水平整枝。单臂单层水平整形是水平整枝的基本形式。该树形基本结构由一个主干和一个水平蔓及若干结果枝组构成。株距 1.0～1.2 m。定植当年留 1 个新梢作主蔓培养，冬剪留 1.5～2.0 m，将其水平绑缚在第一道铁丝上。第 2 年夏季抹芽定枝时，新枝蔓上每米留 6～7 个结果新梢，间距 1.5 cm。冬剪留 2～3 芽短截成为结果母枝。第三年夏季结果母枝发芽后，选留 2 个新梢分别作为结果枝和预备枝培养结果枝组，冬剪时分别留 2～3 个芽和 4～6 个芽。以后每年对结果枝组更新修剪。

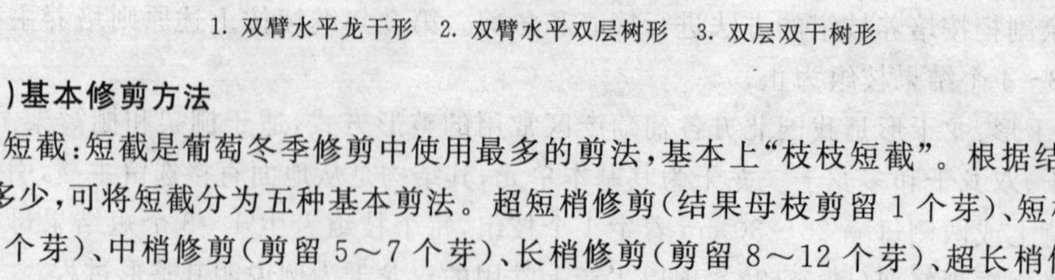

图 7-13　双臂水平龙干形

1. 双臂水平龙干形　2. 双臂水平双层树形　3. 双层双干树形

（三）基本修剪方法

（1）短截：短截是葡萄冬季修剪中使用最多的剪法，基本上“枝枝短截”。根据结果母枝剪留芽的多少，可将短截分为五种基本剪法。超短梢修剪（结果母枝剪留 1 个芽）、短梢修剪（剪留 2～4 个芽）、中梢修剪（剪留 5～7 个芽）、长梢修剪（剪留 8～12 个芽）、超长梢修剪（剪留 12 个芽以上）。具体应根据品种特性、架式树形、夏季摘心强度等灵活运用。一般长梢或超长梢修剪适合结果部位较高、生长势旺的东方品种群葡萄，多用于棚架。它能保留最多的结果部位，形成较高的产量，但萌芽和成枝率较低，结果部位外移快。在生产上采用长或超长梢修剪时，必须注意配备预备枝。短梢修剪适于结果部位低的西欧品种群和黑海品种群及篱架栽培。

中梢修剪的效果介于长梢修剪和短梢修剪之间，多在单枝更新时使用。

(2)绑缚枝蔓：绑缚枝蔓是葡萄冬季修剪后的一项重要工作，就是将按树形要求将枝蔓定向、定位绑缚在架面铁丝上，使其在架面上均匀分布，充分利用光能。通过控制绑蔓的方位，可有效地调节枝蔓生长势，达到抑强扶弱目的。中、长梢修剪的结果母枝采取的绑缚形式有垂直、倾斜、水平、弓形等。对弱枝垂直或倾斜绑缚，对强枝水平或弓形绑缚，可有效地防止结果部位上移。而短梢修剪的结果母枝则不必绑缚。新梢长到 40～50 cm 长时引缚固定，使其均匀分布于架面。除长势较弱的新梢和用于更新骨干枝的新梢可直立向上绑缚外，一般要保持一定的倾斜度。长势强的新梢，拉成水平状绑缚。而部分新梢可根据情况自由悬垂。绑缚材料可用马蔺、麻绳、布条或塑料绳。结扣要求既死又活，使绑扎物一端紧扣铁丝不松动，另一端在枝蔓、新梢上较松。

(3)新梢摘心与副梢处理：新梢摘心与副梢处理是葡萄夏季修剪的基本内容，具体方法因枝梢类型而异。结果枝摘心在开花前 2～6 d 进行，在花序上留 4～6 片叶摘心，选择达到成叶 1/2 大小的叶片作为摘心部位。对摘心后萌发的副梢采取先端 1～2 个副梢留 3～4 片叶反复摘心，其余的穗上副梢留 1～2 片叶反复摘心，或留 1 片叶摘心并掐去叶腋芽防止萌发二次副梢。对穗下副梢全部除去。发育枝摘心根据其作用分别对待，培养主蔓、侧蔓的发育枝应在达到分枝的部位的摘心，以后先端 1～2 个副梢及二次副梢均留 4～6 片叶摘心，其余副梢按照结果枝果穗以上副梢处理方法进行。培养结果母枝的新梢可留 8～10 片叶摘心，而预备枝上的新梢根据需要摘心。结果母枝和预备枝发出的新梢亦按发育枝副梢处理的方法进行。易发生日灼病的地区采用篱架栽培时，还要保留花序处及其上的 1 个副梢，留 2 片叶反复摘心。

(4)更新修剪：更新修剪指枝组的更新修剪，有两种方法：一是短梢修剪为主的单枝更新法，结果母枝一般剪留 3～4 节，将母枝水平引缚，使其中上部抽生结果枝结果，基部选择一个生长健壮的新梢，培养为预备枝，预备枝上有花序应摘除。冬剪时，将预备枝以上部位剪去，以后每年反复进行的更新方式见图 7-14。此法适用于母枝基部花芽分化率高的品种。二是双枝更新法，在一个枝组上通常由一个结果母枝和一个预备枝组成。结果母枝长留，采用长、中梢修剪，预备枝短留，留 2～3 个芽。结果母枝抽梢结果后，冬剪时将其缩剪掉，留下预备枝上两个健壮的 1 年生枝，上面的一个用作结果母枝，采用长、中梢修剪，下面一个作预备枝，剪留 2～3 个芽，每年反复更替进行的方法(图 7-15)。在生产上对衰弱的主蔓及植株应注意用基部的潜伏芽更新复壮。

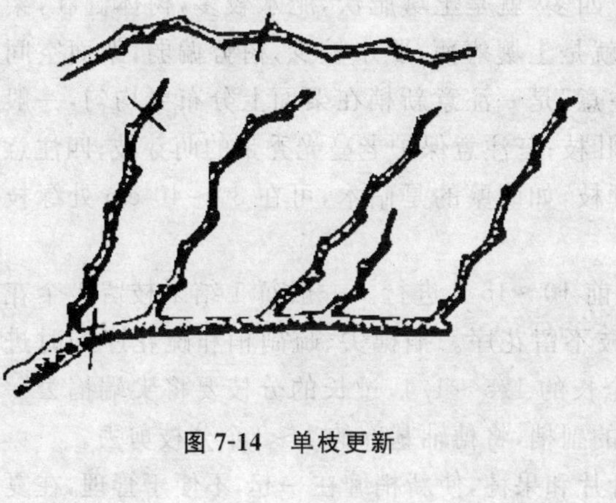

图 7-14　单枝更新

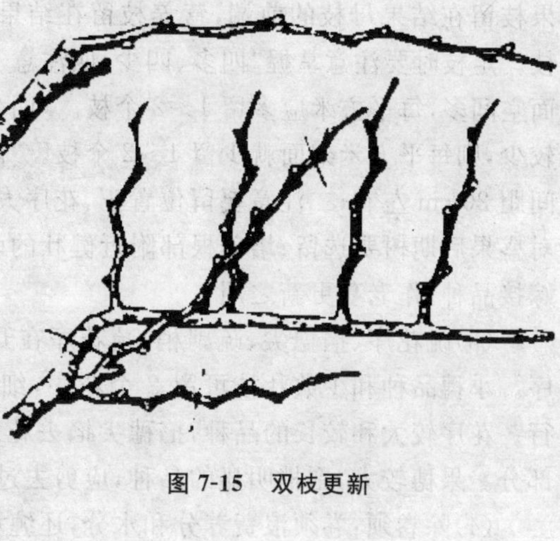

图 7-15　双枝更新

（四）合理负载技术

葡萄上为达到优质稳产，应将每 667 m^2 产量控制在1 500～2 000 kg，而修剪是实现合理负载的有效途径，具体可采取以下措施。

（1）留芽量及结果枝留量要适宜：冬剪时根据计划产量确定留芽量。具体可采用如下公式计算：

$$留芽量=\frac{计划产量(kg)}{平均果穗重(kg)\times萌芽率(\%)\times成枝率(\%)\times果枝率\times结果系数}$$

根据品种特性、架式特点、树龄、产量等确定结果母枝的剪留强度，一般结果母枝剪留量篱架架面为 8 个/m^2 左右，棚架架面为 6 个/m^2 左右。其具体计算公式为：

$$每亩留结果母枝数=\frac{每亩计划产量(kg)}{每结果母枝平均留果枝数\times每果枝平均果穗数\times每果穗平均重量(kg)}$$

（2）抹芽定梢：抹芽在葡萄萌芽后进行。定梢就是定枝，在冬季修剪的基础上对留枝量做最后的调整。根据架面大小和树势强弱，棚架架面一般留 15～20 个新梢/m^2，单篱架架面留梢不超过 15 个/m^2，篱架上留枝距离不超过 10 cm。疏枝时，首先疏除过密和过弱的新梢，在新梢生长势相近时，疏密不疏稀，疏前不疏后。

（3）花后定果：花序过多时，弱枝不留穗；延长枝不留穗；中庸果枝留 1 穗；强壮枝留 2 穗，其余花序全部疏除。架面选留 4～5 穗果/m^2，保证每生产 500 g 果有 40 片左右的正常的叶片。

（五）夏季修剪

（1）抹芽：在葡萄萌芽后，当芽长到 1 cm 左右时进行第一次抹芽。第一次抹芽在萌芽后对主蔓基部 40～50 cm 以下无用的芽一律抹去。结果母枝上发育不良的基节芽和双芽，三生芽中的尖头瘦、弱芽及早抹去，保留粗大而扁的芽；第二次抹芽在芽长到 2～3 cm 时至展叶初期，能够看清有无花序时进行，将无生长空间的瘦芽和结果母枝前端无花序及基部位置不当、瘦弱的芽抹掉，保留前端有花序的芽作为结果枝，基部位置较好的芽作预备枝或称营养枝。

（2）定枝：定枝在新梢长到 10～15 cm，基本能看清花序大小、好坏时进行。选留中庸健壮及有花序的新梢，抹去过密的徒长枝及细弱的发育枝，使新梢分布合理，长势均衡。定枝时结果枝留在结果母枝的前端，营养枝留在结果母枝的基部靠近主蔓位置，培养成来年的结果母枝。定枝时要注意掌握"四多、四少、四注意"。"四多"就是土壤肥沃，肥水较多，树体健壮，架面空间多，每平方米应多留 1～2 个枝。"四少"就是土壤瘠薄，肥水较少，树势偏弱，架面空间较少，则每平方米架面就少留 1～2 个枝。"四注意"是一注意新梢在架面上分布要均匀，一般间距 20 cm 左右；二注意要留位置正、花序大的壮枝；三注意保护老蔓光秃带的萌芽枝；四注意对盛果后期树要选留、培养根部附近健壮的萌蘖枝，如萌蘖的是砧木，可在 30～40 cm 处绿枝嫁接品种，作老蔓更新之用。

（3）疏花序、掐穗尖、疏副梢：疏花序在开花前 10～15 d 进行。一般每 1 结果枝留 1 个花序。小穗品种和少数壮枝可留 2 个花序，细弱枝不留花序。掐穗尖、疏副梢和疏花序同时进行。花序较大和较长的品种，掐穗尖掐去花序全长的 1/5～1/4，过长的分枝要将尖端掐去一部分。果穗较大，副梢明显的品种，应剪去过大的副梢，将穗轴基部的 1～2 个分枝剪去。

（4）除卷须：卷须浪费养分和水分，还缠坏叶片和果穗，使新梢缠在一起，不便于管理，在夏剪时要及时把卷须剪除。

(5)新梢摘心:新梢摘心分结果枝、营养枝摘心和主蔓延长梢摘心。结果枝摘心在开花前3～5 d至初花期进行。一般花序上留4～6片叶摘心。营养枝摘心与结果枝摘心同时进行,或较结果枝摘心稍迟。一般留8～12片叶摘心。强枝长留,弱枝短留;空处长留,密处短留。主蔓延长梢摘心北方在8月中旬以前进行摘心;南方9月上旬摘心,对延长梢一般不留果穗。

(6)副梢处理:幼树和生长强旺树结果枝顶端1个副梢留3～4片叶反复摘心,其余副梢留1片叶反复摘心;初结果树果穗以下副梢从基部抹除,果穗以上副梢留1片叶反复摘心,最顶端1个副梢留2～4片叶反复摘心。篱架或棚架栽培的成龄葡萄树盛果期或整形期间的主蔓延长梢,结果枝保留最顶端1个副梢,每次留2～3片叶反复摘心,其余副梢全部抹除。

(7)剪枯枝、坏枝:剪枯枝、坏枝一般在葡萄伤流期过后进行。北方一般在6月上旬,与新梢摘心同时进行。

(8)新梢引缚:新梢引缚就是将一些下垂枝、过密枝疏散开,绑到铁线上。

(9)剪梢、摘叶:剪梢、摘叶一般在7月中旬至9月进行。特别是果实着色前。将过长的新梢和副梢剪去一部分。将过密的叶片、特别是老叶和黄叶摘掉。剪梢、摘叶以葡萄架下有筛眼状光影为标准。

(10)注意问题:夏剪应注意三点问题。一是夏剪下来的枝叶要集中深埋或沤肥;二是夏剪时发现病叶、病梢、病果要及时剪下深埋;三是各项作业一定按时、按要求进行。

四、土肥水管理

(一)土壤管理

(1)地面深翻:北方埋土防寒地区在葡萄出土上架后,结合清理地面深翻。在定植沟内深翻20～25 cm。翻后打碎土块,整平地面,修好地埂。植株周围留20 cm浅翻或不翻。秋季没有施基肥,可结合地面深翻施基肥,或同时追化肥。

(2)中耕除草:葡萄园每年至少要在行间、株间中耕除草2～3次,深10 cm左右。每个生长季要在行、株间锄草3～4次,保持土壤疏松无杂草状态。也可用除草剂除草。对成龄葡萄园可选用农达、西玛津、茅草枯等,但葡萄园不允许使用2,4-D类除草剂,且在葡萄园周围也是如此。施用除草剂时注意不能打到叶片上,新除草剂必须试验后才能大面积应用,并要防止药害。

(二)施肥技术

(1)基肥:秋季葡萄采收后施入,或在春季葡萄出土上架后施入。肥料种类以有机肥为主,掺入少量的尿素、磷酸二铵、过磷酸钙等速效性肥料。基肥施用量占全年施肥量的50%～60%。施肥方法有沟施和撒施两种。沟施每年在栽植沟两侧轮流开沟施基肥,且每年施肥沟逐渐外扩。一般离植株基部50～100 cm处挖宽、深各40 cm左右的施肥沟,施肥量50 kg/株。施肥量5 000 kg/667 m^2以上时,应将肥料均匀施入沟内,并用土拌好,然后回填余土,施肥后灌水。撒施具体又有两种方法:其一是先把地面表土挖出10～15 cm后1层,然后将肥料均匀撒入其中,再深翻20～25 cm,最后用表土回填;其二是把腐熟的优质有机肥均匀撒到地面,深翻20～25 cm。基肥应施在主要根系分布层范围内,以不损伤大根为原则。

(2)追肥:在施入基肥的基础上,一般每年追施化肥3～4次。第1次在发芽前,主要追施氮肥,施后及时灌水;第2次在抽枝和开花前喷施0.3%的硼肥;第3次在果实膨大期,主要追施磷酸二铵，叶面喷施钙、镁、锰、锌等微肥；第 4 次在果实着色期，主要追施磷酸二氢钾。施肥量依据地力、树势和产量的不同而异，每产 100 kg 浆果一年需施纯氮(N)0.25～0.75 kg、磷(P_2O_5)0.25～0.75 kg、钾(K_2O)0.35～1.1 kg。施肥方法是在离葡萄树根颈 30～40 cm 处开环状沟，沟深 15～20 cm，施肥后灌水。此外，根据不同管理水平、果园不同的营养状况，在不同时期每年叶面喷肥 3～4 次，前期以氮肥为主，可间隔 20 d 喷 0.2%～0.3%的尿素 1～2 次，后期以磷、钾肥为主，可间隔 15 d 叶面喷施 0.2%～0.3%的磷酸二氢钾 2 次。

(三)水分管理

葡萄的水分管理是“两促两控，保证冻水”。即萌芽后到开花前灌 2～3 次水；花期控水；浆果膨大期根据降水情况灌水；浆果着色期控水；北方寒冷地区下架埋土前保证灌好封冻水。

五、花果管理

按要求疏花序、掐穗尖。开花前 2 周喷 0.3%的硼砂，隔 1 周再喷 1 次。进入花期放蜂，花后 20 d 疏(稀)果粒。

(一)修果穗和稀果粒

修果穗就是在修整花序的基础上对穗形不好的果穗进一步修整，剪去过长的副穗和穗尖以及疏除过多的支穗，使果穗紧凑，穗形整齐美观。修果穗可结合第一次稀果粒进行。稀果粒就是按照品种特性对果穗的要求，疏掉果穗中的畸形果、小果、病虫果以及比较密挤的果粒。稀果粒一般在花后 2～4 周进行 1～2 次，第 1 次在果粒绿豆大小时进行，第 2 次在果粒黄豆大小时进行。稀果粒应根据品种的不同而确定相应的标准。自然平均粒重在 6 g 以下的品种，每穗留 60 粒左右；自然平均粒重在 6～7 g 的品种，每穗留 45～50 粒；自然平均粒重 8～10 g 的品种，每穗留 41～45 粒；自然平均粒重大于 11 g 以上的品种，每穗留 35～40 粒。疏果粒不要太靠近花序果穗分支轴，注意保留一小段“桩”。

(二)果实套袋

葡萄果实套袋应用经国家注册的专用纸袋。具体应根据地区日照强度及果实颜色进行，红色、紫黑色品种如红地球、巨峰等宜选用黄褐色或灰白色的羊皮纸袋；而绿色品种选用一般纸袋即可。套袋一般在开花后 20 d 左右，即生理落果后黄豆粒大小时进行。套袋前首先根据品种特性进行稀果粒，疏掉畸形果、小果及过密的果粒，并细致喷布 1 次 50%的多菌灵可湿性粉剂 800～1 000 倍液或 70%的甲基托布津可湿性粉剂 700～800 倍液。待药液干后及时套袋。首先将纸袋撑开，然后小心地将果穗轻轻地装入袋的中部，将纸袋口捏在穗轴或结果枝上，用细铁丝扎紧。如果是自制报纸袋，在套袋前还要将纸袋下边两角各剪成 0.3 cm 左右的通气口。对于易受日灼的品种如红地球，套好后最好在上面再遮上一张报纸。摘袋时间根据品种和地区确定。对无色品种及果实容易着色品种如香妃、维多利亚、巨峰等可在采收前摘袋。红色品种如红地球一般在果实采收前 15 d 左右进行摘袋，果实着色至成熟期昼夜温差较大的地区，适当延迟摘袋时间或不摘袋；在昼夜温差较小的地区，可适当提前摘袋。摘袋时首先将袋底打开，经过 5～7 d 锻炼，再将袋全部摘除。

六、病虫害防治

葡萄病虫害主要是“五病二虫”。“五病”是白腐病、黑痘病、霜霉病、葡萄蔓裂病；“二虫”是葡萄十星叶甲、葡萄透刺蛾。

(一)葡萄白腐病

1. 症状及发病特点

主要为害果穗,也为害新梢、叶片等。果穗受害,多从近成熟期开始,首先果梗发病,并向穗轴和果粒蔓延,在果梗和穗轴上形成水渍状、褐色不规则形病斑。果粒发病变褐软腐,以后形成许多灰白色小粒点,果实脱落。部分果实在干燥时失水,形成多棱形僵果悬挂在枝头。叶片发病,多从叶尖或叶缘开始,产生红褐色有轮纹的大斑,潮湿时出现灰白色小粒点。新梢发病,病斑暗褐色、凹陷,密生灰白色小粒点,病斑环绕一周时上部枯死。后期病皮纵裂成乱麻状,易从木质部剥离。

葡萄白腐病菌随病残体在土壤中越冬,靠雨水飞溅传播,能多次再侵染。一般6月上中旬开始发病,7～8月份为发病盛期。6月份降雨的早晚及雨量大小决定当年发病的早晚和轻重,发病率与降雨次数和雨量呈正相关。若果园通风不良,湿度大,排水不好,土壤黏重,果穗离地面近,管理粗放和树势衰弱等易发病。另外,含糖量高的品种发病也重。

2. 防治方法

(1)加强栽培管理:多施有机肥,合理修剪,适量负载。并加强夏管,改善通风透光条件。提高结果部位,避免造成伤口,减少病菌侵染。

(2)清除病源:生长期随时剪除病蔓、病果、病叶,集中深埋或烧毁。秋末至早春彻底刮除病皮,摘净僵果,清扫果园。

(3)药剂防治

①地面施药铲除越冬病菌。用1∶1∶2的福美双、硫磺粉、碳酸钙混合粉喷撒地面,每亩1～2 kg。也可用2°Be石硫合剂+0.3%五氯酚钠混合液或0.5%五氯酚钠等。

②生长期喷药保护。发病初期每半月1次,共喷3～4次。常用药剂有50%福美双600倍液、40%氟硅唑6 000～8 000倍液、苯醚甲环唑3 000～5 000倍液、白腐灵800～1 500倍液、70%卡丹1 000倍液、50%甲基托布津800倍液,另外还可用代森锰锌、多菌灵或1∶0.5∶200倍波尔多液等。除波尔多液外,喷施其他药剂可加入0.03%的皮胶,以耐雨水冲洗。

(二)葡萄炭疽病

1. 症状及发病特点

该病主要为害花穗果实穗轴,严重时也为害叶片叶柄果枝和嫩梢。受炭疽病侵染的花穗顶端小花开始顺着穗轴小花梗初变为淡褐色湿润状,逐渐变为黑褐色腐烂,有的是正穗腐烂或几朵小花腐烂,腐烂的小花受振动易脱落。空气潮湿时,病花穗上常长出白色菌丝和粉红色黏稠状物,此为病菌的分生孢子团。果实受侵害一般在转色成熟期才陆续表现症状。病斑多见果实的中下部,初为圆形或不规则形水渍状淡褐色或紫色小斑点,以后病斑逐渐扩大,直径可达8～15 mm,并转为褐色或黑色,果皮腐烂并明生凹陷,边缘皱缩呈轮纹状,病果与健康果组织交界处有僵硬感。空气潮湿时,病斑上可见到橙红色黏稠状小点,此为病菌的分生孢子团,后期,在粉红色的分生孢子团之间或其周围可见到灰青色的小粒点。发病严重时,病斑可扩展至半个以至整个果面,或数个病斑相连引起果实腐烂而脱落。叶片受害多在叶缘部位产生近圆形或长圆形暗褐色病斑,直径2～3 cm,空气潮湿时病斑上亦可长出粉红色的分生孢子团。果枝穗轴受害严重时可影响生长以至果粒干缩。

葡萄炭疽病有潜伏侵染的特征。病菌主要以菌丝在1年生枝蔓表层组织及病果上越冬。翌春环境条件适宜时,产生大量的分生孢子,通过风、雨、昆虫传到果穗上,引起初次侵染。一般年份病害从6月下旬开始发生，以后逐渐增多，7～8月份果实接近成熟时病害进入盛发期，特别是高温多雨常导致病害流行。

2. 防治方法

(1)搞好清园灭菌工作：结合修剪清除留在植株上的副梢僵果等，彻底清除集中烧毁。春季葡萄萌芽时对结果母枝和蔓喷3°Be石硫合剂加200倍五氯酚钠，以减少果园内病菌来源。

(2)加强栽培管理：生长期要及时摘心，及时绑蔓，使果园通风透光良好，以减少发病。

(3)喷药保护：一般从6月上旬开始喷第一次药以后每隔10～15 d喷1次药，可选用80%炭疽福美森500倍液或50%福美双800倍液，或优果一号2 000～3 000倍液，氟硅唑600～800倍液。咪鲜胺1 500～2 000倍液可杀得1 000倍液或75%百菌清500～800倍液。

(三)葡萄黑痘病

1. 症状及发病特点

葡萄黑痘病又叫疮痂病、晚腐病，俗称"蛤蟆眼"，是葡萄重要病害之一。主要为害花穗、幼果、穗轴、果梗、叶片、叶柄、新梢、卷须等绿色幼嫩器官。叶片发病，病斑圆形，直径2～5 mm，周围黑褐色，中央灰白色，后期破碎穿孔。幼果发病，病斑似鸟眼状，后期病斑硬化、龟裂，潮湿时产生乳白色黏液，受害果粒生长发育不良，质硬，味酸。其他绿色部位发病，病斑圆形或不规则形，中央灰褐色，边缘紫褐色并凹陷龟裂，呈疮痂状。

葡萄黑痘病菌在病枝、病果等病残体内越冬。借风雨传播，能多次侵染。6～7月份为发病盛期。6月份若遇阴雨连绵，病害将严重发生。果园管理不善，氮肥过量造成徒长等易发病。但品种间抗病性差异很大。

2. 防治方法

(1)清除病残体：结合冬剪，彻底清除树上的病残体，刮去老皮，清扫果园，烧毁或深埋。

(2)加强果园管理：增施磷、钾肥。雨季排水，夏季修剪，及时去除副梢、卷须和过密枝叶，改善通风透光条件。

(3)药剂防治：发芽前喷施3°Be石硫合剂＋0.5%五氯酚钠或10%～15%的硫酸铵溶液；花前花后各喷1次1∶0.5∶200倍波尔多液，以后每隔半月喷一次1∶1∶200波尔多液，共2～3次。后期可用70%甲基托布津800倍液、70%卡丹1 000倍液、42%果施乐1 800倍液等。另外，百菌清、代森锰锌等都有良好的效果。

(四)葡萄霜霉病

1. 症状及发病特点

葡萄霜霉病在河南省为害较重，造成落叶，影响树势，导致第二年减产。主要为害叶片，也可侵染新梢、幼果等幼嫩组织。叶片受害后，产生黄褐色病斑，多角形，常多个病斑连在一起造成叶片枯死，病斑背面产生白色霜状霉层。新梢受害后，产生凹陷的黄褐色病斑，潮湿时也产生白色霉层。幼果受害后，产生退绿的病斑，也产生白色霉层，易干枯脱落。大的果粒受害后呈褐色软腐状，易脱落，着色的果实不再感病。

葡萄霜霉病菌在病残体上越冬，借风雨传播，从气孔、水孔侵入，能多次再侵染。7月份开始发病，8～9月份为发病盛期。低温多雨条件下发病期提前，秋季的雾、露易引起病害的流行。另外，地势低洼、排水不良、偏施氮肥、果园郁闭等发病较重。

2. 防治方法

(1)清洁果园：晚秋及时清扫落叶，并集中烧毁。

(2)加强果园管理:增施有机肥和磷肥、钾肥。合理修剪,改善通风透光条件。雨季及时排水。

(3)药剂防治:自发病前开始,每半月喷2次1∶0.5∶200的波尔多液,共4~5次,可控制发生。25%瑞毒霉800倍液能抑制病斑扩展蔓延。58%瑞毒霉锰锌400倍液、50%烯酰吗啉2 000~3 000倍液、90%疫霜灵500~700倍液或50%霜脲氰2 000~3 000倍液、70%卡丹1 000倍液、72%克露500倍液等都有较好的防治效果。

(五)葡萄二星叶蝉

葡萄二星叶蝉又名葡萄斑叶蝉、葡萄二点浮尘子。成虫和若虫群集在叶背吸食汁液,受害叶片呈苍白色,严重时焦枯、脱落。除为害葡萄外,还可为害苹果、梨、桃、樱桃等果树。

1. 发生特点

每年发生3代,以成虫在葡萄园的落叶、杂草、土缝处越冬。来年葡萄发芽时出蛰,先在桃、李、苹果等树上为害,葡萄展叶后转于其上为害。越冬代成虫5月中旬开始在叶背面产卵,6月上中旬出现第一代成虫,以后8月上中旬和9月中下旬至10月上旬分别出现第二、第三代成虫,以第三代危害最重。另外,通风不良,杂草多的果园发生重。

2. 防治方法

(1)人工防治:冬季清除落叶、枯草,消灭越冬成虫。生长期合理修剪,保持通风透光。

(2)药剂防治

①药剂涂枝蔓。用40%氧化乐果原液1.5~2 mL(幼树酌减),在主干分枝以下涂抹一周宽5 cm药带,用塑料薄膜包扎,防效良好。

②第一代成虫发生前,及时喷施40%氧化乐果1 500~2 000倍液、2.5%溴氰菊酯3 000倍液或5%蚜虱净1 000倍液等。间隔10 d连喷2次。

(六)葡萄虎天牛

葡萄虎天牛又名葡萄枝天牛。只为害葡萄,河南分布广。初孵幼虫多从芽附近蛀食入皮下,被害处变黑。长大后蛀入木质部,向枝梢方向蛀食,被害部位易折断或引起枝梢枯萎。隧道内充满虫粪,表皮外无虫粪,不易被发现。1年生结果母枝受害较重。

1. 发生特点

河南每年发生1代,以小幼虫在枝蔓内越冬。翌年4~5月份开始蛀食,并逐渐转向枝梢,造成新梢枯萎。7月上旬在折枝处化蛹,7月中旬羽化成虫,成虫常在粗枝蔓的芽上产卵,初孵幼虫咬食芽皮蛀入枝蔓。一般7~10月份为成虫发生期,8月中旬至9月上旬为羽化盛期。一年中5月份取食量最大。

2. 防治方法

(1)结合夏、冬剪,除去有虫枝蔓。

(2)葡萄发芽前检查结果母枝节部,发现变黑斑纹,用小刀削开皮层捕杀幼虫。

(3)在成虫和幼虫盛发期,用50%杀螟松1 000倍液、40%水胺硫磷1 500倍液、20%杀灭菊酯3 000倍液等喷雾1~2次。当幼虫已蛀入枝蔓时,在枯折部位用杀螟松、二溴乙烷1∶1混合液高浓度(20~50倍)涂抹,防效良好。也可用棉花蘸取50%敌敌畏200倍液堵塞虫孔。

七、适期采收

鲜食有色品种充分表现出该品种固有的色泽,无色品种呈黄色或白绿色,果粒透明状。同时大多数品种果粒变软而有弹性，达到该品种的含糖量和风味时采收。外销或贮藏的品种可适当早采；酿造品种一般根据不同酒类要求的含糖量采收，当该品种果实达到酿酒所需要的含糖指标、色泽风味呈现该品种固有特性时采收；制汁、制干品种要求含糖量达到最高时采收。采收鲜食葡萄，特别是供外销或贮藏的葡萄，应在每日清晨或傍晚时采收，且采收前 10～15 d 停止灌水。若遇下雨要等叶面和果穗中的积水干燥后再采。采收时用手捏住穗梗，用剪紧靠枝条剪断，随即装入果筐，分级包装。采收鲜食葡萄要轻拿轻放，尽量不擦掉果粉。采下的葡萄要放在阴凉通风处，切忌日光下暴晒。

八、越冬防寒

葡萄越冬防寒主要采用覆土的方法。当地土壤封冻前 15 d 开始埋土。华北地区 11 月上中旬为适宜埋土时期。埋土可分以下 4 种方式。

(1)局部埋土法：冬季绝对最低温度高于－15℃的地区，在植株基部堆 30～50 cm 高的土堆进行防寒。

(2)塑料膜防寒法：在枝蔓上盖麦草等 40 cm，然后盖上薄膜，周边用土压严，注意薄膜不破洞。

(3)地上全埋法：埋土前清理栽植沟，将枝蔓下架，顺沟埋好捆扎，用土埋严。埋土时盖一层 10～15 cm 厚的草，然后覆土。

(4)地下全埋法：葡萄行间挖 50 cm 深的防寒沟，然后将枝蔓压入沟内再覆土，或先在植株上覆盖塑料膜、干草或树叶后再覆土，也可先覆盖 2～3 cm 厚的草秸等再覆土，覆草埋土时，鼠害严重地区应投放毒饵灭鼠。埋土时下架葡萄枝蔓尽量拉直，除边际第 1 株倒向相反外，同行其他植株均顺序倒向一边，后一株压在前一株上，使其首尾相接，捆扎牢固。埋土时都应在植株 1 m 以外取土，并且埋土时土壤应保持 50%～60%的土壤湿度。

第四节　园林应用

葡萄(图 7-16)为多年生落叶大藤本树种，以卷须攀附他物，具有观叶、观花、观果的观赏效果。葡萄树皮长片剥落，幼枝光滑。叶互生，近圆形，长 7～15 cm，宽 6～14 cm，3～5 裂，基部心形，两侧靠拢，边缘粗齿。圆锥花序，花小，黄绿色。花后结浆果，果椭球形，圆球形，是园林垂直绿化结合生产的理想树种。常用于长廊、门廊、棚架、花架等。翠叶满架，硕果晶莹，是果业兼赏的好材料。葡萄是园林造景中长廊经常使用的树种之一。蔓可长数十米，叶近圆形，花序圆锥形，浆果圆形或椭圆形，有红、绿、紫等多种颜色。葡萄既可作篱壁式栽培，也可作棚架栽培。庭院中栽培葡萄的棚架可大可小，与院落的建筑相协调或根据庭院主人的喜好而定。在公园或机关大院的通道上方，设走廊式葡萄大棚架，坐果后上为枝叶，枝叶下坠满果实。夏季既具有良好的遮阳效果，又可以品尝到葡萄香甜的果实，别有一番情趣。常用的观赏葡萄品种有红地球、玫瑰香、京亚、京早晶、凤凰、龙眼等。

现代城市工厂云集，人口稠密，环境污染较为突出，而大力增加城市绿化面积，可以构成一个强大的自然生态系统，保护自然生态平衡，保护和改善人们的生存环境。利用葡萄可以在不增加土地面积的情况下，拓展绿化空间，有效地提高绿化面积，增加绿量，美化城市景观，调节改善气候，降低温度，增加湿度，净化空气，减弱噪声，阻滞尘埃，具有良好的生态效益和景观效果，可大大提高城市园林绿化水平。

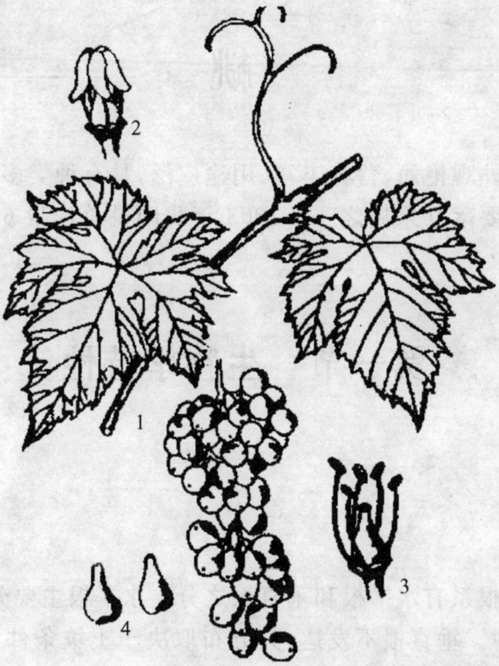

图 7-16　葡萄

1. 果枝　2. 花　3. 花瓣脱落（示雄蕊、雌蕊及花盘）　4. 种子

第八章

桃

桃树原产我国，果实外观艳丽、营养丰富、用途广泛，具有种类多、早果丰产，适应性强等优良的栽培性状，是我国主要落叶果树之一。2003 年我国桃总产量 625 万 t，居世界首位，在国内各类水果中列第四位。

第一节　生物学特性

一、生长结果习性

(一)根

桃树为浅根系果树，根系有水平根和垂直根之分。水平根主要分布在 10～40 cm 土层中，以树冠外围附近最为集中。垂直根不发达，其分布取决于土壤条件。在土壤黏重、排水不良、地下水位高的桃园，垂直根分布主要集中在 5～15 cm 的浅土层中；而在西北黄土高原的粉沙壤土上，桃根的垂直根长度可超过 100 m。桃根系的分布与其砧木也有一定的关系。山桃砧根系分布较深，须根少；李砧根系分布浅，须根多。

在年周期中，桃根系春季生长较早，地温在 0℃以上根即能顺利吸收并同化氮素，5℃左右即有新根发生。1 年中桃根系有 2 次生长高峰：第 1 次在 5 月下旬至 7 月上旬，第 2 次在 9 月下旬。桃树耐旱性强而耐涝性差，土壤含氧量保持在 15%左右，根系才能正常生长。

(二)枝

(1)生长特性：桃树干性弱，枝条生长量大。幼树生长旺盛，1 年中可有 2～3 次生长高峰，形成 2～3 次副梢，树冠形成快。进入盛果期后树势缓和，短枝比例提高。

(2)枝条分类：桃树枝条按性质和功能可分为营养枝和结果枝两类。营养枝按其生长强弱分为徒长枝、发育枝、叶丛枝。徒长枝常发生在树冠内膛和剪锯口附近，生长虚旺而节间长，组织不充实；发育枝生长强旺，长 60 cm 左右，粗 1.5～2.5 cm，其上多为叶芽，有少量花芽，大量副梢，可培养骨干枝，或培养大型结果枝组；叶丛枝是只有一个顶生叶芽的极短枝，长 1 cm 左右，其生长势弱，寿命短，在营养、光照好的条件下，能发生壮枝，可用于枝组的更新。结果枝按长度分为徒长性结果枝、长果枝、中果枝、短果枝和花束状果枝 5 类。具体情况见表 8-1。

(3)枝的生长：桃叶芽萌发后，经过约 1 周的缓慢生长期(叶簇期)后，随气温上升进入迅速生长期。桃生长弱的枝停止生长早；生长中庸的枝有 1～2 次生长高峰；生长强旺的枝有 2～3 次生长高峰。同时旺长枝的部分侧芽萌发形成副梢(二次枝)、二次副梢(三次枝)，对早期副梢亦能形成花芽。

(4)枝组的分类：桃的枝组分大型枝组、中型枝组、小型枝组三种类型。大型枝组有 10 个以上的结果枝，长度≥50 cm，其结果多，寿命长；中型枝组有 5～10 个以上的结果枝，长度在

30～50 cm，一般 7～8 年后衰老；小型枝组有 5 个以下的结果枝，长度≤30 cm，结果少，寿命短，一般 3～5 年后衰老。

表 8-1　主要结果枝种类及特性

结果枝	长、粗度/cm	生长及花芽特性	功能
徒长性果枝	长 60～80，粗 1.0～1.5	上部有少量副梢，花芽质量较差，坐果率低。但有的品种结实性较好。	可培养大、中型结果枝组
长果枝	长 30～59，粗 0.5～1.0	一般无副梢，复芽多，花芽比例高、充实，坐果能力强，是多数品种的主要结果枝	结果同时发出的新梢能形成新的长果枝
中果枝	长 15～29，粗 0.3～0.5	单、复花芽混生，坐果率高，是多数品种的主要结果枝	结果同时能发出长势中庸的结果枝
短果枝	长 5～14，粗 0.3～0.5	顶芽为叶芽，其余为单花芽，为北方品种群的主要结果枝	结果后能形成新的结果枝
花束状果枝	长度＜5	顶芽为叶芽，其余均为单花芽，结果后发枝能力差，易衰亡	结果后发枝差，易枯死

（三）芽

桃芽按性质分为花芽和叶芽。花芽是纯花芽，芽体饱满，着生于新梢叶腋间。叶芽比较瘦小，着生在枝条顶端或叶腋间。桃树无论是结果枝还是营养枝其顶芽都是叶芽。桃花芽和叶芽当年形成后进入休眠。但在长势强的新梢上，无鳞片的早熟性芽随着新梢的生长当年萌发，可形成副梢。

桃芽按照数量可分为单芽和复芽之分。其中单芽又分为单花芽和单叶芽。常见的复芽有两种类型：一是一叶芽和一花芽双芽并生；二是两侧花芽，中间叶芽的三芽并生。

在桃树上，花芽充实、着生节位低、排列紧凑及复花芽多是桃树的丰产性状之一。

桃芽萌芽率高，潜伏芽少，寿命短。一般生长前期形成的芽多盲芽、弱芽、单芽；中期形成的芽多复芽；后期形成的多单芽。

（四）花芽分化

桃花芽分化属夏秋分化型，主要集中在 7～9 月份。其过程分为生理分化期、形态分化期、休眠期和性细胞形成期 4 个阶段。桃花芽生理分化期在形态分化前 5～10 d。桃树新梢缓慢生长期也正是花芽生理分化期，此期增施氮、磷肥，进行夏季修剪，有利于花芽分化。

桃花芽分化在秋季形成柱头和子房后，进入休眠期。第 2 年早春，当气温上升到 0℃以上时开始减数分裂，开花前形成单核花粉粒与胚珠。

（五）花

桃花为子房上位周位花，且多数 1 芽 1 花。桃花从花冠形态上分为两种类型。一类是蔷薇型花，其花冠大，开花后花瓣平展；另一类是铃形花，其花冠小，开花后花瓣不平展。

桃多数品种为完全花，是自花授粉结实率较高的树种。但也存在雌能花品种：其雌蕊发育正常，雄蕊败育，如深州水蜜、丰白、仓方早生等，对这类品种，在建园时应配置授粉树。

桃花芽膨大后，要经过露萼期、露瓣期、初花期到盛花期。一般当天开的花，花瓣浅红色，随后逐渐变为桃红色，最后花丝聚拢，花瓣脱落。但部分油桃品种的花瓣颜色较深。

桃开花期要求平均气温在 10℃以上，适温 12～14℃。同一品种开花期延续时间短则 3～4 d，长则 7～10 d，若遇干热风仅 2～3 d。

（六）果实发育

桃子房中有 2 个胚珠，在受精后 2～4 d 较小的胚珠退化，较大的继续发育成种子。桃果实发育过程中可形成“桃奴”，就是个别子房未经授粉受精或授粉受精而形成的单性结实果。“桃奴”果实小，无商品价值。桃果实的生长发育的曲线是“双 S”形，也就是两个迅速生长期之间有一个缓慢生长期。第一次迅速生长期是从受精后子房开始发育到果核开始硬化至果核坚硬为止，白色果核自核尖呈现淡黄色为木质化开始。此期一般持续 36～40 d。缓慢生长期又叫硬核期，是指由果核开始硬化至果核坚硬，果核逐渐木质化，一直长到应有的大小，并达到一定的硬度。早熟品种硬核期 2～3 周，中熟品种 4～5 周，晚熟品种 6～7 周或更长。第二次迅速生长期由硬核期结束，果实再次出现迅速生长开始，到果实成熟。此期果实增长很快，果实重量的增加占果实总重的 50%～70%，其中增长时期在果实采收前 2～3 周。外观形态表现为种皮逐渐变褐，种仁干重迅速增加。在果面丰满、底色明显改变并现出品种固有的色彩、果实硬度下降并具有一定的弹性为果实进入成熟期的标志。油桃有些品种第二、三期都处于渐增状态。此外，桃果实发育中有裂核现象，影响果实的品质和贮藏。对中、早熟品种的裂核果大部分能成熟，而晚熟品种则常脱落。通常早熟品种易发生裂核。在叶果比过大、硬核期土壤水分过多时易加重裂核。

二、对环境条件要求

（一）温度

桃树喜冷温和的气候。一般在年平均气温 8～17℃，生长期平均气温 13～18℃的地区均可栽培。桃生长适温为 18～23℃，果实成熟适温为 24.5℃，夏季土温高于 26℃，根系生长不良。冬季严寒和春季和春季晚霜是桃栽培的限制因子，一般品种在－25～－22℃时即发生冻害。并且寒冷地区桃树的经济寿命比较短，盛果期后不久即死亡。桃在春季花芽萌动后易遭晚霜危害，对桃树产量影响很大。

（二）光照

桃树喜光，并在外观形态上与桃树喜光的习性相适应：树冠小，干性弱，树冠稀疏，叶片狭长。桃对光照反应敏感：光照不足影响花芽分化，降低产量。树冠内部光秃，结果部位上移、下移。夏季直射光过强，可引起枝干日灼，影响树势。由于地理条件的影响，南方品种群的耐阴性高于北方品种群。桃叶片光饱和点是 4 万 lx，光补偿点是 2 600 lx。

（三）水分

桃树适宜的土壤含水量相当于田间持水量的 60%～80%，并且连续积水两昼夜会造成树体落叶，甚至死亡。此外，桃树对水分反应敏感。尤其早春开花前后果实第 2 次迅速生长期必须有充足的水分供应。

（四）土壤

桃树在土质疏松，排水良好的沙壤土或沙土地上栽培较好。一般桃树要求的土壤含氧量在 15%左右，土壤过于黏重易发生流胶病。在肥沃土壤上营养生长旺盛，易发生多次生长，并引起流胶病。桃树最适宜的 pH 值为 5.5～6.5，pH 值 7.5 以上的碱性土中易发生缺铁性黄叶病。桃栽培忌重茬，桃中含有的扁桃苷等有毒物质，容易导致植株生长不良而死亡。桃在土壤含盐量高于0.28%时容易导致生长不良或死亡。

第二节 主要种类、品种群和优良品种

一、主要种类

桃在植物分类学上属蔷薇科桃属。分布于我国的有6个种，分别是桃、新疆桃、甘肃桃、光核桃、山桃和陕甘山桃。生产上主要栽培的是桃和山桃。

(一)桃

桃又名普通桃、毛桃。原产我国，小乔木，树皮暗红褐色，老时粗糙呈鳞片状；嫩枝细长无毛，绿色。芽为钝圆锥形，外被短茸毛。花先于叶开放，花瓣粉红色，少为白色。果实圆形，表面有毛。叶片椭圆披针形，叶片侧脉未达叶缘即结合成网状，叶缘锯齿较密。核大，长椭圆形，表面有沟纹。核有离核、黏核、软核之分，核仁苦或甜。该种栽培品种最多，分布最广，是我国南北方栽培桃的主要砧木。主要有蟠桃、油桃、寿星桃和碧桃4个变种。

(1)蟠桃：果实扁圆形，果肉多为白色，也有黄色。核小，扁圆形。是主要栽培种。江苏、浙江等省栽培较多，果实主要供鲜食。蟠桃品种较多，分有毛、无毛两种类型，无毛为油蟠桃。

(2)油桃：又称光桃、李光桃。果实圆形或扁圆形，光滑无毛。多为黄肉，也有白肉类型。个别品种很晚熟。也是主要的栽培种，性喜干燥，其果实供鲜食。

(3)寿星桃：树冠矮小，根系浅，枝条粗，节间短，是一种矮生型桃数。花重瓣，有大红、粉红和白色3种类型。果实小，品质差，不宜食用。一般供观赏，可作桃的矮化砧或矮化育种原始材料。

(4)碧桃：花重瓣艳丽，多作观赏树种。

(二)山桃

山桃原产我国华北、西北山岳地带。小乔木，树干表皮光滑，枝细长。果实圆形，直径约3 cm，成熟时干裂，不能食用。核圆形，表面有沟纹、点纹。耐寒、耐旱、耐盐，但不耐湿。有红花山桃、白花山桃和光叶山桃三种类型，是我国北方主要的桃树砧木类型。

(三)新疆桃

新疆桃主要产于我国新疆及中亚地区。叶脉分枝特点是侧脉直出至叶缘，不分枝，鳞芽有茸毛，核纹为纵向平行沟棱。果实有多种变异，分新疆油桃、新疆蟠桃两个变种和一个新变型——李光蟠桃。果面有毛或无毛，果形有圆有扁，果肉有白有黄，肉质有溶质或不溶质，核仁有甜有苦，是经济栽培种。在我国新疆地区广为分布，甘肃也有少量栽培，野生种可作桃砧木。

(四)甘肃桃

甘肃桃产于陕西和甘肃。冬芽无毛，叶片卵圆披针形，叶缘锯齿较稀。核表面有沟纹，无点纹。花柱长于雌蕊。核仁有甜有苦。除采食鲜果外，主要用作桃树砧木。具有抗寒、抗旱、抗线虫、抗瘤蚜的特点，可作抗寒育种的原始材料。

(五)光核桃

光核桃又称西藏桃，野生分布于西藏高原及四川等地。乔木，枝细长，小枝绿色。花白色，单生或两朵齐出。果实球形，稍小，核卵形，扁而光滑无沟或浅纹。果可食用或制干。是培育

耐寒、长寿品种的优良原始种。可作桃的砧木。

(六)陕甘山桃

陕甘山桃产于我国西北地区。叶基部圆形,锯齿圆钝。果和核均为椭圆形,比山桃更抗旱,可作为砧木利用。

二、主要品种群

桃在栽培上按形态、生态和生物学特性分为以下 5 个品种群。

(一)北方品种群

北方品种群是古老的品种群,主要分布于我国西北、华北及黄河流域的山东、河南、河北、山西、陕西、甘肃和新疆等省(区)。这些地区的气候属于我国南温带的亚湿润和亚干旱气候,年降水少(400～800 mm),冬暖夏凉,日照充足。适宜栽培地区的年平均气温为 8～14℃,比较抗寒和耐旱,能耐绝对低温,但不适应早春的变温。本品种群不耐温暖多湿的气候,栽培在南方,表现不良。冬季严寒,生长季热量不足及早春的变温,是桃树栽培北限的限制因子;而冬季低温不足是桃树栽培南限的限制因子。

该种群树势强健,树姿直立或半直立,成枝力弱,中、短果枝较多,单花芽多。果形大,果实顶端有突尖,缝合线及梗洼深,多数为圆形果。果肉硬质,致密。较耐贮运。著名品种有肥城桃、五月鲜等。

(二)南方品种群

该种群主要分布在我国长江以南的江苏、浙江、四川、贵州、湖北及湖南等省。这些地区的气候属于北亚热带和中亚热带的湿润性气候,降水较多(1 000～1 400 mm),春季雨量较多,太阳辐射量小,冬季较温暖,夏季温度较高。适宜栽培地区的年平均气温为 12～17℃。耐温暖多湿的气候,是华北及陕、甘地区的主栽品种,但耐寒性较差。

该种群树姿开张或半开张,成枝力强,中、长果枝比例较大,复花芽多,果实圆形或长圆形,果顶平圆或微凹;果肉柔软多汁或硬脆致密,如上海水蜜桃等。

(三)黄肉桃品种群

该种群树姿直立或半开张,生长势强,成枝力较北方品种群稍强,中、长果枝比例亦稍多。果实圆或长圆形,果皮与果肉均金黄色,肉质紧密坚韧,适于加工制罐。主要品种有黄甘桃、晚黄金、菲力浦、黄露桃、郑黄 2 号、金童 6 号等。

(四)蟠桃品种群

该种群树姿开张,成枝力强,中、短果枝多,复花芽多。果实扁圆形,多白肉,柔软多汁。著名的品种有撒花红蟠桃、陈圃蟠桃、白芒蟠桃、早蟠桃、黄金蟠桃、早露蟠桃、早油蟠桃、瑞蟠 8 号、中油蟠 2 号。

(五)油桃品种群

果实光滑无毛,果肉紧密,硬脆,多黄色,离核或半离核。如新疆李光桃、甘肃紫胭桃等。目前生产上的优良油桃品种有瑞光 5 号、早红 2 号、曙光、华光、艳光、霞光、丽春、超红珠、春光、千年红、中油 4 号、双喜红等。

三、主要优良品种

桃品种全世界有 3 000 个以上,我国有 800 个左右。这些品种按果面茸毛有无,分为普通桃(有毛)和油桃(无毛);按果实用途分为鲜食和加工品种。按果核与果肉的黏离度分为离核、黏核和半黏核品种。按肉质性质分为溶质、不溶质和硬肉桃三个类型。按果肉颜色分为白肉、黄肉、红肉三类。按果实成熟期分为极早熟(果实发育期≤60 d)、早熟(61～90 d)、中熟(91～120 d)、晚熟(121～160 d)、极晚熟(≥161 d)。

(一)中华寿桃(图 8-1)

中华寿桃又称中华大圣桃、王母水仙桃等,为晚水蜜桃品种的浓红型芽变。该品种一般10 月上中旬成熟,丰产性强,自花结实性强,易裂果,需嫁接进行改良。

图 8-1　中华寿桃

(二)新川中岛桃(图 8-2)

新川中岛桃是日本长野县池田正元氏从川中岛白桃中选育出的优良品种。其树势强健,树姿开张。新梢绿色,粗壮。1 年生枝红褐色,树干和多年生枝灰褐色。叶色深绿,叶面光滑,

图 8-2　新川中岛桃

叶脉肾形，小而不明显，新梢中部叶片平均长 16.8 cm，宽 4.45 cm。果实圆至椭圆形，大型果，端正，平均单果重 350 g，最大单果重 460 g，果顶平，梗洼窄而浅，缝合线不明显，果皮底色黄绿，果面光洁，成熟时全面鲜红，茸毛稀少而短。果肉黄白色，肉质脆而硬，稍粗，溶质，果汁多，味甜，含糖量 13.5%以上，近核处淡红色，半黏核，核小，可食率达 97%。酸甜适口，风味特异而浓香。硬度大，耐贮运，常温下可贮存 10～15 d。幼树生长强旺，新梢可多次分枝；若配合 2～3 次摘心，当年可形成稳产、丰产树体结构。进入大量结果期后，树势趋向中庸，生长稳定，新梢抽枝粗壮，萌芽率高，成枝力强，复花芽多。初果幼树以长、中果枝结果为主，盛果期树以中短果枝及花束状果枝结果为主，占果枝总量的 76%以上，成花容易，结果早，自然授粉坐果率高。对土壤适应性强，耐瘠薄。抗旱、抗寒，花期耐低温性强。在河南省周口市郸城县一般 4 月上旬萌芽，4 月中旬始花，4 月下旬进入盛花期，花期 5～7 d，中、长果枝 5 月下旬开始形成顶芽，6 月初新梢进入快速生长期，7 月上旬果实膨大，8 月上旬果实成熟，发育期 100～110 d，但果实直到 9 月上旬在树上不变软，成熟期不整齐，11 月中下旬落叶。

（三）早露蟠桃（图 8-3）

早露蟠桃是北京农林科学院林业果树研究所 1989 年用撒花红蟠桃与早香玉杂交育成的特早熟蟠桃品种。果实扁圆形，平均单果重 120 g，最大单果重 190 g。果皮底色黄白色，果实阳面 1/2 以上着玫瑰红色晕。果肉乳白色，近核处红色，硬溶质，肉质细，风味甜，可溶性固形物含量 9%～11%，黏核。树势中庸，树姿半开张，复花芽多，各类结果枝均能结果，丰产性好，果实发育期 60 d。

图 8-3　早露蟠桃

(四)曙光油桃(图 8-4)

曙光是中国农业科学院郑州果树研究所在 1989 年用 Legrand×瑞光 2 号杂交育成的极早熟甜油桃品种。果实近圆形,平均单果重 100 g,最大单果重 200 g。果皮底色浅黄,果面彩色,鲜红色至紫红色,果肉黄色,硬溶质,汁液中多,风味甜香,品质优,可溶性固形物含量 10%～14%,黏核。树势中等偏强,树姿较开张。复花芽多,丰产。在郑州地区 4 月初始花,6 月上旬果实成熟,果实发育期 65 d。

图 8-4　曙光油桃

第三节　基本生产技术

一、育苗

桃育苗采用山桃或毛桃作砧木,嫁接法快速育苗。一般采用速成法育苗。就是在播种当年 6 月中下旬芽接,接后立即折砧,促使接芽迅速萌发,秋季成苗出圃的育苗方法。一般采用速成法育成的苗木称为速成苗。

二、建园

(一)地块选择

选择背风向阳,土质疏松,排水通畅,地下水位较低,3 年内未种植过核果类果树的沙壤土或沙土地块建园。

(二)品种选择

桃树品种选择应遵循四个原则:一是生态适应性原则。所选品种对当地气候、土壤要有较好的适应性，如在周口栽植应选择五月鲜、大久保、雨花露、安农水蜜、京春、京艳等。二是地域优势原则。所选品种尽可能在最适宜的环境条件下生长。三是目标市场原则。事先确定桃果销售的目标市场，然后根据市场要求和特点确定具体品种。四是优质丰产原则。桃树所选品种树势要健壮，树姿开张，自花结实能力强，成花容易，复花芽多，各类结果枝均能成花结果，坐果率高，采前落果严重，不易落果等。

(三)品种搭配

建园时，要根据果园面积的大小以及采收和销售能力确定主栽品种的数量和规模。面积小，品种要少，成熟期相对集中；规模大，品种要多，成熟期尽量拉长。

(四)栽植密度与方式

生产者要根据自身的投资能力和技术水平来确定桃园栽植密度。投资能力低的桃园可选用的株行距为 3 m×6 m 或 2 m×6 m；资金充足，但未掌握树体控制技术的采用的株行距是(1～2) m×6 m；资金、技术条件都具备，采用的株行距是 1 m×4 m 或 1 m×(2～3) mn。

三、土肥水管理

(一)土壤管理

(1)改良土壤：桃树改良土壤主要表现为两方面。一方面是深翻熟化。在 9 月份进行深翻扩穴或扩沟。一般深 60 cm 左右，常结合施入有机肥进行。另一方面是压土掺土。在秋末冬初，黏土掺沙，沙土地掏沙石换土改良土壤。

(2)间作：间作在 1～3 年生树冠尚未交接的桃园中进行。间作物选择豆类、瓜类、薯类、草莓、花生等作物；而绿肥选用紫花苜蓿、蚕豆等，既可充分利用空间，获得较高的经济效益，也可培肥改良土壤。

(3)耕作制度：清耕管理的果园要经常中耕除草，常年保持地面疏松无杂草状态。一般早春灌水后中耕深 8～10 cm；硬核期浅耕地约 5 cm，雨季前将草除尽。果实采收后全园中耕除草深 5～10 cm，秋季全园深耕 20～25 cm。覆草桃园常年保持覆草厚度 15～20 cm，4～5 年翻地 1 次，结合秋施基肥，将草埋入地下再盖新草。幼树采用行间地膜覆盖，而成年树采用全园地膜覆盖。对土壤水分较好的桃园实行生草法。在关键时期应注意补充肥水，刈割青草，将草的高度控制在 30 cm 以下，割下来的草覆盖树盘。

(二)施肥技术

(1)基肥：基肥在果实采收后，早秋施基肥，一般不宜晚于 9 月份，早熟品种 8 月下旬就要施。一般施入充分腐熟的农家肥4 000～5 000 kg/667 m^2，过磷酸钙 150 kg/667 m^2，同时加入尿素 10～15 kg/667 m^2，硫酸亚铁 2～3 kg/667 m^2，施肥方法是条状沟施，株行距较大的幼龄园采用环状沟施。施肥沟深 30～40 cm，以达到主要分布层为宜。高度密植园采用全园施肥法。将肥料均匀撒于地面，然后耕翻、浇水。

(2)追肥：基肥充足或早熟品种，硬核期追 1 次肥即可；一般园追 2～3 次，重点在落花后 1 周和果实膨大期。而丰产园年追肥 5 次以上。第一肥萌芽肥。在萌芽前 1～2 周施入，以速效性氮肥为主。施尿素 0.5～1.0 kg/株。第二肥花后肥。在谢花后 1～2 周施入，同样以速效性氮肥为主，施尿素 0.3～0.5 kg/株。第三肥硬核肥在花芽分化前施。一般 6 月中旬施入氮、磷、钾复合肥，施硫酸钾复合肥 1.0～1.5 kg/株。第四膨果肥，在 7 月份至 8 月上旬施入。对中晚熟品种以氮肥为主，配合钾肥。要求稀而少，施尿素 0.5～1.0 kg/株。硫酸钾复合肥

0.3～0.5 kg/株。第五肥采后肥，以氮肥为主，配合磷钾肥，约占全年用量的 20%。要求早熟品种早施，中、晚熟品种晚施，极晚熟品种提前到采收前施入。一般施尿素 0.5～1.0 kg/株，过磷酸钙 1.0～1.5 kg/株，草木灰 1.5～2.5 kg/株。追肥方法有条沟、放射沟、环状沟、穴施以及灌溉施肥，各地可因地制宜，选择适宜的施肥方法。在萌芽前至落叶前根外追肥，结合喷药 15 d 左右 1 次。喷施氮、磷、钾肥时间与土壤追肥一致。重点喷 0.3%的尿素和 0.2%的磷酸二氢钾。果实膨大期缺铁可喷施1 000～1 500 mg/kg 的硝基黄腐酸铁，每 7～10 d 喷 1 次，连喷 3 次；出现缺镁症状可喷施 0.2%～0.3%的磷酸镁。果实采收前 1 个月喷 2 次 1.5%的醋酸钙溶液，果实采收前喷 0.3%的尿素和 500 倍的光合微肥。

（三）水分管理

桃自萌芽开花到果实成熟都需要充足的水分供应。北方桃产区一般在萌芽前、开花后、硬核始期、果实速长期和土壤上冻前灌水 4～5 次，萌芽前水要浇足，使灌溉水下渗深度 80 cm 左右，硬核期灌水量要小，浇到即可。果实速长期视降雨情况而定。在天旱缺水时，采前 2～3 d 轻灌 1 次。雨季到来之前，疏通排水渠道，检修好排水设备，遇连降大雨时要顶雨排涝，严防积水时间超过 24 h。

四、整形修剪技术

桃树萌芽率高，潜伏芽少且寿命短，多年生枝下部光秃后更新较难，在整形修剪上要注意下部枝组更新复壮。由于桃树成枝力强，成形快，结果早，容易造成树冠郁闭，因此，与其他树种相比，更应该注意生长季修剪。

（一）常用树形及整形过程

（1）自然开心形：自然开心形又称三主枝开心形，通常留 3 个主枝，不留中心干（图 8-5）。该树形整形容易，树体光照好，易丰产。

①树体结构参数。干高 30～50 cm。主干以上错落着生 3 个主枝，相距 15 cm 左右。主枝开张角度 40°～60°，第一主枝角度 60°，第二主枝略小，第三主枝开张 40°左右。三个主枝在水平面上的夹角 120°，第一主枝最好朝北，其他主枝最好不要朝南。主枝直线或弯曲延伸。每主枝留两个平斜生侧枝，开张角度 60°～80°，各主枝上第一侧枝顺一个方向，第二侧枝着生在第一侧枝的对面，第一侧枝距主枝基部 50～70 cm，第二侧枝距第一侧枝 50 cm 左右。在主侧枝上培养大、中、小型枝组。

②整形过程。定植当年定干高度 60～70 cm，剪口下 15～30 cm 为整形带，带内有 5 个以上饱满芽。春季萌芽后抹去整形带以下的芽，在整形带内选留 4～5 个新梢。当新梢长到30～40 cm 时，选 3 个生长健壮、相距 15 cm 左右、方位角为 120°的 3 个新梢作为主枝培养。其他枝拉平缓放。第 1 年冬剪时，留作 3 个主枝的 1 年生剪留 60～70 cm。春季萌芽后，在顶端选择健壮外芽萌发的新梢作主枝的延长梢。同时在延长梢下部选择方位、角度合适的新梢培养第 1 侧枝。第 2 年冬剪时，3 个主枝延长枝剪留 50～70 cm，第 1 侧枝剪留 40～50 cm。春季萌芽后，继续选留主枝延长枝，同时在延长枝下部、第 1 侧枝的另一侧选择新梢培养第 2 侧枝。第 3 年冬剪时，主枝延长枝继续剪留 50～60 cm，侧枝延长枝剪留 40 cm 左右。春季萌芽后继续重复以前操作。每年生长季，主枝或侧枝的延长枝达 60～70 cm 时，剪梢，并在发出的副梢中，选择角度开张，健壮的代替原头。整形过程中，在主侧枝上培养大、中、小型枝组，并使枝组在骨干枝分布均匀。第四年冬剪时，树形基本形成（图 8-6）。

图 8-5　桃树自然开心形

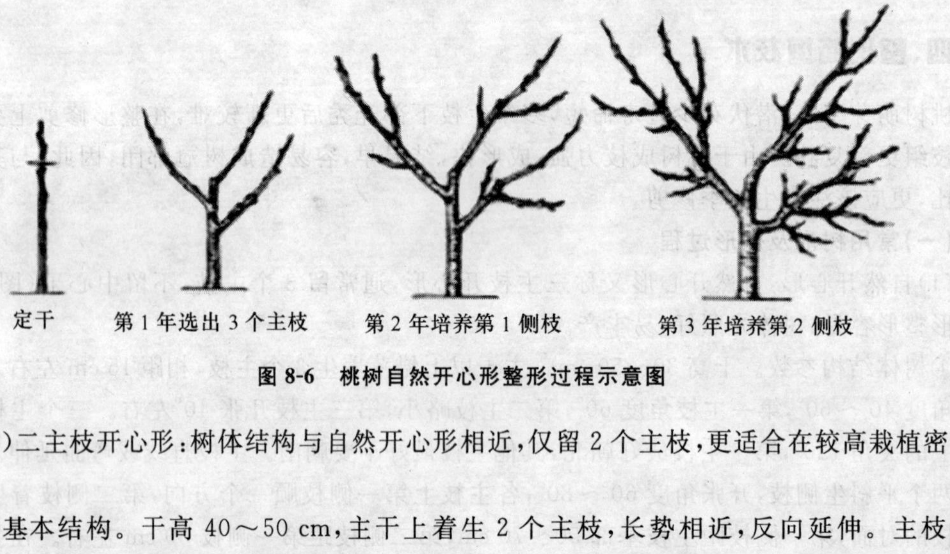

图 8-6　桃树自然开心形整形过程示意图

(2)二主枝开心形：树体结构与自然开心形相近，仅留 2 个主枝，更适合在较高栽植密度下采用。

①基本结构。干高 40～50 cm，主干上着生 2 个主枝，长势相近，反向延伸。主枝开张 45°～60°。每主枝上着生 2 个侧枝。第 1 侧枝距主干 50～60 cm，在另一侧着生第 2 侧枝，第 2 侧枝距第 1 侧枝 40～50 cm。侧枝平斜生，与主枝夹角 45°～60°，在主侧枝上配置结果枝组(图 8-7)。

②整形过程。定植当年定干高度 60 cm，整形带 15～20 cm。春季萌芽后在整形带内选留两个对侧新梢培养主枝，1 个朝东，1 个朝西，其余抹去。第 1 年冬剪时主枝剪留 50～60 cm。第 2 年选出第 1 侧枝，第 3 年在第 1 侧枝对侧选出第 2 侧枝。其他枝条按培养枝组方法修剪，第 4 年树体基本成形。

(3)纺锤形：纺锤形适合高密度栽培和设施栽培。在整形上应注意调整上部大型结果枝组，防止出现上强下弱。

①基本结构。干高 50 cm 左右，树高 2.5～3.0 m。在中心干上着生 8～10 个主枝，基部主枝长 0.9～1.2 m，基角 55°～65°，以上主枝长 0.7～0.9 m，基角 65°～80°。主枝在中心干上均匀分布，间距 25～30 cm，同方向主枝间距 50～60 cm。结果枝组直接着生在主枝和中心干上。

图 8-7 桃二主枝自然开心形示意图

如果栽植密度加大，中心干上主枝相差不多时，树形则变为细纺锤形。

②整形过程。定干高度 80～90 cm。春季萌芽后在剪口下 30 cm 处选留第 1 主枝，剪口下第 3 芽梢培养第 2 主枝，顶芽梢直立生长培养中心干。当中心干延长梢长到 60～80 cm 时摘心，利用下部副梢培养第 3、第 4 主枝。使各主枝按螺旋状上升排列。第一年冬剪时，所选主枝长留 80～100 cm。第 2 年冬剪时，主枝延长枝不短截。生长季将主枝拉至 70°～80°（图 8-8）。第 3 年冬剪时完成 8～10 个主枝的选留，整形完成。

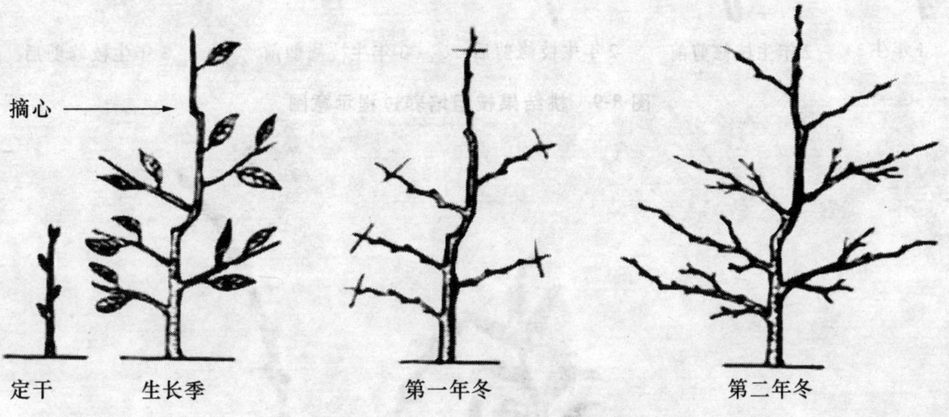

图 8-8 桃纺锤形整形过程示意图

（二）结果树修剪技术

1. 骨干枝

主侧枝延长枝一般栽后第 1 年剪留 50 cm 左右，第 2 年剪留 50～70 cm，盛果期剪留30 cm 左右。侧枝延长枝剪留长度为主枝延长枝的 2/3～3/4。当树冠达到应有大小时，通过缩放延长枝头的方法控制树冠大小和树势强弱。骨干枝的角度通过生长季拉枝、用副梢换头等方法调整。

2. 结果枝组修剪

结果枝组在主枝上分布要均衡，一般小型枝组间距 20～30 cm，重型枝组间距 30～50 cm，大型枝组间距 50～60 cm。结果枝组配置以排列在骨干枝两侧向上斜生为主，背下安排大型枝组。主枝中下部培养大中型枝组，上部培养中型枝组，小型枝组分布其间。结果枝组形状以圆锥形为好。枝组的培养方法主要是 1 年生健壮枝短截，培养中小型枝组；也可将强壮枝先放后短截，培养大中型枝组，见图 8-9。结果枝组更新方法是缩弱、放壮，放缩结合，维持结果空间。具体更新方法有单枝更新和双枝更新两种形式。单枝更新是在同一枝条上“长出去，剪回来”，每年利用比较靠近母枝基部的枝条更新（图 8-10）。双枝更新是在一个部位留两个结果枝，修剪时上位枝长留，以结果为主；下位枝适当短留，以培养预备枝为主的更新方式（图 8-11）。在北方品种群上常采用三枝更新的方法，亦称三套枝修剪法，就是在一个基枝上选相近的 3 个枝条，一个中短截结果、一个长放促发果枝、一个枝留 2～3 个芽重短截促生发育枝。在大、中型枝组更新修剪上可综合采用单枝、双枝和三枝更新修剪的方法，可有效控制结果部位外移，延长结果枝组寿命。

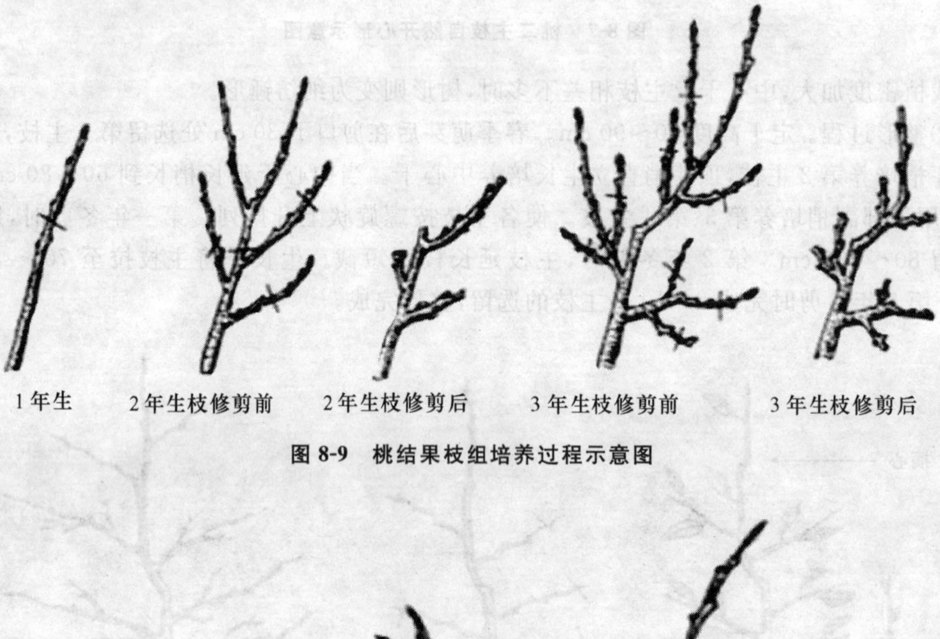

图 8-9　桃结果枝组培养过程示意图

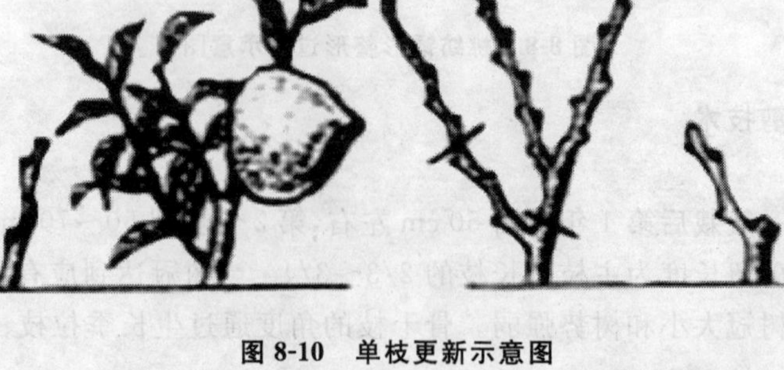

图 8-10　单枝更新示意图

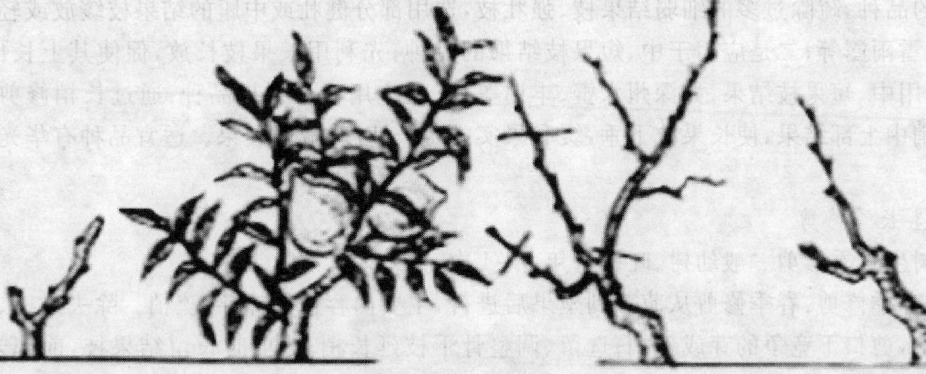

图 8-11 双枝更新示意图

长期应用双枝更新，预备枝上只能长出细弱的中短枝，导致产量下降。生产上常采用长留结果枝方法，培养预备枝也就是上部结果枝尽量长留，开花时疏掉基部的花，使中上部结果，这样达到以果压冠的作用，使预备枝处于顶端位置，使之发育成健壮的结果枝(图 8-12)。

图 8-12 长留结果枝，培养预备枝

3. 结果枝修剪

结果树的修剪分初果期和盛果期。初结果树长、中果枝多，花芽着生节位偏高偏少，结果枝适当长留、多留，以缓和树势。此外，也可利用副梢结果。盛果期树结果枝修剪主要是短截修剪。北方品种群以轻短截为主，长果枝或花芽节位高的枝，剪留 7～10 节或更长，中果枝剪留 5～7 节，短果枝不剪。南方品种群结果枝一般以中短截为主，长果枝剪留 5～7 节，中果枝剪留 4～5 节，短果枝不剪或疏剪。留枝数量果枝间距 10～15 cm，伸展方向相互错开。也可采用长放修剪，亦称长梢修剪技术，就是在骨干枝和大型枝组上每 15～20 cm 留一结果枝，结果枝剪留长度 45～70 cm，总枝量为短截修剪的 50%～60%。更新方式单枝更新。长梢修剪技术主要应用于以长果枝结果为主的品种。长梢修剪技术应用于三个方面：一是以长果枝结果为主的品种，疏除过多的细弱结果枝、强壮枝，选用部分健壮或中庸的结果枝缓放或轻剪，如大久保、雪雨露等；二是应用于中、短果枝结果的品种；先利用长果枝长放，促使其上长出中短枝，再利用中、短果枝结果，如深州水蜜、丰白等；三是应用于易裂果品种：通过长梢修剪，使果实在长梢中上部结果，使长果枝下垂，缓和果实的生长速度，减轻裂果。适宜品种有华光、瑞光3号等。

4. 生长季修剪

桃树生长季修剪一般幼树、旺树每年3～4次，盛果期3次。

(1)春季修剪：春季修剪从萌芽到坐果后进行，主要内容包括抹芽、疏梢。除去过密、无用、内膛徒长，剪口下竞争的芽或新梢；选留、调整骨干枝延长梢；冬剪时长留结果枝，前部未结果的缩剪到有果部位；未坐果的果枝疏除或缩剪成预备枝。

(2)夏季修剪：桃树夏季修剪一般进行2次。第1次在新梢旺长期进行。主要内容是对竞争枝疏除或扭梢。疏除细弱枝、密生枝、下垂枝，以改善光照，节省营养。旺长枝、准备改造利用的徒长枝，可留5～6片叶摘心或剪梢。骨干枝延长枝达到要求长度时剪主梢留副梢。对其他新梢长到20～30 cm摘心。第2次夏剪在6月下旬至7月上旬进行，控制旺枝生长，对尚未停长的枝条捋枝、拉枝，但修剪量不宜超过全年修剪量的30%。

(3)秋季修剪：秋季修剪在8月上中旬进行。疏除过密枝、病虫枝、徒长枝。对摘心后形成的顶生丛状副梢，将上部副梢"挖心"剪掉，留下部1～2个副梢，以改善光照条件，促进花芽分化和营养积累。同时拉枝调整骨干枝角度、方位长势。对尚未停长新梢摘心，促枝条充实，提高抗寒力。

5. 休眠期修剪

桃树休眠期修剪易在最寒冷的1月过后进行。其任务有三：一是调整骨干枝的枝头角度和生长势。骨干枝角度小时，留外芽或利用背后枝换头。骨干枝延长枝生长量小于20 cm时，选择长势和位置合适的抬头枝代替；各主枝之间采取抑强扶弱的方法，保持各主枝之间的平衡。二是结果枝的更新复壮和结果枝修剪：在结果枝下部注意培养预备枝，采用单枝更新法，使结果枝组靠近骨干枝。结果枝组以圆锥形为好；当枝组出现上强下弱时，及时疏除上部强旺枝；结果枝组枝头下垂时，及时回缩到抬头枝处。一般修剪后的结果枝枝头之间距离10～20 cm。三是保持树体生长势的均衡。对不能利用的徒长枝、细弱枝及时疏除。

(三)不同品种群修剪特点

1. 北方品种群修剪特点

北方品种群树冠比较直立，枝条开张角度小，下部枝条易枯死而造成光秃，结果部位外移较快。在整形上要注意开张主侧枝角度，延长枝修剪要轻剪缓放，待后部生长变弱时再回缩促后。北方品种群以短果枝和花束状果枝结果为主，其次是中果枝。因此，在修剪上，长果枝要轻短截。北方品种群的结果枝单花芽较多，短截时注意剪口下留叶芽。

2. 南方品种群

南方品种群树冠比较开张，整形时主侧枝延长枝可适当长留，开张角度不宜过大，到后期注意抬高角度。南方品种群生长势一般不如北方品种群强旺，以中、长果枝结果为主。修剪上可稍重。南方品种群结果枝复花芽多，坐果率高，结果枝修剪可适当短留和少留。

五、花果管理

花期放蜂和人工辅助授粉相结合。花期放蜂一般 3 000 m^2 桃园放 1 箱蜜蜂；人工辅助授粉在主栽品种初花期至盛花期进行，采用人工点授、喷粉或装入纱布袋内在树上抖动，一般进行 2 次。花期结合喷 0.3％的硼砂，可显著提高坐果率。疏花在大花蕾期至初花期进行。疏花时首先疏除早开的花、畸形花、瘦小花、朝天花和梢头花。一般长果枝留 6～8 个花蕾，中果枝留 4～5 个花蕾，短果枝和花束状果枝留 1～3 个花蕾，预备枝不留花蕾。长中果枝疏花时，要疏除结果枝基部的花，留枝条中上部的花，中部的复花芽双花留一，疏花量一般为总花量的 1/3。疏果分 2 次进行。第 1 次在花后 2 周，疏除萎黄果、小果、病虫果、畸形果、并生果、枝杈处无生长空间的果；第 2 次疏果在花后 4～6 周(硬核期前)，主要是疏除朝天果、附近无叶片的果和形状短圆的果。留果枝两侧果，向下生长的果。长枝留中、上部的果，中、短枝留先端果。各类型结果枝的留量见表 8-2。叶果比留果 30～50 片叶留 1 果，果间距留果，小型果 5～7 cm 留 1 果，大型果 8～12 cm 留 1 果。一般树冠外围、上部多留果，内膛及下部少留果，树势强的多留果，弱的少留果；壮枝多留果，弱枝少留果。疏果顺序是从树体上部向下，由膛内而外逐枝进行。

表 8-2　不同类型结果枝参考标准　　个

果枝类型	大型果	中型果	小型果
长果枝	1～3	2～4	3～4
中果枝	1～2	1～3	2～3
短果枝	1	1	1～2
花束状果枝	不留果	2～3 个枝留 1 果	1～2 个枝留 1 果

中晚熟品种，易裂果品种，定果后立即套袋。套袋前首先喷 1 次 70％的代森锰锌可湿性粉剂 1 000 倍液，待药液干后用专用果袋套住桃果，通过袋口的铅丝将袋扎在结果枝上。喷药后 1 次套完。采摘前 20 d 除袋。解袋后喷 1 次 50％的甲基硫菌灵可湿性粉剂。要求两次喷药均要均匀细致周到。

六、病虫害防治

桃树主要病虫害有桃穿孔病(包括细菌性穿孔病、真菌性穿孔病(霉斑穿孔病、褐斑穿孔病))、桃褐腐病、桃缩叶病、桃潜叶蛾、桃蛀螟、桃红颈天牛、朝鲜球坚蚧、桑白蚧等。

(一)桃褐腐病

桃褐腐病又名灰星病、果腐病，是桃树上重要病害之一。常引起大量烂果、落果、落叶。

1. 症状及发生特点

主要为害果实，也可侵染花、枝梢和叶片。果实从幼果期至成熟期均可受害，以近成熟期受害最重。受害果面初为褐色圆斑，很快扩展全果，造成褐色软腐。病斑表面产生同心轮纹状的灰褐色绒球状霉状物。花受害后变褐枯萎，潮湿时腐烂，表面丛生灰霉。嫩叶受害从叶缘开始变褐萎垂，似霜害。新梢受害产生椭圆形、灰褐色、凹陷的溃疡斑。

桃褐腐病菌在病僵果、病枝或地面上的枯枝落叶上越冬，借风雨和昆虫传播。桃树花期和果实成熟前后有两次发病高峰，前期造成花腐，后期造成果腐。该病在春、秋多雨、气温低的年份发病重。

2. 防治方法

(1)清除菌源：春、秋两季彻底清除僵果、病枝，集中烧毁或深埋。

(2)加强果园管理：防治害虫，减少伤口及传播媒介。5 月上中旬套袋，保护果实不受侵害。

(3)药剂防治：桃树发芽前喷 5°Be石硫合剂或 45%晶体石硫合剂 30 倍液。落花后每 10 d 左右喷药 1 次，共喷 3～4 次。常用药剂有 70%甲基托布津 1 000 倍液、80%炭疽福美 600 倍液、50%克菌丹 400 倍液、50%速克灵 2 000 倍液等。

(二)桃叶穿孔病

桃叶穿孔病是叶部病害，包括细菌性穿孔病、霉斑穿孔病和褐斑穿孔病三种。其中以细菌性穿孔病分布广、危害重。

1. 症状及发生特点

桃细菌性穿孔病主要为害叶片，也为害果实和新梢。叶片受害后初呈水渍状小斑点，后发展成为深褐色病斑，病斑周围有淡黄色晕环并沿晕环形成裂纹，而后脱落穿孔。枝条发病后多次出现溃疡斑，严重时枝条枯死。

其病原细菌在枝条病部组织中越冬，开花前后从病组织中溢出，借风雨和昆虫传播，经气孔和皮孔侵入。叶片一般于 5 月份开始发病，盛夏病势减退，秋季雨水来临时病势回升。温暖、多雨、树势衰弱、通风不良、偏施氮肥是引起此病的重要原因。

2. 防治方法

(1)加强果园管理：增施有机肥和磷、钾肥，避免偏施氮肥；注意排水，适当疏枝，改善通风透光条件。

(2)减少菌源：结合冬剪剪去病枝，清除落叶，集中烧毁。

(3)药剂防治：桃树发芽前喷 5°Be石硫合剂或 45%晶体石硫合剂 30 倍液。展叶后喷 65%代森锰锌 500 倍液、50%克菌丹 500 倍液等，10 d 喷 1 次，共喷 2～3 次。另外，1∶4∶240 硫酸锌石灰液也有很好的防治效果。

(三)桃蛀螟

桃蛀螟俗称蛀心虫。分布广，食性杂。幼虫食害果实，造成严重减产，有“十桃九蛀”的严重现象。桃果受害，发生流胶，蛀孔外粘有虫粪，果实变黄脱落。除为害桃树外，还为害苹果、梨、杏、李、石榴、板栗等。

1. 发生特点

桃蛀螟一年发生 3～4 代。以老熟幼虫在树皮裂缝或玉米秸秆内越冬。4 月份化蛹，5 月份羽化，5 月下旬至 6 月份为第一代幼虫危害期，主要为害桃果。7 月中旬为第二代幼虫危害期。

除为害桃外，也为害苹果、李等。另外，8 月份和 9 月中下旬分别是第三代和第四代幼虫危害盛期，主要为害桃、玉米、板栗等。成虫有趋光性，喜欢将卵产在果实胴部、果肩处，幼虫有转果为害习性。

2. 防治方法

(1)消灭越冬幼虫：秋季采果前进行树干绑草，诱集越冬幼虫；早春出蛰前，刮除老翘皮集中烧掉。

(2)喷药防治:于各代成虫产卵高峰期,喷50%杀螟松乳剂1 000倍液、20%丁硫·吡虫啉1 000～1 500倍液或20%速灭杀丁2 500倍液等,对各龄幼虫、成虫及卵均有很强杀伤力。对早熟桃于5月中下旬和6月中旬各喷1次药;晚熟桃于6月底至7月初和7月底至8月初各喷1次。

(3)其他防治方法:及时清除虫果,消灭幼虫。利用黑光灯或糖醋液诱杀成虫。

(四)桃蚜虫

为害桃树的蚜虫有三种:桃蚜、桃粉蚜和桃瘤蚜。它们常混合发生,密集在嫩梢和叶片上吸食汁液。被害叶片苍白卷缩,最后脱落。

1. 发生特点

桃蚜一年可发生10～30代,后两种可发生10余代。以卵在桃树的腋芽、裂缝和小枝杈等处越冬。翌年3月份桃树萌芽时,卵开始孵化,花蕾待放时达到孵化盛期。4月中下旬至5月份繁殖最快,危害较重。以后迁到十字花科蔬菜或其他作物上为害,中间经几次迁移,至10月中下旬迁回桃树并产卵越冬。

2. 防治方法

(1)发芽前喷5°Be石硫合剂或5%柴油乳剂杀灭枝干上的越冬卵。

(2)喷药防治:应掌握在花未开而卵已大量孵化,但未造成卷叶之前喷药。花后至初夏,根据虫情再喷药1～2次。秋后蚜虫返回桃树时再喷一次。常用药剂有50%辟蚜雾3 500倍液、50%灭蚜松乳油1 000倍液、10%吡虫啉3 000倍液、菊酯类农药3 000倍液等。

(3)药剂涂干防治:蚜虫大量发生前用40%乐果乳油7份、水3份配成药液,再用毛刷在主干上涂成6 cm宽的药环。如树皮粗糙,可先刮除粗皮再涂药。

七、采收与分级

桃果(普通桃)成熟度在生产上分为四级。一级是七成熟:果实充分发育,果面基本平整,果皮底色开始由绿色转黄绿色或白色,茸毛较厚,果实硬度大。八成熟果皮绿色大部退去,茸毛减少,白肉品种底色绿白色,黄肉品种呈黄绿色,彩色品种开始着色。九成熟绿色全部退去,白肉品种底色乳白色,黄肉品种呈浅黄色,果面光洁,充分着色,果肉稍有弹性,有芳香味。十成熟果实变软,溶质桃果肉柔软多汁,硬质桃开始发软,不溶质桃弹性减少。果实要适时采收。一般就地鲜销果八九成熟时采收;长途运输七八成熟时采收。硬桃、不溶质桃适当晚采;溶质桃,尤其是软溶质桃适当早采。贮藏及加工用硬肉桃七八成熟时采收;加工用不溶质桃八九成熟时采收。成熟期不一致品种,分期采收。

鲜桃果实质量标准主要以果实大小、着色度为主要指标进行分级,基本要求是不允许有碰伤、压伤、磨伤、日灼、果锈和裂果。根据果实大小分级的标准如表8-3所示。

表8-3 鲜桃果实质量标准中依据果实大小分级标准(河北省) g

品种类型	果实类型	特等	一级	二级
普通桃	大果型	≥300	≥250	≥200
	中果型	≥250	≥150	≥150
	小果型	≥150	≥120	≥120

续表 8-3

品种类型	果实类型	特等	一级	二级
油桃和蟠桃	大果型	≥200	≥150	≥120
	中果型	≥150	≥120	≥100
	小果型	≥120	≥100	≥90

第四节　园林应用

桃(图 8-13)为落叶小乔木,高 8 m。小枝红褐色或褐绿色,无毛。芽密被灰色绒毛。叶椭圆状披针形,叶缘细钝锯齿;托叶线形,有腺齿。花单生,径约 3 cm,粉红色,萼外被毛。果近球形,表面密被绒毛,花期 3～4 月份,先叶开放;果 6～9 月份成熟。观赏用桃树以观花、观叶为主,花有红、白、粉红、紫红等色,而叶有绿、紫红之分,果实很小,或因授粉不良而没有果实。在修剪上一般两年修剪一次。

图 8-13　桃

1. 果枝 2. 花枝 3. 去花瓣的花纵剖面 4. 果核

观赏桃除前面提到的变型外,还有白桃、白碧桃、红碧桃、复瓣碧桃、绯桃、撒金碧桃、紫叶桃和垂枝桃等。桃花烂漫芳菲,妩媚可爱,盛开时节皆"桃之夭夭,灼灼其华"。加之品种繁多,着花繁密,栽培简易,是园林中重要的春季花木。可孤植、列植、丛植于山坡、池畔、草坪、林缘等处,最宜与柳树配置于池边、湖畔,形成"桃红柳绿"的动人春色。此外,桃花红叶绿果吉利,可作宅旁果树及城市工矿区绿化树种,亦可盆栽造型。

桃花是春天的象征,绚丽烂漫,朝气蓬勃,桃树因此成为重要的绿化材料。适合于庭院、山石间等多种场合配置,适用于全国大部分地区栽培。

第九章

杏

杏树原产我国，具有 3 500 年以上的栽培历史，远在周朝时就有栽培。杏果是营养丰富、药用价值较高的时令水果。其药用价值主要体现在杏果具有止咳祛痰、润肺清泻的功效，对支气管炎、哮喘、癌症有较好的疗效。

杏果用途广泛，除鲜食外，还可加工，是食品工业的重要原料。杏仁是我国传统的出口商品之一，在国际市场上享有很高的声誉。此外，杏树适应性广，平原、高山、丘陵、沙荒地均可栽培，是农民致富和改善生态环境的优良树种。

第一节　生物学特性

一、生长结果习性

(一)生长习性

杏树树冠大，根系深，寿命长。一般栽培管理条件下，盛果期树高达 6 m 以上，冠径 7 m 以上。其根系强大，能深入土壤深层，水平伸展能力极强，一般分布可超过冠径的 2 倍以上。杏树寿命为 40～100 年甚至更长。

杏树生长势较强，幼树新梢年生长量达 2 m；随树龄增长，生长势渐弱，一般新梢生长量 30～60 cm。在年生长期内可出现 2～3 次新梢生长高峰：第 1 次在 6 月下旬至 7 月中旬；第 2 次生长高峰在 9 月份。

杏树叶芽也具有早熟性。当年形成后，条件适宜，特别是幼树和高接树上的芽，容易萌发抽生副梢，形成二次枝、三次枝。杏树新梢顶端有自枯现象，顶芽为假顶芽。杏树每节叶腋有侧芽 1～4 个。但杏树越冬芽的萌芽率和成枝力是核果类果树中较弱的。一般新梢上部 3～4 个芽能萌发生长，顶芽形成中长枝，其他萌发的芽大多只能形成短枝，下部芽多不萌发而成为潜伏芽。因此，杏树树冠内枝条比较稀疏，层性明显。

(二)结果习性

杏树早果性比较突出，一般 2～4 年开始结果，6～8 年进入盛果期。在适宜条件下，盛果期年限比桃长，10 年以上的大树一般产量在 50 kg/株以上。

杏花芽为纯花芽，较小，单生或 2～3 芽并生形成复芽。每花芽开 1 朵花。在同一枝条上，上部多为单芽，中下部多为复芽。单花芽坐果率高，开花坐果后该处光秃。复芽花芽和叶芽排列与桃相似，多为中间叶芽，两侧花芽，这种复花芽坐果率高。杏树形成花芽容易，1、2 年生幼树即可分化花芽，开花结果。杏树大多数品种以短果枝和花束状果枝结果为主，但寿命短，一般不超过 5～6 年。杏树花束状果枝较短，节间也短，结果部位外移比桃树慢。

杏树普遍存在雌蕊发育不完全的败育花，与品种、树龄和结果枝类型有关。一般仁用杏品种比鲜食加工品种雌蕊败育花的比例低；幼龄树易发生雌蕊败育花；花束状果枝、短果枝雌蕊败育花比例小，中果枝次之，长果枝较多。

杏树落花落果严重。一般幼果形成期和果实迅速膨大期各有一次脱落高峰。其自然坐果率通常为 3%～5%。

二、对环境条件要求

杏树对环境条件的适应性强。在我国普通杏从北纬 23°～48°，海拔3 800 m 以下都有分布。

(一)温度

杏树主产区年平均气温 6～14℃，要求≥10℃的有效积温 1 000～6 500℃，无霜期 100～350 d。杏休眠期耐低温能力强，可抵抗－30～－40℃的低温，但不同品种间存在一定的差异，杏适宜开花温度为 8℃以上，花粉发芽 18～21℃，果实成熟期要求 18.3～25.1℃。

(二)光照

杏树喜光，要求年日照时数在 1 800～3 400 h。光照充足，杏果着色好，含糖量高，品质好；光照不良则枝叶徒长，雌蕊败育花增加，严重影响果实产量和品质。

(三)水分

杏树抗旱不耐涝。但新梢旺盛生长期、果实发育期仍需要一定的水分的供应；杏树土壤积水 1～2 d，会发生早期落叶，甚至全株死亡。

(四)土壤

杏树对土壤要求不严格，平原、高山、丘陵、沙荒、轻盐碱土上均能正常生长，但以排水良好、较肥沃的沙壤土或砾质壤土为好。

第二节　主要种类、优良品种和栽培区

一、主要种类

杏属蔷薇科李亚科杏属植物。全世界杏属共有 10 个种。我国就有 9 个种，分别是普通杏、西伯利亚杏、辽杏、藏杏、紫杏、志丹杏、政和杏与李梅杏。其中普通杏是世界上栽培最广的一个种。我国现有各种各类杏品种 1 463 个。辽杏可作砧木及抗旱育种的原始材料，极少栽培；西伯利亚杏一般用于砧木或作为抗寒育种的原始材料；山杏可作南方杏的砧木，也是暖地杏育种的原始材料。

普通杏通称杏(*P. armeniaca* L.)。树高 6～8 m。主干树皮不规则纵裂，暗灰褐色或黑褐色。1 年生枝红褐色或暗紫色；多年生枝灰褐色。叶片近圆形或阔卵圆形，深绿色，幼叶红色。花单生，两性花，白色或粉红色。果实圆形、扁形至长圆形，果面具短茸毛，成熟后橙黄、黄、淡黄、绿白色，阳面具红晕或无；果肉绿色、淡黄、橙黄色，汁多，味酸甜或甜酸。有离核、半离核及黏核之分，核扁圆或扁椭圆形，核面光滑；核仁扁圆形，苦、微苦或甜。本种树势强健，适应性强。

二、主要优良品种

杏品种根据用途可分为肉用杏、仁用杏和观赏杏三类。其中肉用杏包括鲜食杏和加工杏，而仁用杏包括苦仁杏和甜仁杏，是我国特有的一类杏品种资源。

(一)凯特(Katy)杏(图 9-1)

凯特(Katy)杏是美国加州 1978 年选育的杏优良品种。我国 1991 年从美国加州直接引入山东果树研究所，1996 年通过山东省科学技术委员会组织的专家鉴定。该品种树势旺，树姿直立，新梢阳面深红色，阴面绿色。1 年生枝棕红色，表面光滑；多年生枝和主干浅棕色，表面粗糙，皮孔大，叶片也大，深绿色，近圆形，花芽大，顶端钝圆，花瓣粉红色。果实卵圆形，果顶微凸，缝合线浅。大果型，平均单果重 105 g，最大果重 130 g，果皮光滑，橙黄色，底色橘黄，阳面着红晕。果肉橙黄色，肉质细，含糖量高，甜酸爽口，味纯正，芳香味浓，品质上等。可溶性固形物 12.7%，离核，较耐贮运。裂果少，采前不落果。树势强，树姿半开张。萌芽力中等，成枝力较强。幼树以中、长果枝结果为主，盛果期树以短果枝结果为主。落叶晚，二次枝和秋梢上花芽较多，质量亦较好，但花期比一次枝和春梢上花芽晚 2～3 d。幼树成花易，定植当年开花株率 100%。自花授粉坐果率 18.7%，自然授粉坐果率 31.4%。抗性强。耐瘠薄，抗盐碱，耐低温、阴湿，适应性强，抗晚霜。在河南省周口市一般 3 月上旬萌芽，3 月底开花，6 月上中旬果实成熟，11 月上旬落叶。

图 9-1　凯特杏

(二)金太阳杏(图 9-2)

金太阳杏又名太阳杏，是从美国农业部太平洋沿岸实验室选种圃中选出的杏优良品种，属欧洲生态品种，1993 年山东果树研究所从美国引进此品种。该品种树姿开张，树体较矮，多年生枝皮面粗糙，1 年枝红褐色、粗壮、节间短；嫩梢红色，叶呈卵圆形；叶基圆形或截形。叶色深

图 9-2　金太阳杏

绿，叶面光滑有光泽，叶先端凸尖，叶缘锯齿中深而钝，较整齐，叶柄中粗，呈红色。基部有 4 枚蜜腺，圆形。花芽肥大、饱满、复芽多。花蕾期花瓣红色，初开始先端粉红色，盛花期浅粉色。其果实较大，平均单果重 75 g，最大单果重 82.5 g。果实近圆形，果顶平，缝合线浅，两半部对称，果面光洁，底色金黄，阳面着红晕，果肉黄色，肉厚 1.46 cm，可食率 97%，离核，肉质细嫩，纤维少，汁液较多，有香气，品质上等。果实可溶性固形物含量高达 15.3%，总糖 13.5%，总酸 1.2%，风味甜，抗裂果，耐贮运，常温下可放 7 d，2～4℃下可贮藏 20 d 以上。树势中庸。幼龄树枝条有春、夏、秋梢 3 次生长，成龄树一般只有春梢生长。萌芽力中等，成枝力强。幼树轻剪可抽生较多短枝，夏季短截可抽生 2～3 个长果枝。幼树以中长果枝结果为主，盛果期树以短果枝结果为主。花器发育完全，自花结实率强，自然坐果率 28.8%。对土壤要求不严格，抗旱耐瘠薄，适应性广，抗寒、抗病（褐腐病、细菌性穿孔病）强。在河南省商水县，杏树 3 月上旬萌芽，3 月 25 日前后为盛花期，花期 4～5 d，5 月中旬果实开始着色，果实发育期约 60 d，11 月上旬落叶。

（三）红丰杏（图 9-3）

红丰杏是山东农业大学园艺系选育出的极早熟杏新品种。平均单果重 56 g，最大单果重 78 g。果面浓红色，果实具浓香味，品质上。该品种自花结实，丰产性好，开花晚，可避过晚霜危害，是适合露地和保护地栽培的杏优良品种。

（四）新世纪杏（图 9-4）

新世纪杏同样是山东农业大学园艺系选育出的极早熟杏新品系。果实单果重 73 g，最大单果重 110.5 g。果面着鲜红色，果实具浓香味，品质上，离核，该品种自花结实，丰产性能好，开花晚，可躲避晚霜危害。果实发育期 65 d 左右，6 月上旬果实成熟，是露地和保护栽培栽培

图 9-3 红丰杏

图 9-4 新世纪杏

的优良品种。

(五)骆驼黄杏(图 9-5)

骆驼黄杏原产北京市门头沟区龙泉务，是极早熟的鲜食杏品种。1985 年引入熊岳李杏圃内，1990 年通过农业部鉴定，被列为优异种质资源，1991 年辽宁省科学技术委员会列为重点区试品种。现主要分布在辽宁、北京、河北、山西、山东、甘肃等地区。该品种树冠自然圆头形，树姿半开张。主干粗糙，纵裂，灰褐色。多年生枝灰褐色。1 年生枝斜生、粗壮、红褐色、有光泽；

枝条直立，密度中等；皮孔小、少、凸，圆形。芽基部呈突起状。叶片椭圆形，叶长 10.5 cm，宽 8.1 cm。先端渐急尖，叶基圆形，叶缘锯齿圆钝，叶面平展，叶色深绿，有光泽，叶脉黄绿色，叶柄长 4.3 cm，粗 0.2 cm，蜜腺 1～2 个，圆形，褐色。花瓣白色，5 瓣，阔圆形，平展；花冠径 3.1 cm，蜜盘浅黄色，雌蕊 1 枚，长 1.6 cm；雌蕊高于雄蕊的花占 1.9%，雌蕊等于雄蕊的花占 14.6%，雌蕊低于雄蕊的花占 5.8%，退化花占 77.7%。树势强，在辽宁熊岳地区，9 年生树高 5.5 m，冠幅 5.5 m×6.7 m，干高 42 cm，干周 62 cm，新梢平均长 62 cm，粗 0.88 cm，节间长 2.1 cm。萌芽率 44.3%，成枝率 39.6%。栽植后第 2 年即开始结果，4 年生开始有经济产量，5 年或 6 年生进入盛果期，连续结果能力较强。5 年生树产量 20 kg/株左右，6 年生树产量 40 kg/株，7 年生树产量 70 kg/株，8 年生树产量 150 kg/株左右。以短果枝结果为主，生理落果中等，采前落果轻。自然坐果率低，栽培时必须配备适宜的授粉品种麻真核占屯红杏、英吉沙杏、华县接杏、临潼银杏等。果实圆形，平均单果重 49.5 g，最大单果重 78.0 g，纵径 4.29 cm，横径 4.49 cm，侧径 4.46 cm。果实缝合线显著、中深，两侧片肉对称。果顶平，微凹。梗洼深、广。果皮底色橙黄，阳面着红色，果肉橙黄色。肉厚 1.61 cm，肉质较细软，汁中多，味甜酸。果肉可溶性固形物 9.6%，硬度 12.2 kg/cm^2，总糖 7.1%，总酸 1.9%，糖、酸比 3.74∶1，含维生素 C 5.4 mg/100 g，常温下可贮放 1 周左右，品质上等。黏核，核卵圆形，鲜核深褐色，重 1.78 g，核果比 0.36∶1；干核淡黄褐色，平均重 1.02 g，纵径 2.06 cm，横径 1.86 cm，侧径 1.23 cm。核表面光滑，网纹不明显，核翼宽而锐，核基唇形，核顶尖圆。甜仁，不饱满，干仁平均重 0.36 g。在辽宁省熊岳地区条件下，3 月下旬花芽萌动，4 月中旬开花，花期 5～7 d，果实 6 月上中旬成熟，果实发育期约 55 d。4 月中下旬叶芽萌动，10 月下旬落叶，树体营养生长期约 190 d。

图 9-5 骆驼黄杏

（六）华县大接杏（图 9-6）

地方品种，产于陕西华县。现山东省蒙阴、五莲等地有少量栽培。该品种树势较强，树姿开张，树冠呈半圆形。萌芽力高，成枝力低，冠内枝条稀疏，层性明显。以短果枝结果为主，雌蕊败育花率 40%，自花不实。早果性较好，定植第 3～4 年结果，丰产，20 年生树产量可达 80 kg/株。喜土层深厚的土壤栽培，抗逆性较强。果实平均单果重 52 g，大果重 60 g 以上。果实扁圆形或近圆形，果顶微凹或稍平，缝合线浅，较明显。果面乳黄色，阳面具紫红色斑点。果肉橙黄色，肉质细软，汁液多，味甜，具芳香，可溶性固形物含量 9.5%～12%，品质上。离核，甜仁。在山东省泰安地区 6 月中旬成熟。较耐贮运，为优良的鲜食品种。

（七）串枝红杏（图 9-7）

树冠为自然半圆形，树姿开张，主干粗糙，树皮纵状裂，紫褐色。1 年生枝粗壮，直立，阳面红褐色，背面绿色，光滑无毛。多年生枝为紫褐色。节间长 1.47 cm，皮孔中密，中大，圆形，灰褐色，凸起。叶片较厚，卵圆形，深绿色，有光泽，叶基圆形，先端突尖，叶长 8.1 cm，叶宽 6.2 cm。叶柄长 2.96 cm，紫红色。叶缘较整齐，单锯齿，圆钝。主叶脉浅绿色。花白色、5 瓣，雌蕊 2 枚。雄蕊 32～37 枚。花药橘黄色。树势中庸，8 年生树树高 3.2 m，冠径 3 m×3.3 m、

图 9-6　华县大接杏

干周 26 cm，平均新梢长 76 cm。萌芽率 44%，成枝率 5.6%，自然坐果率 7.7%。2 年生开始开花，5～6 年生进入盛果期，以短果枝和花束状果枝结果为主。定植后第 2 年始花，第 3 年全部开花结果，4 年生树平均产量 1 269 kg/667 m^2，6 年生树平均产量3 406.8 kg/667 m^2，10 年生树产量可达 5 000 kg/667 m^2 左右，是目前国内丰产性最好的品种，经济效益显著。果实纵径 4.98 cm，横径 4.67 cm，呈卵圆形，缝合线明显。最大果重 85 g，平均果重 52.5 g。果顶微凹，梗洼深而窄，果皮紫红色，果肉橙黄色，肉质硬脆。果实硬度 17.3 kg/cm^2，耐贮耐运。含总糖 7.1%、总酸 1.6%、可溶性固形物 10.2%、维生素 C 9.1 mg/100 g。纤维细，果汁少，pH

图 9-7　串枝红杏

值 3.0，该品种离核，可食率 96%。不仅适于鲜食，而且最适于加工成杏脯、杏茶和糖水灌头，已达省(部)级优质产品标准。在辽宁熊岳地区于 4 月上旬叶芽萌动，4 月中旬开花，7 月下旬成熟，果实发育期 95 d 左右。11 月上旬落叶，树体营养生长期约 214 d。该品种具有抗病、抗寒、耐干旱、耐盐碱等特性。疮痂病自然感病 14.3%，感病指数 3.8；人工接种感病率 23.3%，感病指数 5.6。抗寒性强。

三、栽培区划及地方优良品种

我国自然形成了 5 个各具特色的杏树栽培分布区域：华北温带杏区、西北干旱杏区、东北寒带杏区、西南高原杏区、热带—亚热带杏区。华北温带杏区包括河北、河南、山东、山西、陕西、北京、天津与甘肃兰州以东地区、辽宁沈阳以南地区以及安徽和江苏的北部地区。是中国杏的主要产区，以鲜食为主，有栽培品种和类型近 1 400 个，均为本地农家选育，主要优良品种有：唐王川大接杏、兰州大接杏、华县大接杏、礼泉二转子、临潼银杏、三原曹杏、张公园杏、仰韶黄杏、沙金红杏、骆驼黄杏等。仁用杏品种有龙王帽、一窝蜂、白玉扁等。西北干旱带杏区包括新疆、青海、甘肃的兰州以西、内蒙古包头以西及宁夏地区。本区有栽培品种 3 500 个，是我国制干品种李光杏的主要产区。该区杏的特点是果实较小，但含糖量特别高，果实外表光泽度大，多为离核甜仁。适宜加工杏干。东北寒带杏区包括内蒙古包头以东地区、辽宁沈阳以北地区及吉林和黑龙江等区。本区有栽培品种 350 个左右，如龙垦系列杏品种，抗寒性强。

第三节 基本生产技术

一、育苗

杏树一般采用嫁接法育苗。枝接在春季叶芽萌动前后进行，有劈接和切接两种方法；芽接在 7 月上旬至 8 月中旬进行嵌芽接。枝接和芽接采用砧木有西伯利亚杏、辽杏、藏杏、梅、桃、李等。

二、建园

(一)园址选择

杏树园址选择要“三不宜”。一不宜在晚霜发生频繁地建园，即一年有一半以上年份发生严重霜冻；二不宜在低涝地建园；三不宜在核果类迹地上建园。具体应根据经营类型选择园址：对不耐贮运的鲜食杏，应在大、中城市周围或交通便利地方建园，而加工杏和仁用杏在远郊或山区建园。

(二)园地规划

园地规划包括生产用地和非生产用地。生产用地就是株行距的规划；非生产用地包括道路、排灌系统、防护林和管理用房的规划。无论是生产用地和非生产用地，都要以经济实用、便于管理为原则。

(三)品种的选择和授粉树配置

品种选择应遵循三条原则:一是适于经营的规模。面积较小杏园(2～3 亩)以发展优质鲜食、早熟杏品种为宜;面积较大杏园以加工品种和仁用品种为主。二是与经营方式相适应。位于大、中城市附近或交通便利地区以发展鲜食品种为主,远离城市、山区或交通不便地区,以加工品种和仁用品种为主。三是适应当地生态条件。一般应选择对本地风土条件有良好适应性的品种。

授粉树选择与主栽品种花期一致或稍早的品种,一般主栽品种与授粉品种比例(3～4):1,最好在主栽品种行内按配置比例定植。

(四)栽植密度

新建杏园株行距(2～3) m×(5～6) m,一般杏园株行距(2～3) m×(4～5) m;密植栽培杏园株行距 1 m×2 m。

三、整形修剪

杏树目前采用较多的树形是小冠疏层形、三主枝自然开心形,二主枝开心形、自然圆头形、杯状形等;仁用杏以五主枝杯状形和延迟开心形比较好。

小冠疏层形适宜株行距:平原肥沃地为(2～3) m×4 m,山岭薄地为 2 m×3 m。树体基本结构:干高 40 cm 左右,树高 3～3.5 m,冠径 2.5～3.0 m。全树共有主枝 5～6 个。第一层 3 个主枝,可以互相邻接,开角 60°～70°,每一主枝上相对应两侧各配备 1～2 个大型结果枝,第二层 1～2 个主枝,方位插在一层主枝空间,开角 50°～60°,其上直接着生中、小枝组;第三层 1 个主枝,其上着生小型枝组。春季定植后,生长期间立支柱,将中心干延长枝用细绳绑缚在支柱上将其扶直,如果中心干没有长到落头高度仍弯曲倒向一侧,就应在弯曲处短截,促发培养直立延长枝头。3 月中旬定干,当年可抽生 3～5 个长枝。夏、秋两季选最上一枝作中央领导枝,其下选分布合理的三个枝作为第一层三主枝,并使主枝基角开张到60°～70°,其他枝作为辅养枝缓放。冬剪时,中心干留 50 cm 于饱满芽处短截,剪口下第三芽留在缺枝方向,剪口下第三芽易抽生成过旺竞争枝,可拿平缓放。三主枝留 40 cm 短截,其余枝条适当短截。第 2 年春季萌芽前,开张主枝角度。当背上枝长到 15～20 cm 时,从基部扭梢,其他萌发枝条,长到 20 cm 时摘心。冬剪时,三大主枝继续培养,剪留程度较上年相对稍轻。继续选留二层主枝,有的若选出两个二层主枝,可在第 5 主枝以上 40 cm 左右处选最后 1 个主枝。中心干也轻剪,若中心干延长枝优势强,有 2～3 个竞争枝,可以疏掉 1 个旺枝,压平 1 个。中心干上生长的其余枝条,保留作为辅养枝。第一层主枝注意选留第一侧枝,剪留长度要短于主枝延长枝,其余枝条在不影响主、侧枝情况下,尽量保留增加枝叶量,尽可能一枝不疏。第 3 年在保证树冠不郁闭和枝条不重叠的情况下,尽可能利用有限空间,促进侧生枝的萌发和形成,冬剪时,继续扩冠,完成整形任务,采用缓、疏、缩相结合的方法培养结果枝组,为保持树体高度,对中心干落头回缩。骨干枝中、上部旺枝、密枝适当疏除,对中心干上辅养枝进行更新,疏除所有旺枝,呈单轴延伸结果状,选留长势中庸,姿势平斜枝,留作预备枝,已结过果的母枝回缩到基部预备枝处。进入盛果期,修剪时要疏密、短截。对各级延长枝,一般进行中度短截,使抽生健壮新枝。对衰弱枝抬高角度,回缩更新;对树冠下部和内膛枝,要注意及时更新复壮,使其不断产生新的健壮结果枝。疏除树冠上部及外围密枝、下垂枝,若枝不过密,不宜疏除。同时注意疏除交叉枝、重叠枝、徒长枝。培养枝组以先放后缩为主。

杯状形树体结构是：干高 30～50 cm，主干上有 3～5 个主枝。主枝单轴延伸，无侧枝，其上直接着生结果枝组。主枝开张角度是 25°～35°，枝展直径 1.0～1.5 cm。具体整形过程是：定植后 50～70 cm 处定干。从剪口下新梢中选留 3～4 个生长健壮、方位角度适宜的新梢培养为主枝。其余枝条拉枝、扭梢拉平后缓放，避免与主枝竞争。第 1 年冬剪时，主枝剪留 60 cm 左右，其余枝依空间大小适当轻剪或不剪。翌年春季，在剪口下新梢中继续选留主枝延长枝培养，通过摘心、扭梢等方法控制竞争枝和其他旺枝，也可重短截促发分枝培养结果枝组。其他枝轻剪缓放。第 2 年按上年原则修剪，至第 3 年整形基本完成。

杏休眠期修剪的原则是"细枝多剪，粗枝少剪；长枝多剪，短枝少剪。"少疏枝条，多用拉枝、缓放方法促生结果枝，待大量果枝形成后再分期回缩，培养结果枝组。对生长势减弱的枝组回缩到抬头枝处。杏幼树以整形为主，一般将主、侧枝的延长枝剪去 1/3～1/4。盛果期树延长枝剪去 1/2～1/3，中果枝剪去 1/3，短果枝剪去，疏除部分花束状果枝。骨干枝衰老后，按照粗枝长留，细枝短留原则，剪留 1/3～1/2。

四、土肥水管理

栽后每年结合施基肥进行深翻扩穴，深翻 40～50 cm，3 年以后全园深翻，同时每年树盘覆草厚 15～20 cm。其他时间，雨后、灌水后经常中耕，保持土壤疏松、无杂草状态。土壤追肥 1 年 3 次：第 1 次在 3 月上旬（萌芽前）施充分腐熟的人粪尿 10 kg/株；第 2 次在 5 月中旬根据结果量施硫酸钾复合肥 0.5～1.0 kg/株；第 3 次在 6 月中旬施果树专用肥 0.5～1.0 kg/株。根外追肥在 4 月份展叶后，每隔 10 d 喷 1 次 0.3%的尿素 2～3 次。7～8 月份每隔 15～20 d 喷3～4 次 0.3%的尿素＋0.2%的磷酸二氢钾＋0.5%的光合微肥。基肥在 9 月下旬至 10 月中旬施，以有机肥为主，配合施用磷钾肥。一般施充分腐熟的有机肥 20～50 kg/株，三元复合肥 0.5～1.0 kg/株。幼树结合深翻扩穴施入，成龄树采用放射沟施或条状沟施。灌水在每次土壤追肥后进行。一般萌芽至谢花后 2 周（4 月中旬）浇水要适宜，采果前（4 月中旬至 5 月中旬）应增加灌水量和灌水次数，7 月以后要控水，做好排水工作，使土壤含水量保持在田间持水量的 70%左右。

五、花果管理

花期人工辅助授粉。面积小时人工点授，面积大时液体喷雾法授粉。最好采用放蜜蜂和壁蜂，一般放 2 箱/hm^2，或于杏树盛花期喷布 50 mg/L 赤霉素、1 200 倍稀土、0.3%的硼砂、0.3%的磷酸二氢钾，可明显提高坐果率。在授粉树配置良好，能够确保坐果率的基础上，冬剪时短截多花弱枝，疏除过多花芽，花期结合人工辅助授粉，疏除晚开的劣质花。疏果在花后 25～30 d 一次完成。疏除畸形果、小果、病虫果，保留具有本品种特征的好果。一般短果枝留 1 个果，中果枝留 2～3 个果，长果枝留 4～5 个果，要求强枝多留果，弱枝少留果；也可按果间距疏果，一般小型果（30～49 g）果间距 7 cm，中型果（50～79 g）果间距 10 cm，大型果（80～109 g）果间距 13 cm。疏果顺序是先上后下，先树冠内膛，后树冠外围，防止碰落果实。

六、病虫害防治

杏树病虫害主要有杏褐腐病、疮痂病、细菌性穿孔病、杏仁蜂、蚜虫、叶螨等，具体防治方法是休眠期结合修剪，彻底剪除病梢，早春结合果园耕作，清除地面病叶、病果，集中烧毁或深埋，防治杏疔病、杏仁蜂等病虫害；春季萌芽前喷布 1 次 5°Be的石硫合剂，以消灭越冬病虫卵；成龄树每 1～2 年萌芽前刮 1 次树皮；萌芽开花期防治杏星毛虫、杏象鼻虫，在萌芽前刮树皮，早春翻树盘，树干涂刷 8%～10%石灰水的基础上，人工捕杀。对杏疔病发生的杏园在杏树展叶后喷布 1～2 次 1∶1.5∶200 倍波尔多液预防。幼果长至豆粒大小时，喷 20%的甲氰菊酯乳油 2 000 倍液防治杏仁蜂等食心虫。果实发育期每 15 d 喷 1 次 70%的甲基硫菌灵可湿性粉剂 1 000倍液，50%的多菌灵可湿性粉剂 600～800 倍液等杀菌剂，防治杏褐腐病、杏疮痂病等，间或喷洒 10%的中生菌素或硫酸链霉素防治细菌性穿孔病。秋季落叶后将病枝、病叶和病果及果核残体集中销毁或深埋，树体主干或主枝涂白保护。

七、适时采收

杏树要根据果实用途适时采收。鲜食杏随熟随采；远距离运输，七八成熟采收。制作糖水罐头和杏脯果实，在绿色退尽，果肉尚硬的 8 成熟时采收，仁用杏在果面变黄，果实自然开口时采收。

第四节 花期霜冻预防

杏树花期霜冻，轻者造成减产，重者出现绝收，这严重制约着杏树生产的发展。近年来研究表明：广泛存在于植物体上的冰核活性细菌，简称 INA，是诱发和加重杏树花器官霜冻害的重要因素。为进一步研究用化学、物理或生防方法防除 INA 细菌减轻或控制杏花期霜冻提供了科学依据，为有效防止果树霜冻提供了一条新途径。目前，杏树花期霜冻的预防主要有以下几种方法。

一、常规防霜措施

（一）选用抗霜和避霜品种

当前生产上可选用的抗霜品种有黑龙江省培育的农垦 1 号、农垦 2 号杏品种，花期能够抵抗－6.9℃的低温；张家口市从仁用杏中选出的优一品种，花期能够抵抗－4℃低温。这些抗霜力强的品种，从某种程度上可避免晚霜对杏树的危害。此外，也可选用避霜品种凯特杏、金太阳杏、红丰杏和新世纪杏等，可避过晚霜的危害。

（二）延迟发芽，减轻霜冻危害

（1）春季灌水或喷水：杏树发芽后至开花前灌水或喷水 1～2 次，可明显延缓地温上升速度，延迟发芽，可推迟花期 2～3 d。

（2）涂白或喷白：早春对树干、骨干枝进行涂白，树冠喷 8%～10%石灰水，可反射光照、减少树体对热能的吸收，降低冠层与枝芽的温度，可推迟开花 3～5 d。

（3）利用腋花芽结果：腋花芽萌发和开花较顶花芽晚，有利于避开晚霜。

（三）改善果园小气候

（1）加热法：加热法就是在果园内每隔一定距离放置一加热器，在将发生霜冻前点火加温，使下层空气变暖而上升，在杏树周围形成一暖气层，一般可提高温度 1～2℃。

（2）吹风法：辐射霜冻是在空气静止情况下发生的。可利用大型吹风机增强空气流通，将冷气吹散，可起到防霜效果，据试验，吹风后可升温 1.5～2℃。

(3)熏烟法：根据天气预报，在晚霜将要来临，园内气温接近 0℃时，在迎风面每 667 m^2 堆放 10 个烟堆熏烟。可提高气温 1～2℃。近年来，采用硝酸铵、锯末、柴油混合制成的烟雾剂代替烟堆熏烟，使用方便，烟量大，防霜效果好。

(4)树盘覆草：早春用杂草（或积雪）覆盖树盘厚 20～30 cm，可使树盘升温缓慢，限制根系早期活动，从而延迟开花。若结合灌水，效果更好。

(四)应用植物生长调节剂推迟花期避霜法

秋季树冠喷施 50～100 mg/L 赤霉素(GA_3)，可延迟杏树落叶，增加树体贮藏营养，可提高花芽的抗寒力。10 月中旬喷施 100～200 mg/L 乙烯利(CEPA)溶液可推迟杏树花期 2～5 d；杏芽膨大期于冠层喷施 500～2 000 mg/L 青鲜素(MH，又名抑芽丹)水溶液，可推迟花期 4～6 d。

二、药剂和生防菌防除INA 细菌，减轻杏树霜冻害

(一)药剂防霜

研制或筛选具有杀灭 INA 细菌和破坏蛋白成冰活性功能的药剂，用以杀灭 INA 细菌，防御霜冻。采用羧酸酯化丙烯酸聚合物(CRYOTED)喷洒叶面，形成薄膜，可阻止 INA 细菌繁殖来防御杏树霜冻。在生产上，采用抗霜剂 1 号和抗霜素 1 号两种防霜药剂用于防御果树霜冻有显著效果。

(二)生物防霜

从自然界植物体上的多种微生物中，筛选出对 INA 细菌具有颉颃、营养竞争、抑杀作用或强寄生性的微生物菌株，对其进行人工生产繁殖，再喷洒在植物体上，以控制或杀灭 INA 细菌，达到防御霜冻的目的。

(三)颉颃防霜

RNA506 和生防 31 两种生防菌株，都具有抑菌、促生、附生能力和抗逆性强等特性，在防御杏树花期霜冻上均有明显效果。此外，抗药选择压力处理后，RNA506 和生防 31 能与抗霜素 1 号混用，可使药剂和生防菌两者优势互补，从而提高防霜效果。

第五节　园 林 应 用

杏树(图 9-8)为落叶乔木，高达 10 m，树冠圆整，小枝红褐色。叶广卵形或圆卵形，先端短锐尖，缘有细钝锯齿，两面无毛或背面脉腋有簇毛，叶柄红色。花单生，先叶开放，白色至淡粉红色，萼鲜绛红色。果球形，径 2.5～3 cm，杏果黄色，一侧有红晕，具缝合线及柔毛。核扁，平滑。花期 3～4 月份；果熟期 6 月份。该树种早春开花，繁茂美观，是北方重要的早春花木。除在庭院少量种植外，宜群植、林植于山坡、水畔。与苍松、翠柏配植于池旁湖畔或植于山石崖边、庭院堂前，极具观赏性。

杏是春天景色的象征。早春杏花先叶开放，枝头着春风，烟村一色红，蔚为壮观。夏日果熟，满枝珍珠玛瑙，美丽耀眼。杏喜光、耐旱、耐寒，但不耐涝。适宜配置河边、湖畔、庭前、墙隅，在大型城市园林或风景区内可以群植。目前我国栽培的主要品种有凯特杏、李光杏、大红

杏、山黄杏等。

图 9-8　杏

1. 花枝　2. 雄蕊　3. 雌蕊　4. 果枝　5. 果核

第十章 李

李果营养丰富,多有香气,是一种优良的时令果品。其果实除鲜食外,也可加工,是食品加工业的原料,也是传统的出口创汇果品。李果具有一定的药用价值,可清热利尿,活血祛痰、润肠。

李的叶、花、果均具有观赏价值,是绿化的良好树种和蜜源植物。李树适应性强,具有"早结果,早丰产、早收益"的优点。

第一节 生物学特性

一、生长结果习性

(一)生长习性

李为小乔木,其生长习性取决于李的种类。中国李幼树生长迅速,树冠呈圆头形或圆锥形,随年龄增长,树冠逐渐开张,寿命30～40年或更长;欧洲李树势旺,枝条直立,树冠较密集;美洲李树体较矮,枝条开张角度大。并且欧洲李、美洲李均比中国李寿命短,为20～30年。

李为浅根系果树,主要吸收根分布在20～40 cm。水平根分布范围常比树冠大1～2倍,垂直根分布深度取决于立地条件:土壤肥力较高地的高产树垂直根分布深,而土壤肥力较低的低产树,垂直根分布浅。

李树枝条顶芽均为叶芽。在枝条上下两端多为单叶芽,中部为复芽。复芽中花芽、叶芽数目和排列规律与桃树相似。李树萌芽率高,一般可达90%以上;且其叶芽也具有早熟性,1年可抽生2～3次枝。李树潜伏芽寿命较长,极易萌发,更新容易。

李树春季萌芽后也有一段叶簇期,新梢生长很慢。随气温升高,新梢生长加快,强旺枝年生长量达1 m以上。6月上中旬大多数新梢停止生长,以后条件适宜,新梢可二次生长形成球梢。但李的成枝力弱,且所抽长枝都集中在枝条的顶端或剪口下,层性比较明显。

(二)结果习性

李花芽为纯花芽,侧生,一个花芽内可开花1～5朵。李的种类不同,开花数目也不同:一般中国李1个花芽以开2～3朵居多,欧洲李常为2朵,美洲李常为4朵。

李属子房上位花,大多数为完全花。中国李和美洲李大多数自花不实,而欧洲李则分为自花结实和自花不实两类,并且李也存在异花不实现象。

李长、中果枝较少,结实能力也低,而短果枝和花束状果枝较多。李的种类不同,其结果枝类型也不同:中国李以花束状果枝和短果枝结果为主;美洲李和欧洲李则以中、短果枝结果为主。此外,不同年龄阶段,其结果枝比例也不同,幼龄树以长果枝结果为主,初果树以短果枝和花束状果枝结果为主,而盛果期大树则主要以花束状果枝结果为主。

李树结果部位外移较慢,也不易隔年结果。一般李树2～4年生花束状果枝结实力最高,结果5～6年，坐果率明显下降，但随生长势缓和，基部潜伏芽常萌发，形成花束状果枝群，此为李树的丰产形状之一。花束状果枝在营养条件好或受到修剪刺激时也能抽生较长的新梢，转变为短果枝或中果枝。

李树极易形成花芽，并且其花芽分化也早。大石早生李在6月初开始花芽分化，9月中旬进入雌蕊分化期，以后进入休眠，第2年春开花前完成胚珠和花粉粒的分化与形成。

二、对环境条件的要求

(一)温度

李树抗寒性取决于其种类。乌苏里李抗寒性最强，加拿大李次之，美洲李较强，欧洲李较弱。一般李开花最适温度为12～16℃，生长季最适温度为20～23℃。

(二)水分

李树对水分要求不严格，干旱和潮湿地区均能生长。李对水分的要求取决于李的种类和砧木。欧洲李、美洲李要求较高的空气湿度，而中国李相对要低一些。共砧抗性差，山杏砧抗性强，毛樱桃砧不耐涝。一般李树要求的土壤含水量相当于田间持水量的60%～80%。绝对含水量为10%～15%时，地上部停止生长，低于7%时，根系停止活动。

(三)光照

李对光照要求不严格，阴坡和阳坡均能生长良好。但在光照好的条件下，果实着色好，品质佳。

(四)土壤

李树对土壤要求不严格，但以土层深厚的沙壤土至中壤土栽培表现好。李树对盐碱土的适应性也较强，在瘠薄土壤上亦有相当产量。一般中国李对土壤的适应性强于欧洲李和美洲李。

(五)风

李树抗风性弱，风速大雨10 m/s时，常使枝干折断，果实脱落，有风害的地方必须营造防护林。

(六)环境污染

空气中二氧化硫浓度达3 mL/m^3 10 min李树就表现受害症状。而氟化氢对李树为害更大。李园应建在远离污染源的地方。

第二节 主要种类和优良品种

一、主要种类

李属蔷薇科(Rosaceae)李亚科(Prunoideae)李属(*Prunus*)植物。广泛分布于亚洲、欧洲、北美洲等地。李包括不常见种全世界有30余种。我国有8个种(中国李、欧洲李、美洲李、杏李、乌苏里李、樱桃李、加拿大李和黑刺李)，5个变种，800余个品种和类型。

(一)中国李(*Prunus alicina* Lindl.)(图10-1)

中国李原产于我国长江流域，是我国栽培李的主要种。小乔木，树冠开心形或半圆形。老皮灰褐色，块状或条状裂，多年生枝灰褐色或紫红色，无毛。叶片长圆倒卵形，锯齿细密。花通常 2～3 朵并生，花小，白色，以花束状果枝和短果枝结果为主，多数品种自花不结实或结实量较少。果实为圆形、心脏形或卵圆形，果皮有黄色、红色、暗红色或紫色，果面被果粉，果肉黄色或红色，核椭圆形，黏核或离核。树势强健，适应性强。

图 10-1 中国李

（二）杏李（*Prunus simoii* Carr.）（图 10-2）

杏李原产我国华北和西北东部，为一栽培种。小乔木，树尖塔形，枝条直立。叶片狭长，呈长披针形至长圆倒卵形，叶柄短而粗，一个花芽内有 1～3 朵花。果实扁圆形或圆形，果梗短

图 10-2 杏李

粗，果皮红色或黄色，果面果粉薄或无，无茸毛。果肉淡黄或橘黄色，质地紧密，香味浓，黏核、核小。易与中国李杂交，并可获得品质优良的后代。自花结实率高，但丰产性差。

(三)乌苏里李(*Prunus ussuriensis* Kov. et Kost)(图 10-3)

原产我国东北各省，为一栽培种，小乔木，树冠紧凑矮小，有时呈灌木状。老枝灰黑色，粗壮小枝稠密，节间短。叶片长圆形至倒卵长圆形，稀椭圆形，叶柄短。花 2 朵或 3 朵簇生，有时单朵。果实小，扁圆形、近圆形或长圆形，果肉黄色、味甜、多汁、具浓香，果皮苦涩，黏核。抗寒力极强。实生苗是李的良好砧木。

图 10-3　乌苏里李

(四)欧洲李(*Prunus domestica*)(图 10-4)

欧洲李原产我国新疆、中亚和欧洲，栽培品种 2 000 多个。乔木，树冠圆锥形，树干深灰褐色，开裂，枝条无刺或稍有刺。叶片椭圆形或倒卵形，叶片粗糙。花 2 朵，簇生于短枝顶端。果实通常卵圆形或长圆形，果皮有红色、绿色、黄色、紫色、蓝色等，果粉蓝灰色，果肉黄色，肉质硬，果汁中多，味甜酸，无香味，离核或黏核。其果实除供鲜食外，宜制作蜜饯、果酱、果酒、李干等。欧洲李花期明显晚于中国李，可避开晚霜和春寒的危害。

图 10-4　欧洲李

(五)美洲李(*Prunus americana* Marsh)(图 10-5)

美洲李原产北美洲，为北美所产李属植物中栽培利用最多者。小乔木，树冠呈极开张的披散形或伞形，无中心干，枝条多水平或下垂，枝多，有刺。叶片大，倒卵圆形或长圆倒卵形，边缘有尖锐重锯齿。花芽着生在针刺状短枝和1年生枝上，后叶开放，每个花芽有2～5朵花，簇生。果实圆锥形或椭圆形。果皮多为红色、橙黄色或红黄色，纯黄色较少，果肉黄色，黏核或离

图 10-5　美洲李

核。其花期比中国李晚，但比欧洲李早，坐果率低。果实可鲜食或加工，其果皮坚韧，较耐贮运。对土壤适应性强，抗旱和抗寒力均强，植株和花芽能耐－40℃低温，可在我国最北部地区栽植。

(六)樱桃李(*Prunus cerasifera* Enrhart)(图 10-6)

原产我国新疆、中亚、天山至亚得里亚海岸、小亚细亚和中亚细亚、巴尔干半岛、高加索、外高加索、北高加索、中塔什克斯坦山区、阿塞拜疆的南部山区、格鲁吉亚西部等广大地区，伊朗也有分布。品种有垂枝、花叶、紫叶、狭叶、黑叶等栽培变形。灌木或乔木，多分枝、枝条细长，有针刺。叶片椭圆形、卵形或倒卵形。花白色，单生，少数为 2 朵，着生在短缩枝或小枝上。果小，近球形或椭圆形，黄色、红色或紫红色，多汁，黏核。抗旱力强，果实成熟后不易脱落，耐贮运。除鲜食或制干外，是制作果酱、果泥、果冻的好原料。种子可作为李和桃的砧木资源。

图 10-6　樱桃李

(七)加拿大李(*Prunus nigra* Ait.)

原产美国和加拿大。小乔木，树冠卵圆形，紧凑，枝条多直立，有较粗壮针刺。叶片椭圆形或倒卵形，叶缘具粗缘锯齿或重锯齿。花 3～4 朵，簇生。果实小，椭圆形。果皮红色、黄红色或黄色，有果粉，果皮厚韧，味涩，果肉黄色，多汁，有纤维，味甜酸，黏核。其抗寒力仅次于乌苏里李，能长期忍耐－40～－45℃低温，可在我国东北地区生长，是抗寒育种的良好材料。

(八)黑刺李(*Prunus spinosa* L.)(图 10-7)

原产欧洲、西亚和北非等地。灌木，枝条稠密，树姿开张，枝条上生有大量针刺，新梢微具有棱，叶片长圆倒卵圆形或椭圆状卵形，稀长圆形。花多单生，先于叶开放。果实圆球形，广椭圆形或圆锥形，先端急尖，紫黑色，具浅蓝色果粉。果肉绿色，酸甜，极涩，无香味，果汁少，黏核，核小。果实采收时不能食用，经水冻以后，果肉的单宁和含酸量均减少，味变甜，可食。该种类适应性强，根蘖分生能力强，多用作李和桃的矮化砧木或用作盆栽砧木，还可利用其多刺与根蘖多的特点，用作绿篱栽植。

图 10-7　黑刺李

二、主要优良品种

(一)大石早生李(图 10-8)

大石早生李为日本品种。自然生长圆头形。树势强壮,树姿直立,结果后逐渐开张。主干较光滑,树皮块状裂,灰褐色。枝条着生较密,多年生枝灰褐色,1 年生枝黄褐色,自然斜生,无

图 10-8　大石早生李

茸毛。节间长 1.2 cm,无刺。花芽鳞片紧,黄褐色,花白色,5 瓣。雌蕊 1 枚,雄蕊 25～30 枚。每芽 1～3 朵花,多为 2 朵。叶片长圆形,基部宽楔形,先端渐尖;叶长 11.3 cm,宽 5.1 cm,叶柄长 1.8 cm;叶色浓绿有光泽,叶缘锯齿细锐,为复锯齿。

果实卵圆形。平均单果重 42.5 g,最大单果重 106 g;果实纵径 4.21 cm,横径 3.99 cm,侧径 4.05 cm。果顶尖,缝合线较浅,果肉对称。梗洼深较广。果皮底色黄绿,着鲜红色,果面具大小不等的黄褐色果点。果肉黄色,肉质细,较密,过熟时变软,果汁多,纤维粗而且较多,味甜酸,微香。可溶性固形物含量 11.5%,pH 值 4.3,硬度 1.25 kg/cm^2,总糖含量 6.12%,总酸含量 1.82%,维生素 C 含量 7.19 mg/kg。黏核,核较小,可食率 97.6%,果实较耐贮运,常温下可贮放 7 d 左右。

树势生长中庸,树姿半开张。以小黄李为砧木亲和力良好,耐湿性强,根系分布较深而广;以毛樱桃为砧木根系分布浅而广。幼树固地性较差,培土过高时,可产生大量自生根,1 年可产生 2～3 次枝,形成树冠快。枝条萌芽率高,达 85.1%;成枝力中等,达 35.7%;以花束状果枝和短果枝结果为主,采前不落果,成熟期较一致,结果早,高产。

在河南省商水县,3 月上旬花芽膨大,3 月 26 日前后始花,4 月 1 日左右盛花,花期 6～7 d;4 月中旬叶芽萌发,中下旬出现生理落果,5 月 23 日前后果实开始着色,6 月 5 日左右果实完全成熟,果实发育期 65～70 d,营养生长期 230 d 左右,11 月上中旬落叶。

该品种适应性广,抗寒、抗病,抗旱性较强,适合南北方栽培发展。

(二)黑琥珀李(图 10-9)

树势强健,枝条直立,生长旺盛。1 年生枝较光滑,阳面淡黄褐色,背面淡绿褐色,皮孔小,中多,2 年生枝绿褐色,多年生枝灰褐色。叶片倒卵形,深绿色,有光泽。一般在枝条上部和下部形成单叶芽,中部形成复芽,叶芽小,近圆形。花芽较小,近圆形。每花芽有花 2～3 朵。

图 10-9 黑琥珀李

1～3 年生幼树树势强健,具有抽生副梢的特性,结果后树势中庸,枝条直立,放任情况下树冠不开张。萌芽率高,成枝率低,极易形成花芽。坐果率高,以坐单果为主,以短果枝和花束状果枝结果为主，连续结果能力强，高产稳产。自花不实，栽培上需要配置授粉树，适宜授粉品种为澳得罗达、玫瑰皇后。早实丰产性较好。

果实发育期 95 d。平均单果重 101.6 g，最大单果重 138 g。果实扁圆或圆形，果顶平，缝合线不明显，两半部对称；果皮厚韧，完全成熟时呈紫黑色，果点小，不明显，果粉少。果肉淡黄色，不溶质，质地细密、硬韧，汁液中多，风味香甜可口，品质上等。可溶性固形物含量 12.4%，总糖 9.2%，可滴定酸 0.85%，糖、酸比为 11∶1。离核，果核小，可食率 99%。果实在山东泰地区 7 月下旬成熟。在 0～3℃条件下能贮存 4～5 个月。

在大连地区，4 月初萌芽，4 月下旬展叶，花期 4 月下旬 5 月初，果实成熟期 8 月上旬，果实发育期 54 d。

抗寒性强，适应性也强，山区、平原皆可栽培。

(三)黑宝石李(图 10-10)

黑宝石李是综合性状优良的晚熟品种。商品名“布朗李”。位于美国加利福尼亚州 10 大李子主栽品种之首。世界许多国家广为栽培，为李中的高档品种。植株长势壮旺，枝条直立，树冠紧凑。以长果枝和短果枝结果为主，极丰产。在一般管理条件下，第 2 年始花见果。果实扁圆形，果顶平圆。果面紫黑色，果粉少，无果点。果肉乳白色，硬而细嫩，汁液较多，味甜爽口，品质上等。平均单果重 72.2 g，最大果重 127 g。含可溶性固形物 11.5%，总糖 9.4%，可滴定酸 0.8%。果实肉厚核小，离核，可食率 97%。果实货架期 25～30 d，在 0～5℃条件下可贮藏 3～4 个月。果实在山东泰安地区 8 月下旬成熟。该品种适应性强，凡能栽培普通桃树、李树的地方均可种植，且极抗病虫害。

图 10-10　黑宝石李

(四)安哥诺李(图 10-11)

美国加利福尼亚州 10 大李子主栽品种之一。幼树生长健旺，树势中庸，树姿开张。萌芽力强，成枝力中等，以短果枝和花束状果枝结果为主。花粉量大，需配置授粉树。一般坐单果。丰产性好，幼树 2 年见花，3 年见果，果实大型，平均单果重 96 g，最大单果重 152 g。果实扁圆形，果顶平，缝合线浅而不明显。果面紫黑色，光亮美观。果皮较厚，果粉少，果点小。果肉淡黄色，近核处果肉微红色，质细，不溶质，汁液多，味甜，富香气。离核，核小。含可溶性固形物14%～15%，总糖13.1%，可滴定酸0.7%。果实耐贮藏，品质极佳。果实9月下旬成熟。抗蚜虫（被害后不卷叶，不落叶），高抗潜叶蛾、高抗轮纹病、炭疽病、白粉病。

图 10-11　安哥诺李

（五）秋姬李（图 10-12）

日本品种，有"布朗李之王"之称。是供应国庆、元旦的李中极品。果实巨大的独特品性居众品种之首。是当今国内外最优秀的布朗李品种，将引领未来若干年布朗李的发展方向。其树势强健，分枝力强，幼树生长旺盛，新梢生长较直立。叶片长卵形，较小，浓绿。幼树成花早，

图 10-12　秋姬李

花芽密集，花粉较少，需配授粉树。果实长圆形，缝合线明显，两侧对称，果面光滑亮丽，完全着色呈浓红色，其上分布黄色果点和果粉，平均单果重 150 g，最大可达 350 g；果肉厚，橙黄色，肉质细密，品质优于黑宝石和安哥诺品种，味浓甜且具香味，含可溶性固形物 18.5%，离核，核极小，可食率 97%。果实硬度大，鲜果采摘后，常温条件下可贮藏 2 周以上，且贮藏期间色泽更艳，香味更浓，恒温库可贮藏至元旦。鲁南地区 4 月初萌芽，4 月下旬花芽萌动，5 月上旬盛花，花期 1 周左右，9 月上旬果实开始着色，9 月中旬完全成熟，11 月上旬落叶。

（六）西梅

西梅又称梅李，属欧洲李系统，其代表品种有 2 个。

1. 蒙娜丽莎（图 10-13）

蒙娜丽莎李有“梅李之王”之称，属欧洲李系统，我国从罗马尼亚引入。是罗马尼亚综合性状优良，栽培面积最大的李品种，在国际市场上享有很高的声誉。

图 10-13 蒙娜丽莎李

该品种树势强健，枝条粗壮，节间长，叶片大而肥厚，叶面及叶背均具绒毛，成花容易。一般栽后第 2 年开花株率 100%，挂果株率 90%以上，以短果枝和花束状果枝结果为主，特丰产，栽后第 4 年产量高达3 500～4 000 kg/667 m^2。其果实长椭圆形，中部外鼓，两端钝尖，上下左右对称性极好，果形独特，端正，果面 100%蓝黑色，上覆灰白色黑粉，果实极大，平均单果重 130～140 g，最大单果重 206 g。果肉黄色，汁多，味浓甜，具宜人香味，核小，离核，可溶性固形物含量 16%～18%。果皮厚，果肉硬韧，抗挤压，极耐贮运，自然条件下可存放 30 余天，低温条件可贮藏至春节，华北地区 9 月下旬成熟。

蒙娜丽莎李是当前国内第 1 代布朗李主要是黑宝石、黑琥珀、蜜思李等品种最理想的换代品种。

2. 尤萨李（图 10-14）

尤萨李有“梅李皇后”之称，是我国从美国引入，属欧洲李系统。其幼树树势强健，树姿直立，枝条粗壮，节间长，成龄树树势中庸。多年生枝灰褐色，1 年生枝灰绿色，平均节间长 2.8 cm。叶片椭圆形，浓绿色且厚，成龄叶长 8.4～9.0 cm，宽 4.5～5.6 cm，正背面无毛，叶缘钝锯齿，叶柄浅绿色，长 2.3 cm。花芽饱满，花瓣白色，有花粉。

果实长椭圆形，平均单果重 150 g，最大单果重 208 g，纵径长 8.0 cm，横径长 5.4 cm，果柄长 1.68 cm,果皮蓝黑色,果粉厚,果肉金黄色,肉质硬韧汁多,风味浓甜,有宜人香味,核小,离核,核重 2.5 g,缝合线浅,果形端正。可溶性固形物含量 18.5%,果肉可食率 98%,耐贮运,采后自然条件下可存放 30 d,低温(2～4℃)下可贮藏至春节。

图 10-14　尤萨李

尤萨李萌芽率高,成枝力强。以中短果枝及花束状果枝结果为主,也有结果现象。花束状果枝连续结果能力强,寿命长,结果部位外移较缓慢,无隔年结果现象,基部潜伏芽能萌发,形成花束状果枝群,并可大量结果,自花结实率高,成花容易。一般栽后第 2 年开花株率 100%,挂果率 90%以上。

在河南省商水县,3 月上旬萌芽,下旬始花,3 月 29 日至 4 月 2 日盛花,8 月上旬果实全面着色,下旬果实成熟;10 月下旬落叶。

该品种对土壤要求不严格,适宜在沙壤土、壤土和黏壤土上生长,较耐干旱且抗旱。

(七)脆红李(图 10-15)

脆红李是四川南部地区发现的地方品种,属中国李系统。1994 年通过四川农业大学等部

图 10-15　脆红李

门审定。该品种树势中庸，树冠自然开心形。果皮正圆形或近圆球形，果个较小，平均单果重16～25 g，最大单果重40 g。果皮紫红色，果肉黄色或偶带片状红色。缝合线正，缝沟浅，果点黄色，较密，大小均匀。果粉厚，灰白色，肉质脆，味甜，可溶性固形物12.7%～13.27%，可溶性总糖10%，维生素C 2.6 mg/100 g，核小，离核，可食率96.8%，晚熟。有采前落果现象，耐贮运。该品种是目前世界李类中品质最优者，丰产、稳产，不需配置授粉树，自花结实，连续结果能力强，无大小年。

第三节　基本生产技术

一、育苗

李树生产上育苗以嫁接繁殖为主，采用的砧木有小黄李、山桃、毛桃、毛樱桃、山杏等。一年中春、夏、秋三季均可进行嫁接。春季嫁接在3月下旬至4月上旬，采用的方法有嵌芽接、腹接、切接和插皮接等；夏季嫁接在6月上旬至7月上旬，在砧木苗长至60～80 cm，离地面10～15 cm处砧木粗0.3～0.5 cm时，采用"T"字形芽接；秋季嫁接在8月中旬至9月上旬，在砧木苗直径达0.6 cm以上，采用"嵌芽接"和"T"字形芽接。

二、建园

李树建园地的选择应遵循六条原则。一是在有霜害的地区，应注意品种选择，营造防护林。在地势上应避免在谷地、盆地或山坡底部等冷空气容易集结的地方建园。二是在适宜的土壤上建园。在山岭薄地、沙荒地和黏重土壤上建园，宜进行改良。最适宜的土壤pH为6～6.5。三是李树喜湿不耐涝。在地下水位高、雨季易积涝的低湿、涝洼地段不宜建园。平原地区李园应建立在地下水位不高于1.5～2 m的地段。四是李果成熟期不一致，特别是早、中熟品种不耐贮运，应选择交通运输方便的大中城市周围以及工矿企业、人口密集、商业旅游业发达的地区附近建园。五是应尽可能避开栽过桃、李、杏、樱桃等核果类果树的地方。六是尽可能在光照充足的地方建园。北方一般春季建园。3月中旬定植，选择高80 cm以上，接口上10 cm处直径0.8 cm以上，整形带内具6个以上饱满芽，主根长15 cm以上，长20 cm以上、基部粗0.4 cm以上的侧根5条以上，须根多，无病虫危害和机械损伤的2年生优质健壮嫁接苗，砧木为小黄李和毛樱桃。定植前苗木用等量式100倍波尔多液或3～5°Be石硫合剂浸泡10～20 min，然后用清水冲洗干净。栽植株行距可采用2 m×4 m或3 m×5 m，山地、沙滩土壤瘠薄地方可采用3 m×4 m。授粉品种必须花粉量大，与主栽品种花期相遇或相近，且亲和性好。主栽品种与授粉品种比例(4～5)∶1，主要栽培品种适宜授粉品种的选择见表10-1。按南北行向挖长、宽、深各80 cm的定植穴，要求表、心土分放。在定植穴内填入豆秸、玉米秸、杂草、树叶等有机物，然后施优质农家肥50 kg/株＋果树专用肥1 kg/株，与表土混匀后回填穴内，灌水沉实。要求起垄栽植，栽后浇水，并以树干为中心覆盖1 m^2 地膜。

表 10-1　主要栽培品种的适宜授粉品种

主栽品种	适宜授粉品种
大石早生	美丽李、香蕉李、黑宝石
美丽李	黑宝石、香蕉李、龙园秋李
黑琥珀	黑宝石
黑宝石	黑琥珀
澳大利亚 14 号	黑琥珀
安哥诺	圣玫瑰、黑宝石、龙园秋李

三、土肥水管理

雨后、灌水后及时中耕，1 年进行 3～5 次，深度 10～15 cm，保持土壤疏松无杂草。秋季结合施基肥进行扩穴，隔行或隔株深翻 60～80 cm。幼龄果园在行间套种紫花苜蓿、俄罗斯饲料菜，生长季将高度控制在 30 cm 以下，割下的紫花苜蓿覆盖在树盘内，俄罗斯饲料菜饲养奶牛，生产牛粪，施在行间，以培肥、改良土壤。定植后新梢长至 20 cm 时，株施尿素 0.1 kg，6 月中旬株施磷酸二铵 0.2 kg，8 月份株施多元复合肥或果树专用肥 0.5 kg，10 月份至落叶前结合果园深翻，株施土杂肥 50 kg。生长季(4～10 月份)每隔 15～20 d 喷 1 次 0.3%～0.5%磷酸二氢钾或 200 倍光合微肥。随树龄增加，分别于萌芽前、花前、谢花后各追肥 1 次，以氮肥为主，配合磷、钾肥，每 667 m^2 施尿素 50 kg、磷酸二铵和硫酸钾各 15 kg；果实膨大期施壮果肥，以钾肥为主，配施少量氮、磷肥，每 667 m^2 施磷酸钾复合肥 50 kg、磷酸二铵 10 kg；采果后以磷、钾肥为主，配施少量氮肥，每 667 m^2 施磷酸二铵和硫酸钾各 30 kg、尿素 10 kg。除每次施肥后浇水外，重点要浇好花前、花后、果实膨大期和封冻前 4 次水；七八月份雨水集中期要注意排水，其他时间应做到旱能浇、涝能排。

四、整形修剪技术

李树要根据品种特性和栽植密度确定树形，树冠开张的用自然开心形，直立的用主干疏层形和纺锤形，栽植密度大时采用圆柱形。下面以三主枝自然开心形为例介绍其整形修剪过程。

三主枝自然开心形成形后树高 2.5 m，冠幅 3～4 m，干高 25～30 cm，主枝与主干夹角为 40°～45°，主枝间距 10 cm，分布均匀，方位角约呈 120°。在各主枝上，按相距 30～40 cm，梅花形排布配置 2～3 个侧枝，方向相互错开。第 1 侧枝距主干 30 cm，且与主枝呈 60°～70°。

苗木定植后，留 40～50 cm 短截定干，剪口以下 20 cm 为整形带。在整形带内选 3 个生长势强、分布均匀、相距 10 cm 左右的新梢作主枝培养，其余新梢除少数作辅养枝外，全部抹除。同时，及时抹除整形带以下萌发的枝和芽。夏季，新梢尚未完全硬化前，将新梢拉枝开角，使主枝与主干呈 40°～45°。第 2 年春季发芽前，将主枝先端衰弱部分剪去 1/4 或 1/5，要求大冠树留 50～60 cm，小冠树留 30～40 cm。主枝着生角度较小直立时，剪口芽留外芽或采取拉枝开角措施。在各主枝中部，选留 2～3 个向外倾斜生长的分枝作侧枝，剪去 1/3。各主枝上萌发的花束状果枝全部保留，10 cm 以上中长枝条稍重短截，促其萌发发育枝和结果枝。第 3 年，继续培养主枝和侧枝，主枝延长枝剪去 1/4 或 1/5，侧枝剪去 1/3，剪口芽留外芽。主、侧枝上萌发的短果枝和花束状果枝全部保留。竞争枝、徒长枝采用绑枝、拉枝法变向，缓放结果。树冠内强旺枝条,无缓放空间者疏除;不重叠、不交叉枝条一律缓放,待结果后回缩,培养成结果枝组。经3年培养可基本成形。

(一)幼龄树修剪

幼龄期指从定植到大量结果之前,一般为3~5年。该期修剪任务主要是尽快扩大树冠,培养合理的树体骨架,尽快形成大量的结果枝,为进入盛果期获得早期丰产做好准备。采用冬夏剪相结合的方法,以轻剪缓放、开张角度为主,多留大型辅养枝。采用撑、拉、别等方法开张主枝角度为65°~80°,结合利用外芽轻剪,使其开张生长,弯曲延伸。辅养枝以利用骨干枝两侧的平斜中庸枝为主,或通过拿枝下垂方法,选择利用部分骨干枝两侧的上斜枝。幼树发枝较多,且直立性强,新梢还具有抽生副梢能力,要注意结合夏季修剪,及时除去过多的直立旺长枝和竞争枝。夏剪时要注意利用主枝延长枝上方位和角度适宜的二次副梢。

(二)盛果期树修剪

李树盛果期主枝开张,树势缓和,中长果枝比例下降,短果枝、花束状果枝比例上升。此期主要任务是提高营养水平,保持树势健壮,调整生长和结果的关系,精细修剪结果枝组。

(1)稳定树势:主枝头下垂或枝头交接,造成全园郁闭的,要适当回缩主侧枝,或转换枝头以中部的中型枝组代替原头,控制树体大小,维持其生长势。对树冠上枝条疏密留稀,去掉延长枝,留壮枝,疏除或回缩外围枝,加大外围枝间距,保持在40~50 cm。

(2)枝组更新:盛果期李树大枝组不能过多。除用作枝头或填补较大的空间外,一般不宜多留,可压缩成中型枝组。着生花束状果枝的单轴枝组,要回缩更新复壮。3~5年生花束状果枝的结果枝,需经常更新,保持果枝壮而不衰,连续结果。对极度衰弱的水平、下垂单轴枝组要逐步疏除。中国李潜伏芽易萌发,花束状果枝受到刺激时也能抽生壮枝,故多年生枝组回缩,一般都能得到良好的效果。如需增强顶端优势,可用叶丛枝或花束状果枝作剪口枝;如需缓和顶端优势、增强中下部的生长势,则可在中、短果枝处下剪。为维持枝组中下部的结实力,发育枝以缓放一两年后及时回缩为宜。回缩后先端发出的新梢,可选留一个中庸枝作延长枝,将其余枝疏掉。如空间较大,需培养大中型枝组时,则应先将发育枝短截,促发新枝后再缓放,徒长枝向比较空旷的地方拿平,改造为枝组;长、中果枝可缓放或短截,利用其结果培养成中小型枝组;其余的过密枝、病虫枝及细弱枝一律疏除。

(三)衰老期树修剪

该期树势衰弱,果枝多形成鸡枝群,部分开始枯死,产量下降,隔年结果严重。此期主要任务是集中养分,恢复树势,使产量回升。

衰老期李树应充分利用内膛和骨干枝的徒长枝,进行剪截或按倒压平,疏补后部光秃及枝组衰退脱空现象。以延长结果年限。回缩骨干枝和较大枝组,适当回缩能缩短输导路线和节省养分,以刺激潜伏芽萌发,复壮后部。在更新修剪的同时,必须加强肥水管理和病虫害防治,结合秋施基肥,断去部分根系,使之更新复壮。如树龄过大,用重回缩其不到应有效果时,可重新建园。

五、花果管理

花前10 d(露白)喷布1次200倍PBO液;花期进行人工辅助授粉和放蜂。人工辅助授粉在主栽品种盛花初期的8~10点进行,采用人工点授、喷粉或装入纱布袋内在树上抖动,一般进行2次。花期放蜂量为3~5箱(2 000~3 000头)/hm^2,可提高产量30%以上。盛花期根外喷施 0.3%磷酸二氢钾+0.5%硼砂，间隔 20 d 再喷 1 次，可显著提高坐果率 15%～20%。对幼旺树盛花后环剥 1/8～1/10，同样可显著提高坐果率 20%～30%。第 1 次生理落果后，喷施 50～100 mg/L 赤霉素或 30～50 mg/L 防落素，间隔 15～20 d 再喷 1 次，可提高坐果率 30%～40%。幼果期和果实膨大期各喷 1 次 150 倍 PBO 液；7～8 月份新梢旺长期，间隔 15～20 d 喷 2 次 150 倍 PBO，或叶面喷布 1 000 mg/L 多效唑，或于秋季采果后土施多效唑 300～500 g/667 m^2，可明显提高花序坐果率，且果实增大显著。为提高果实品质，可进行疏花疏果。疏花就是在花蕾期疏蕾，疏除发育差的小个花蕾、畸形花蕾，疏蕾量占全树花蕾量的 50%～70%。长果枝和中果枝疏除前部和后部的花蕾，留中间的花蕾。一般长果枝留 5～6 个花蕾，中果枝留 3～4 个花蕾，短果枝和花束状果枝则去掉后部的花蕾，留前部花蕾 2～3 个，预备枝不留花蕾，盛花期回缩一部分串花枝。疏果在花后 15～20 d，果实长至蚕豆粒大小时进行。首先疏除畸形果、病虫果、并生果、伤果、小果、果面不干净的果和朝天果。然后按照弱枝少留(1 个果)或不留，中庸枝适当留，壮枝多留的原则疏果。每 7～10 cm 留 1 个果，一般徒长性果枝留 7～8 个果，长果枝留 5～6 个果，中果枝留 3～4 个果，短果枝和花束状果枝留 1～2 个果。要求树冠外围及上部少留果，内膛和下部多留果。一般果面彩色部分占全果的 4/5 以上时，要及时采收。在河南省商水县，6 月 5 日左右大石早生李果实完全成熟。

六、病虫害防治

李树在管理条件差的情况下易感染病虫害。轻者影响树体发育，果实品质差，产量低。重者造成树体衰弱寿命短。果实不能食用。李树的病虫害，主要有李子红点病、细菌性穿孔病、食心虫、蚜虫、红蜘蛛、红颈天牛、金缘吉丁虫等。

1. 李子红点病

此种病在黑龙江省李树上较普遍，河南也有发生，前期为害叶片，后期则为害果实。

(1)为害叶片时，在叶面上产生红色圆形微隆起的病斑，其边缘与健部界线清晰，病斑上密生暗红色小粒点，即分生孢子器。发病严重时，叶片上病斑密布，病叶变黄早落。果实被侵染时，在果面上也产生红黄色圆形隆起的病斑，病果生长不良且易脱落。

由于各地气温不同，降雨量不等，发病时期也不同。一般 6月中旬开始发生，7月中旬达到高峰，低温多雨年份或植株和枝叶过密的李园发病较重。

(2)防治方法：①萌芽前喷 5°Be石硫合剂，展叶后喷 0.3～0.5°Be石硫合剂。②在李花露白及叶芽萌发期，喷 0.5∶1∶100 波尔多液或琥珀酸铜 0.5%溶液，进行预防保护。③加强果园管理，彻底清除病叶，病果集中烧毁或深埋。秋翻地春刨树盘，都可减少侵染来源。并注意排水，勤中耕，避免果园土壤湿度过大。

2. 细菌性穿孔病

(1)发病特点：该病在病果果皮上先以皮孔为中心产生水渍状小点，扩展到 2 mm 时，病斑中心变褐色，最终形成近圆形，暗紫色，边缘具水渍状晕环，中间稍凹，表面硬化粗糙，呈现不规则裂缝的病斑，达 35 mm 左右。湿度大时，病部可出现黄色溢腕，病果早期脱落。高温高湿有利于病菌侵染，使病势加重。树势弱、排水通气不良或过多施氮肥的果园发病较重。

(2)防治方法：①加强果园综合管理，增施有机肥，提高树体抗病能力。②土壤黏重和地下水位高的果园，要注意改良土壤和排水。选栽抗病品种，进行合理整形修剪，创造通风透光的良好条件。③冬季剪除病枝，早春刮除枝干上病斑并用 25～30°Be石硫合剂涂抹伤口，减少初侵染源。④药剂防治。代森铵、农用链霉素、噻菌酮、果病特净、福美双在常规使用浓度下进行喷洒，果实生长期适当增加药剂防治次数。

3. 李子食心虫(李实蜂)

(1)为鳞翅目小卷叶蛾科害虫(北纬 40°～50°地区较多)，是为害李子果实最严重的害虫，常常被害率达 80%～90%。在虫孔处流出泪珠状果胶，被害果实不能继续发育，渐渐变成紫红色而脱落。被害果虫道内积满了红色虫粪，老乡称“豆沙馅”。

(2)防治方法：李子食心虫防治的关键时期是各代成虫盛期和产卵盛期及第一代老熟幼虫入土期。采用 90%敌百虫 0.8%液、50%马拉硫磷 1%液、50%敌敌畏 0.8%液。李树生理落果前、冠下土壤普施 1 次 50%辛硫磷 1%～1.5%液。在开花前李花露白时及落花末期(95%落花)小果有麦粒大小时，各喷 1 次药，以县甲胺磷、敌杀死、速灭杀丁、来福灵均可，每隔 7～10 d 喷 1 次。从综合防治的角度考虑，可用生物制剂进行树冠下土壤处理，如白僵菌等。秋后应把落果扫尽，减少来年虫源。

4. 蚜虫

(1)蚜虫主要为害李树新梢叶片。新梢被害严重时，生长不良；叶片被害时影响光合作用呈卷曲状，严重时则失去功能，以致脱落，影响果树产量及花芽形成，并大大削弱树势。

(2) 防治方法：①早春结合修剪，剪去被害枝条、集中销毁。②树体打药在危害盛期可喷 3%啶虫咪 800 倍液、10%吡虫啉 1 000 倍液，也可喷 20%丁硫 · 吡虫啉 1 000～1 500 倍液、50%马拉硫磷1 000倍液、50%辛硫磷乳剂 600～800 倍液、50%灭蚜松可湿性粉剂 1.5%溶液。③保护和引放天敌。

5. 红蜘蛛

(1)危害特点：为害李树的红蜘蛛主要为山楂红蜘蛛成虫，若虫均吸食叶片及初萌发芽的汁液，芽严重受害后，不能继续萌发，叶片严重受害后，全叶变为焦黄而脱落。大发生年 7～8 月份伤树叶大部分落光，甚至造成 2 次开花，严重受害的树，不仅当年果实不成熟，而且大大影响当年花芽形成和第 2 年产量。

(2)防治方法：①李树休眠期的防治目的是尽一切可能压低虫口基数。果树发芽前喷布 5%蒽油乳剂。3～5°Be石硫合剂。另外，早春李树萌发前，结合防治其他害虫、彻底刮除主干及主枝上的翅皮及粗皮，并集中烧毁。②李树发芽后的防治，在越冬雌虫出蛰盛期，第 1 代卵孵化完毕时进行防治，可用 30°Be石硫合剂加水稀释 0.8%液或 20%三氯杀螨砜可湿性粉剂 0.6%～1%液、2%阿维菌素3 000～4 000倍液、15%哒螨灵2 000～3 000倍液、20%灭扫利 2%液、20%三氯杀螨醇和 50%溴螨酯 1%液，各种杀螨剂应轮换使用，防止虫体出现抗药性，提高防治效果。③根据山楂红蜘蛛的生活习性，在田间管理方面，要合理间作，及时深翻树盘或树盘埋土，合理修剪，适当施肥灌水。亦可用土办法：大蒜汁喷施或洗衣粉用石硫合剂混用的方法。保护天敌，充分发挥天敌对虫害的自然控制作用。

6. 红颈天牛

(1)危害症状：幼虫蛀食枝干，先在皮层下纵横串食，然后蛀入木质部，深入树干中心，蛀孔外堆积木屑状虫粪，引起流胶，严重时造成大枝以至整株死亡。

(2)防治方法：成虫 6 月下旬至 7 月中旬中午多静伏在树干上，可进行人工捕杀；6 月上中旬成虫孵化前，在枝上喷、抹、涂护树将军以防成虫产卵；在幼虫危害期，当发现有鲜粪排出蛀孔时，用铁丝把虫粪钩出，再将 80%敌敌畏乳油 200 倍液加新高脂膜 800 倍液中浸泡过的小棉球,用尖头镊子夹住堵塞蛀孔,或将磷化钙小颗粒塞入虫孔,再用调好的黄泥封口,利用药剂的熏蒸作用,将孔内的幼虫杀死。

7. 金缘吉丁虫

(1)危害症状:幼虫蛀入树干皮层内纵横串食。幼树受虫害部位树皮凹陷变黑,大树虫道外症状不明显。由于树体输导组织被破坏,引起树势衰弱,枝条枯死。

(2)防治方法:加强管理,避免产生伤口,树体健壮可减轻受害。成虫羽化期喷洒80%敌敌畏乳油1 000倍液加新高脂膜800倍液,或90%晶体敌百虫200倍液加新高脂膜800倍液,或刮除老树皮,消灭卵和幼虫;发现枝干表面坏死或流胶时,检查虫口,用80%敌敌畏乳油500倍液注射虫道,杀死幼虫,或用黑光灯诱杀成虫。

七、适时采收

在6月下旬至7月上旬,李果颜色逐渐减退,显出本品种固有颜色时采收。对"鲜食"与"罐藏"用果在接近完熟时采收;红色品种在果面彩色占全果4/5以上时采收,黄色品种果面绿色完全转变为淡黄色时采收。长途运输、制干用果在硬熟时采收:红色品种果面彩色占全果的1/3～1/2,黄色品种由绿色转变为白色时采收。酿造用果在充分成熟时采收。对鲜食用果要注意保护好枝叶和果粉。

第四节 园林应用

李树(图10-16)为乔木,高可达12 m,树冠圆形。小枝褐色,无毛。叶倒卵状椭圆缘有细钝重锯齿,叶柄近顶端有2～3腺体。花白色,径1.5～2 cm,常3朵簇生;花梗长1～1.5 cm,无毛;萼筒钟状。果卵球形,径4～7 cm,黄绿色至紫色,无毛,外被蜡粉。花期3～4月份,果熟期7月份。该树种树势优美,花色白而繁茂,春时繁花似锦,夏时硕果累累,具有净化空气、美化环境的优良性能,观赏效果极佳。适合在庭院、宅旁、村旁或风景区栽植。其主要代表品种是红叶李(图9-17),又叫紫叶李。该品种为落叶小乔木,高达8 m,幼枝光滑,紫红色,叶片、

图10-16 李

1. 花枝 2. 果枝

图10-17 红叶李

叶柄、花萼、雄蕊、雌蕊和果实也都呈紫红色。叶片卵形、倒卵形至椭圆形，长 3～4.5 cm，缘具尖锐重锯齿。花两性单生，有时 2～3 朵聚生，淡粉红色，径约 2.5 cm，花梗长 1.5～2 cm。果球形，暗红色。花期 3～4 月份，果期 8～9 月份。红叶李以叶色闻名，在其整个生长期满树红叶，尤其春、秋两季叶色更艳，是重要的观叶树种。宜在草坪、广场、园路及建筑物附近栽植；在园林中，慎选背景颜色情况下，若与常绿树相配置，则绿树红叶相映成趣，非常宜人。

第十一章

金光杏梅 >>>

第一节　品种表现及无公害早果丰产栽培技术

金光杏梅是河南省新乡市农业局从杏和李的自然杂交后代中选出的优良变异类型，属核果类果树。1999 年通过河南省作物品种审定委员会鉴定。该树种综合了杏和李的许多优良性状，花期耐低温、早果、丰产、稳产，营养价值较高，含有人体所需的 Ca、Fe、Zn、Mn、Cu 等微量元素。具有较高的栽培推广价值。

一、品种表现

(一)形态特征

干性不太强，自然生长情况下为小乔木，自然圆头形，冠径较小，树姿开张。随树龄增长，树姿逐年开张，中心干趋于不明显；多年生枝紫褐色，1 年生枝阳面为棕红色，背面为绿色；枝光滑无茸毛，节间平均长 1.7 cm；皮孔扁圆形且稀少，芽为短圆锥形，芽顶较尖，芽体较饱满，芽中部宽度为 2.12 mm，紫褐色，中长枝侧芽为 3 芽复生，同一节位的芽大小均匀一致；叶片倒卵圆形或椭圆形，较大，长 9.7 cm，宽 4.9 cm，厚 0.15 cm，光滑无茸毛，深绿色，叶尖急尖，叶基楔形，叶缘锯齿浅而钝，多为复锯齿，少有单锯齿，叶缘较整齐，叶柄艳红色，长 2.21 cm，叶主脉红色，蜜腺 2～3 个，较大且明显，着生在近叶片处；花 2～3 朵簇生，花冠直径 2.5 cm，花瓣 5 瓣，近圆形，花瓣长 0.96 cm，宽 0.75 cm，初开时为淡红色，盛开时为白色；雌蕊 1 枚，长 1.3～1.6 cm；雄蕊 17～30 枚，长 0.6～0.8 cm；花药淡黄色；萼筒钟形，黄绿色，萼片 5 枚，舌状，浅红绿色，无毛。

(二)果实经济性状

果实近圆形，纵、横径为 4.7 cm×5.1 cm，平均单果重 76.1 g，最大单果重 82 g，果顶平或微凹，缝合线浅而明显，两侧对称，果形端正，外形美观；梗洼深广度中等，果梗长 1.0～1.2 cm；果面光滑无毛，果粉灰白色，较明显；果皮较厚，成熟时金黄色；果肉黄色，质地致密；汁液中等，采摘时略带涩味，3～5 d 后，酸甜适口，具杏香味；成熟时硬度为 6.7 kg/cm^2，可溶性固形物含量 12.1%，总糖含量 11.2%，总酸含量 0.46%，可食率 98.6%；果实较耐贮藏，室温下可贮藏 10 d 左右，3～5℃低温条件下，可贮藏 20 d 以上；果核半黏核，核扁，倒卵形，核面有点状纹，纵径长 2.95 cm，横径长 2.52 cm。

(三)生长结果习性

1 年生枝生长旺，嫁接当年生枝平均生长量 1.2 m，最长可达 1.8 m，常有 2 次生长现象，可分生 1～2 次副梢，树冠扩大和枝量增加较快，长势较弱的枝 1 年仅 1 次生长；当年生枝生长直立，第 2 年以后开张较快，萌芽率为 82%，形成长枝能力中等，平均为 2～3 个；顶端易抽生健壮的中长枝，而中下部长势较弱，易形成花簇状枝或短枝。定植幼树当年开花枝率达70%以上，高接树当年成花枝率达95%以上；自然坐果率在20%以上，有一定的自花结实能力，除有一次集中明显的落花外，5月上旬以后至成熟前很少落果。3年生高接树果枝率达59.37%，其中长果枝占3.4%，中果枝11.5%，短果枝23%，花簇状果枝62.1%。3年生嫁接树产量达75 kg/株，成龄树产量稳定在100～150 kg/株。

(四)物候期

在河南省新乡市，金光杏梅3月上中旬萌芽，初花期3月20～22日，盛花期3月24～29日，花期7～10 d；4月上旬坐果，短枝4月中旬停止生长，中枝4月下旬停止生长，长枝5月中旬停止生长；6月10日果实颜色明显退绿变白，逐渐变为黄色，在成熟前20 d，果实成熟前20 d，果实体积明显增大，6月底至7月初果实成熟，果实发育期90～110 d，叶片变色期11月上旬，落叶期11月中下旬，营养生长期210～220 d。

(五)生态适应性

金光杏梅对不良环境有较强的适应性，耐旱、耐瘠薄；对土壤要求不严格，花期对低温抗性较强，可与桃、杏、李嫁接，生长旺盛，结果正常；对病虫抗性也较强，除发现蚜虫为害新梢，穿孔病为害叶片外，未发现受其他病虫的危害，果实抗食心虫能力较强。

二、无公害早果丰产栽培关键技术

(一)育苗

1. 培育优质砧木苗

(1)种子处理：选择新鲜饱满的当年毛桃种子，经水选剔除瘪粒和杂质。采取干湿交替法浸种，即晚上用清水浸泡，白天在阳光下曝晒，使种壳胀缩。经5～7 d处理，待部分种壳裂开即播种。

(2)播种：将地面土壤清洁整平，结合深翻，施充分腐熟土杂肥或圈肥4 000 kg/667 m^2。在整地前3～5 d浇1次透水，将播种地整成高15 cm、宽1.5 m的高畦，要求畦面平整。

(3)精细播种：10月下旬播种，按30 cm的行距在畦面上开3 cm的播种沟，深浅一致。再按10 cm株距点播，要求种核缝合线与地面垂直，播后立即覆土，适当镇压，并覆盖地膜。

(4)出土及幼苗期管理：翌年春季(约3月初)幼苗出土时，及时撕破地膜，露出苗顶。待幼苗长至15 cm时，喷施0.2%的尿素+20 mg/L的赤霉素，促进幼苗快速生长。当幼苗长至30 cm时摘心，促进加粗生长。

2. 采用绿枝嫁接法

(1)接穗采集：5月上旬采集半木质化的金光杏梅绿枝，削去叶片，保留0.1～0.2 cm长的叶柄，然后剪成长约3 cm、具有2～3芽的接穗，用湿毛巾包裹备用。

(2)砧木整理：选择粗为0.3～0.4 cm的砧木，距地面20 cm左右的半木质化处剪平，再去除顶端2～3片叶，保留下部叶片。

(3)嫁接：金光杏梅嫁接采用劈接、切接及腹接法均可。其中以劈接法成活率较高，操作方便，具体嫁接时期在5月份。嫁接时，用单面刀片将接穗下部削成两个等长、等宽的削面，长约1 cm，在砧木顶端过中心点纵切略长于接穗削面的刀口，将接穗轻轻插入。然后用宽20 cm的地膜条带，先将嫁接口处绑紧包严，再向上将整个接穗全部包扎严密，用长5 cm、宽3 cm的报纸袋将接穗套住即可。

(4)加强嫁接后管理:金光杏梅嫁接后立即浇一次透水。嫁接后 10 d,去除顶端报纸袋;15 d后,接穗顶芽开始萌发时,及时将绑缚的塑料膜撕开。接穗顶芽萌发 10 d 左右,有 4～5 叶时,结合浇水,追施尿素 10 kg/667 m^2,30 cm 高时,解除绑缚的塑料膜,再施 1 次肥。幼苗生长过程中,结合病虫防治,叶面喷施 0.2%的尿素。每次灌水或降雨后,及时浅锄,保持土壤疏松无杂草状态。苗高 80 cm 时摘心。

(二)选择壮苗,定植得当

选择苗高 60～80 cm,粗 0.8～1.2 cm,根粗 0.3 cm 以上,具有 5 条以上侧根,芽眼饱满的优质健壮速生苗。按 2 m×3 m 的株行距挖宽 60 cm、深 50 cm 的定植穴,施烘干鸡粪 2 kg/穴,硝酸磷肥 2 kg/穴,将表土与肥料混合均匀后待植。定植前将苗木根系剪去损伤残根,在清水中浸泡 12 h 左右,再在 10%的 $FeSO_4$ 或 3°Be的石硫合剂溶液浸泡 5～10 min 消毒,最后把苗木根系在 50～100 mg/L 生长素或生根粉液中蘸 10 s。栽时将根系舒展开,边填土边抖动苗木,再用脚踏实,待水渗下后,及时将树盘修成中间微凸起的丘状,然后以树盘为中心覆盖 80 cm的地膜。为防止越冬期间苗木抽干,可将苗木涂白,具体配方为:水 10 份,生石灰粉 3 份,石硫合剂原液 0.5～1.0 份,食盐 0.5 份,再加入少量油脂。翌春新梢长至 10 cm 左右,施尿素 0.25 kg/株,新梢 30 cm 时,再施尿素 0.54 kg/株。每次追肥后结合灌水,在生长季前期(4～6 月份)结合喷药叶面喷布 0.3%的尿素;生长后期(7～10 月份)喷施 0.5%的 KH_2PO_4,此外,还要及时喷药防治病虫害。

(三)分季、分批采用不同方法高接

(1)春季硬枝嫁接:春季 3 月 10 日芽萌动时,对准备高接的树,彻底疏除主枝和侧枝背上直立枝和背后下垂枝,侧斜生或半生枝,同侧间隔 50 cm 选留健壮枝,按粗度剪成 10～20 cm 砧桩,采用劈接或插条接,缺少侧生枝部位,可采用带木质嵌芽接。为提高嫁接成活率,嫁接前接穗应蘸蜡。具体方法是:首先选择粗 0.6～0.8 cm,发育充实,芽眼饱满的营养枝做接穗。蘸蜡前先将接穗浸泡 12～24 h,使接穗充分吸水,再将接穗剪成 8～10 cm 长,含 2～4 芽的标准接穗,在清水中洗去表面的灰尘及茸毛,稍加晾干后即可蘸蜡。其次选择块状优质的工业用石蜡,将石蜡放入耐高温的容器中,直接放在电炉上加热融化,待石蜡全部融化后,将盛石蜡的容器全部转入 100℃左右的热水中水浴加热,将高温温度计放入石蜡液中,等蜡温升至 95℃时,即可蘸蜡。在蘸蜡过程中,应始终保持蜡温 95℃以上。蘸时,先用手捏紧穗基部,将接穗插入石蜡液中,迅速垂直拔出,再用手捏住接穗顶部,按同样方法对接穗基部蘸蜡。要求蘸蜡迅速,时间不超过 1 s。蘸蜡后将接穗用湿棉布或毛巾包裹住,再用塑料袋包严,放于 3～5℃低温条件下备用。接穗量大时,可选择背阴处挖贮藏沟,埋入湿沙中保存。嫁接后及时套袋保湿。

(2)夏季嫩枝接或芽接:多年生枝干,特别是树冠下部和内膛以及春季枝接不成活的部位,萌芽后按 30 cm 左右间隔抹去过密的萌芽和新梢,选留生长势正常的新梢培养。待新梢长至 30 cm 左右摘心。5 月中旬采用嫩枝嫁接。嫁接时,选择半木质化的部位,并对接穗严格保湿。成活后,及时除袋,露出顶端萌芽。若有缺株现象,可于 6 月中下旬采用芽接法嫁接。

(3)秋季采用带木质嵌芽接:对未成活部位,秋季(9～10 月份)采用嵌芽接进行补救,成活后于翌年春天萌芽前解绑、剪砧。

(四)合理修剪

冬剪时,各类枝头留 60～80 cm 短截,疏去中上部过密的侧生旺枝和弱枝,留壮枝。有空间部位的枝，采用先截后放法培养枝组。在春季萌芽期及时抹去方位不适宜的萌芽，以调节枝梢量。夏季要及时疏去过密的副梢，特别是树冠上部和外围的旺长副梢。秋季疏除或回缩中、大枝，调整大枝的数量和分布。

（五）合理调整结果量

可根据坐果情况，合理调整结果部位。具体方法是：花后3周（4月15日左右）坐果基本稳定时，首先按同一方向间隔10 cm留一结果部位进行疏果；其次按枝类确定留果数量，长果枝留7～8个果，中果枝留5～6个果，短果枝留3～4个果，花簇状果枝留1～2个果；最后再依据坐果部位的叶片数和质量，确定留果量，一般20～30片叶留1果。疏果时注意疏除并生果、朝天果、畸形果、病虫果及发育不正常果。

（六）加强肥水管理

11月上旬叶片变色期，施干鸡粪5 kg/株；3月上旬施腐熟的人粪尿15 kg/株；3月下旬喷布0.1%～0.3%的多元复合微肥元素；4月初施尿素0.5 kg/株；6月上旬施N、P、K三元复合肥1 kg/株；6月底至7月初喷0.1%的稀土微肥；7～8月份结合喷药，喷布0.5%的KH_2PO_4。除每次施肥后灌水外，重点应灌好萌芽水、膨果水、采果后水及封冻水，7～8月份雨水集中期应做好排水工作，其他时间要旱能浇，涝能排。

（七）无公害病虫害防治

当地金光杏梅主要病虫害有细菌性穿孔病，蚜虫、介壳虫、浮尘子等。具体防治方法是：冬季彻底清园，将落叶、枯枝、杂草、剪掉病虫枝、树上虫包、僵果、草把及刮除的树干老翘皮等清除出园，集中烧毁或深埋。萌芽前喷布3～5°Be的石硫合剂，以杀灭越冬病虫源。萌芽期及新梢生长初期，喷布10%的吡虫啉可湿性粉剂1 000倍液，防治蚜虫、介壳虫；生长发育期喷布40%的氧化乐果乳油1 200倍液，防治浮尘子；幼果期喷布72%的农用链霉素可湿性粉剂或71%的可杀得微粒可湿性粉剂3 000倍液，隔10 d再喷1次，以防治细菌性穿孔病。在药剂的选用上，注意选择高效、低毒、低残留易分解的农药，要注意轮换使用、合理混用农药。

第二节　园林应用

金光杏梅树姿优美，其枝、叶、芽、花和果均具有较高的观赏价值：其树姿苍劲，花色清丽，花香袭人，神、姿、形、色、香俱美，生态适应性较强，在园林中应用广泛。草坪、庭园、水际、路旁、桥头、石边及风景区都可栽植，孤植、丛植、群植均适宜。此外，也可作盆景，以美化庭园等环境。

第十二章 美国杂交杏李

第一节　品种介绍及高效益栽培技术

美国杂交杏李具有独特的浓郁香味，含糖量比单独任何一种杏或李都高，一般可达18%以上。其营养丰富，结果早，适应性强，病虫害少，耐贮运，经济价值高，是当前市场前景最被看好的新兴高档水果之一。我国"杂交杏李948项目组"从美国引进其最新品种7个，江苏省农林厅于1998年从日本又引进美国杂交杏李新品种2个。

一、品种介绍

(一)风味玫瑰(图12-1)

该品种李基因占75%，杏基因占25%。果皮紫黑色，光滑，果肉红色。含糖量18%，味浓甜，具香气。果大，单果重68～155 g，极耐贮运。极早熟，是目前国内成熟期最早的两个名贵李品种之一。树势中庸，树姿中等，开张。一般栽植后第2年结果，第4年进入盛果期，极丰产，平均产量可达2 500～3 000 kg/667 m^2，盛果期可达20年，需冷量400 h，除海南省及广东南部地区外，我国其他地区均能正常生长结果，但授粉较困难。

图12-1　风味玫瑰

(二)风味皇后(图12-2)

该品种李基因占75%，杏基因占25%。果皮橘黄色，光滑，果肉橘黄色，风味浓甜，含糖量极高，一般可达 20%。具香气，品质极上等。果实大，单果重 70～130 g，特耐贮运，中熟。树势较强，树姿中等开张。栽后第 2 年结果，第 4 年进入盛果期，极丰产，平均产量 3 000 kg/667 m^2，盛果期 20 年以上。适应性强，需冷量少，一般 350～400 h，适合在我国广州以北的广大地区小规模发展，在南北方均有裂果现象。

图 12-2　风味皇后

(三)味帝(图 12-3)

该品种李基因占 75%，杏基因占 25%，果实浅紫色带有红色斑点，光滑，果肉红色；果实硬

图 12-3　味帝

度大，含糖量高，特甜，含糖量高达 20%，果实香气浓烈宜人，品质级上等。果大，单果重120 g，极早熟。树势较强，树姿较开张。栽后第 2 年结果，第 4 年进入盛果期，极丰产，平均产量3 000 kg/667 m^2 以上。盛果期在 20 年以上，综合性状优良。需冷量较少，一般 450 h 左右，适合在广州以北的广大地区发展，是当前最有发展潜力的杂交杏李品种之一。

(四)味馨(图 12-4)

该品种又称加州天鹅绒，李基因占 25%，杏基因占 75%。果皮黄红色，其上覆盖天鹅绒般的柔软绒毛，果实外观和叶片与杏十分接近，果肉橘黄色，风味浓甜，含糖量 18%，具香气，品质极佳。单果重 60～120 g，极耐贮运。早熟，树势较强，树姿开张，栽后第 2 年结果，第 4 年进入盛果期，特丰产，平均产量3 500 kg/667 m^2，盛果期 20 年以上。需冷量少，一般 350～400 h，除海南省及广东省南部少数地区外，全国其他地区均能正常生长结果。

图 12-4　味馨

(五)味王(图 12-5)

该品种李基因占 75%，杏基因占 25%。果皮紫红色，光滑，果肉红色，风味浓甜，甜度极

图 12-5　味王

高，含糖量超过20%，香气最为浓烈，清爽宜人，品质极上等。果实大，单果重55～110 g，特耐贮运。晚熟。树势中庸，树姿中等开张。栽后第2年结果，第4年进入盛果期，极丰产，平均产量3 000 kg/667 m^2 以上，盛果期20年以上。需冷量中等，一般需冷量700～800 h，适合在我国北亚热带、中亚热带、温带广大地区发展。在南北方均有裂果现象。

（六）味厚（图12-6）

该品种又称黑玫瑰。李基因占75%，杏基因占25%。果皮紫黑色，光滑，果肉橘红色至红色，风味浓甜，糖度极高，含糖量高达20%，香气宜人，品质极佳。果实大，单果重60～125 g，特耐贮运，极晚熟。树势中庸，树姿中等开张。栽后第2年结果，第4年进入盛果期，极丰产，平均产量3 000 kg/667 m^2 以上，盛果期20年以上。需冷量中等，一般需冷量750 h左右，适合在我国北亚热带、中亚热带及温带的广大地区发展，广东中南部、海南、福建南部、广西中南部等炎热地区可少量引种试栽。

图12-6　味厚

（七）恐龙蛋（图12-7）

该品种李基因占75%，杏基因占25%。果皮黄红色，光滑，果肉粉红色，风味浓甜，含糖量19%，香气浓郁，芳香宜人。品质极佳。果实大，单果重120 g，特耐贮运，中晚熟。树势较强，树姿开张。栽后第2年结果，第4年进入盛果期，极丰产，平均产量3 000 kg/667 m^2 以上，盛果期在20年以上。适应性强，需冷量小，一般需冷量350～400 h，适合我国广州以北地区大规模发展，是目前最具发展潜力的杂交杏李品种之一。

图 12-7　恐龙蛋

(八)红天鹅绒(图 12-8)

该品种李基因占 25%，杏基因也占 75%。果皮红紫色，果面有一层极柔软的绒毛，就像红天鹅绒覆盖在果皮上，该品种因此而得名。含糖量高，浓甜，结果初期含糖量约 15%，盛果期含糖量 18%以上，具较浓烈香气。果大，平均单果重 100 g，大者 150 g 以上，极耐贮运，极早熟，是目前国内成熟期最早的两个名贵李品种之一。树势中庸，半开张。栽后第 2 年结果，第 4 年进入结果期，极丰产，平均产量 2 500～3 000 kg/667 m^2，盛果期可达 20 年。需冷量少，约 400 h，适合在广州以北地区规模发展。但该品种授粉较困难。

图 12-8　红天鹅绒

(九)红绒毛(图 12-9)

原产美国，果实近球形，缝合线浅，与杏相近，平均单果重 100 g 左右，果面鲜红色，有非常短的绒毛。果肉致密，果汁多，味浓甜，含糖量 14%，风味独特，品质极佳，丰产，耐贮运，是非常优良的种间杂交品种。在重庆 5 月上中旬成熟。

图 12-9　红绒毛

二、高效益栽培技术

(一)育苗

1. 采种与处理

杂交杏李嫁接苗所用种子应选用充分成熟的桃树果实,采收期以果实自然成熟为宜。采收后除去外面果肉,用清水冲洗,置于通风处晾晒。10 月下旬,在背风向阳处开挖深 50 cm、长 2 m、宽 1 m 的储藏坑,储藏坑的长度视种子多少而定。储藏坑挖好后,浇底墒水,待水渗完后,用筛过的细河沙铺在坑底,厚 10～15 cm,河沙湿度以手握成团、手松散开为宜,然后每铺一层种子覆一层河沙,最后覆沙厚 20 cm,并覆稻草保温保湿。种子储藏后,每隔 15 d 检查 1 次,若沙湿度不够(手握不能成团),在稻草上面浇水,保证上、下面沙同样湿度。翌年 2 月中旬以后,要每隔 1 周检查 1 次,待桃核露白(俗称炸口)达 20%以上时,下地播种。

2. 整理苗圃地

杏李幼苗不耐淹,苗圃地应选择排水良好、平坦肥沃、土层深厚、pH 值 5.5～7.5 的壤土为宜,且灌溉条件便利。苗圃地选好后,施充分腐熟的厩肥 2 000 kg/667 m^2、尿素 20 kg/667 m^2 作底肥,然后深翻耙平整地,按宽 1.5 m 标准打好低床畦。

3. 播种

用筛子将沙和种子筛开,拣露白种子播种。没有露白种子继续按上述储藏方法进行储藏,并适当增加沙的湿度和温度。以后每隔 10 d 拣种播种 1 次,直到 4 月上旬为止。播种时按行距 30 cm 开播种沟,沟深 10 cm,在沟内浇足发芽水,待水渗完后将露白的种子按 3～4 cm 一粒一粒摆放于沟内，覆土厚 5～8 cm，有条件的地方，播后可覆盖稻草以利保墒。播种时间 3 月中旬左右。播后 10～15 d 种子开始发芽出土，此时要注意保持苗床土壤湿度，待发芽率达到 90%以上时视苗床土壤墒情进行浇水，浇水时忌大水喷灌。进入 5 月份后，砧木苗要及时松土除草，适时灌溉浇水，5 月中下旬当苗木高度达 40 cm 时，要及时摘除苗木顶芽，控制苗木徒长，促进苗木加粗。

4. 接穗准备

(1)接穗采集：杏李是异花授粉，因此在采集接穗时应选择品种多的果园。目前栽培上常见品种有：味馨、恐龙蛋、味帝、风味皇后、味厚、味王、风味玫瑰。在树体上选生长健壮、芽眼饱满充实、粗度在 0.5 cm 左右、充分木质化的 1 年生枝条采集。

(2)采集时间：嫁接前 1～2 d 采集，在每天的上午 10 点前和下午 4～6 点采集最好。

(3)接穗处理：接穗采后，去掉叶子，留少许叶柄，注意保证芽不受损伤，剪截成 50 cm 长，剪口在芽上 1 cm 以上，然后迅速封蜡，分品种标号捆绑装入保鲜袋中置于低温(5℃左右)通风处保存备用。短期使用也可不封蜡，将分品种捆绑的接穗吊于深井中，要求接穗距水面40 cm。嫁接时随用随拿。但无论哪种储藏方法，要尽量避免长期储存枝条，一般以 3～5 d 为宜。

5. 嫁接

嫁接时间在 6 月上旬，最迟不超过 6 月中旬，以晴朗无风的上午 8～11 点和下午 3～6 点为宜。嫁接前若苗圃地土壤干旱，要浇 1 次透墒水。然后将砧木在距苗木地面以上 20 cm 处剪除，保留剪口以下砧木上的叶子。嫁接工具可用嫁接刀或单面刀片。将 4 司的塑料布剪截成宽 2 cm、长 15 cm 的小条，每 100 个捆绑 1 把备用。嫁接方法采用嵌芽接，在砧木上距剪口 3～5 cm 处用嫁接刀横切一刀，再在刀口上面 1 cm 左右处斜切一刀，拿掉切皮，然后在接穗上以同样方法切取接芽，迅速将接芽贴于砧木的接口上，要注意刀口密结，然后用 4 司的塑料布条自上而下缠绑紧，注意把芽露在外面。

6. 嫁接后管理

(1)抹芽：接穗成活后，砧木上易萌发砧芽，应及时抹除。抹芽宜早不宜迟，抹芽中要注意不要伤及砧木上的老叶子，当嫁接新梢长到 30 cm 以上砧木很少萌发时，可停止抹芽。

(2)松土除草：嫁接后要及时除草，接穗生长到 10 cm 以上时进行第 1 次松土除草，松土深 3～5 cm。以后视情况进行松土除草，当苗高 40 cm 以上时可不再进行松土，但仍要进行除草。

(3)浇水施肥：嫁接后 7～8 d 接芽就会发芽成活，此时要注意苗圃地土壤湿度，防止干旱，切忌苗木因缺水而导致嫁接芽枯萎。20 d 以后，接穗新梢长至 5～10 cm 时，嫁接部位完全愈合，成活已稳定，要进行第 1 次浇水施肥，浇水前沟施尿素 15 kg/667 m^2 进行追肥，然后浇水，使水顺畦沟渗入苗床，禁止大水喷灌。以后每隔 20 d 追施 1 次肥料，以尿素为主，施肥量为 10～20 kg/667 m^2，遵循少量多次原则，施肥时视苗圃地墒情配以浇水。9 月上旬以后停止追肥。11 月中旬要浇 1 次防冻水。

(二)建园

选择排灌良好、土层深厚、土壤肥沃、土壤 pH 值 5～8 的壤土地块建园，若土层较浅(40 cm以内)则应改土。此外，生产绿色无公害水果，应注意园地周边水质、空气、土壤应符合相关行业标准。品种选择风味玫瑰、味帝、味厚、恐龙蛋、味馨、红天鹅绒等。栽植时间从 10 月下旬至翌年 3 月份，栽植株行距 2 m×3 m 或 2 m×4 m 或 1 m×3 m。栽植前挖长、宽、深各 80 cm的定植穴(或宽、深各 80 cm 的定植沟)，表土和底土分放，施充分腐熟有机肥 20 kg/穴，回填时先填表土后填底土，回填深度低于地表 10 cm，栽后浇水。栽苗时在回填后的大穴中央开挖宽、深各 20 cm 的小穴，将苗木根系舒展，放置于穴内，取少量表土回填后，将苗木轻轻上提，使根系充分舒展，踩实后浇透水。苗木栽植深度以浇水沉降后根颈部略高地表 5～10 cm 为宜。若时间仓促或劳力紧张，亦可先定植然后再扩穴改土。各品种间适宜授粉树配置为：味馨可以自花授粉；恐龙蛋适宜授粉树为味帝、风味皇后、味厚；味王的适宜授粉树为恐龙蛋、味厚、味帝；风味皇后的适宜授粉树为恐龙蛋、味王；味厚的适宜授粉树为味帝、味王、风味皇后；味帝的适宜授粉树为风味玫瑰、味王；风味玫瑰的授粉树为味帝、味厚；红天鹅绒可选用味馨、味帝、风味玫瑰作授粉树。另外亦可选用花期相近的杏或李作相应的授粉品种。主栽品种与授粉树的配置比例为 7∶3。

（三）土肥水管理

定植后，在树行两侧距树行栽植线 50 cm 开挖深、宽各为 20 cm 的沟，同时将土封于树盘，每 10～15 d 追肥 1 次，以 N 肥为主，配合 P、K 肥，至 6 月中旬停肥、控水。10 月下旬至 11 月上旬，结合深翻扩穴施基肥，在定植穴外四周或定植沟两侧挖深 60 cm 沟，填入秸秆、人畜粪等，施入 N、P、K 三元复合肥 2 kg/株左右。翌年行间进行深翻，并注意生长季节进行中耕锄草6～7 次（亦可用除草剂除草）。有条件的情况下可进行树盘行覆盖作物秸秆、杂草、花生秧等，覆盖厚 20 cm 左右，草上压少许土。2 月上旬（发芽前）、4 月上旬、6 月上旬各追肥 1 次，施尿素 0.3～0.5 kg/株。果实采收后，施 N、P、K 复合肥 0.5 kg/株，10 月下旬至 11 月上旬，于树行两侧开挖深 40 cm、宽 30 cm 的沟或槽，施充分腐熟有机肥 20～50 kg/株，过磷酸钙 2 kg/株。每年于花前、花后、幼果膨大期及休眠期各灌水 1 次，7～8 月份视降水多少及时进行灌排水，第 3 年后，每年 2 月上旬、5 月上旬各追肥 1 次，9 月中下旬施基肥 1 次，施肥与李、杏相近。

（四）整形修剪

美国杂交杏李树形可采用“V”字形、三主枝自然开心形、双层疏散开心形、多主枝自然开心形。

“V”字形适用株行距 1 m×3 m 的密植园。定植当年春留 30～40 cm 定干，选留伸向行间并与行间垂直、生长较旺、对称生长的两个新梢为主枝，让其自然生长。另选 3～4 个新梢为辅养枝，其余新梢一律抹去。6～7 月份将辅养枝拉成近水平状或扭梢，两主枝则任其旺长，至次年早春再斜插两根竹竿将其方向固定，使之与行向呈 45°。三主枝自然开心形适合于株行距 2 m×3 m。主干上三主枝错落（或邻近），三主枝按 45°开张延伸，每主枝有 2～3 个侧枝，开张角为 60°～80°。整形方法是定植当年从定干后长出的新梢中选 3 个长势均匀、方位适宜的枝条作为主枝，待其长到 60～80 cm 时，截留 50 cm，其余枝条有空间的拉平，并在其基部环割1～2 道，以削弱其生长势，促其尽早形成花芽，过密的疏除或摘心。杏李以短果枝及花束状果枝结果为主，除味王外其他几个品种对修剪反应都较为敏感，且萌芽率高、抽枝力强，易发徒长枝。在夏剪中应以疏枝为主，少截或不截，疏除内膛密生枝、重叠枝、萌蘖枝。对剪口萌发的枝条应及时抹除。对于强旺枝或树，可在清明前后于枝条基部环割 1～2 道（两道间隔 10 cm 以上）。味王萌芽率较低，抽枝力较弱，在夏季修剪时应适当短截。为实现早结果、早丰产，杏李幼树夏季修剪应综合运用摘心、环割、拉枝、疏枝等修剪措施，配合叶面喷施 15％多效唑可湿性粉剂 300 倍液，抑制树体旺长，促使形成花芽。冬剪时，对主枝延长枝截留 50～60 cm，主枝上侧枝截留 40 cm。对于其他枝条仍以疏除为主，有空间的缓放拉平。杏李幼树生长势较强，以中长果枝结果，多在枝条的上部和顶端形成花芽。冬剪应注意掌握以缓放、疏枝为主，避免修剪量过重，整个树形枝条分布以南稀北密、上稀下密、外稀内密为好。

多主枝自然开心形适合于株行距 2 m×4 m 的栽植规格。干高 50 cm，在主干上错落排列 4～5 个主枝，开张角度 45°，每个主枝上 2～3 个侧枝，侧枝开张角 60°。整形方法是：定植后，先按 60～70 cm 的高度定干，春季整形带内抽生新梢长度约 30 cm 时，选留 5～7 个新梢继续生长，其余疏除。待所留新梢长到 50 cm 左右时，选择 4～5 个长势均匀、方位适宜的枝作主枝，其余枝条摘心、拉平，培养临时结果枝。冬剪时对主枝留 50 cm 短截，其余缓放。从第 2 年起，在距主枝基部 50 cm 以上部位逐步培养 2～3 个侧枝，侧枝以外侧枝为好。

双层疏散开心形适合于株行距 2 m×4 m 的栽植规格。干高 50 cm，主枝分两层排列，第 1 层 3 主枝，按 45°延伸，每主枝上配侧枝 3～4 个，侧枝开张角度 60°～80°；层间距 80～100 cm，培养第 2 层，主枝 2 个，在主枝上直接培养结果枝组。具体培养方法从三方面着手：一是定干抹芽。定干高度一般为 70 cm 左右。定干后，在整形带内选留第 1 层主枝，整形带以下的芽全部抹除。二是选留主侧枝。定干当年发枝后，从整形带内确定 3～4 个生长健壮、角度合适的枝作为主枝，冬季修剪时留 50 cm 短截，其余除直立旺枝疏除外，均缓放。三是上层主枝培养。第 2 年、第 3 年冬剪时，在剪截下层主枝时，有目的地将剪口下第 3 或第 4 芽留在背上方或上斜方。抽枝后先行缓放，第二年修剪时根据其长势和高度按 1～1.2 m 的留枝高度挖头开心，构成上层树冠。同时，在第 2 层修剪时必须注意：一是应采用缓放与疏枝相结合，就是放的同时，除疏除过强枝和密生枝外，一般不短截。二是在枝组培养上以中、小型为主，要按照“两大两小”、“两稀两密”的原则，防止出现上强下弱和结果部位上移、外移。

对多主枝开心形和双层疏散开心形在修剪上应本着有利于壮树、扩冠、早实、丰产、稳产的原则，以夏剪为主，冬剪为辅，冬夏结合，综合运用多种修剪技术和方法促使营养生长向生殖生长转变，达到在整形修剪中结果，在结果的同时逐年成形，实现结果、整形两不误。

(1)夏季修剪：美国杂交杏李初果期树以短果枝和花束状果枝结果为主，在夏季修剪中应坚持以疏枝为主，少截或不截，重点是疏除重叠枝、萌蘖枝、内膛密生枝、背上直立枝等，改善树体通风透光条件。同时，综合运用夏季修剪方法和措施，加快其成形速度，控制枝叶生长，促进营养物质积累和花芽形成，其主要方法有以下几种：①摘心。对骨干枝的延长枝，可在 4 月下旬至 5 月上旬进行摘心，以促发二次枝。对旺枝、直立枝、徒长枝可在 6 月上中旬摘心，缓和树势，促进花芽形成。②环割(或环剥)。对于长势偏旺的树或枝可在 5 月中旬左右进行环割(或环剥)，但环割的宽度不能超过直径的 1/10。③拉枝。可在 5 月中旬至 6 月中旬进行，拉枝时主、侧枝要按照树形要求拉开，但不宜拉平或下垂。④疏枝。疏除的对象是竞争枝、下垂枝、徒长枝、密生枝。⑤除蘖。在萌芽期对剪口处的萌蘖及主干上的分枝，要及时抹去，以利于集中营养。

(2)冬季修剪：美国杂交杏李在冬剪中应以“轻剪缓放”为原则，对主枝延长枝截留 50～60 cm，对主枝上的侧枝可截留 40 cm 左右，以形成结果枝组。对于其他枝条仍以缓放为主，有空间的可拉平，对于细弱枝、过密枝、交叉枝可行疏除。截留主、侧枝时的剪口芽应以下芽或侧芽为好，并保持一定主从关系。

总之，美国杂交杏李对幼树修剪应以轻剪缓放、疏枝为主，综合应用摘心、环割、拉枝等修剪方法，并配合叶面喷施多效唑，抑制树体生长，促使形成花芽。生长季修剪应注意疏除内膛过旺枝、萌蘖枝；秋季拉枝开角，疏除徒长性直立枝、竞争枝；冬季注意疏除重叠枝、过密枝及病虫枝。除了对极细弱枝短截外,其他强枝一律不短截。

(五)花果管理

开花前复剪,疏除细弱花枝,盛花期放蜂结合叶面喷施 0.3%～0.5%的磷酸二氢钾＋0.3%尿素,以提高坐果率。为提高果实品质,应进行疏果。在第 1 次生理落果后,一般每隔 10 cm 留 1 果。着色前每隔 1 周喷 1 次 0.3%的磷酸二氢钾溶液,可明显提高含糖量并促进着色。果实采收后应加强肥水管理,同时,叶面喷施 2～3 次 15%的多效唑 250～350 倍液,以控制树体旺长,促使花芽形成。一般结果初期,留果量 150～250 个/株,盛果期留果量 500 个左右/株。

(六)病虫害防治

美国杂交杏李上发生的主要病虫害有细菌性穿孔病、蚜虫、李小食心虫、金龟子等。具体防治措施是休眠期结合冬剪清除园间落叶杂草,摘除病虫果、僵果,剪除病死枝、枯枝,以消除病虫寄主;进行树干涂白,涂白剂中加入适量硫磺,可在防寒、防日灼的同时防除早春蚜虫。同时,进行全园深翻,翻出土壤中越冬的病虫,使其冻死,以减少越冬病虫源。发芽前的 1 月中旬喷 3～4°Be 石硫合剂。早春 2 月上旬,在树盘下地面喷施敌百虫或敌敌畏,喷后用铁耙在地面搂一下或松一下土,以防治地下害虫。对细菌性穿孔病可用 70%甲基托布津可湿性粉剂1 000倍＋65%的代森锰锌可湿性粉剂 500～800 倍液或 50%多菌灵可湿性粉剂 800～1 000倍液喷雾防治。3 月中下旬,用 1 000～1 200 倍的力克特可湿性粉剂喷雾防治蚜虫。五六月份,对杏李晚熟品种,金龟子为害果实较严重,可采用人工捕捉或黑光灯、杨柳枝把浸 5%的辛硫磷乳油诱杀。李小食心虫应在 3 月中下旬于树干周围 50～60 cm 的地面培厚 10 cm 的土堆,使未羽化的虫体闷死在土里,成虫发生期也可用 50%的杀螟松乳液1 500倍喷雾。

第二节 园林应用

杂交杏李是杏和李杂交后,再与李或杏回交而培育出的果树种间杂交新品种。包括 *Plumcot*、*Aprium* 和 *Pluot* 三个品种系列。*Plumcot* 系列较少应用于生产。*Aprium* 和 *Pluot* 两个系列则是用 *Plumcot* 系列与杏或李回交后培育出的种间杂交新品种。如果与杏回交,则杏的基因占 75%,李的基因占 25%,果皮覆盖少量茸毛;如果与李回交,则李的基因占 75%,杏的基因占 25%,果皮光亮无毛。美国杂交杏李就属于这两个系列。这类果树新品种果实色泽艳丽,生态适应性强,市场前景广阔,经济效益、生态效益和社会效益极为显著,适宜公园绿化进行丛植、片植、孤植,具有良好的景观效果。

第十三章

枣

枣原产我国，距今已有 3 000 年以上的历史。《诗经》是我国记载枣树栽培最早的史书，陕、晋是枣最早栽培地区，而最早记载枣品种的著作是《尔雅》。枣果营养丰富，含有丰富的维生素 C、维生素 P 和糖，特别是鲜枣中维生素 C 含量高，有“维生素丸”的美称，是一种优良的滋补食品，也可用来治疗心血管病、癌症、痢疾、肠炎、慢性气管炎等疾病。枣果用途广泛，既可鲜食，也可制成加工品枣酒、枣泥和枣糕等。枣树适应性强，分布广泛，是保持水土、防护农田、果粮间作的优良树种，具有结果早、收益快、寿命长、易管理等优点，有“铁杆庄稼”之称。在果树生产占有重要的地位。

第一节　生物学特性

枣树栽植当年即可开花结果，根蘖苗栽植后 2～3 年开花结果。寿命一般为 70～80 年。其结果期长，经过几次自然更新，两三百年的老树仍能正常开花结果。

一、生长结果习性

(一)根系

枣根系生长能力强，水平根较发达，一般超过冠径 3～6 倍，且多为二叉分枝，以15～40 cm 深土层内最多，50 cm 以下很少有水平根。垂直根分布取决于品种、土壤质地、管理水平，一般为 1～4 m。

枣树根系每年有 1 次生长高峰，出现在地上部停长后的 7 月下旬至 8 月中旬。枣树易发生根蘖，尤其是分株繁殖树和生长强旺树更容易产生根蘖，根蘖多发生在 30 cm 以内的土层内。根蘖可繁殖枣树，但其影响枣树的生长结果。

(二)芽

枣树的芽有主芽和副芽两种，着生在同一节位上，上、下排列。主芽着生在枣头、枣股的顶端和枣头 1 次枝和 2 次枝的叶腋间。着生在枣头顶端的主芽第 2 年常继续抽生新的枣头；枣股顶端的主芽，只有受到刺激时才萌发成枣头；侧生于枣头 1 次枝上的主芽，多呈潜伏状态，或在枣树生长减缓时萌发成枣股。侧生于枣头 2 次枝上的主芽，第 2 年大多萌发为枣股，不萌发的主芽成为潜伏芽，寿命长。副芽为早熟性芽，着生在主芽侧上方。枣头 1 次枝基部和 2 次枝上的副芽、枣股上的副芽，萌发后形成枣吊。枣头 1 次枝中上部的副芽萌发后形成永久性的 2 次枝(图 13-1)。

(三)枝条

枣树的枝条分为枣头、枣股和枣吊三种。

枣头为枣的发育枝，由主芽萌发形成。枣头中间的枝轴称为枣头 1 次枝，当年生枣头的

1次枝基部1～3节一般着生枣吊，而其余各节着生2次枝，其中下部的2次枝发育较差，当年冬季脱落，称为脱落性2次枝，其余各节的2次枝称为永久性2次枝。永久性2次枝呈“之”字形生长，其上着生的枣股占全树的80%～90%，故又称为结果基枝。枣树结果基枝长，数量多，节间短，节数多是枣树丰产的表现。结果基枝停长后不形成顶芽，以后随年龄增长，逐渐从先端回枯(图13-1、图13-2)。

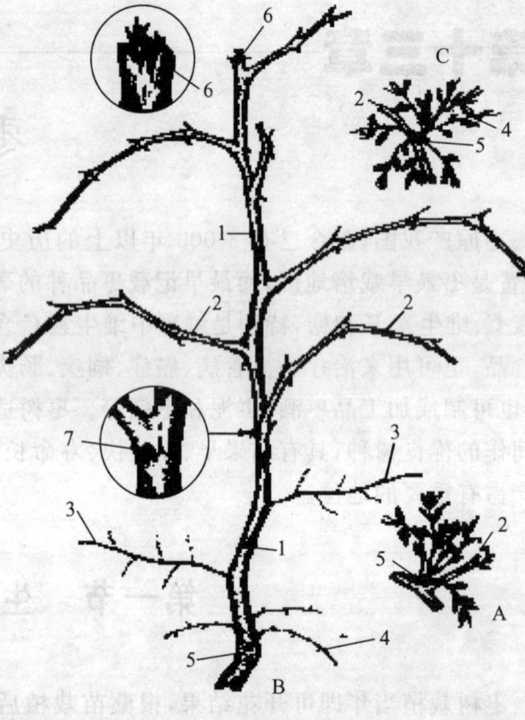

图13-1　枣头和主芽形态

A. 由枝腋主芽萌发的初生枣头　B. 由顶生主芽萌发的枣头　C. 由枣股主芽萌发的初生枣头
1. 枣头1次枝　2. 永久性2次枝
3. 脱落性2次枝　4. 枣吊　5. 枣头萌发处
6. 枣头顶生主芽　7. 枣头枝腋间主芽

枣股是一种短缩结果母枝，由结果基枝和枣头上的主芽萌发而成。枣股每年由环生于顶生主芽周围的副芽萌发，抽生2～7个枣吊开花结果。一般枣头的1次枝的枣股寿命长，而结果基枝上枣股比例大，结果能力强，尤其以中部生长健壮的枣刮结果能力更强。3～7年生以及光照良好部位的枣股，抽生枣吊数量多，结实能力强。

枣吊是枣树的脱落性结果枝。多由枣股的副芽发出，也可由枣头的2次枝各节的副芽抽生。枣吊同时具有结果和光合作用的双重作用，并且生长、开花、结果交叉进行。枣吊一般长15～35 cm，10～25节。在同一枣吊上以3～8节叶面积最大，4～7节坐果率较多(图13-3)。

(四)花芽分化和开花结果

枣花芽分化具有当年分化、多次分化、分化速度快、单花分化期短、持续时间长等特点。一般是从枣吊或枣头的萌发开始进行分化，随枣吊生长由下而上不断分化，一直到枣吊生长停止而结束。1朵花完成形态分化需5～8 d，1个花序8～20 d，1个持续1个月左右，单株分化期可长达2～3个月。

枣的花序为不完全聚伞花序，着生在枣吊的叶腋间。每一花序有花3～15朵，一般3～4朵(图13-3)。枣每朵小花由外向内分为3层。外层为5个三角形绿色萼片，其内2层为匙形花瓣和雄蕊各5枚，与萼片交错排列，中间为一发达蜜腺，雌蕊着生其中央。日平均气温达23℃以上时进入盛花期。单花开花期在1 d内，1个枣吊开花期平均10 d，全树花期有2～3个月。枣树属虫媒花，但一般能自花授粉，如配置授粉树或人工辅助授粉可提高坐果率。花期遇低温、干旱、多风、阴雨则影响授粉受精。枣果实发育分为2个迅速生长期，中间1个缓慢生长期，为“双S”形生长曲线。枣落花落果十分严重，自然坐果率仅1%左右。其集中在盛花后，幼果迅速生长初期，占到脱落总量的60%以上，以后逐渐减少。

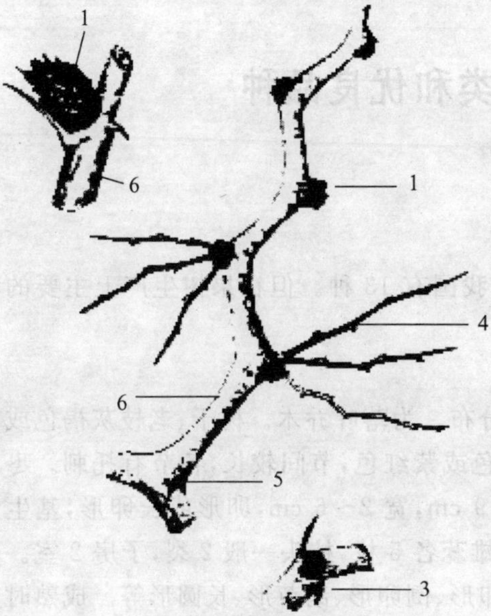

图 13-2　枣 2 次枝及枣股形态

1. 老年枣股　2. 中年枣股　3. 1 年生枣股　4. 枣吊(落叶后)　5. 枣头 1 次枝叶腋间主芽　6. 多年生 2 次枝

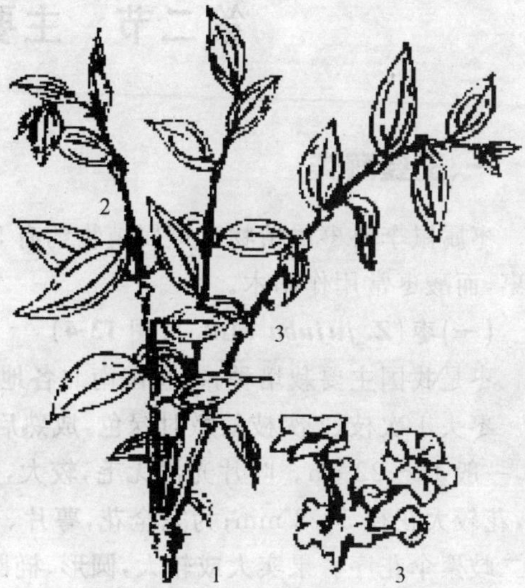

图 13-3　枣吊和花序

1. 枣股　2. 枣吊　3. 花序

二、对环境条件要求

(一)温度

枣生长期耐高温,休眠期耐寒。适宜其生长的年平均气温为 9～14℃,13～16℃芽开始萌动,17℃以上花芽分化,20℃以上开始开花,果实成熟期适温 18～22℃。

(二)光照

枣为喜光树种,对光照反应敏感,树冠不同部位的结实率差异很大,且生长在阳坡和光照充足地方的枣树,产量高,品质好。

(三)水分

枣对降雨量的适应范围广,在 200～1 500 mm 的地区均生长良好。枣花期宜少雨,但要求较高的空气湿度,一般花粉发芽适宜相对湿度为 70%～80%。而在果实成熟期则要求较低的空气湿度。

(四)土壤

枣对土壤适应范围广。但以土层深厚的沙壤土生长健壮,产量高。

(五)风

枣抗风性强。但花期、果实成熟期应避免大风。

第二节 主要种类和优良品种

一、主要种类

枣属鼠李科枣属植物。该属植物约有 50 种，我国有 13 种。但在果树生产上主要的种类是枣，而酸枣常用作砧木。

(一)枣(*Z. jujuba* Mill.)(图 13-4)

枣是我国主要栽培种，在我国南北各地均有分布。为落叶乔木。树干、老枝灰褐色或深灰色。枣头 1 次枝、2 次枝幼嫩时绿色，成熟后黄褐色或紫红色，节间较长，各节有托刺。枣吊较长，一般 15～22 cm。叶片光滑无毛，较大，长 3～9 cm，宽 2～6 cm，卵形或长卵形，基生 3 出脉，花较大花径 5～8 mm；为完全花，萼片、花瓣、雄蕊各 5 枚，柱头一般 2 裂，子房 2 室。花序为二歧聚伞花序。果实大或较大，圆形、椭圆形、卵形、倒卵形、葫芦形、长圆形等。成熟时为红色或深红色，果肉厚，味甜可食。核为纺锤形、圆形、菱形等，核面有纹沟，核内多无种仁，少有 1 粒种仁，偶有 2 粒。本种有无刺枣(大枣、红枣、枣树、枣子)、龙爪枣(龙须枣、蟠龙枣)、葫芦枣(磨盘枣、缢痕枣)宿萼枣(柿蒂枣、柿顶枣)四个变种。

图 13-4 枣

(1)无刺枣(图 13-5)：枣头 1 次枝、2 次枝上无托刺，或具小托刺易脱落，其他与性状与原种相同。

(2)龙爪枣(图 13-6)：枝条扭曲生长，似龙飞舞，果实品质多不佳，供观赏用。

(3)葫芦枣(图 13-7)：在果实上、中或下部有明显缢痕，果实似葫芦状，供观赏用。

(4)宿萼枣(图 13-8)：果实基部萼片宿存，萼片初为绿色，随果实成熟为暗绿色，较肥厚，食之无味，供观赏用。

图 13-5　无刺枣

图 13-6　龙爪枣

(二)酸枣(*Zizyphus spinosa* Hu.)(图 13-9)

原产我国,古称"棘",俗名"野枣"、"山枣"。其在我国南北都有分布,以北方为多。其适应性很强,平原、山区、丘陵山区、荒坡都能生长。是枣的原生种。枣为灌木、小乔木或大乔木,树高 2～3 m,高者达 36 m。主干、老枝灰褐色,树皮片裂或龟裂,坚硬。枝有枣头、枣股和枣吊之分。枣头 1 次枝和 2 次枝节间短,托刺发达,长可达 2 m 以上。枣吊较细短,节间短,落叶后脱落。叶片光滑无毛,较小,卵形或长卵形,长 2～7 cm,宽 1～3 cm,基生 3 出脉。花较小,为完全花,萼片、花瓣、雄蕊各 5 枚,柱头一般 2 裂,子房 2 室。花序为二歧聚伞花序或不完全二歧聚伞花序。果小,有圆形、长圆形、扁圆形、卵形、倒卵形等。果皮厚,成熟时为紫红色,果肉

图 13-7　葫芦枣

图 13-8　宿萼枣

薄，核大，味酸或甜酸。核多为圆形，具 1 粒或 2 粒种子，种仁饱满，萌芽率高。抗逆性很强，耐旱、耐涝、耐盐碱，耐瘠薄，常作枣的砧木。

二、主要优良品种

据统计：枣品种有 500 多个，按用途分为制干、鲜食、加工 3 类；而按照果实形状和大小分

图 13-9　酸枣

为大枣和小枣，大枣平均重 8 g 以上，小枣平均重 5 g 左右。

(一)金丝小枣(图 13-10)

金丝小枣原产山东、河北交界地带。为生食、制干兼用品种。果形变异较大，一般为椭圆形或倒卵形，平均单果重 4～6 g。果皮薄，色艳红。肉质细密细脆，汁中多，味甘美，核细小，鲜枣含糖量 34%～38%。制干率 54%～58%，干制红枣深红光润，皮薄坚韧，皱纹细浅，极耐贮运，含糖量 74%～80%，含酸量 1.0%～1.5%，品质极上。主产区 9 月中下旬成熟。该品种树势弱，丰产、稳产，耐盐碱，抗旱但不耐瘠薄，喜肥沃壤土和黏壤土。

图 13-10 金丝小枣

(二)枣脆王(图 13-11)

枣脆王是当前我国乃至世界最优良的早熟鲜食枣新品种。枣脆王果实个大，平均单果重

图 13-11　枣脆王枣

30.9 g，最重 93 g，果面光洁，白熟期果面嫩白，成熟期果面鲜红，颜色美观统一；脆熟期含糖量达 30%，完熟期则达 39%～48%，维生素 C 含量高达 497 mg/100 g，核小，肉厚，可食率 97%，该品种抗逆性很强，抗低温、高温，抗裂口，抗炭疽病、缩果病、落果病、抗红蜘蛛、抗旱耐瘠薄，并且耐贮藏、保鲜、运输。

(三)赞皇大枣(图 13-12)

赞皇大枣主产河北赞黄县，是目前枣树发现的唯一自然三倍体鲜食、制干兼用品种。树势中庸。果实长圆形。平均单果重 15～17 g。果皮较厚，暗红色。肉质致密，汁较少，味浓。核较大。制干率 47%。干枣含糖量 62%，含酸量 0.25%，品质上，较耐贮运。9 月下旬成熟。该品种早果丰产，耐旱抗涝、耐瘠薄。自花结实性差，可配置板枣为授粉树。

(四)灵宝大枣(图 13-13)

灵宝大枣别名屯屯枣，主产河南灵宝和山西平陆、芮城等地，为制干品种。果实短圆形，平均单果重 18～20 g。果面有不明显的五棱突起。果皮中厚，色深红色，有不规则黑点。果肉厚，肉质较细硬，汁少，核大，鲜枣含糖量

图 13-12　赞黄大枣

23.4%～26.5%，制干率50%，干枣皱纹粗浅，肉质粗松，含糖量70%～72%，含酸量0.12%～1.1%，甜味较淡，品质中上，耐贮运力中等。产地9月中下旬成熟。该品种树势强，较丰产、稳产，早实性较差。对土壤适应性强，抗旱，抗枣疯病能力强。

图13-13　灵宝大枣

（五）冬枣（图13-14）

冬枣别名苹果枣，主产山东、河北等地。为优良鲜食晚熟品种。果实圆形或扁圆形，平均单果重13 g。果皮薄而脆，果面平整光洁。果肉较厚，细嫩多汁，无渣，甜味极浓，果核较大，含糖量34%～38%，品质极上，10月上中旬成熟，较耐贮运。该品种树势较弱，花量较多，丰产稳产。适于偏碱性土壤，对气候和地下水位要求较为严格。

（六）梨枣（图13-15）

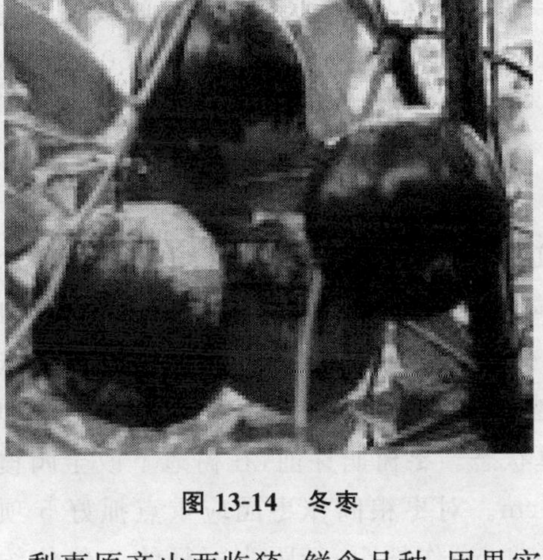

图13-14　冬枣

图13-15　梨枣

梨枣原产山西临猗，鲜食品种，因果实梨形而得名，平均单果重30 g，大小不整齐，果面凹凸不平，皮薄，鲜红色，富光泽。果肉厚，松脆细嫩多汁，核大。鲜枣含糖量27.9%，含酸量0.37%，味极甜，品质上。9月中下旬。该品种树势中等，结果枝粗长，当年生枣头结果能力极强。结果早,产量较高而稳定,适于较肥沃的土壤。但成熟期不整齐,采前落果重。

第三节　基本生产技术

一、育苗

根蘖繁殖是我国多数枣区传统的育苗技术。目前多采用开沟育苗和归圃育苗。

(一)开沟育苗

开沟育苗在春季发芽前,树冠外围挖育苗沟,宽 30～40 cm,深 40～50 cm,切断所有直径 2 cm 以下的根,并切平伤口,然后铺垫松散湿土,盖没所有断根。断口及断口附近发生大量萌蘖,苗长 20～30 cm 时间苗,每丛留 1～2 株健壮苗。然后在距断根沟 30 cm 靠近母株一侧再开一条宽 30 cm 左右、深 40～60 cm 的沟,将根蘖苗与母株切断,然后回填根蘖苗两侧的断根沟,同时母树施入有机肥 50～100 kg/株,并灌水。根据苗木生长情况,可在当年秋季或第二年秋季出圃。

(二)归圃育苗

归圃育苗又称二级育苗,是在春季将枣园里零星散生根蘖苗刨出,要求带 15～20 cm 长的母根及全部须根;然后按壮弱、大小分级,丛生的剪成单株,苗圃地施充分腐熟的有机肥 1 000 kg/株,按(20～25) cm×(60～100) cm 的株行距,将根蘖苗按类栽植;栽植深度超过原苗木深度 10 cm,在根上 5 cm 处平茬。达到苗木标准后出圃。

二、建园

选择背风向阳,土层深厚、湿润肥沃,能灌能排的沙壤土地块建园。普通枣园栽植密度为 3 m×5 m 或(4～5) m×6 m;密植枣园为 2 m×4 m 或 1 m×2 m,或株距 1 m,行距 1 行 1 m,1 行 3 m 的宽窄行栽植;草地枣园行距 1 m,株距小于 1 m;枣粮间作园株行距(3～4) m×(15～20) cm,而以枣为主的枣园,行距 7～10 m。一般春栽在枣树萌芽期栽植,球栽在枣树落叶后到封冻前栽植。定植沟直径 80 cm,深 70～80 cm,施充分腐熟的有机肥 30～50 kg/株,栽后灌足水,水渗下覆盖地膜。做好防治病虫害工作。

三、土肥水管理

沙土掺黏,翻黏压沙等方法改良土壤。秋季果实采收后,结合施基肥进行土壤深翻。幼树采用扩穴深翻,而成年树采用行株间深翻,顺行向或株间挖条状沟,深 25～30 cm,沟宽 40～60 cm;密植枣园全园深翻。秋末冬初或早春刨树盘。在树干周围 1～3 m 范围内用铁锨刨松或翻开 15～30 cm 土层。近树干处浅,越向外越深,并除去杂草和不必要的根蘖。春、夏、秋三季中耕除草,深 5～10 cm,保持土壤疏松无杂草状态。枣树萌芽前,在树冠下或全园覆盖杂草、作物秸秆、绿肥、树叶等材料,覆盖厚 20～25 cm。对枣粮间作枣园应重点抓好 5 项工作。一是确定栽植密度。枣粮间作以枣树冠径(3～4 m)作株距,行距为冠径的 3 倍值约为 15 m。丘陵山区枣树行距很少超过 10 m,平原地区行距在 10～20 m。二是采用高干稀冠树形。长势弱,冠形小的品种,干高 1.4 m 左右;而长势强,树冠大品种干高 1.6～1.8 m。主枝粗壮，数目不超过 7～9 个，并保持 60°左右开张角度。三是注意枣树行向。平原农区采用南北行向栽植，丘陵山地采用等高栽植。四是间作物的选择与布局。间作物选择矮秆，比较耐阴，秋作物还要求早熟，在枣果采收前收获。夏收作物以冬小麦、春小麦、大麦和豌豆、蚕豆最好，秋作物中黍子和谷子最好，其次芝麻、红小豆、豇豆和瓜类，再次是矮秆早熟的玉米、大豆、花生和棉花。五是加强间作地的肥水供应。增施肥料，及时灌水。间作绿肥作物草木樨、沙打旺、田菁、柽麻时，要注意长到 20～30 cm 时留茬 8～10 cm 及时刈割，进行就地翻压或沤肥。

四、整形修剪

枣树修剪的主要任务是培养树形，配备安排结果枝组，调节枝组与骨干枝的从属关系。

枣树常见丰产树形主要有主干疏层形、自由纺锤形、自然半圆形和开心型。主干疏层形主枝 8～9 个，分 3～4 层，开张角度 50°～60°，每主枝留 1～3 个侧枝，层间距 50～70 cm，适于干性强、层性分明的品种，如晋枣、板枣等；自由纺锤形在中心干上均匀着生 10～14 个水平延伸的主枝，长度由下到上逐渐变短，树高 2.5 m 以下，是密植枣树的理想树形；自然半圆形和开心形适于生长势较弱的品种，如长红枣、赞皇大枣等。自然半圆形主枝 6～8 个，无层次，在中心干错落排开，每主枝 2～3 个侧枝，树顶开张；开心形具有主枝 3～4 个，以 30°～40°开张角度着生在主干上，每个主枝有侧枝 2～3 个，结果枝均匀分布于主、侧枝周围。

幼树整形必须促进树冠横向扩大，增加分枝级次。主干疏层形定干在栽植 2～3 年后，树高达 2 m 左右、干高 3 m 左右时进行。根据树势、栽植制度确定干高。纯枣园干高 0.5～1.2 m，而枣粮间作干高 1.2～1.6 m。定干后将整形带内的 2 次枝从基部疏除，或将 2 次枝留基部 1 个枣股短截；第 2 留作主枝而发育强壮的枣头留 70～100 cm 短截，并把剪口附近需发枝部位的 2 次枝培养成侧枝。选作中心干用的枣头，在 120～150 cm 短截，剪去剪口下第 1 个 2 次枝，再选留 2～3 个 2 次枝从基部剪除，或留基部 1 个枣股短截，培养 2 层主枝；按同样方法培养第 3 层主枝。对骨干枝上其他枣头，选留部位合适、生长健壮者摘心或早春短截，培养结果枝组。然后疏除过密或生长过弱的枣头。

结果树修剪以疏枝和培养结果枝组为重点，可采用疏枝、回缩、短截相结合的方法。疏除轮生枝、并生枝、过密枝、徒长枝、交叉枝、重叠枝、病虫枝和干枯枝；回缩下垂和衰弱的骨干枝及 2 次枝，剪口下留强壮的枣股，不作骨干枝的枣头适度短截，培养或复壮枝组。1～2 年生枣头选 4～6 个 2 次枝短截，改造或培养成中小结果枝组，以后轮换进行枣股更新复壮。3 年生以上枣头短截或回缩，复壮下部。枣树衰弱或树势过弱后，根据其衰弱程度分别进行轻、中、重不同程度的更新，分别回缩骨干枝长度的 1/3、1/2 和 2/3，同时更新枝组。

枣树生长季修剪一般在发芽后到枣头停长前进行，主要内容包括抹芽、疏枝、摘心和开甲等。枣股上萌发的新枣头，或枣头基部及树冠内萌发的新枣头，不利用时及早疏除。其余枣头中凡不用于骨干枝延长枝及大型枝组者，在盛花期枣头长度的 1/3～1/2 短截。

五、保花保果技术

为提高枣树坐果率，除采取土肥水管理、整形修剪等综合措施外，还应直接采取一些措施。

枣树开甲就是环状剥皮。一般在干粗 10～12 cm 的盛果期枣树上使用；而密植树在干径达 5 cm 时开甲。具体时间在盛花初期天气晴朗时进行。初次开甲树在主干距地面 20～30 cm处进行。甲口选光滑平整处，先用刀将该处的老树皮刮掉 1 圈，宽约 2 cm，深度以露出韧皮部为好，然后用刀口在其上按 0.3～0.6 cm 的间距，平行环切 2 圈，深达木质部，再将切口间的韧皮部仔细全部剥掉，下方切口向外下侧倾斜，甲口涂 25%的西维因乳油 50 倍液或 25%的久效磷乳油 50～100 倍液，1 周后再涂 1 次，甲口用泥抹平，或用塑料薄膜条包缠甲口(图 13-16)。开甲后灌 1 次水，并追施尿素 50～80 g/株，以后开甲在原甲口上 3～5 cm 处进行，逐年上移，至主枝叉处后，再向下移。

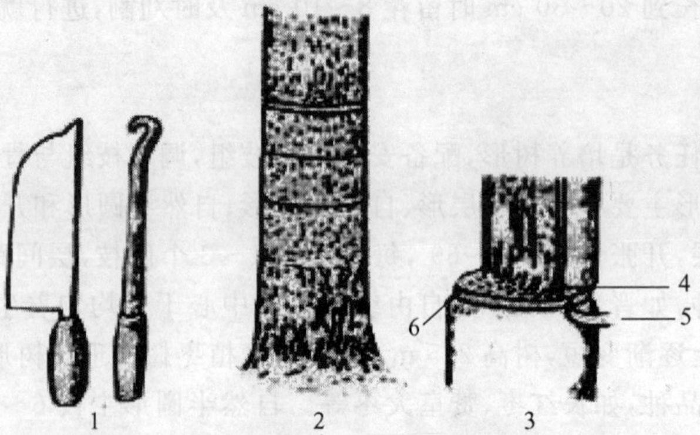

图 13-16　枣树环剥

1. 环剥工具　2. 环剥后树干上留下的环剥痕　3. 环剥方法

4. 剥除的老树皮　5. 剥下的皮层　6. 环剥后露出的木质部

喷水在盛花期早、晚喷清水或喷灌，使空气相对湿度达 70%～80%。

摘心在枣树上又称打枣尖。一般于 6 月份对枣头 1 次枝、2 次枝或枣吊摘心。摘心一般越重越好。特别是在枣头迅速生长高峰期后的 1 个月，摘心效果更好。放蜂在花期放蜜蜂和壁蜂。

喷植物生长调节剂和微量元素就是在盛花初期喷 10～20 mg/L GA_3 水溶液，或 10～20 mg/L 2,4-D；10～30 mg/L IAA；或 20～30 mg/kg NAA；10～30 mg/kg KT-30；0.3%的硼砂，可明显提高坐果率。

六、病虫害防治

枣树病虫害防治在休眠期消灭越冬病虫源：清园、刨树盘和刮树皮。清园在落叶后解除草把，剪除病虫死枝，清扫枯枝落叶，集中烧毁。以消灭越冬叶螨、枣黏虫、绿刺蛾、枣绮夜蛾、枣豹蠹蛾等害虫及枣锈病、枣炭疽病、枣叶斑点病等越冬病原菌；刨树盘在越冬前浅翻树盘，捡拾虫茧、虫蛹，消灭在土中越冬的枣步曲、桃小食心虫、桃天蛾、枣刺蛾等害虫；刮树皮在入冬前或萌芽前将骨干枝的粗皮刮掉，以露出粉红色嫩皮为度。并收集粗皮烧毁或深埋，消灭越冬虫、卵和病原菌。刮树皮后，在封冻前和解冻后分别进行树干涂白；萌芽前，全园喷布 3～5°Be 石硫合剂，然后枣树缠塑料带、绑药环。具体方法是在 3 月中下旬在树干下部缠 6～10 cm 宽的塑料带，并使上部反卷，以阻止枣步曲上树。同时绑 1 000 倍液 20%氰戊菊酯乳油药环，15 d 更换 1 次，以毒杀枣步曲、枣芽象甲。萌芽时在距树冠 1 m 范围树盘内撒辛硫磷颗粒后划锄，以杀死出土枣瘿蚊、枣蚜象甲。萌芽后喷 48%毒死蜱乳油 1 500 倍液＋25%灭幼脲悬乳剂 2 000倍液，防治绿盲椿象、食芽象甲、枣粉蚧、枣瘿蚊、枣步曲、红蜘蛛、枣黏虫等食芽、食叶害虫。同时用黑光灯诱杀黏虫成虫，抽枝展叶期喷 25%灭幼脲悬乳剂2 000倍液＋25%噻嗪酮

(扑虱灵)可湿性粉剂 1 500～2 000 倍液,防治枣瘿蚊、红蜘蛛、舞毒蛾、龟蜡蚧。间隔 10 d 连续喷 2 次。开花坐果期雨后在树盘 1 m 范围内撒锌硫磷颗粒后划锄,以杀死出土的桃小食心虫等害虫,并配合人工剪除萎蔫枝梢烧掉,以消灭豹蠹蛾幼虫。人工捕捉金龟子、黄斑蝽、枣芽象甲等害虫;开花前期喷 1.8%的阿维菌素乳油 3 000～4 000 倍液＋25%灭幼脲悬乳剂 2 000 倍液,以防治枣壁虱、红蜘蛛、枣黏虫;开花期喷 50%的溴螨酯乳油 1 000 倍液＋80%的代森锰锌可湿性粉剂 600～800 倍液,以防治桃小食心虫、枣黏虫、红蜘蛛、龟蜡蚧、黄斑蝽、炭疽病、锈病、枣叶斑点病等。幼果发育期的 7 月初,喷 25%灭幼脲悬乳剂 2 000 倍液,或 1.8%的阿维菌素乳油 5 000～8 000 倍液,防治桃小食心虫,兼治龟蜡蚧若虫,同时用黑光灯诱杀豹蠹蛾成虫。7 月中下旬喷 40.7%的毒死蜱乳油 1 500 倍液＋70%的甲基硫菌灵可湿性粉剂 800～1 000 倍液,防治棉铃虫、枣锈病、枣叶斑点病、炭疽病等;7 月下旬喷 1∶2∶200 波尔多液＋2.5%的溴氰菊酯乳油 4 000 倍液防治枣锈病、枣叶斑点病、黄斑蝽、炭疽病、棉铃虫等。果实膨大期的 8 月初喷 1 次1∶2∶200 波尔多液,8 月上旬结合喷杀菌剂＋7 万～14 万单位/L 链霉素,间隔 7 d,连喷 3～4 次,可有效防治缩果病。8 月中旬,喷 1%的中生菌素水剂 200～300 倍液,以斑点落叶病等早期落叶病及果实病害;9 月份,喷 50%多菌灵可湿性粉剂 600～800 倍液＋1.8%的阿维菌素乳油5 000～8 000倍液,以防治枣锈病、炭疽病、缩果病、桃小食心虫、龟蜡蚧等,9 月上旬在树干、大枝基部绑草把以诱集枣黏虫、枣绮夜蛾、红蜘蛛等,集中烧毁。枣果采收后树体喷 50%多菌灵可湿性粉剂 600～800 倍液,或 70%的甲基硫菌灵可湿性粉剂 800～1 000 倍液,及时捡拾落果,集中烧毁。

枣疯病是枣树的毁灭性病害,病树轻者减产减值,重者绝产绝收,甚至造成枣树死亡。具体防治可采用手术治疗方法。从四方面着手:一是锯除病枝。就是在生长期从基部锯除着生疯枝的侧枝和主枝。二是环锯树干。在 5 月份,从距地面 40 cm 处,用手锯在主干上锯一圈,深达木质部表面。根据病情轻重,每树可锯 1 环或多环,间距 20 cm。三是断根。在 4～5 月份将病树根周围土壤挖开,从基部切除与疯枝相对应方位的水平侧根,然后施肥灌水,将坑填平。四是环锯主根。在病树主根基部环锯,深达木质表面。

七、适期采收

枣果根据用途,适期采收。加工蜜枣白熟期采收;鲜食枣在达到半红时,用手托起果实,连果柄一同摘下,轻拿轻放,防止碰伤和落地,随摘收随分级;加工酒枣脆熟期采收;而制干枣在果皮深红,果实富有弹性和光泽的完熟期振落采收。具体方法有人工摇落、机械振落、乙烯利(CEPA)催落、拾落枣等。CEPA 催落在采前 5～7 d 喷 300 mg/L CEPA,并在树下铺布单,配合人工摇落,以防止果实损伤。

第四节　园 林 应 用

枣树(图 13-17)在园林上应用的主要是落叶乔木。其枝有长枝、短枝和脱落性小枝 3 种。长枝就是枣头,红褐色,光滑,有托叶刺或不明显;短枝就是枣股,在 2 年生以上长枝上互生;脱落性小枝就是枣吊,为浅细的无芽枝,簇生于短枝上,冬季与叶同落。叶卵状椭圆形,长 3～8 cm,先端钝尖,基部宽楔形,具钝锯齿。核果长 1.5～6 cm,椭圆形,淡黄绿色,熟时红褐色,核尖锐。花期 5～6 月份；果熟期 8～10 月份。

枣树栽培历史悠久，自古就用作庭荫树、园路树，是园林生产的好树种。枣叶垂荫，红果挂枝，老树干枝古朴，可孤植、丛植庭院、草地，居民区在房前屋后植几株亦能添景增色。

图 13-17　枣

1. 花枝　2. 果枝　3. 花　4. 托叶刺
5. 果　6. 果核　7. 花图式

第十四章

樱桃

樱桃原产于我国，是落叶果树中成熟最早的果树之一，有“春果第一枝”的美称。其果实成熟早，色泽艳丽，营养丰富，外观和内在品质俱佳，具有便于加工、适宜生食，经济效益高等特点，被誉为“果中珍品”。樱桃在调节鲜果淡季、均衡周年供应和满足人民生活需要方面，有着重要作用。

第一节　生物学特性

一、生长结果习性

中国樱桃栽后3～4年开始结果，12～15年进入盛果期，大量结果延续年限为15～20年，寿命50～70年；欧洲甜樱桃栽后4～5年开始结果，15年左右大量结果，盛果期延续年限约20年，寿命80～100年；欧洲酸樱桃栽后3年开始结果，7～8年后大量结果，枝干寿命10～15年，在不断更新情况下寿命可达数十年。密植丰产栽培结果期提前，其他年限相应缩短。

(一)根系

樱桃根系分布取决于其种类。一般中国樱桃根系须根发达，垂直根分布浅，水平分布范围大，集中分布层在一般土壤中为5～20 cm，疏松土壤为20～35 cm。而欧洲甜樱桃根系分布深而发达。此外，樱桃根蘖发生力强，特别是中国樱桃、欧洲酸樱桃和毛樱桃。

(二)芽

樱桃有叶芽和花芽两种类型。花芽为纯花芽。樱桃枝条顶芽均是叶芽；腋芽单生，只形成1个叶芽或花芽，只有生长健壮的酸樱桃有少量复芽。幼树和强旺枝上腋芽多为叶芽，成年和衰老树的腋芽多为花芽。樱桃每一芽内形成2～7朵花，中国樱桃和欧洲甜樱桃4～6朵，欧洲酸樱桃3～4朵，毛樱桃1～3朵。

樱桃萌芽力以中国樱桃和欧洲酸樱桃最强，1年生枝上的芽几乎都萌发，欧洲甜樱桃萌芽力较差，但隐芽寿命长，更新容易。樱桃芽也具有早熟性。中国樱桃和欧洲甜樱桃休眠期短，早春气温回生后易于萌动。樱桃花芽分化具有分化时期集中、分化过程迅速的特点，从果实成熟后开始，40～50 d完成。

(三)枝

樱桃结果枝种类与杏相同。中国樱桃、欧洲酸樱桃和毛樱桃多以长、中、短果枝结果为主；欧洲甜樱桃大部分品种以花束状果枝结果为主，少数品种中长果枝多。欧洲甜樱桃的花束状果枝在树冠中所占空间小，分布密度大，坐果率高，结果部位外移慢，产量高而稳定。樱桃成枝力取决于种类、品种、树龄。大樱桃中酸樱桃品种毛把酸成枝力最强；甜樱桃栽培品种中，大紫、红灯、芝罘红等成枝力较强，那翁、滨库等成枝力弱。

樱桃叶芽萌动后新梢有一短促的生长，长成具6～7片叶，长5 cm左右叶簇状新梢，开花期间几乎无加长生长，谢花后进入迅速生长期。前期长出的叶簇状新梢基部各节腋芽多能分化花芽，而花后长出的新梢顶部各节多不分化为花芽。

（四）花

樱桃为子房下位花，伞形花序。樱桃雌蕊败育花完全不能坐住果。樱桃种类中中国樱桃开花最早，欧洲甜樱桃居中，欧洲酸樱桃最晚。樱桃为自花不孕果树，某些甜樱桃品种虽有自花结实能力，但坐果率很低。

（五）果实

樱桃从开花到果实成熟30～50 d。有两次迅速生长期，一次缓慢生长期（硬核期）。其果实生长发育的曲线为"双S"形曲线。樱桃果实成熟前遇雨易发生裂果。

二、对环境条件要求

（一）温度

樱桃喜温，但耐寒力弱，要求年平均气温12～14℃。一年中，大樱桃要求高于10℃的时间在150～200 d。中国樱桃在日平均气温7～8℃，欧洲甜樱桃在日平均气温10℃以上开始萌动，15℃以上时开花。冬季－20℃左右气温即发生冻害。甜樱桃需冷量为2 007～2 272 h，而酸樱桃为2 566～2 787 h。

（二）水分

大樱桃是喜水果树，既不抗旱，也不耐涝，适于年降水量600～800 mm地区栽植，其抗涝性介于桃和苹果之间。年周期中果实发育期对水分状况最敏感。果实硬核期的末期最易发生旱黄落果。在樱桃果实的第二个迅速生长期，春旱时偶遇降雨，往往造成裂果。

（三）光照

樱桃是喜光树种，以甜樱桃为甚，其次为酸樱桃，中国樱桃较耐阴。樱桃光饱和点4 120～6 180 lx，光补偿点400 lx左右。

（四）土壤

樱桃对土壤要求取决于种类和砧木。一般除酸樱桃能适应黏土外，其他樱桃在黏土中均生长不良，特别是马哈利樱桃作砧木最忌黏重土壤。酸樱桃对土壤盐渍化稍强。而欧洲甜樱桃适宜土层厚、通气良好、有机质丰富的沙质壤土和砾质壤土。土壤pH值6.0～7.5条件下生长结果良好。但甜樱桃耐盐碱能力差，忌地下水位高和黏性土壤。

第二节 主要种类和优良品种

一、主要种类

樱桃为蔷薇科樱桃属植物。该属有120种以上，现今世界上作为果树栽培的仅有中国樱桃、欧洲甜樱桃、欧洲酸樱桃、毛樱桃4个种。其中欧洲甜樱桃和欧洲酸樱桃通称为大樱桃，欧洲酸樱桃和毛樱桃果实小，品质一般或较差，统称为"小樱桃"，我们通常所说的大樱桃实际上是欧洲甜樱桃。

(一)中国樱桃(图 14-1)

中国樱桃故称楔、荆桃、含桃等,又叫草樱桃、小樱桃。原产我国,小乔木,树高 6～8 m。树皮暗灰色,嫩枝无毛或被柔毛。叶片圆形至椭圆形,基部圆形或广楔形,暗绿色。长 8～15 cm,侧脉 7～10 对,叶柄长 8～15 cm,托叶常 3～4 裂。花白色或粉红色。花直径 1.5～2.5 cm,花梗长 1.5 cm,具短柔毛,花瓣白色,卵圆形至近圆形,先端微凹,花柱与子房无毛。花先于叶开放,3～7 朵成伞形花序或总状花序,花期早。果实近球形或心脏形,直径 1～2 cm,果皮红、粉红、紫红或乳黄色,皮薄,果肉柔软多汁,不耐贮运,在落叶果树中成熟最早,易生根蘖,其适应性广,抗寒、抗旱,对土壤要求不严格。在温暖地区疏松沙质土壤中生长旺盛,果实品质好。扦插繁殖较易,分株繁殖 2～3 年开始结果,6～7 年进入盛果期。中国樱桃优良品种多产于长江流域。山东省从当地中国樱桃品种中选出的草樱桃,是欧洲甜樱桃的良好砧木。

图 14-1 中国樱桃

(二)欧洲甜樱桃(图 14-2)

欧洲甜樱桃又名大樱桃、西洋樱桃,起源于欧洲和西亚。乔木,高 10～20 m。树冠卵球形,树势强健,枝干直立。树皮暗灰褐色,有光泽,具横生褐色皮孔,小枝浅红褐色。冬芽卵形,长 5～8 mm,鳞片暗褐色。叶片大而厚,黄绿到绿色,卵形或长卵形,长 10～17 cm,宽 5～8 cm,先端突尖,边缘有重锯齿,叶柄长 2～5 cm,暗红色,有 1～3 个红色圆腺体。伞形花序,每花序有花 1～5 朵,多数 4～5 朵,花径 2.5～3.5 cm,花梗长 3～5 cm,花大,白色。果实圆球形或卵圆形,直径 1～2 cm,黄色、红色或紫红色。果肉与果皮不易分离,果肉有硬肉和软肉两种,味甜,离核或黏核。果汁较多,味甜或稍有苦味,果核卵圆球形或卵形,平滑,浅黄褐色。该种经济价值较高。抗寒性较弱,在夏季温度高的地方寿命显著缩短。栽培较容易,无严重病虫害。用中国樱桃做砧木,一般寿命在 50 年左右。要求较好的灌溉条件,其耐寒性比中国樱桃强,抗旱力较差。

(三)欧洲酸樱桃(图 14-3)

欧洲酸樱桃原产欧洲及西亚。小乔木或灌木,树冠圆头形,枝干灰紫色或浅棕紫色,有光泽。叶片倒卵形至卵圆形,长 5～7 cm,宽 3～5 cm,先端急尖,基部楔形,常有 2～4 个腺体,叶缘复锯齿，小而整齐，叶面粗糙，浓绿色，无毛。叶柄长 1～2 cm，无腺体，托叶长披针形，有锯齿。伞形花序，每个花序有花 2～4 朵，花梗长 2.5～3.5 cm，萼筒钟状或倒圆锥状、无毛，花瓣白色。果实球形或扁球形，直径 1.2～1.5 cm，鲜红色，果肉浅黄色，味酸，黏核。核球形，褐色，直径 0.7～0.8 cm。

图 14-2 欧洲甜樱桃

图 14-3 欧洲酸樱桃

本种与甜樱桃也发现一些杂种樱桃，许多性状介于两亲本之间，果实多倾向于欧洲甜樱桃，适应性则更倾向于欧洲酸樱桃。用酸樱桃作砧木，主侧根发达，与甜樱桃嫁接亲合力较高，并有一定的矮化作用。喜沙质土壤，在黏土上较容易感染根癌病和流胶病。其适应性强，抗寒、抗旱、耐瘠薄。

（四）马哈利樱桃（图 14-4）

原产欧洲及西亚，又称圆叶樱桃。乔木，高达 10 m。主干矮，分枝多，形成广开树冠，小枝幼叶密被短茸毛。叶片圆形至宽卵形，长 3～6 cm，先端短尖，基部圆形或近心形，边缘有圆钝细锯齿，叶柄长 1～2 cm。花 6～10 朵，成总状花序，花径 1.5 cm，花瓣白色，微香。果实球形，直径约 6 mm，黑紫色，不能食用。该种有黄果、垂枝、矮生等变种，常用作樱桃砧木。

二、主要优良品种

（一）意大利早红（图 14-5）

意大利早红法国优良品种，适应性强，抗旱抗寒，在山丘砾质土壤和沙壤土上生长良好，定植 3 年结果，产量高（产量1 000 kg/667 m^2 以上）。果皮紫红，果实大，单果重 10 g，果肉厚、细嫩多汁、风味酸甜，品质佳，不裂果。

（二）大紫（图 14-6）

大紫是目前我国栽培面积较大的早熟优良品种，商品性高，又是优良的授粉树种。该品种树势强健，幼树期枝条直立生长，随着树龄的增长逐渐开张；萌芽力高，成枝力强，节间长，树冠大而疏松；当年生小枝红褐色，较细；叶片大，长卵圆形，平均长 11～18 cm，宽6.5～8 cm，故有大叶子之称；叶柄具黑紫色蜜腺 2 个；花白色，花期 1 周；果实中等大小，平均单果重 5.5～7.5 g，最大可达 11 g，心形，稍扁；果梗中长而细，易脱落；果实成熟后紫红色，较薄，具光泽，不易裂果；果肉浅红色或红色，细嫩多汁，味甜，具芳香，可食率高达 97%，品质佳，不耐储运。

图 14-4　马哈利樱桃

图 14-5　意大利早红

（三）拉宾斯（图 14-7）

拉宾斯是由加拿大杂交育成自花结实晚熟优良品种。1988 年引入我国。高产、稳产，自花结实率较高，是一个广泛的花粉供体。其抗寒性强，且无病毒感染，抗裂果。该品种树势健壮，侧枝发育良好，树姿直立；果个大，平均单果重 10.2 g；近圆形或卵圆形；果皮厚，成熟时为紫红色，有光泽，外观美；果肉厚，硬脆，多汁，酸甜可口，口味佳，耐储运。

图 14-6　大紫

图 14-7　拉宾斯

（四）红灯（图 14-8）

红灯是主要的早熟品种。一般定植后 4 年即可结果，结果后能保持长期的结果树势，发育旺盛，连续结果能力强，丰产性能好。幼树直立，盛果期后，树势强健半开张，树冠大；多年生枝为紫色，1、2 年生枝灰褐色，有白色膜层；萌芽率高，成枝力强，枝条粗壮；叶片厚且大，椭圆形，复锯齿，深绿色，有光泽；叶柄基部具 2～3 个长肾形、紫红色蜜腺；4 月上旬开花，花白色，花期 1 周左右；果实大，平均单果重 96 g；果肾脏形，果柄粗短；果皮红色或紫红色，有光泽，外观美；果肉较硬，淡黄色，肉嫩多汁，酸甜适口，可食率达 92.9%，较耐储运。

（五）巨红（图 14-9）

巨红是一个黄色、特大果型、晚熟的优良品种。适应性强，丰产性好。该品种树势强健，生长旺盛；幼树期枝条直立生长，新梢长约 70 cm，盛果期后树冠半开张；多年生枝棕褐色，当年生枝棕绿色；萌芽率高，成枝力强，枝条粗壮。果实巨大而整齐，平均单果重 10.25 g，最大可达

13.5 g；果实心形；果皮浅黄色，有光泽，阳面有红晕和斑点。果肉淡黄色，质密而脆，肉厚多汁，口味酸甜，可食率为93.1%，耐储运。

图 14-8　红灯

图 14-9　巨红

(六)那翁(图 14-10)

那翁是中熟黄色优良品种。丰产、稳产。6月中旬成熟。该品种树势强健，树冠圆球形、紧凑，萌芽率高，成枝力稍差，枝干粗壮，节间短；当年生枝棕褐色，具灰白色膜，黄褐色皮孔，多年生枝深褐色；叶片大而肥厚，长卵圆形，深绿色，叶柄较长；花白色，多为2～5朵簇生，以花束状果枝为结果主枝；果实较大，平均单果重6.5 g；果实心形；果皮黄色，阳面有红晕，有光泽，完全成熟后呈全红色，外观美；果肉淡黄色，质密，细嫩多汁，有芳香，口味酸甜，可食率高达93.6%，品质佳，耐储运。

(七)芝罘红(图 14-11)

芝罘红较丰产，抗病能力及适应性强，是有前途的一个红色优良品种。该品种树势强健。向上生长，萌芽率高，分枝力强；盛果期后以短果枝为结果主枝，长、中果枝也具较强结果能力。叶片大，长约为13 cm，宽约6 cm；果实中大，平均单果重6 g，最大可达8.2 g；果实心形；果皮红色，有光泽；果肉较硬，米黄色，多汁，味酸甜，风味佳，品质优，可食用率可达91.4%。

图 14-10　那翁

图 14-11　芝罘红樱桃

第三节 基本生产技术

一、育苗

樱桃采用嫁接法育苗。常用砧木主要有大叶草樱桃、莱阳矮樱桃、北京对樱桃、毛把酸、考脱、马哈利樱桃等。砧木苗培育方法有播种、压条、分株、扦插和组织培养法。1年中，甜樱桃适宜的嫁接时期有3次。第1次在3月下旬前后，半个月内嫁接完，嫁接方法有腹接、劈接；第2次6月下旬至7月上旬的15～20 d内，采用"T"字形嫁接；第3次在9月下旬至10月上旬，采用嵌芽接。

二、建园

选择地下水位低，排灌良好，pH值6.0～7.5的沙质壤土或砾质壤土地建园。平原地区樱桃园，主栽品种与授粉品种比例为(2～3)：1，山地丘陵园梯田则为3：1，要求在主栽品种行内混栽。北方平原农区土壤有机质含量在0.6%～0.8%时，采用的株行距为4 m×5 m，或5 m×6 m；土壤有机质含量在1%以上时采用的株行距为5 m×6 m，或6 m×7 m。北方春栽，在土壤解冻后，萌芽前(3月上中旬)，南方秋栽，在落叶后，封冬前(10月底至11月上旬)进行。

三、土肥水管理

樱桃在9月下旬至10月上旬，结合秋施基肥深翻扩穴。北方平原或沙滩地果园，采用隔行深翻法。沟深、宽均为50 cm左右，第2年翻另一侧，而山地果园采用半圆形开沟，2年完成法。在生长季灌水后或雨季中耕除草，深5～10 cm，保持土壤疏松无杂草状态。树盘覆盖有覆膜和覆草两种形式。覆膜一般在早春根系开始活动时进行，幼树定植后最好立即覆膜。覆草是在树盘内覆盖麦秸、豆秸、玉米秸等，厚15～20 cm，以后视腐烂情况补充新草。对甜樱桃在进入盛果期前，早春在树干基部培起30 cm左右的土堆。要求土堆顶部与树干密接。樱桃在萌芽前追施尿素1～2 kg/株，并灌水；萌芽前未追肥的樱桃园，在初花期追施尿素1.0～1.5 kg/株，或在盛花期喷施0.3%尿素+(0.1%～0.2%)硼砂+600倍磷酸二氢钾。坐果后1～3年生树施腐熟鸡粪15～20 kg/株；4～5年树施腐熟鸡粪25 kg/株；5年生以上树施腐熟鸡粪30～35 kg/株；果实采收前10～15 d采用少量多次的方法灌水；樱桃果实采收后初结果树施磷酸二铵1 kg/株左右，盛果树施磷酸二铵1.5 kg/株左右，施肥后及时灌水。6月下旬以后视墒情及时灌水，进入雨季注意排水防涝。9月秋施基肥，结果树施腐熟鸡粪40 kg/株，采用环状沟施或隔行施肥。在土壤结冻前灌1次透水。

四、整形修剪

中国樱桃和欧洲酸樱桃多采用丛状形、主干自然形，欧洲甜樱桃可采用自然开心形、主干疏层形、纺锤形。

纺锤形干高40～60 cm，树高3 m左右，中心干上着生主枝8～10个，主枝间距25 cm，互相错开，同方向主枝间距 70 cm 左右。在 80～100 cm 处定干。定干后刻芽。生长季新梢长至 15 cm 左右摘心。第三年夏季 5 月下旬喷 15％的多效唑可湿性粉剂 200～300 倍液，秋季或春季将骨干枝开角 80°，临时枝拉至 90°。休眠期疏除无利用价值的徒长枝、竞争枝、重叠枝及病虫枝。

樱桃休眠期修剪一般在 3 月中下旬萌芽前进行。除对各级骨干枝轻短截外，其余枝缓放，待结果转弱之后，及时回缩复壮，疏除病枝、断枝、枯枝等。幼树根据树形要求选配各级骨干枝。中心干剪留 50 cm 左右，主枝剪留 40～50 cm，侧枝短于主枝，对纺锤形树形留 50 cm 短截或缓放。严防上强。用撑枝、拉枝等方法调整骨干枝角度。树冠中斜生、中庸枝缓放或轻短截，旺枝、竞争枝疏除或重短截。初果期除继续完成整形外，注意培养结果枝组。树形基本完成时，注意控制骨干枝先端旺长，适当缩剪或疏除辅养枝，结果多年结果部位外移较快的疏散型枝组和单轴延伸的枝组，在其分枝处适当回缩。盛果期要休眠期和生长期修剪相结合，调整树体结构，改善冠内通风透光条件，维持和复壮骨干枝长势及结果枝组生长结果能力。具体做法是：一是骨干枝和枝组带头枝在其基部腋花芽以上 2～3 个叶芽处短截；二是经常在骨干枝先端 2～3 年生枝段轻缩剪。对结果多年的结果枝组，在枝组先端的 2～3 年生枝段处缩剪。从盛果后期开始，骨干枝衰弱时，及时在其中后部缩剪至强壮分枝处。进入衰老期，骨干枝根据情况在 2～3 年内分批缩剪更新。并配合生长季修剪培养骨干枝和结果枝组。

生长季修剪主要在新梢旺长期和采果后进行。包括摘心、扭梢、拿枝、拉枝及采后疏大枝等。花后 7～10 d，对幼嫩新梢保留 10 cm 左右摘心；当外围新梢长到 40 cm 左右时，留 25 cm 短截；对新生直立枝、斜生枝留基部 5～6 芽扭梢或留 5～10 cm 反复摘心。果实采收后，疏除过密枝、过强枝、紊乱树冠的多年生大枝以及光秃、结果部位外移的大枝；继续进行摘心、扭梢、拿枝；秋季按树形结构参数拉枝。

五、花果管理

花期果园放蜂。蜜蜂授粉时，约5 000 m^2 放 1 箱蜜蜂，若采用壁蜂进行授粉，需壁蜂150～200 头/667 m^2；人工辅助授粉在花开当天至花后 4 d 进行；方法有人工点授、授粉器授粉，或用鸡毛掸子在不同品种树间相互滚动。盛花期、盛花后 10 d 连续喷 2 次 2～8 mg/L 赤霉素，可明显提高坐果率。为提高果实品质，应进行疏花蕾、疏果、摘叶铺膜。疏花蕾在开花前进行，主要是疏除细弱果枝上的小蕾和畸形蕾，一个花束状果枝，保留 2～3 个饱满壮花蕾。疏果在樱桃生理落果后进行。一般一个花束状果枝留 3～4 个果，最多 5 个。疏除小果、畸形果和着色不良的下垂果，保留具有本品种特征的正常果。在果实着色期，将遮挡果实的叶片摘除，同时树下铺银色反光膜。

六、综合保护技术

樱桃是一种易受冻害、裂果和遭引鸟害的树种。因此，应在加强肥水管理，合理整形修剪的基础上，采取综合措施保护树体。

（一）防御冻害

在休眠期，樱桃树每月喷 1 次 250～300 倍羧甲基纤维素；根据天气预报，早春灌水，树体喷 5％石灰水，或萌芽前喷 0.8％～1.5％的食盐水，或 27％的高脂膜乳剂 200 倍液，熏烟、灌水，延迟花期防霜冻；建园时应选地势较高，地形开阔，背风向阳的地段；土壤最好土层深厚，土质疏松，保水力强，地下水位低的沙壤土；在品种上应选择抗寒品种，如红地球、莱阳矮樱桃等；应加强树体管理，8 月树体增施有机肥 50 kg/株，同时喷施氨基酸微肥 2～3 次，如氨基酸钙，并加强病虫害防治，落叶后用 8%的石灰水涂白。

(二)预防裂果

裂果是樱桃在成熟前因久旱遇雨或突然灌水造成果皮破裂的一种生理障害，是影响樱桃果实品质的一个重要因素。预防樱桃裂果一般从三方面着手：一是选择抗裂果的品种，如雷尼、拉宾斯，或成熟早的品种抉择、红灯、芝罘红、大紫等；二是加强果实成熟前的水分的管理，使土壤含水量保持在田间最大持水量的 60%～80%，应勤浇水，浇小水，避免土壤忽干忽湿；三是避雨栽培，就是在樱桃园设置防雨棚，同时注意及时排水。

(三)预防鸟害

樱桃成熟前极易遭受鸟害。目前生产上主要采取人工驱鸟的方法，如设置稻草人、挂气球等，均有一定的效果，有条件的地方最好架设防鸟网。

七、病虫害防治

樱桃病虫害主要是“三病六虫”。“三病”是指穿孔病、流胶病、早期落叶病；“六虫”是指金龟子、桑白蚧、红蜘蛛、卷叶蛾、潜叶蛾、蚜虫类等。

1. 枣疯病

枣疯病俗称扫帚病、枣聋、公枣病，是枣树的一种毁灭性病害。在河南省枣区发生普遍，尤其在内黄、尉氏等枣区蔓延成灾，危害严重。

(1)症状及发病特点：幼树和老树均能发病，为害枣树的各个器官。主要表现为丛枝、花叶、花变叶三种症状。叶片细弱丛生，呈扫帚状，色淡；开花后，病株新梢顶端的叶片呈现黄绿相间的花叶，皱缩质脆；花退化为营养器官，花柄延长、花蕾变小、花萼则变成小叶。有时树下萌生小叶丛枝状的根蘖。

该病主要靠拟菱纹叶蝉等刺吸口器昆虫传病。病原侵入后，通过韧皮部运行到根，增殖后向上运行，引起树冠发病。从个别枝到全株发病需 3～4 年。

(2)防治方法

①选用无病苗木，用组培法生产无毒苗。

②铲除病株、病苗，消灭传染中心。

③消灭传病叶蝉，定期喷药。一般在枣树发芽时、开花前、盛花期后及 7 月中旬各喷一次菊酯类农药或敌敌畏、西维因等均可，防效比较好。

④药物治疗。发病轻的枣树，用 1 000 mg/kg 的四环素或 500 mL 的土霉素稀释液于早春树液流动前(约 4 月份)和秋季树液回流根部前(10 月份)，注入树内治疗。

⑤手术治疗。一般采用锯除病树枝、环锯主干、断根、环剥等四种做法，用来阻止病原菌在树体内运行扩散，以减少发病。该方法治愈率达 85%以上。

2. 枣尺蠖

枣尺蠖又叫枣步曲，俗称弓腰虫。以幼虫为害幼芽、叶片及花。春季枣芽萌发，初孵幼虫开始为害嫩芽，严重时可将枣芽吃光。展叶开花后，虫龄渐大，食量大增，能把叶、花吃光，不仅当年无产量，还影响来年结果。

(1)发生特点:该虫一般一年发生 2 代,以蛹在枣树根颈周围的表土中越冬。次年 3 月初羽化出土,雌成虫日落后爬上树与雄成虫交尾,卵产于树干裂缝翘皮下。4 月中下旬幼虫为害嫩芽、嫩叶,幼虫可吐丝下垂飘移为害,密度大时可将叶片吃光。5 月底 6 月初,幼虫老熟后陆续入土化蛹越夏、越冬。

(2)防治方法:

①灭杀蛹体。深秋封冻前,结合果园管理深翻树干周围 1 m 左右的土壤,使蛹外露冻死。成虫羽化前翻挖树干周围的土壤深度达 10～13 cm,搜集灭蛹。

②灭杀雌成虫。3 月初用 10%辛硫磷颗粒剂等在成虫开始羽化出土时和羽化出土盛期各施药一次,每株 100 g,撒于树盘上。

③灭杀幼虫。幼虫 3 龄之前,用 2.5%功夫乳油、5%高效氯氰菊酯乳油 2 000～3 000 倍液、1.8%阿巴丁乳油6 000倍液、90%晶体敌百虫 800～1 000 倍液等,进行喷雾防治。

④生物防治。在幼虫期,用苏云金杆菌等加水对成每毫升含 0.1 亿～0.25 亿个孢子的菌液进行喷施,若同时加入 1/200 000 的溴氰菊酯或 1/10 000的敌百虫,杀虫效果更好。

3. 枣黏虫

(1)为害植物及为害状。枣黏虫主要以幼虫食害枣树的叶、花和果实。第一、二代幼虫食害枣叶和吐丝卷叶,有时将两片或数片枣叶缀连在一起,幼虫潜藏其中食害叶肉。第三代幼虫,除为害叶片之外,还能将叶子与果实粘贴在一块,在果柄处蛀食果肉,造成落果。

(2)生活史及其发生规律。枣黏虫一年发生 3 代,以蛹在树干老皮裂缝处越冬。越冬代成虫 3 月下旬开始羽化,4 月中旬为羽化盛期。成虫晚间活动,趋光性强,产卵在枣树嫩芽上和1～2年生的枣枝上,卵粒散产。5 月上旬孵化的第一代幼虫,吐丝黏合 1～2 个嫩叶,食害叶肉;随着幼虫长大,它缀连的叶片也增加;幼虫老熟时就在卷叶内化蛹。第一代成虫 6 月上中旬羽化。第二代幼虫在 6 月下旬出现,第二代成虫在 7 月下旬羽化。第 3 月下旬幼虫老熟,钻入枣树的粗皮缝中结茧越冬。

(3)防治方法

①秋后幼虫化蛹前,可以在树干上绑草诱集幼虫化蛹,冬前解下草把集中灭虫。可于冬季或早春刮树皮消灭越冬蛹。

②在第一代幼虫初盛期和枣树展叶期喷药,是消灭此虫的关键时期。适用的药剂有 50%敌敌畏1 000倍液,50%马拉硫磷1 000倍液,50%杀螟松 1 000 倍液。若这一代幼虫防治不及时,应在第二代幼虫发生盛期再进行药剂防治。

八、果实采收

樱桃果实要随熟随采,分批采收。当地销售的鲜食果实,在果实成熟、充分表现出本品种的性状时采收;外销鲜食或加工制罐果实,在八成熟时采收,一般比当地销售的鲜食果实提前 5 d 左右采收;作当地酿酒用果实,在果实充分成熟时采收。采收时,用手握及果柄基部,轻轻按捺采下,轻拿轻放,避免损伤果面。外销鲜食和加工制罐果实,采收时不要损伤花束状果枝。采收后,果实要先在园内集中场地进行初选,剔除青绿小果、病僵果、虫(鸟)蛀果、霉烂果、双果和“半子果”等,然后运往包装场分选包装。

第四节　园林应用

园林上应用的樱桃(图 14-12)高达 8 m。叶卵形至卵状椭圆形,上面无毛或微有毛,背面疏生柔毛;叶缘有大小不等的重锯齿,齿尖有腺。花白色,径 1.5～2.5 cm,萼筒有毛,3～6 朵簇生成总状花序。果近球形,无沟,径 1～1.5 cm,红色,花期 4 月份,先于叶开放,花如彩霞,果若珊瑚,5～6 月份成熟,是园林中观赏及果实兼用的树种。在园林植物配置中,常对植、丛植、群植,制作盆景。在公园绿化中常与造园相结合,具体应依据公园面积、立地条件、树种特点及造园手法而定。可以三五成群,顺其自然,或片植成林,命名为樱桃园,再配植草坪、花卉形成优美的田园风光。另外,观果树种还可以与其他观赏树种在道路、广场、绿地、水体及休憩地间合理配置,既有机联系又相对独立成景,具有异曲同工的效果。

图 14-12　樱桃

1. 花枝　2. 果枝

第十五章

核　桃

核桃是我国北方栽培面积广、经济价值较高的木本油料果树。其种子具有较高的营养价值和良好的医疗保健作用，尤其是其中的亚油酸，对软化血管、降低血液胆固醇有明显作用。除此之外，核桃既是荒山造林、保持水土、美化环境的优良树种，也是我国传统的出口商品。

第一节　生物学特性

一、生长结果习性

(一)根系

核桃根系发达，为深根系果树，成年树主根可深达 6 m，但主要根群集中分布在 20～60 cm 土层中；侧根水平伸展超过 14 m，集中分布在以树干为中心、半径为 4 m 的范围内；根冠比通常为 2 左右。实生核桃在 1～2 年生时主根生长较快、而地上部生长慢，1 年生主根长度为树高的 5 倍以上，2 年生约为树高 2 倍，3 年生以后侧根数量增多，扩展加快；此时，地上部分的生长也开始加速，随着树龄增长，逐渐超过主根。早实核桃比晚实核桃根系发达，幼树表现尤为明显，是其能够提早结果的基础之一。此外，核桃具有菌根，是其树体生长和增产有促进作用。

(二)芽

核桃依据形态结构和发育特点，其芽可分为以下 4 种类型(图 15-1)。

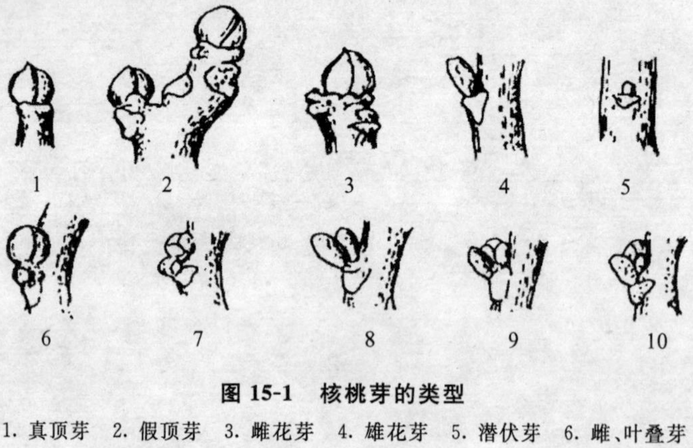

图 15-1　核桃芽的类型

1. 真顶芽　2. 假顶芽　3. 雌花芽　4. 雄花芽　5. 潜伏芽　6. 雌、叶叠芽　7. 叶、叶叠芽　8. 雄、雄叠芽　9. 雌、雄叠芽　10. 叶、雄叠芽

(1)混合芽(雌花芽)：圆球形，肥大而饱满，覆有 5～7 个鳞片。晚实核桃多着生于结果母枝顶端及其下 1～2 节，单生或与叶芽、雄花芽叠生于叶腋间；早实核桃除顶芽外，腋芽也容易形成混合芽，一般 2～5 个，多者达 20 余个。混合芽萌发后抽生结果枝，结果枝顶端着生雌花

序开花结果。核桃顶芽有真假之分。枝条上未着生雌花芽而从枝条顶端生长点形成的芽为真顶芽。当枝条顶端着生雌花芽，其下的第一侧芽基部伸长形成伪顶芽。

(2)雄花芽：为裸芽。圆锥状，着生在顶芽以下 2～10 节，单生或与叶芽叠生。实际是雄花序雏形。萌发后抽生柔荑花序，开花后脱落。

(3)叶芽：着生于营养枝条顶端及叶腋或结果母枝混合花芽以下节位的叶腋间，单生或与雄花芽叠生。核桃叶芽有两种形态：顶叶芽芽体肥大，鳞片疏松，芽顶尖，呈卵圆或圆锥形；侧叶芽小，鳞片紧包，呈圆形。早时核桃叶芽较少，以春梢中上部的叶芽较为饱满。萌发后多抽生中庸、健壮的发育枝。

(4)潜伏芽：是叶芽，多着生在枝条基部或近基部，芽体扁圆瘦小，一般不萌发，寿命长达数十年至上百年，随树干加粗被埋于树皮中。

核桃雄花芽分化始于开花前后(4 月下旬至 5 月上旬)，至翌年开花前完成；混合芽分化始于果实硬核期(6 月下旬至 7 月上旬)，12 月上旬基本停止；早实核桃的二次花于 4 月中旬始分化，5 月下旬完成。此外，核桃的萌芽率和成枝力品种类型差异较大，早实核桃萌芽、分枝力强，一般 40%以上的侧芽都能发出新梢；而晚实核桃只有 20%左右能萌发。分枝多，生长量大、叶面积多，这是早实核桃能够早结果的又一重要原因。

(三)枝

核桃枝有四种类型。一是结果母枝。指着生有混合芽的 1 年生枝。主要由当年生长健壮的营养枝和结果枝转化形成。顶端及其下 2～3 芽为混合芽(早实核桃混合芽数量多)，一般长 20～25 cm，而以直径 1 cm、长 15 cm 左右的抽生结果枝最好。二是结果枝。是指由结果母枝上的混合芽萌发而成的当年生枝，其顶端着生雌花序。健壮的结果枝可再抽生短枝，多数当年可形成混合芽，早实核桃还可当年萌发，二次开花结果(图 15-2)。三是营养枝，指只着生叶片，不能开花结果的枝条。可分为两种：一种是发育枝，其生长中庸健壮，长度在 50 cm 以下，当年可形成花芽，来年结果。另一种是徒长枝，由树冠内膛的潜伏芽萌发形成，长度 50 cm 左右，节间较长，组织不充实，应夏剪控制利用。四是雄花枝。指顶芽是叶芽、侧芽为雄花芽的枝条。其生长细弱，节间极短，内膛或衰弱树上较多，开花后变为光秃枝。雄花枝过多是树势衰弱和劣种的表现。一般当日均温稳定在 9℃左右时核桃开始萌芽，萌芽后半个月枝条生长量可达全年的 57%左右，春梢生长持续 20 d，6 月初大多停止生长；幼树、壮枝的二次生长开始于 6 月上中旬，7 月份进入高峰，有时可延续到 8 月中旬。核桃背下枝吸水力强，容易生长偏旺。

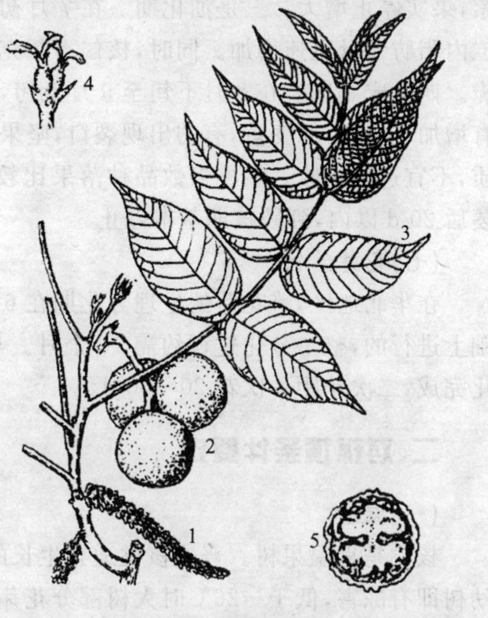

图 15-2　核桃结果枝

1. 雄花序　2. 果实　3. 复叶　4. 雌花　5. 坚果剖面

(四)叶

核桃叶为奇数羽状复叶，每一复叶上的小叶数因种类而异，小叶面积由顶端向基部逐渐减小。当日均温稳定在13～15℃时开始展叶，20 d左右可达叶片总面积的94%。着生两个以上核桃的结果枝必须有5～6个以上的正常复叶，才能健壮生长，连续结果。低于4个以上复叶的果枝，难以形成混合芽，且果实发育不良。

(五)花

核桃为雌雄同株异花，异花序，雌雄异熟植物。雄花序为柔荑花序，长6～12 cm，有小花100～170朵，基部花大于顶部花，散粉也早，散粉期2 d左右。雌花序为总状花序，顶生，单生或2～3朵簇生，还有呈匍匐状或串状着生的(早实核桃出现多，小花多10～15朵，最多达30朵以上)。雌花无花被，仅总苞合围于子房外，当子房长达5～8 mm时，柱头反曲，其表面呈明显羽状突起，分泌物增多，光泽明显时为盛开期，是最佳授粉期，持续时间大约5 d。雌雄异熟是指同一株树上，雌花开放和雄花散粉的时间不能相遇。雌花先开的品种称为雌先型；雄花先开的品种称为雄先型。在建园时，要合理搭配品种，保证雌雄成熟期一致。核桃为风媒花，授粉距离与地势、风向有关，最大临界距离500 m，但300 m以外授粉效果差，最佳授粉距离在100 m以内。

(六)果实发育与落花落果

核桃果实是由雌花发育而成，多毛的苞片形成青皮，子房发育成坚果。整个发育过程可分为四个时期。一是果实速长期。从坐果至硬核前，一般在5月初至6月初，持续35 d左右，是果实生长最快的时期，生长量占全年总量的85%左右。二是硬核期。在6月初至7月初，大约35 d。核壳从基部向顶部逐渐硬化，种仁有半透明糊状变成乳白的核仁，营养物质迅速积累，果实停止增大。三是油化期。在7月初至8月下旬，持续55 d左右。果实有缓慢增长，种仁内脂肪含量迅速增加。同时，核仁不断充实，重量迅速增加，含水量下降，风味由甜淡变成香脆。四是成熟期。在8月下旬至9月上旬，15 d左右。果实已达到该品种应有的大小，重量略有增加，果皮有绿变黄，有的出现裂口，坚果易脱出。此期坚果含油量仍有较多增加，为保证品质，不宜过早采收。核桃多数品种落果比较严重。自然生理落果30%～50%，集中在柱头枯萎后20 d以内，到硬核期基本停止。

(七)花芽分化

在华北地区，雌花芽的生理分化期在6月中下旬至7月上旬，形态分化是在生理分化的基础上进行的，整个分化过程约需10个月。早实核桃的二次分化从4月中旬开始，5月下旬分化完成，二次花距一次花20～30 d。

二、对环境条件要求

(一)温度

核桃是喜温果树。普通核桃适宜生长的年平均温度9～16℃。休眠期温度低于－20℃时幼树即有冻害，低于－26℃时大树部分花芽、叶芽受冻，低于－29℃枝条产生冻害。铁核桃只适应亚热带气候，耐湿热，不耐寒冷。

(二)湿度

一般年降水量600～800 mm且分布均匀的地区基本可满足核桃生长发育的需要。核桃对空气湿度适应性强，但对土壤水分较敏感。一般土壤含水量为田间最大持水量的60%～80%时比较适合于核桃的生长发育，当土壤含水量低于田间持水量的60%时(或土壤绝对含水量低于8%～12%)核桃的生长发育就会受到影响造成落花落果，叶片枯萎。

(三)光照

核桃属喜光树种。最适光照强度为60 000 lx,结果期要求全年日照在2 000 h以上,低于1 000 h则核壳核仁发育不良。特别是雌花开花期,光照条件良好,可明显提高坐果率,若遇低温阴雨天气,极易造成大量落花落果。

(四)土壤

核桃要求土质疏松,土层深厚、排水良好的土壤。在含钙的微碱性土壤上生长良好。适宜pH值为6.5～7.5,土壤含盐量应在0.25%以下,稍微超过即会影响生长结实。

第二节　主要种类和优良品种

一、主要种类

核桃在植物分类中,属于核桃科。本科共7属44种,其中与生产有关的有3个属,即核桃属(*Juglans* L.)、山核桃属(*Carve* Nutt)和枫杨属(*Pterocarya* Kanth)。其中核桃属的种类嫩枝髓部空、总苞不开裂、雄花序单生;山核桃属嫩枝髓部实、总苞开裂、雄花序分枝。生产上广泛栽培的种有核桃属的核桃(*J. regia* L.)和铁核桃(*J. sigillata* Dode)。此外,枫杨属中的枫杨常用作核桃的砧木,耐湿,但嫁接保存率偏低。我国现有核桃属植物的种类,按照郗荣庭、张毅萍在《中国核桃》一书中将我国现有核桃属植物划分为3组8个种。

(一)核桃(*J. regia* L.)(图15-3)

核桃又名胡桃、羌桃,是我国国内栽培比较广泛的一种,分早实和晚实两大类群,野生类型可作核桃的砧木。

图15-3　核桃

(二)铁核桃(*J. sigillata* Dode.)(图15-4)

铁核桃又名漾濞核桃。喜温暖湿润的亚热带气候,亦系生产应用的栽培种之一,野生类型可作核桃砧木。

图 15-4 铁核桃

(三)核桃楸(*J. mandshurica* Maxim.)(图 15-5)

核桃楸原产我国东北华北,尤其吉林省栽培较多。抗寒性强,是核桃优良砧木。

图 15-5 核桃楸

(四)野核桃(*J. cathayensis* Dode.)(图 15-6)

野核桃分布于我国安徽、甘肃、陕西秦岭巴山等地。可作核桃砧木应用。

(五)麻核桃(*J. hopeiensis* Hu.)(图 15-7)

麻核桃又名河北核桃。是核桃与核桃楸的天然杂交种,我国北京、河北、辽宁等地均有生长。抗寒性仅次于核桃楸,系北方核桃的主要砧木之一。

图 15-6　野核桃

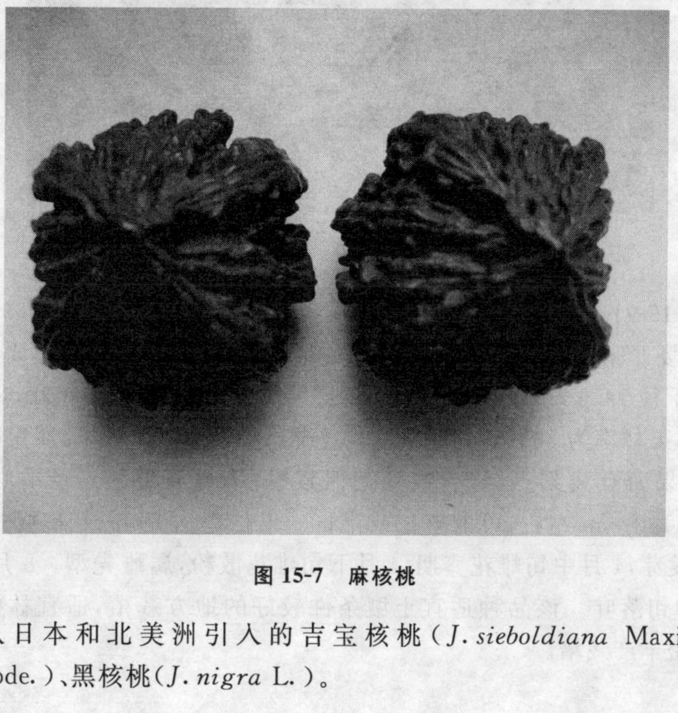

图 15-7　麻核桃

此外，还有从日本和北美洲引入的吉宝核桃（*J. sieboldiana* Maxim.）、心形核桃（*J. codiformis* Dode.）、黑核桃（*J. nigra* L.）。

二、主要优良品种

目前，我国各地有记载的核桃品种和类型有500余个，郗荣庭等按其来源、结实早晚、核壳厚薄和出仁率高低等，将其划分为两个种群、两大类型结合四个品种群。按来源将核桃品种分为核桃和铁核桃(漾濞核桃)两大种群；每个种群再按开始结果早晚分为早实类型(栽后2～3年结果)和晚实类型(栽后8～10年结果)两大类群；最后按核壳厚薄等经济性状将每个类群划分为纸皮核桃(核壳厚度1 mm以下)、薄壳核桃(壳厚1～1.5 mm)、中壳核桃(壳厚1.5～2 mm)和厚壳核桃(壳厚大于2 mm)四个品种群。

(一)薄丰(图15-8)

树势较强，树姿半开张，分枝角60°左右，树冠圆头形，叶大深绿。雄先型，中熟品种。分枝力1∶3.2，果枝率85%，每果枝平均坐果1.73个。丰产性强，高接树第3年平均挂果3.6 kg，平均每平方米冠幅投影面积产仁185 g。坚果中等大小，卵圆形，平均单果11.2 g。壳面光滑美观，壳厚1.1 mm，缝合线较紧，可取整仁，出仁率54.1%。仁色浅，味油香，品质上乘。该品种适应性强，耐旱，适于黄土高原丘陵区栽培。

图15-8 薄丰

(二)绿波(图15-9)

树势中强，树姿开张，分枝能力强，有2次枝，树冠为圆头形。高接在8年生砧木上，接后4年树高5.8 m，干径14.4 cm，冠幅4.2 m。2年生树开始结果，枝条粗壮，母枝平均抽生新枝2.4个，果枝2个，果枝率为86%。每果枝平均坐果1.6个，多为双果，属短枝型，连续结实力强。坚果卵圆形，果面有浅刻点，缝合线隆起但较窄，不易开裂。三径平均3.6 cm，单果重12 g左右，壳皮厚1.0 mm左右，可取整仁或半仁。出仁率为54%～58.4%，仁黄白色。3月下旬至4月上旬发芽，4月中旬雌花盛期，4月下旬雄花散粉，属雌先型。8月下旬至9月上旬果实成熟，10月中旬落叶。该品种适宜土壤条件较好的地方栽植，适宜林粮间作，梯田边栽种。也可进行早密丰产栽培。

(三)金薄香 1 号(图 15-10)

该品种是山西省农业科学研究院果树研究所从新疆薄壳核桃中实生选育而成。1 年生枝条呈绿褐色,2 年生枝条灰绿色,皮孔较稀,灰白色,形状不规则。叶呈浅绿色,无褶缩,叶脉明显,叶缘无锯齿。叶芽长圆形,着生于叶腋间;休眠芽着生于枝条中下部;雌花芽半圆形、饱满,着生于枝条顶端叶腋间;雄花芽呈长圆锥形、瘦小,着生于叶腋间。幼树生长较旺,树姿直立,芽具早熟性,树冠中下部部分枝条能抽生 2 次枝。成龄树干性较弱,新梢年平均生长量为 33.3 cm,短果枝约占 80%,中果枝约占 15%,长果枝约占 5%,全树结果部位比较均匀,结果枝以单果为主。在山核桃上嫁接后,嫁接苗在苗圃就能开花结果,第 2 年部分植株可结果,第 5 年进入初盛果期,连续结果能力强,丰产。果实长圆形,缝合线明显,纵径 4.50 cm,横径 3.81 cm,侧径 3.61 cm,果形指数 1.18,平均单果重 15.2 g。壳厚 1.15 mm,易取仁,出仁率 60.5%。果仁乳黄色,单仁重 9.2 g;肉乳白,肉质细腻,香味浓,微涩,品质上等。在晋中地区 3 月下旬开始萌芽,4 月上旬开花、展叶,4 月中旬新梢开始生长,6 月中下旬为果实硬核期,9 月上旬果实成熟,10 月下旬开始落叶,全年生长期为 200～220 d。该品种对土壤适应性较强,耐旱、耐瘠薄,在平地、丘陵、山区均生长良好。抗寒性较强,冬季地面最低温度达−25℃时仍能安全越冬。抗病虫能力强。

图 15-9　绿波

图 15-10　金薄香 1 号

(四)中林 1 号(图 15-11)

该品种坚果圆形,平均单果重 14 g。壳面有麻点,色较浅;缝合线宽而凸起,结合紧密。易取整仁。核仁重 7.5 g,出仁率 54%。核仁充实,饱满,色乳黄,风味优良。嫁接树第 2 年开始结果,5 年后进入盛果期。树势中等,树姿较直立,小枝粗壮,节间中等,适宜在年平均温度 10℃以上,生长期 190 d 以上的地区种植。发芽较早,雌先型。此品种适应性强,丰产性强,宜作仁用品种和授粉品种。

图 15-11　中林 1 号

(五)中林 5 号(图 15-12)

中国林业科学研究院经济林研究所从早结实涧 9-11-15 和早结实 9-11-12 核桃人工杂交后代中选育而成。坚果较小,圆形。平均单果重 9.2 g,壳面光滑美观,色浅;壳厚 0.87 mm,缝合线窄而平,较紧,核仁充实,饱满,色乳黄,可取整仁,核仁重

7.8 g，出仁率 60%，仁色浅，风味香，品质极优。树势较旺，分枝力 1∶6.3，侧花芽比率 99%，每果枝平均坐果 4.64 个。嫁接树第 2 年开始结果，4 年后进入盛果期。树势中等，树姿较开张，小枝粗壮，节间短。适宜在年平均温度 10℃以上，生长期 190 d 以上的地区种植。发芽较早，雌先型，早熟品种。高接 3 年树产坚果 5.0 kg/株。该品种适应性强，抗性强，在肥水不足时坚果变小，但品质不变，抗病性强，适宜密植栽培。此品种早期丰产，很适宜在西部大部分地区发展。

（六）晋龙 1 号（图 15-13）

该品种是汾阳市林业局和山西省林业科学研究所从当地晚核桃群体中选育的优良品种，1978 年初选，1985 年决选，1990 年 5 月通过山西省科学研究委员会组织鉴定，1991 年定名晋龙一号。坚果较大，平均单果重 14.85 g，最大单果重 16.7 g，果壳色浅，壳面光滑，壳厚 1.09 mm，缝合线紧，易取整仁，平均单仁重 9.1 g，最大单仁重 10.7 g，出仁率 61.34%，仁色浅，风味香甜，品质上等，主要经济指标超过国家标准 GB 7907—87（核桃丰产与坚果品质）中坚果品质优级指标。树枝较开张，叶大而厚，分枝能力较强，枝条粗壮，高接大树母枝平均分枝 1.6 个，果枝率 44.5%，果枝平均坐果 1.7 个，产仁量 0.21 kg/m^2，嫁接苗 2～3 年开始结果，8 年生树产量达 5.2 kg/株。该品种抗寒、抗旱、抗病性强，适宜在晋中以南（海拔 1 100 m 以下）或外省区生态条件类似地区发展。繁殖容易，对栽培条件要求不严格，在土层肥厚、光照充足条件下，生长结实好，一般栽植密度为（6～8）m×（10～12）m。目前，该品种是山西主栽品种，也是汾州核桃的代表品种，可在黄土丘陵区大力推广。

图 15-12　中林 5 号

图 15-13　晋龙 1 号

（七）晋龙 2 号（图 15-14）

该品种坚果圆形。平均单果重 15.9 g。壳面光滑，色浅；缝合线窄而平，结合紧密，易取整仁。核仁重 9 g，出仁率 56%。核仁充实，饱满，色乳黄，风味优良。嫁接树种第 3 年开始结果，8 年后进入盛果期。树势旺盛，树姿较开张，小枝粗壮，深褐色，节间长。宜在年平均温度 10℃以上，生长期 180 d 以上的地区种植。发芽较晚，雄先型。此该品种适应性强，抗霜冻，抗病性强，早期丰产，坚果品质优良，适宜在黄土地区栽培。

（八）西扶 1 号（图 15-15）

该品种坚果中等偏小，平均单果重 10.31 g，最大单果重 12.8 g，壳面较光滑，壳厚

1.09 mm，缝合线紧，可取整仁，出仁率56.21%，仁色浅，风味香、品质上等。在通风、干燥、冷凉的地方（8℃以下）可储藏1年品质不下降。植株生长势强，树姿较直立，树冠圆头形，雄先型，晚熟品种，果枝短粗，坐果率高，栽培时应注意疏花疏果。抗寒、耐旱、较抗病。此品种适应性较强，特丰产，品质优良，适宜矮化密植栽培，可在我国北方适当发展。

图 15-14　晋龙 2 号

图 15-15　西扶 1 号

（九）香玲（图 15-16）

山东省果树研究所从新疆阿克苏9号和山东上宋5号核桃人工杂交后代中选育而成。坚果中等大，卵圆形，平均单果重10.6 g，壳面光滑美观，壳厚0.99 mm，缝合线较松，可取整仁，出仁率60%～65%，仁色浅，风味香，品质极优。树势较旺，直立性强。分枝力1∶5.3，侧芽比率96%，每果枝平均坐果1.1个，雌先型，中熟品种。6年生树产坚果3.72 kg/株，高接3年树产坚果5.60 kg/株。该品种抗病性强，很适宜在西部地区发展。

图 15-16　香玲

(十)辽核 4 号(图 15-17)

辽宁省经济林研究所从新疆纸皮核桃和辽宁大麻核桃人工杂交后代中选育而成。坚果中等大,圆形。平均单果重 12.5 g,壳面光滑美观,可取整仁,出仁率 57%,仁色浅,风味好,品质极优。树势较旺,直立。分枝力 1∶3,侧花芽比率 79%,每果枝平均坐果 1.5 个。雄先型,晚熟品种。高接 3 年树产坚果 5.50 kg/株。该品种抗病性强,很适宜在西部干旱、干寒地区发展。

图 15-17 辽核 4 号

(十一)纸皮 1 号

纸皮 1 号原产地陕西。由陕西省核桃选优协作组在实生群体中选出。属晚实类。树势较强,树冠开张,主干明显。雄先型,坚果长圆形,缝合线平,壳面光滑。单果重 11.1 g,壳厚 0.86 mm,可取整仁,仁皮黄白色,出仁率 66.5%。味浓香,品质好。丰产稳产,适应性强。

(十二)西林 2 号(图 15-18)

由西北林学院从早实、薄壳、大果核桃实生后代中选育而成。属早实类。树势较旺,树冠开张,呈自然开心形,矮化树型,分枝力强。雌先型,早熟品种,侧花芽比例 88%,每果枝平均坐果数 1.2 个。坚果体积大,壳面光滑美观。单个仁重 8.65 g,出仁率 61%,核仁色泽浅色至中等色,风味好。抗病性强。

(十三)日本清香核桃(图 15-19)

由河南省林业技术推广站独家引进,经多年实验观察,与国内外其他核桃优良品种比较,该品种综合了早实核桃和晚实核桃的优点,克服了二者的不足,是优良商品核桃生产的理想品种,在我国核桃生产中具有良好的发展前景。该品种坚果较大,近圆锥形,大小均匀,壳皮光滑淡褐色,外形美观,平均单果重 16.7 g;缝合线紧密,内褶壁退化,易取整仁,出仁率 55%以上;种仁饱满,颜色乳白,风味香甜,绝无涩味,黑仁率极低。生长旺盛,树势强健,极抗早衰,经济

图 15-18 西林 2 号

图 15-19 日本清香核桃

寿命长，一朝栽树几代人受益。嫁接苗栽后第 2 年即见果，5～6 年进入盛果期，产仁 330 g/m²，产坚果 500 kg/667 m² 左右。具有侧芽结果能力，双果率高，连续结果能力强，极为丰产。病果率在 10%以内，开花晚，抗晚霜，抗旱，耐瘠薄，可上山下滩，适应性较强，在华北、西北、东北南部及西南部分地区可大面积发展。

第三节　基本生产技术

一、育苗

采用嫁接法育苗。核桃枝条粗壮弯曲，髓心大，叶痕突出，取芽困难，又含有较多的单宁，还具有伤流特点，因此嫁接成活率较低。生产上可通过提高砧穗生理机能、增大砧穗接触面、加快操作速度以及砧木放水等综合措施提高嫁接成活率。下面以插皮舌接为例说明嫁接技术要求。

(一)砧穗选择与处理

枝接接穗应在发芽前 20～30 d 采自采穗圃或优良品种树冠外围中上部。要求枝条充实，髓心小，芽体饱满，无病虫害。将接穗剪口蜡封后分品种捆好，随即埋到背阴处 5℃以下的地沟内保存。嫁接前 2～3 d 放在常温下催醒，使其萌动离皮。在嫁接前 2～3 d 将砧木剪断，使伤流流出，或在嫁接部位下用刀切 1～2 个深达木质部的放水口，截断伤流上升。且在嫁接前后各 20 d 内不要灌水。

(二)嫁接时期和方法

核桃嫁接时期以砧木萌芽后至展叶期为宜。要求接穗长约 15 cm 带有 2～3 个饱满芽。先用嫁接刀将接穗下部削成长 4～6 cm 的马耳形斜面，然后选砧木光滑部位，按照接穗削面的形状轻轻削去粗皮，露出嫩皮，削面大小略大于接穗削面。把接穗削面下端皮层用手捏开，将接穗木质部插入砧木的韧皮部与木质部之间，使接穗的皮层紧贴在砧木的嫩皮上，插至微露削面，用麻皮或嫁接绳扎紧砧木接口部位。为提高嫁接成活率要特别重视接后的接穗保湿，用塑料薄膜(地膜)缠严接口和接穗或用蜡封接穗，接后套塑膜筒袋并填充保湿物等(图 15-20)。

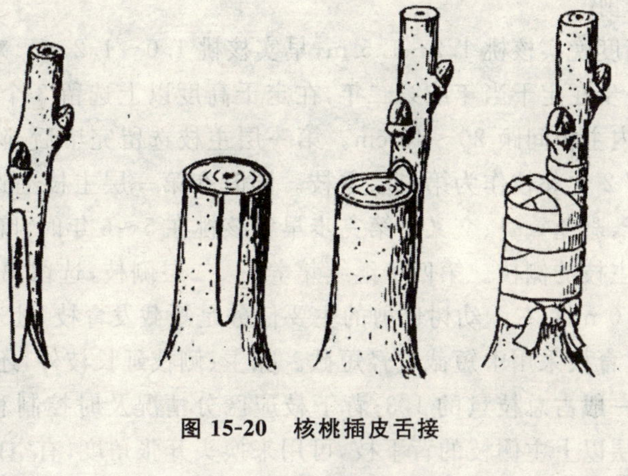

图 15-20　核桃插皮舌接

(三)接后管理

核桃嫁接后应随时除去砧木上的萌蘖，如无成活接穗，应留下 1～2 个位置合适的萌蘖，以备补接。枝接的其他技术可具体参照育苗技术。此外，采用芽接时可在嫁接部位以上留 1～2 个复叶剪砧，待接芽萌发新梢长出 4～5 个复叶时解绑剪砧。

二、建园

园址选择背风的山丘缓坡地及平地。土壤以保水、透气良好的壤土和沙壤土为宜，土层厚 1 m 以上，未种植过杨树、柳树和槐树的地方。为保证授粉良好，应选择 2～3 个品种，能够互相授粉。或者专门配置授粉品种，主栽品种与授粉品种比例是 8∶1 以上。具体栽植方式有圆片式、间作式栽培和零星栽植。一般多用间作式栽培，商品生产基地要求大面积连片栽植。在土层深厚、肥力较高条件下，可采用 6 m×8 m 或 8 m×9 m 的株行距；实行粮果间作核桃园，一般株行距为 6 m×12 m 或 7 m×14 m；早实核桃可采用 3 m×5 m 或 5 m×6 m 的株行距，也可采用 3 m×3 m 或 4 m×4 m 的计划密植，当树冠郁闭光照不良时，间伐成 6 m×6 m 和 8 m×8 m。可春栽和秋栽，北方冷凉地区以春栽为宜。

三、整形修剪

核桃在休眠期修剪有伤流，其伤流期一般在 10 月底至翌年展叶时为止。为避免伤流损失营养，修剪应在果实采收后至落叶前或春季萌芽展叶后进行。对结果树以秋剪为主。幼树则可春剪为主，以防抽条。

在核桃生产中常用的树形有主干疏层形和自然开心形两种类型。主干疏层形基本结构与苹果主干疏层形相似，晚实或直立型品种主干高一般为 1.2～1.5 m，若长期间作、行距较大，主干可留到 2 m 以上；早实核桃主干一般为 0.8～1.2 m。第一、二层层间距晚实核桃应留 1.2～2.0 m，早实核桃留 0.8～1.5 m。第 2 层与第 3 层间距一般在 1 m 左右。主枝上第 1 侧枝距中干 1 m 左右，第 2 侧枝距第 1 侧枝 50 cm。侧枝选留背斜侧，不选背后枝。此树形适于稀植大冠晚实类型品种、间作栽培方式、土层深厚及土质肥沃的条件。自然开心形一般无中心干，干高多在 1 m 左右，主枝 3～4 个，轮生于主干上，不分层，主枝间距 30 cm 左右。该树形适合于土层薄、肥水条件差的晚实核桃和树冠开张、干性较弱的早实核桃。而在密植核桃园可采用小冠疏层行，其树高一般控制在 4.5 m 以下。

（一）幼树整形修剪

干疏层形定干高度晚实核桃 1.2～1.5 m，早实核桃 1.0～1.2 m。对主干疏层形，树形培养分四步完成。第一步在定十当年或第二年，在定干高度以上选留 3 个不同方向的健壮枝条作为第一层主枝，层内主枝间距 20～40 cm。第一层主枝选留完毕后，除保留中干外，其余枝条除去。第二步选留 2 个壮枝作为第二层主枝。同时在第一层主枝上选留侧枝，各主枝间的侧枝方向要相互错开，避免重叠、交叉。第三步早实核桃在 5～6 年时，晚实核桃在 6～7 年时，继续培养第一、二层主枝的侧枝。第四步继续培养一、二层侧枝，选留第 3 层主枝 1～2 个，第 2 层与第 3 层间距 1.0 m 左右。幼树修剪的主要任务是短截发育枝、处理背下枝和徒长枝、控制和利用二次枝。发育枝采用中短截或轻短截。除主、侧枝延长枝外，还应短截侧枝上着生的旺盛发育枝，短截量一般占总枝量的 1/3；背下枝应区分情况及时控制和处理，一层主侧枝的背下枝全部疏除，二层以上主侧枝的背下枝，可用来换头开张角度，有空间的控制利用结果，过密的则疏除。徒长枝可从基部疏除。在空间允许的前提下可采用夏季摘心或先短截后缓放，将其培养成结果枝组；早实核桃过多造成郁闭者，应及早疏除。如生长充实健壮并有空间时，可去弱留强，夏季摘心后，培养成结果枝组。

(二)结果树修剪

结果初期树修剪的主要任务是继续培养主、侧枝和结果枝组，充分利用辅养枝早期结果，尽量扩大结果部位。采取先放后缩、去强留弱等方法培养结果枝组，使大小枝组在树冠内均匀分布，保证良好的光照。对已经影响主、侧枝生长的辅养枝，逐年缩剪，给主侧枝让路。对背下枝多年延伸而成的下垂枝，应及时回缩改造成枝组，或及时疏除。疏大枝时，锯口要留小枝。

进入盛果期(一般要在 15 年(早实核桃 6 年)左右)修剪的重点是维持树体结构，防止光照条件恶化，调整生长结果关系，控制大小年。采取落头开心，打开上层光照。回缩下垂骨干枝、疏除过密外围枝和内膛枝条。注重枝组复壮更新，小枝组去弱留强，去老留新；中型枝组及时回缩更新，使其内部交替结果，维持结果能力；大型枝组控制其高度和长度，对已无延长能力或下部枝条过弱的大型枝组，应及时回缩。

(三)衰老树更新复壮

衰老树更新复壮分小更新和大更新。小更新一般从大枝中上部分枝处回缩，复壮下部枝条。小更新几次后，树势进一步衰弱，再进行大更新。大更新是在大枝的中下部有分枝处进行回缩，促发新枝，重新形成树冠。

四、土肥水管理

核桃园进行深耕压绿或压入有机肥是提早幼树结果和大树丰产的有效措施，深耕时期在春、夏、秋三季均可进行，春季于萌芽前进行，夏、秋两季在雨后进行，并结合施肥和将杂草埋入土内。从定植穴处逐年向外进行深耕，深度 60～80 cm，注意防止损伤直径 1 cm 以上的粗根。在春季萌芽前追施速效性氮、磷肥。施肥量占全年追肥量的 50%。施碳酸氢铵 100 kg/667 m^2 或尿素 35 kg/667 m^2。追肥后立即灌水，地表稍干时中耕浅锄。秋季未施基肥的，结合扩穴深翻施入基肥。开花前追施腐熟人粪尿 40～50 kg/株，碳酸氢铵 2.5 kg/株，采用环状沟或放射沟施肥法，沟深 30～50 cm，施肥后灌水，墒情好时可不灌水。坡地、旱地宜采用“穴贮肥水覆膜保墒”施肥技术。进入硬核期施用肥料种类以磷、钾肥为主。对结果树施草木灰 2～3 kg/株，或过磷酸钙 1 kg/株，硫酸钾 0.5 kg/株，或果树专用肥 1.0～1.5 kg/株，同时叶面喷布 0.3%的磷酸二氢钾。果实采收后施充分腐熟的有机肥 4 000～5 000 kg/667 m^2，过磷酸钙 75 kg/667 m^2，碳酸氢铵 25 kg/667 m^2，采用穴状施肥或环状施肥，同时进行灌水。落叶后越冬前灌封冬水。地下水位过高，容易积水的地区应注意排水。

五、花果管理

萌芽前 15～20 d，疏除树上 90%～95%雄花芽，以减少养分和水分消耗，提高坐果率。开花期去雄花，人工辅助授粉。去雄花最佳时期在雄花芽开始膨大时。疏除雄花序之后，雌花序与雄花数之比在 1∶(30～60)之间。但雄花芽很少的植株和刚结果幼树，以不疏雄。人工辅助授粉花粉采集在雄花序即将散粉时(基部小花刚开始散粉)进行。授粉最佳时期是雌花柱头开裂并呈八字形，柱头分泌大量黏液且有光泽时最好。具体方法是先用淀粉或滑石粉将花粉稀释成 10～15 倍，然后置于双层纱布内，封严袋口并拴在竹竿上，在树冠上方轻轻抖动即可。或将花粉与面粉以 1∶10 比例配制成后用喷雾器授粉或配成 5 000 倍液后喷洒。具体时间以无露水的晴天最好，一般上午 9～11 点，下午 3～5 点效果最好。进入盛花期喷 0.4%的硼砂或 30 mg/L 赤霉素可显著提高坐果率。为提高果实品质,坐果后可进行疏果。

六、病虫害防治

核桃病虫害主要有黑斑病、溃疡病、腐烂病、举肢蛾、云斑天牛等。

(一)核桃根象

核桃根象又名横沟象。在四川核桃产区均有发生,在广元市和巴中市特别严重。以坡底沟洼和村旁土质肥沃的地方及生长旺盛的核桃树上危害较重。由于该虫在核桃根颈部皮层中串食,破坏了树体输导组织,阻碍水分和养分的正常运输,致使树势衰弱,轻者减产,重者引起树株死亡。受害症状是幼虫刚开始为害时,根颈皮层不开裂,无虫粪及树液流出,根颈部有大豆粒大小的成虫羽化孔。当受害严重时,皮层内多数虫道相连,充满黑褐色粪粒及木屑,被害树皮层纵裂,并流出褐色汗液。该虫在四川、陕西均为 2 年发生 1 代,前后经历 3 年的时间,以成虫和幼虫在根皮层中越冬。3 月下旬到 4 月上旬越冬成虫开始活动,取食叶片、嫩枝补充虫体营养。5～10 月份为产卵期,90%的幼虫集中在表土下 5～20 cm 深的根皮层中为害,个别幼虫为害深度可达主根 45～60 cm,侧根距主干 140～200 cm 处也有为害。幼虫危害期长,每年 3～11 月份均能蛀食,12 月份至翌年 2 月份为越冬期。幼虫白色,无足,稍弯曲。

防治方法:在 4～6 月份,挖开根茎部泥土,用斧头每隔 10 cm 左右砍破皮层,用核桃保果灵Ⅰ号涂刷受害部位,然后覆土,可杀死根部幼虫;立冬前彻底清除树冠下部枯枝落叶和杂草,刮掉树干基部老皮,集中烧毁。翻耕树下土壤,可消灭大部分越冬幼虫。春季,在受害幼果脱落前,及时剪、摘深埋,以减少翌年的虫口密度。

(二)核桃天牛

云斑天牛学名云斑白条天牛,又叫铁固牛、铁炮虫。在四川的核桃产区均有分布。主要为害枝干,为害严重的地区受害株率达 95%。受害树有的主枝死亡,有的主干因受害而整株死亡。

受害症状是被害部位皮层稍开裂,从虫孔排出大量粪屑。为害后皮层开裂,木质部中的虫道比木蠹蛾少。成虫羽化孔多在上部,呈一大圆孔。云斑天牛发生世代数因地而异,越冬虫态也有不同。一般 2 年发生 1 代,跨 3 个年度。以成虫或幼虫在树干内越冬,4 月下旬开始活动,5 月份为成虫羽化盛期,6 月中下旬为产卵盛期。幼虫淡黄色,无足。成虫黑褐色或赤褐色,有假死和趋光习性。防治方法是在冬季或产卵期前,用核桃保果灵Ⅰ号涂刷树干;在有虫眼的地方用铁丝将虫眼内木屑清除干净再用注射器将核桃保果灵Ⅰ号原药注入虫孔用泥土封死孔口。杀虫效果良好;利用成虫趋光和假死习性,晚上用灯光引诱到树下捕杀。白天经常观察树叶、嫩枝,发现有小嫩枝被咬破且呈新鲜状时,在附近即可捕捉到成虫。成虫产卵后,经常检查,发现有产卵破口刻槽,用锤敲击,可消灭虫卵和初孵幼虫。当幼虫蛀入树干后,可以虫粪为标志,用细铁丝将尖端制成小钩,从虫孔插入,钩杀幼虫。

(三)核桃叶甲

该虫主要为害核桃枝叶,是核桃叶部的主要害虫之一。以成虫和幼虫取食叶肉,危害状成网状或缺刻,有时全叶食光,仅留叶脉。该虫一年发生 1 代,以成虫在地被物或树干基部皮缝内越冬。来年 4 月上中旬越冬成虫开始活动,常集群在叶上取食危害。4 月下旬至 5 月上旬交尾产卵,卵成块状产在叶背面,每块 20～30 粒。5 月中旬孵化出幼虫,初孵幼虫群集取食,被害叶呈一片枯黄,2 龄以后分散到全树为害。5 月下旬老熟幼虫尾端黏附在叶背面,脱皮化蛹，蛹的腹末又黏附在于幼虫的蜕皮上，倒悬在叶的背面，触动时能屈伸活动。蛹期4～5 d，羽化出成虫，经短期取食下树，潜伏越冬。5～6月份是越冬成虫及幼虫同时出现危害的盛期，大发生时，将全树叶片吃光，似火烧。连续2～3年受害，会引起全株枯死。

防治方法：在4月下旬和5月上旬结合防治核桃果象，用核桃保果灵稀释800～1 000倍液喷雾防治；或用软硬双杀1 500～2 000倍液喷雾，成虫大量发生期，用堆火或黑光灯诱杀。利用其假死习性，人工振落捕杀。

(四)核桃枝枯病

该病属真菌性病害。主要为害枝干，造成枝干枯死。一般植株受害率20%左右，重者可达90%，该病主要影响树势生长和产量。

病害症状是1～2年生枝梢或侧枝受害后，从顶端向主干逐渐干枯，叶片黄化脱落。枯枝上产生密集小黑点，湿度大时，流出黏液，并形成黑色瘤状突起。病菌在病枝上越冬，通过伤口侵入，该病只为害弱树。

防治方法：清除病枝，集中烧毁；防治时间和使用的药剂同核桃炭疽病的防治。

(五)山核桃花蕾蛆

山核桃花蕾蛆又称山核桃瘿蚊，花苞虫，蛆虫。主要以幼虫(蛆虫)为害山核桃花蕾。一年发生一代，以老熟幼早在表土中越冬，4月中下旬在山核桃雄花序和雌花花蕾初开时，老熟幼虫先后羽化出土。成虫初羽化时飞翔力较弱，先在地表飞绕交配，然后飞上树，产卵于雄花序和雌花蕾中。一般在阴山、山沟边湿度大的林地，适宜幼虫生存和成早羽化。幼早异常活跃，有弹跳力，幼虫在花蕾内吸取营养，成熟后随枯萎花蕾凋谢或弹跳出蕾落地入土越冬。

受害特征：雄花序受害部位弯曲、膨大、变色，雌花蕾受害部门膨肿，变褐色、枯萎。一个被害花蕾内有幼虫2～8头。

防治方法：

(1)地面喷药：①在4月初用地乐灵1∶500倍液在地面喷施或用细沙拌入化肥施于林地。②4月中下旬山核桃雄花序和雌花蕾初开时，可用50%乙酰甲胺磷1∶1 500倍液在林地内喷施，因成虫羽化时间不一，必须间隔3～4 d喷施1次，可有效地控制成虫飞上树为害。

(2)树冠喷雾：有20%速灭杀丁或18%水剂杀虫双1∶(800～1 000)倍液或50%乙酰甲胺磷1∶2 000倍液，杀虫双或敌杀死1∶(600～800)倍液进行喷雾防治。

(六)眼斑钩蛾

眼斑钩蛾又称小毛虫，以幼虫为害，被害严重时幼虫可将整株树叶吃光，形似火烧。一年发生四代，以蛹在地表土杂草下越冬，5月下旬羽化，初羽化成虫白天隐伏在林地杂草上或在地面飞绕，并停留在杂草叶上交配，卵产在山核桃树叶边缘锯齿上，成为有较强趋光性。幼虫有叶丝下垂习性，幼虫为害期分别为：6月上中旬、7月上中旬、8月上中旬、9月下旬老熟幼虫挂丝下垂在地表土中化蛹越冬。成虫出现期为5月下旬、6月下旬、7月下旬、8月下旬。

防治方法：

(1)地面喷药：利用成虫在地面停留交配时，可用20%速灭杀丁或50%乙酰甲胺磷1∶1 500倍液进行喷杀。

(2)灯光诱杀：夜间可安装黑光灯进行诱杀蛾子，必须掌握在天黑时开灯，天亮前关灯处理掉诱到的蛾子。

(3)树冠喷药：用20%速灭杀丁或2.5%溴氰菊酯1∶2 000倍液进行喷雾防治，可利用幼虫在 7～8 点挂丝下垂时进行喷杀。

(七)山核桃山社蛾

山核桃山社蛾又称山核桃青虫,以幼虫为害,发生严重的林子"上午一片青,下午一片黄",危害极大。一年发生 4 代,以老熟幼虫在地表土中化蛹越冬,来年 4 月中旬羽化成虫。幼虫为害期分别为:5 月中旬至 6 月下旬、7 月中旬至 7 月下旬、8 月上旬至 8 月下旬、9 月上旬至 10 月上旬。成虫有较强趋光性,各代成虫出现在 4 月上旬、6 月下旬、7 月下旬、8 月下旬。

防治方法:

(1)生物防治:在第一代卵盛期释放赤眼蜂或在幼虫期喷施白僵菌。

(2)灯光诱杀:在各代成虫期夜间可安装黑光灯进行诱杀。

(3)树冠喷药:20%速灭杀丁或 2.5%溴氰菊酯 1:(2 000～3 000)倍液喷雾除治幼虫。

(4)蛹期可采取人工挖蛹,以减少成虫羽化。

(八)胡桃豹夜蛾

此虫一年 4 代,在山核桃枯枝落叶及草丛上结茧化蛹过冬,翌年 5 月中旬成虫羽化。四代幼虫危害期分别是:5 月下旬至 7 月上旬、7 月下旬至 8 月上旬、8 月下旬至 9 月中旬、10 月上旬至 10 月中旬。成虫羽化期分别为 5 月中旬、7 月中旬、8 月中旬、9 月中旬。成虫具有较强趋光性。

防治方法:用杀灭菊酯 3 000 倍液向树冠喷雾或喷施白僵菌。成虫期可用灯光诱杀。

(九)山核桃蚜虫

一年发生 4 代,10 月下旬至 11 月初以蛹在山核桃芽、叶痕及枝条破损裂缝里越冬。1 月下旬至 2 月下旬(少数 3 月初)孵化为第一代小蚜,3 月下旬至 4 月初产生第二代小蚜,4 月上中旬产生第三代小蚜,蚜虫经过三代繁殖、虫口剧增、世代重叠、竞相刺吸为害,进入危害盛期。以 4 月下旬,第三代小蚜开始形成翅蚜,产下非常微小的第四代小蚜于山核桃叶背,一只有翅蚜能生出小蚜 85～90 只。第四代蚜虫至 10 月下旬或 11 月上旬发育分化为无翅蚜与雄蚜交配产卵越冬。

防治方法:用 40%康福多原液在树干上进行注药或用 50%吡虫啉 3 000 倍液进行树冠喷治。

(十)蟇螳秦蜢

一年一代,以卵在表土中越冬,于翌年 5 月中旬卵孵化出若虫,孵化盛大期为 5 月下旬至 6 月上旬,8 月上旬成虫羽化,8 月下旬交配产卵,10 月下旬成虫死亡。一龄若虫在表土中活动为害小灌木和杂草;二龄若虫起上树为害山核桃叶子。成虫进行性成熟纷纷下树到地面,交配产卵。新鲜人粪尿水对成虫有一种特殊的引诱力。

防治方法:

(1)幼龄若虫期防治:和 1:(1 500～2 000)倍液的速灭杀丁地面喷雾。

(2)成虫期防治:①用浸透含 90%晶体敌百虫尿水药液的稻草堆进行诱杀。②7～8 月份蝗虫大批下树交配而未产卵时,用1 500倍液的速灭杀丁喷雾。

(十一)桑天牛

幼虫蛀食枝干,致使树势衰弱,影响材质和果品产量,严重为害时,整株枯死。成虫补充营养时啃食新枝嫩梢,造成枝梢萎枯。2 年 1 代,以幼虫在被害枝干蛀道内越冬。第 3 年 6 月份幼虫在蛀道内化蛹,6 月下旬成虫开始羽化,羽化期长达 2～3 个月。卵多产于 1 年生枝条分叉处的上方。产卵痕"U"形,每痕内产卵 1 粒。每次产卵 100 余粒。7 月下旬幼虫开始孵化,经入木质部,向下蛀食,形成往下直行蛀道,每隔一定距离向外咬 1 个圆形排泄孔,排出细粉状湿润虫粪,蛀道向下可达根部。老熟幼虫向上移 10 cm 左右,以木屑堵塞两端作蛹室化蛹,蛹期 20 d 左右。

防治方法:

(1)在 6～8 月份人工捕杀成虫。

(2)找到最新排粪孔,用钢丝钩刺杀蛀道内幼虫或塞入毒竹签。

(3)未孵化的卵,多为啮小蜂寄生,应加以保护。

(4)及时处理有虫枝和被害枯死株。

(5)成虫期可用杀虫灯进行诱杀。

七、适时采收与加工

核桃应在果皮有绿变黄绿或浅黄色,部分青皮顶部出现裂纹,青果皮容易剥离,有 30%以上的果实已显成熟时采收。采收方法分人工采收和机械采收两种。人工采收是在核桃成熟时,用长杆击落果实。采收时应由上而下、由内而外顺枝进行。此法适合于零星栽植。发达国家多采用机械采收。具体做法是在采摘前 10～20 d,向树上喷洒 500～2 000 mg/kg 的乙烯利催熟,然后用机械振落果实,一次采收完毕。此法省工、效率高,但易早期落叶而削弱树势。果实从树上采下后,应尽快放在阴凉通风处,不应在阳光下曝晒。采收后要及时进行脱青皮、漂白处理。脱青皮多采用堆积法,将采收的核桃果实堆积在阴凉处或室内,厚 50 cm 左右,上面盖上湿麻袋或厚 10 cm 的干草、树叶,保持堆内温湿度、促进后熟。一般经过 3～5 d 青皮即可离壳,切忌堆积时间过长。为加快脱皮进程也可先用3 000～5 000 mg/kg 乙烯利溶液浸蘸 0.5 min 再堆积。脱皮后的坚果表面常残存有烂皮等杂物,应及时用清水冲洗 3～5 次,使之干净。为提高坚果外观品质,可进行漂白。常用漂白剂是:1 kg 漂白粉+(6～8 kg)水或 1 kg 次氯酸钠+30 kg 水。时间 10 min 左右,当核壳由青红转黄白时,立即捞出用清水冲洗 2 次即可晾晒。

第四节 园 林 应 用

核桃在园林上应用的主要是核桃属(*Jugloans* L.)、山核桃属(*Carya* Nutt.)和枫杨属(*Pterocarya* Kunth)种类。

核桃属里面主要是胡桃和核桃楸。胡桃就是常说的核桃(图 15-21)。该树种高达 25 m,胸径 1 m;树冠广卵形至扁球形。树皮灰白,老时深纵裂幼枝有密毛,髓心片状分隔。奇数羽状复叶,互生,小叶 5～9,椭圆形或卵状椭圆形,全缘,幼树或萌芽枝上的叶有锯齿。花单性同株,雄花为柔荑花序,雌花单生或 2～3 朵集生枝顶,直立。核果形大,内果皮坚硬,有皱纹。花期 4～5 月份,果期 9～10 月份。胡桃树冠庞大雄伟,枝繁叶茂,绿荫覆地,树干灰白洁净,是良好的庭荫树,可成片栽植于风景区、疗养院。其花、果、叶的挥发性气味具有杀菌、杀虫的保健功效。核桃楸(图 15-22)又名胡桃楸,该树种高 20 m,树皮灰色,浅纵裂。叶互生,奇数羽状复叶,矩圆形或椭圆状矩圆形,缘有细齿,表面初有稀疏柔毛,后仅中脉有毛,背面有短毛或星状毛。花单性同株；雄花柔荑花序腋生下垂，雌花序穗状，顶生，直立。核果卵形，外表具棱状皱纹。花期 4～5 月份，果期 8～9 月份。该树种树冠开展，枝叶茂密，浓荫覆地，姿态壮美，宜孤植或丛植于庭园、公园、草坪、隙地、池畔、建筑旁，也可作庭荫树、行道树及成片栽植。

图 15-21　核桃

1. 果枝　2. 雄花枝　3. 雄花
4. 果核纵剖面　5. 果核横剖面

山核桃属植物为落叶乔木。枝髓充实，奇数羽状复叶互生，小叶具锯齿。雄花序柔荑花序 3 生 1 总柄，雄花无花被，具 1 大苞片，2 小苞片；雌花 3～10 个集生成穗状。核果状，外果皮木质，4 瓣裂，果核圆滑或纵脊。其代表树种有山核桃和薄壳山核桃。山核桃(图 15-23)为乔木，树高可达 30 m，树冠开展，呈扁球形。树皮灰白色，平滑，裸芽。芽、幼枝、叶下面、果皮均被褐黄色腺鳞。小叶 5～7，椭圆状披针形或倒卵状披针形，长 10～18 cm，先端渐尖，基部楔形，锯齿细尖。雌花 1～3 生于枝顶。果卵球形或倒卵形，长 2.5～2.8 m，具 4 纵棱，核卵圆形、倒卵形，长 2～2.5 cm，坚硬，顶端具 1 短尖头。花期 4～5 月份；果熟期 9～10 月份。改树种宜孤植于草坪作庭荫树，也可作山区绿化造林树种。薄壳山核桃(图 15-24)又名美国山核桃，在原产地高达 55 m，一般能达20 m，胸径 2 m。树冠广卵形。幼枝有灰色毛。小叶11～17，长卵状披针形，先端渐长尖，常镰状弯曲，叶基部不对称，有锯齿，下面脉腋簇生毛，叶柄叶轴有毛。果 3～10 个集生，长圆形，有 4 纵脊，果壳薄，种仁大，花期 5 月份；果熟期10～11月份。该树种树体高大，根深叶茂，树姿雄伟壮丽。在适生区宜孤植于草坪作庭荫树。较耐湿，适于河流沿岸及平原地区“四旁”绿化，也可用作行道树，作风景林。

图 15-22　核桃楸

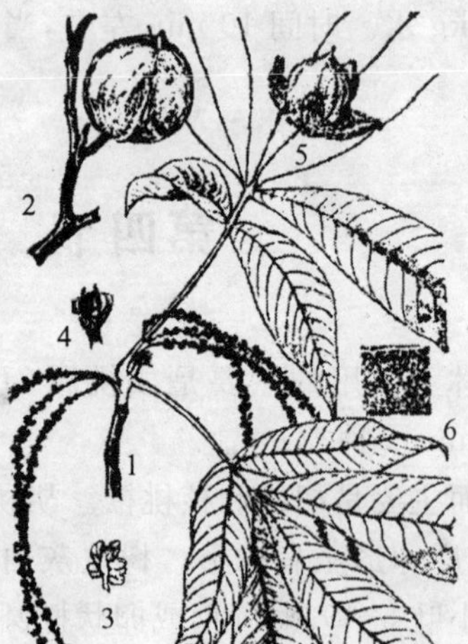

图 15-23　山核桃

1. 花枝　2. 果枝　3. 雄花　4. 雌花　5. 果　6. 叶下面

枫杨属树种为落叶乔木，枝髓片状，鳞芽或裸芽。小叶有细锯齿。花序下垂，坚果有翅，翅有 2 小苞片发育而成。其代表树种是枫杨(图 15-25)，又名元宝树、秤柳，该树种高达 30 m，胸径 1 m 以上，树冠广卵形。幼树皮红褐色，平滑，老树皮灰色，深纵裂。冬芽裸露有柄，密生锈褐色毛。奇数羽状复叶互生，叶轴具翅，幼叶上面有腺鳞，沿脉有毛，小叶 9～23，长椭圆形至长椭圆状披针形，叶缘有细锯齿，顶生小叶常发育。花单性，雌雄同株，雄花柔荑花序，雌花穗状。果序下垂，长 20～30 cm，果近球形，果具 2 椭圆状披针形果翅。花期 4～5 月份，果熟期 8～9 月份。枫杨树冠宽广，枝繁叶茂，为河床两岸低洼湿地的良好绿化树种，既可作为行道树，也可成片种植或孤植于草坪及坡地。但其叶片有毒，在鱼池附近不宜栽植。

图 15-24　薄壳山核桃

1. 花枝　2. 雄花　3. 果及果核横剖面　4. 冬态枝

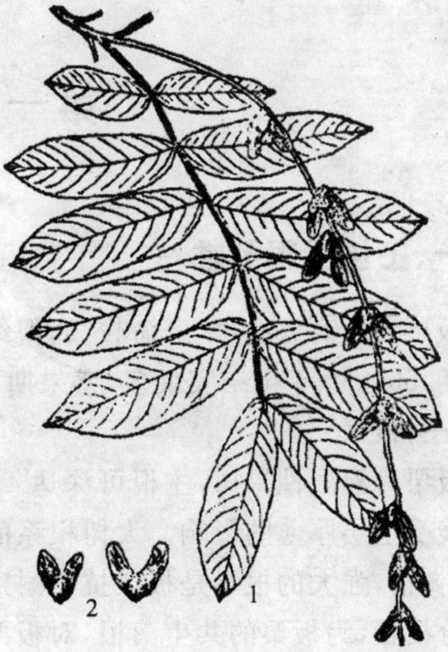

图 15-25　枫杨

1. 果枝　2. 翅果

第十六章

板　栗

板栗原产我国，是重要的木本粮食树种之一。其果实营养丰富，食法多样，也可制作糕点，用作烹调原料。板栗根深叶茂，适应性强，较耐干旱和瘠薄，栽培容易，管理方便，适宜在山区发展。对山区经济的振兴和生态环境的改善效果非常显著。

第一节　生物学特性

一、生长结果习性

板栗多为高大乔木，寿命较长，但结果较晚，实生树一般5～8年开始结果，15～20年进入盛果期，50～60年生结实最多，盛果期可延续百年以上。嫁接树2～3年即能结果。

（一）根系

板栗为深根性果树，主根可深达4 m，但大多数根系分布在20～80 cm的土层内，根系分布深浅受土层厚薄的影响。大树根系的水平分布可达1.5 m以上，水平根扩展范围可为冠径的3～5倍，强大的根系是板栗抗旱耐瘠薄的重要因素。侧根细根发达，须根前端常有白色菌丝呈分枝状，为板栗的共生菌根，对板栗的生长和结果有显著的促进作用，同时也是板栗适应性强的重要原因。板栗根系受伤后根系再生能力弱，需经较长时间才能萌发新根，在栽植时要少伤根，特别是大根。

（二）芽

板栗的芽按性质可分为叶芽、完全混合芽、不完全混合芽和副芽（休眠芽）四种。幼旺树叶芽着生在旺盛枝条的顶部和其中下部。进入结果期的树，叶芽多着生在各类枝条的中下部。芽体瘦小，芽顶尖，茸毛较多。多数品种不经短截不萌发或萌发形成弱枝。完全混合花芽着生于结果枝顶端及其以下数节，芽体肥大，发育充实、饱满，芽形钝圆，茸毛较少，外层鳞片较大，部分品种在枝条的中下部也能形成完全混合花芽。完全混合花芽翌春萌芽后抽生的结果枝既有雄花序也有雌花序。不完全混合花芽一般着生于完全混合花芽的下部或较弱枝的顶端及下部，芽体比完全混合花芽略小，萌发后抽生带花序的雄花枝。副芽又称休眠芽或隐芽，着生在各类枝条的基部短缩的位节上，芽体极小，一般不萌发，呈休眠状态，寿命长。遇刺激或前部枝条衰老时，萌发抽生徒长枝。

（三）枝

板栗的枝条分为营养枝、结果枝、结果母枝和雄花枝四种。营养枝由叶芽或副芽萌发而成，不着生雌花和雄花。根据枝条生长势不同，可将其分为徒长枝、营养枝和细弱枝三种。徒长枝由枝干上的副芽萌发而成，年生长量50～100 cm，生长旺，节间长，组织不充实是老树更新和缺枝补空的主要枝条，一般30 cm以上的徒长枝通过合理修剪，3～4年后也可开花结果；

营养枝又称发育枝，由叶芽萌发而成，年生长量 20～40 cm，生长健壮，无混合芽，是扩大树冠和形成结果母枝的主要枝条，生长充实、健壮的枝可转化为结果母枝，来年抽梢开花结果；细弱枝由枝条基部叶芽抽生，生长较弱，长度在 10 cm 以下，不能形成混合芽(图 16-1)，翌年生长很少或枯死。结果枝是结果母枝上完全混合花芽萌发抽生的、具有雌雄花序能开花结果的新梢。从结果枝基部第 2～4 节起，直到第 8～10 节止，每个叶腋间着生柔荑雄花序。在近顶端的 1～4 节雄花基部，着生球状雌花簇。由受精雌花簇发育成果实。结果枝基部数节落叶后，叶腋间留下几个小芽，中部各节着生雄花芽，雄花序脱落后各节均无芽成为盲节。在果柄着生处的前端一段为尾枝，尾枝的叶腋间都有芽。尾枝长短、粗细及芽的质量，与结果枝强弱有关(图 16-2)。一般生长健旺的结果枝可当年形成花芽，成为下年的结果母枝。结果母枝是指着生完全混合芽的 1 年生枝条。大部分的结果母枝是由去年的结果枝转化而来。此外，雄花枝和营养枝也有形成结果母枝的，结果母枝顶端一至数芽为混合芽，抽生结果枝，下边的芽较弱，只能形成雄花枝和细弱营养枝。强壮的结果母枝长 15～25 cm，生长健壮，有较长的尾枝，顶端有 3～5个饱满的完全混合芽，每年抽生 3～5 个结果枝，结实力最强，下年能继续抽生结果枝(图 16-2)。典型的结果母枝自下而上分为基部芽段(4 节)、雄花序脱落段(盲节 9～11 节)、结果段(1～3 节)和果前梢(一至若干节)。结果母枝的状况是板栗翌年产量的重要依据。雄花序由分化较差的混合芽形成，大多比较细弱，枝条上只有雄花序和叶片，不结果。一般情况下，当年也不能形成结果母枝。

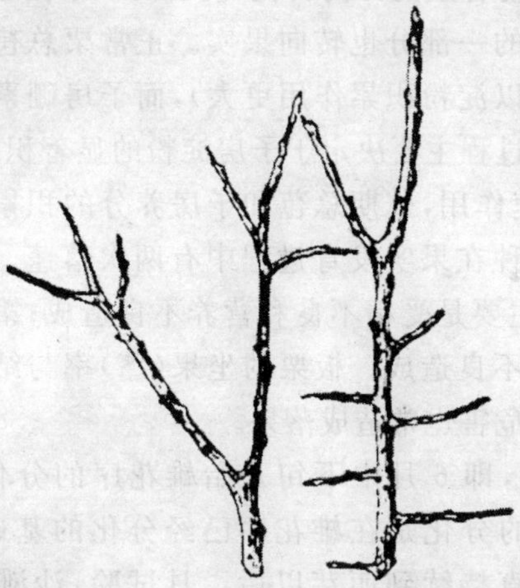

图 16-1　板栗细弱枝

1. 鸡爪枝　2. 鱼刺枝

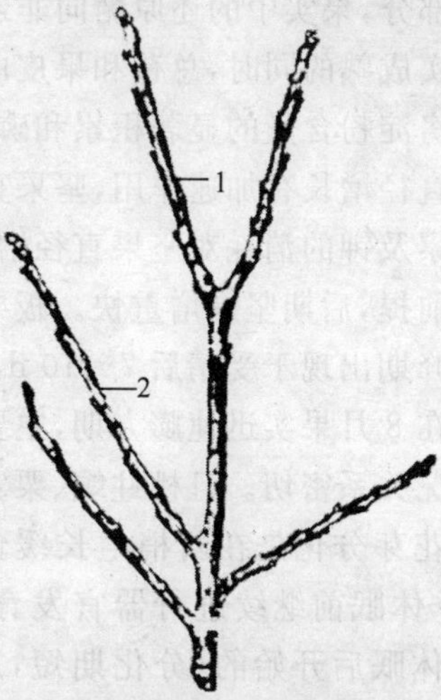

图 16-2　板栗结果母枝

1. 结果母枝　2. 营养枝

(四)结果习性

板栗为雌雄同株，在当年生枝上开花结果。生长粗壮的结果母枝有时能抽生 8～10 个结果枝。结果母枝上的混合芽春季萌发，在结果枝最上的 1～4 节雄花基部长出雌花序，这种花序称为雌雄花序或两性花序，而下部的雄花序基部没有雌花，称作纯雄花序。板栗花序为雌雄同株异花。雄花序为葇荑花序，由 600～900 朵小花组成。雌花序一般由 3 朵雌花组成，聚生于外被带刺的总苞中。正常情况下，一个总苞中有 3 粒种子，果实充分成熟后总苞开裂，种子脱出。雌花序一般 4 月下旬至 5 月上旬开花，花期短的 12～13 d，长的 25 d，平均 18 d 左右。

板栗的雄花很多，花粉量大，主要是风媒传粉，昆虫也起一定作用。板栗可自花结实，但异花授粉坐果率更高。具试验，异花授粉可提高坐果率 24%～26%。因此，在建园时必须配制授粉树。此外，板栗异花授粉有明显的花粉直感现象。因此，授粉树应选择优良品种。

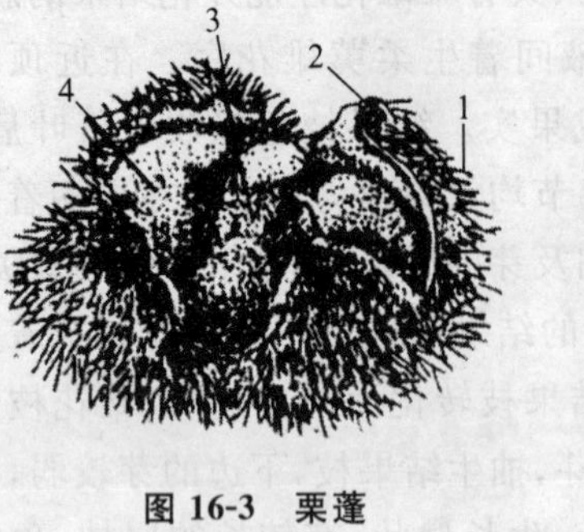

图 16-3　栗蓬

1. 刺束　2. 蓬皮　3. 中果　4. 边果

板栗坚果为种子，不具胚乳，有两片肥厚的叶子，为可食部分。坚果外果皮（栗壳）木质化，坚硬；内果皮（种皮或涩皮）由柔软的纤维组成，含多量的单宁，味涩。中国板栗的涩皮大多易于剥离。板栗果实长于栗蓬内，栗蓬由总苞发育而来，除特殊品种或单株外，蓬皮为针刺状，称蓬刺，几个蓬刺组成蓬束，几个刺束组成刺座，刺座着生于栗蓬上。1 个蓬中通常可结 3 个栗实，即 2 个边栗和 1 个中栗（图 16-3）。

正常板栗总苞和坚果直径增长呈双 S 曲线，表现出两个快速生长高峰。总苞直径增长率加速生长高峰出现于花后 25 d 和 85 d 前后，坚果直径增长率高峰在花后 25 d 和 75 d 前后。在板栗果实发育过程中，根据营养物质的积累和转化，可分为两个时期。前期主要是总苞的增长及其干物质的积累，此期约形成总苞内干物质的 70%和全部的蛋白质氮。在花后 45～75 d 幼胚形成期，还原糖呈高水平，淀粉、蛋白质、氨基酸等有机营养迅速增加。后期干物质形成，重点转向果实，特别是种子部分，果实中的还原糖向非还原糖和淀粉合成的方向转化，淀粉的积累促进坚果的增长。在果实成熟的同时，总苞和果皮内营养物质的一部分也转向果实。正常栗总苞直径增长伴随着子房淀粉含量的显著积累和磷素的消耗（以淀粉积累作用更大），而子房硼素的消耗过程对总苞直径增长有加速作用，坚果直径的增长过程主要决定于子房淀粉的显著积累，子房还原糖的积累及钾的消耗对坚果直径增长具有加速作用，前期总苞和子房养分的积累是后期坚果充实的前提，后期坚果增重快。板栗大部分品种在果实发育过程中有两次落蓬。北京地区第一次高峰期出现于受精后 7～10 d，此次落果主要是受精不良和营养不良造成；第二次落果高峰出现在 8 月果实迅速膨大期，主要是由营养不良造成。板栗的坐果（蓬）率与结果枝粗度及营养状况关系密切。且桃蛀螟、栗实象鼻虫的危害也常造成落果。

板栗花芽分化是在新梢生长缓慢或停止后，即 6 月中下旬开始雄花序的分化，秋季暂停，到冬季休眠前继续进行器官发育。雌花序的分化是在雄花序已经分化的基础上，在芽进入冬季休眠后开始的，分化期短，速度快，一直持续到萌芽以后。具试验：沙滩地上成年板栗树花芽生理分化期在 6 月上中旬至 8 月中旬，雄花序原基出现期以 6 月下旬至 8 月下旬最盛，以后逐渐减少，果实采收前处于停滞状态，果实采收后至落叶前，甚至来年 3 月份，雄花序仍可进行形态分化。雌花序是在第二年发芽前开始形态分化，至萌芽后抽梢初期迅速完成。

二、对环境条件要求

（一）温度

北方板栗适于冷凉干燥气候，南方板栗适于温暖湿润气候。板栗要求年平均气温为 10～15℃，生长期（4～10 月份）平均气温 16～20℃之间；冬季不低于－25℃；开花期为 17～27℃。一般情况下北方板栗产量高，品质好。

(二)光照

板栗为喜光树种。当内膛着光量占外围光照量的1/4时枝条生长势弱,无结果部位。光照不足6 h的沟谷地带,树冠直立,枝条徒长,叶薄枝细,老干易光秃,株产低,坚果品质差。在板栗花期,光照不足则会引起生理落果。建园时,应选择日照充足的阳坡或开阔的沟谷地较为理想。

(三)水分

板栗树虽较抗旱,但在生长期对水分仍有一定要求。新梢和果实生长期供应适量水分,可促进枝梢健壮和增大果实。一般年降水量500～1 000 mm的地方,最适于板栗树生长。

(四)土壤

板栗树对土壤适应性广泛,以土层深厚,有机质多,保水排水良好的沙质壤土最适宜板栗树生长。其适宜的土壤含水量相当于田间持水量的30%～40%。超过60%,易烂根,低于12%,树体衰弱,降至9%时,树可枯死。板栗对pH值的适应范围是4.6～7.0,以pH值为5.5～6.5最为适宜;pH值超过7.6则生长不良。板栗正常生长,要求含盐量在0.2%以下,且板栗是高锰作物。pH值增高,土壤中锰呈不溶状态,影响其对锰的吸收,树体发育不良,叶片发黄。

(五)地势

板栗自然分布区地势差别较大,海拔50～2 800 m均可生长板栗。我国南北纬度跨度较大,但在海拔1 000 m以上的高山地带,板栗仍可正常生长结果。处于温带地区的河北、山东、河南等地,板栗经济栽培区要求海拔在500 m以下,海拔800 m以上的山地出现生长结果不良现象。在山地建园对坡地要求不太严格,可在15°以下的缓坡建园,15°～25°坡地建园要修建水土保持工程。30°以上陡坡,可作为生态经济林和绿化树来经营。

(六)风和其他

花期微风对板栗树授粉有利,但板栗不抗大风,不耐烟害,空气中氯和氟等含量稍高,栗树易受害。

第二节 主要种类和优良品种

一、主要种类

板栗属毛榉科(Fagaceae)栗属(*Castanea* Mill.)植物,为多年生落叶乔木。栗属植物全世界有10多种,其中供果树栽培的有板栗(*C. mollilssima* BL.)、锥栗(*C. henryi* Rehder & Wilson)、茅栗(*C. seguinii* Dode)、日本栗(*C. crenata* Sieb. et Zucc.)等,其中,板栗是主要栽培种。

(一)板栗(*Castanea mollilssima* B.)(图16-4)

板栗又名大栗、魁栗、油栗等。原产我国,栽培板栗均属本种。落叶乔木,树高达13～26 m,分枝较多。树冠半圆形,树皮直裂,灰褐或深褐色,新梢红褐,上有短毛。叶卵圆披针形至卵椭圆披针形,先端短尖,基部宽楔形或圆形,叶缘锯齿粗大,近基部更大。叶肉厚,脉粗,叶背有星状毛,实生幼树秋季落叶不整齐,有些干枯后仍不落。雌雄同株,雄花序为葇荑花序,长16 cm左右,着花数不等,乳白色。雌花序包被于球形多刺的总苞内,雌花子房下位,3～5朵聚生，着生在雄花序的下部，一总苞中通常有 3 个坚果。坚果革质外皮有花托子房壁构成，扁圆形，褐色，果径 2～3 cm。种皮、立地条件、栽培历史、市场等多种原因，形成了华北炒食栗（甘栗）及太湖流域的菜食栗两大类型。本种较耐寒，适应性较强。但抗白粉病力较弱。南北方均有分布（图 16-4）。

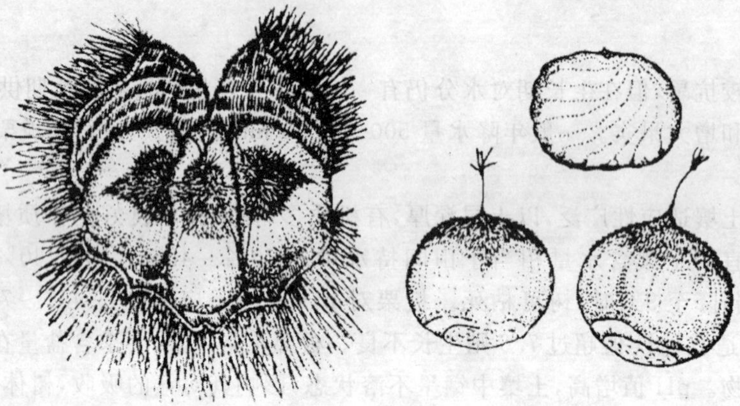

图 16-4 板栗

（二）锥栗（*C. henryi* Rehder et Wilson）（图 16-5）

锥栗又名箭栗，原产我国。落叶乔木，树高达 20～30 m。枝条光滑无毛。嫩叶背面有鳞腺，叶脉具毛，叶薄而细致，长椭圆状卵形、长椭圆披针形或披针形（美国称柳叶栗），叶尖长狭而尖，基部楔形或截形，叶缘锯齿针状，叶柄细长。总苞多刺，单生或 2～3 个聚生。每总苞内有坚果 1 个，少数 2 个。果实底圆而顶尖，其形如锥，故名锥栗。果小，味甜，可食。本种适应性强，在高山地区能生长，较易感染栗疫病。

（三）茅栗（*C. sequinii* Dode）（图 16-6）

茅栗原产我国，为灌木或小乔木，树高达 15 m，新梢密生短茸毛，有时无毛，冬芽小。叶长椭圆或长圆状倒卵形，先端渐尖，基部圆形、似心脏或广楔形。叶缘有稀锯齿，叶背绿色，具鳞腺，侧脉有毛或光滑无毛。总苞近圆形，通常具坚果 2～3 粒，多的 5～7 粒。果个小，直径 1～1.5 cm，种皮易剥离，肉质致密，味甜，品质上，易丰产。在我国分布于河南、山西、江苏、浙江、安徽、江西、湖南、湖北、四川、云南、贵州等省。本种适应性强，也较抗病，可作为板栗砧木。

图 16-5 锥栗

图 16-6 茅栗

(四)日本栗(*C. crenata* Sieb. et Zucc.)

原产日本,为乔木或灌木。树高15 m左右,树姿开张,树冠半圆形,树干灰褐色,有细毛或无毛。叶椭圆形或狭长,叶间渐尖,叶基圆形,叶缘整齐,有圆锯齿,有时变为刺毛状,叶背有茸毛和鳞腺,每总苞内有坚果2～3粒,多的5粒。果大,种脐大,种皮难剥离,果肉粉质,品质中等,但较早实,丰产。主要分布于日本、朝鲜和我国台湾、辽宁东市和山东文登等有少量分布。

二、主要优良品种

(一)林县谷堆栗

原产于河南省林州市,是当地主栽品种。树势强健,树姿开张。母枝连续结果能力占70%,结果枝多由顶端1～2芽发出,果枝长26.8 cm,每结果枝着苞2～3个,多者可达8～9个。每苞内含坚果2～3粒。总苞圆形,十字形开裂,苞皮厚0.2 cm,针刺较密,较硬。出实率35%。坚果中大,单粒重10 g,每500 g栗实50粒左右,栗实半圆形,褐紫色,具油亮光泽,茸毛极少。种皮浅棕色,易剥离。种仁饱满,黄白色,味甜、质糯,品质中上等。新梢4月上中旬萌动,4月下旬开花,9月下旬果实成熟。

本品种耐瘠薄,丰产稳产,产量可达25 kg/株。抗栗实象鼻虫,适合豫北栗产区发展。

(二)无刺栗(图16-7)

原产山东省泰安市麻塔区红岭子村,山东省果树研究所1964年选出。总苞刺束极短,约0.5 cm,贴于苞皮上,刺退化为半鳞片状,远视似无刺,故名无刺栗。苞皮较薄,每苞平均含坚果2.8个。该品种出实率51%,坚果整齐、圆形,重6.5 g,每500 g栗实77粒。果皮红褐色,有光泽。果肉质地糯性、味香甜,品质上等。果实9月下旬成熟,较耐贮藏。该品种总苞刺束极短,品质优良,是宝贵的稀有种质资源之一。

(三)辽阳1号

原株产于辽宁省辽阳县峨眉林场栗园。1975年在辽阳扩大繁殖。树冠半圆头或圆头形。成龄树树势生长健壮,叶片大而肥厚,平均每母枝抽生结果枝2.1个,结果枝平均着总苞1.6个。总苞近圆形,刺束短、较密,平均每苞含坚果2.3个,出实率35.2%。坚果较小,平均单果重7 g,每500 g栗实71粒。果面茸毛极少,果皮红褐色、具光泽。果肉质地细腻甜糯,品质优良。在辽阳地区9月下旬果实成熟。本品种适应性强,较丰产,在辽宁中北部栽培无冻害。

(四)燕山短枝

又名后韩庄20、大叶青。原产河北省迁西县,1973年选出。由于该品种枝条短粗,节间短缩,树冠低矮,冠型紧凑,叶片肥大,色泽浓绿,故得名。树冠圆头形,树势强健,嫁接后3年进入结果期。平均每结果母枝抽生果枝1.85条,每结果枝着生总苞2.9个。坚果平均重9.23 g,每500 g栗实55粒。栗果扁圆形,皮色深褐,光亮。坚果整齐,适于炒食。果实成熟期9月上旬,耐贮藏。适于集约化矮密栽植。

(五)双季板栗(图16-8)

原产江西省德安县。该品种树形紧凑,枝条粗壮,树冠较矮小,适于密植。球苞大型,平均重168.2 g,出实率51.9%,第1季单果平均重27.45 g,最大可达60 g,第2季单果平均重20.4 g,是目前较大果形品种之一。果肉细腻香甜,偏糯性,风味佳。果实成熟期第一季果为9月上旬,第2季果为10月下旬。该品种引入黄河以南10省50多个地区栽培,在广州地区表现良好。

图 16-7　无刺栗

图 16-8　双季板栗

(六)花盖栗(图 16-9)

原产山东省泰安市麻塔区宋家庄村，山东省果树研究所 1964 年选出。树冠圆头形，较开张。成龄树树势中等，出实率高达 57%。坚果整齐一致，色泽明亮。果肉质地细糯、香甜。果实成熟期 9 月中下旬。耐贮藏。该品种刺稀皮薄，出实率较高，品质优良，是优良的育种材料。

(七)华丰(图 16-10)

系山东省果树研究所从人工杂交后代中选育出的新品种。该品种树势强健，7 年生树高 4.6 m，冠径 3～4 m。结果能力强，适于短截控冠修剪和密植栽培。每结果母枝抽生果枝近 3 条，每果枝着生总苞 2.6 个。总苞皮薄，刺束稀少，出实率 56%，空苞率 1%左右，每苞含坚果 2.9 个，坚果大小整齐，适于炒食。果肉细糯而香甜，品质上等。果实成熟期 9 月中旬，耐贮藏。该品种雌花容易形成，结果早，丰产稳产性强。嫁接后第 2 年大面积平均产量 145 $kg/667\ m^2$，3 年生平均产量 268 $kg/667\ m^2$，盛果期连续 5 年平均产量 310 $kg/667\ m^2$，最高产量 427 $kg/667\ m^2$。抗逆性强，适应性广，在丘陵山区和河滩平地均适于发展栽培。

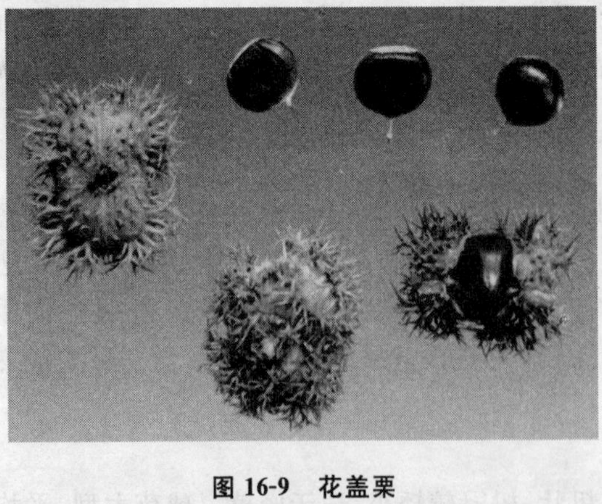

图 16-9　花盖栗

图 16-10　华丰

(八)无花栗(图 16-11)

原产山东省泰安市，山东省果树研究所 1965 年选出。因其纯雄花序生长到 0.5～1 cm 时萎缩脱落，得名“无花”。树姿直立，树冠紧凑。成龄树树势中等，结果母枝短，每个结果母枝平均抽生 1.9 条果枝，结果枝平均着生 1.8 个总苞，总苞椭圆小型，平均每苞含坚果 2.9 个，出实率 53%。坚果圆形，大小整齐，平均重 8.8 g，每 500 g 栗实 57 粒。果皮紫褐色，光亮美观。果肉质地细腻、糯性香甜，品质极上。果实 9 月下旬至 10 月上旬成熟。耐贮藏。该品种生长势强，结果期较晚，因雄花序早期萎蔫凋落，节省营养，是一优良育种材料。

(九)燕山红(图 16-12)

北京市农林科学院林果研究所 1974 年自昌平县北庄村实生树中选出。总苞球形，针刺稀。出实率 45%。坚果平均单粒重 8.9 g，整齐美观。果面茸毛少，果皮红棕色，富有光泽。果肉细腻、甜糯，品质优良。树姿开张，树冠紧凑，呈半圆头形。结果母枝灰白色，皮孔多而明显。早期丰产，嫁接后 2 年结果，4 年生树平均产量 6.5 kg/株。平均每结果母枝抽生结果枝 2～3 条，每结果枝着生总苞 2 个。在土壤瘠薄条件下，易生"独栗子"，同时对缺硼土壤敏感。由于果枝萌发力强，修剪时应适当控制母枝留量。

图 16-11　无花栗

图 16-12　燕山红

(十)海丰(图 16-13)

山东省果树研究所从海阳县姜各庄村 1975 年引进的红光品种中发现的优良单株，初期曾名为"红光 26"，1981 年通过鉴定并定名为海丰。该品种的选育研究获烟台市科技进步一等奖。总苞椭圆形，刺束极稀，中长而硬，分枝角度较大，苞皮较薄。苞柄特长，可明显区别于其他品种。平均每苞含坚果 2.5 个。坚果椭圆形，中小型，单果重 7.8 g，果皮红棕色。果肉甜糯，含水 42%，糖 18%，淀粉 57.7%，脂肪 4.7%，蛋白质 8.7%。果实较耐贮藏。树冠呈圆头形。结果母枝长 23 cm，皮孔小而密。混合芽圆锥形，稍歪，黄绿色，有光泽。叶色黄绿，椭圆形，先端渐尖。叶片沿中脉抱合，呈船形，是该品种的显著特点。始果期早，嫁接后 2 年生树结果株率 67%，3 年全部结果，丰产性好。成年树树势中庸。单位结果母枝平均抽生结果枝 2.3 个，结果枝平均着生总苞 1.6 个，出实率 46%。在海阳 4 月 21 日左右萌芽，5 月 11 日前后展叶，盛花期 6 月 23 日，果实成熟期 10 月上旬。

(十一)石丰(图 16-14)

1971 年由海阳县选出，母树位于该县中石现村，原名中石现 1 号，1977 年改名为石丰。总苞扁椭圆形，重 59 g 左右。刺束短而密，硬。总苞皮中厚，出实率 40%。坚果椭圆形，平均单粒重 9.5 g。果皮红褐色，整齐美观。果肉质地细糯、香甜，含水 54.3%，糖 15.8%，淀粉 63.3%，脂肪 3.3%，蛋白质 10.1%。较耐贮藏。树冠较开张，呈圆头形。结果母枝长 25 cm 左右，阳面灰褐色，阴面灰绿色，抽生果枝占 67%，发育枝占 6%，雄花枝占 14%，纤细枝 13%。

每结果母枝平均抽生 1.9 个结果枝,结果枝平均着总苞 1.9 个。结果早,嫁接苗 2～3 年进入正常结果期。中幼砧接后 2～4 年平均产量 3.2 kg/株。连续结果能力强。成年树树势中等,树冠较小。在山东省泰安市 4 月上旬萌芽,6 月中旬盛花,果实在 9 月下旬成熟,11 月份落叶。树势稳定,适于密植栽培,早实丰产性好,抗逆性强,适应范围广,果实品质优良。

图 16-13　海丰

图 16-14　石丰

(十二)泰安薄壳(图 16-15)

山东省果树研究所 1964 年从泰安市麻塔区宋家庄村实生树中选出。总苞中等大,重 50 g 左右,扁椭圆形。刺束极稀,分枝点低,角度大。苞皮薄,一字或十字开裂。平均每苞含坚果 2.8 个。坚果圆形,背弧面浑圆,腹面平而微鼓,中等大,平均单粒重 10 g 左右。果皮薄,枣红色或棕红色,光泽特亮。果肉充实饱满,质地细腻、甜糯,品质上等,含水 44.5%,糖 15.4%,淀粉 66.4%,脂肪 3%,蛋白质 10.5%。果实适于炒食,极耐贮藏。树冠高,圆头形。初果期树结果母枝较长,盛果期生长缓和,结果母枝长25 cm左右,尖削度小,灰褐色。皮孔中小,椭圆形。混合芽三角形,中等大。叶长椭圆形,先端渐尖,深绿色,斜生,较平展,质地较厚,锯齿大而明显,多直向。幼树易直立旺长,结果晚,嫁接苗 3 年开始进入结果期。平均每结果母枝抽生果枝 2.2 条,平均每结果枝着生总苞 1.9 个,出实率高达 56%以上。成龄树树势中庸,丰产稳产。在山东省泰安市萌芽期为 4 月上旬,盛花期 6 月初,果实成熟期 9 月下旬。总苞皮薄,刺束极稀,食果性害虫不易为害。耐瘠薄能力强,适于丘陵山地发展。空苞率极低,丰产稳产,品质优良。

图 16-15　泰安薄壳

第三节　关键生产技术

一、育苗

采用嫁接法繁殖。砧木苗采用播种繁殖。采用蜡封接穗进行嫁接。嫁接时间在砧木萌动后，接穗未萌发时进行。一般春季枝接在砧木萌动到萌发展叶前进行，一般北方地区在4月中下旬进行。采用枝接，北方地区以春季插皮接嫁接为主，还可用劈接、切接和舌接。并且要加强嫁接后的管理。下面以板栗子苗为例，具体介绍其嫁接技术基本程序。

(一)培育芽苗砧木

2月下旬对沙藏后的种子进行催根处理。当胚根长至3～5 cm时取出，用刀片或手将胚根截去其1/3～1/2，留1.5～2 cm。然后按5 cm×10 cm株行距，采用点播法，将其平放于苗床，再覆盖厚7 cm湿沙土，最后在苗床上盖好塑料薄膜。当第1片叶子即将展开时，将砧苗用铲轻轻从砧床内挖出，放入盆子一类的容器内(容器底部铺上湿锯屑)，以备嫁接。注意保持根系完整，防止损毁子叶柄和坚果脱落。

(二)接穗采集和贮藏

3月上旬，选优良品种上发育充实、芽体饱满、粗为3～8 mm的1年生枝剪下，截成长15 cm，用石蜡全封后放入塑料袋，置于阴凉处。也可不封石蜡，每100个枝捆1束，用湿沙埋于阴凉处备用。

(三)嫁接

采用劈接法。具体规程是：一是削接穗。选与砧苗粗度基本相当的接穗，留2个芽，下端削成楔形，削面长1.5 cm，削面要平滑。二是切砧木。用刀片将子苗砧在子叶柄上2.5 cm处切断，然后将幼径从中间劈1.5 cm深，随即将削好的接穗插入，使一端与砧苗对齐，如接穗粗于砧木，可将凸出部削除，使其密接。三是捆绑。可用麻坯、旧麻袋绳或电工胶布绑扎。

(四)栽植

将嫁接后的结合体栽植于温棚内。如准备于5月份用嫁接苗直接建园，结合体埋土深度可与接穗顶端持平。

二、建园

板栗园地应选择土层深厚、排水良好、地下水位不高的沙壤土、沙土或砾质土及退耕地等。土壤宜微酸性，要求光照充足，空气干爽。在山坡地造林应选择南坡、东南坡或西南坡为宜。整地一般在板栗栽植前的3个月进行。整地方法常采用水平梯地整地和鱼鳞坑整地。水平梯地整地就是沿等高线修水平梯地。以等高线为中轴线，在中轴线上侧取土填到下侧，保持地面水平，然后在地上挖坑栽树。该法适用于坡度在20°以下的山地。在坡度较陡或地形复杂的栗园，则可采用鱼鳞坑整地。其方法是：按照需要栽植的株、行距，以栽植点为中心。由上部取土修成外高里低、形似鱼鳞状的小台田。无论哪种整地方法，挖穴时要将生土和熟土分开堆放，然后施入农家肥或秸秆、杂草、油渣等，再将熟土回填。造林宜采用1～2年生大苗，苗高不低于1 m，地径不小于0.8～1 cm，根系发达完整，生长健壮，无病虫害，无机械损伤。板栗栽植密度要根据地形、土质条件及品种特性而定。一般栽植密度以3 m×4 m为宜。挖苗时应尽可能少损伤侧根和须根，已经损伤的根应剪平伤口，主根过长时可以截短一些。如果挖出的栗苗不能马上定植或需远距离运输时，应进行泥浆蘸根，然后再假植或包装运输。栽植穴宽80 cm，深80 cm。施入充分腐熟的有机肥料30～50 kg/穴，将肥料和熟土混合均匀、踏实即可。栽植在秋季落叶到春季萌发前均可进行。除寒冷地区外，以秋季栽植为好。栽植要求是树要栽端，土要踏实，根要舒展，树苗埋土一半时，将树苗向上轻轻提一下，可使根系舒展。栽植的深度，保持原来的入土深度，栽好后踏实树干基部周围的覆土，并及时进行浇水，以提高栽植成活率。选用 2 种以上优良品种混合栽植，一般主栽品种与授粉品种比例是(4～8)：1。

三、土肥水管理

休眠期进行耕翻，萌芽前施纯氮 12 kg/667 m^2，以促进花的发育，施肥后灌水。枝条基部叶刚展开由黄变绿时，根外喷施 0.3%的尿素＋0.1%的磷酸二氢钾＋0.3%的硼砂混合液，新梢生长期喷 50 mg/kg 赤霉素，以促进雌花发育形成。开花前追肥，追施纯氮 6 kg/667 m^2，纯磷 8 kg/667 m^2，纯钾 5 kg/667 m^2，追肥后浇水；清耕栗园进行除草松土，行间适时播种矮秆 1 年生作物或绿肥。7 月下旬至 8 月初，果实迅速膨大期施增重肥，施纯氮 5 kg/667 m^2，纯磷 6 kg/667 m^2，纯钾 20 kg/667 m^2，根据土壤含水量浇增重水。种植绿肥的果园翻压肥田或刈割覆盖树盘。采收前 1 个月或半个月间隔 10～15 d 喷 2 次 0.1%的磷酸二氢钾。果实采收后叶面喷布 0.3%的尿素液。10 月份施基肥，施充分腐熟的土杂肥3 000 kg/667 m^2＋纯氮 5 kg/667 m^2。对空苞严重的果园同时土施硼肥，方法是沿树冠外围每隔 2 m 挖深 25 cm，长、宽各 40 cm 的坑，大树施 0.75 kg/株，将硼砂均匀施入穴内，与表土搅拌，浇入少量水溶解，然后施入有机肥，再覆土灌水。

四、整形修剪

板栗丰产树形标准有四。一是主干低。山坡栗园。树干高 50 cm 左右，平地栗园树干高 80 cm 左右。二是树冠矮。丰产树的冠高不超过 4～5 m。三是主枝少。自然开心形 3～4 个主枝，主干疏层形 5 个主枝为宜。四是骨架牢固。主枝分布均匀，主从关系分明，侧枝配备均匀适当，结果枝组多而粗壮，内膛无光秃。生产上常用的树形有自然开心形和主干疏层形。

自然开心形山坡栗园树定干高 50～60 cm，平地树定干高 80 cm 左右。若幼树生长旺盛，生长量已经达到定干高度时，定干可以提前进行，即在生长季节进行摘心，以促进当年抽生二次枝。2 年生树从定干剪口下萌生的几个枝条中，选留 3 个分布均匀、长势较一致枝作主枝，主枝留 50～60 cm 短截。3 年生树对 3 个主枝，根据生长强弱而定，强枝剪 1/3，弱枝剪 1/2。主枝上选留 1～2 个侧枝，适当短截。主干疏层形适应平地或土质肥沃的栗园，全树共有主枝 5 个，分 2 层着生。第一层主枝 3 个，上下错开，层内距 30～40 cm；第二层有主枝 2 个，着生部位与第一层主枝相互交错，距离 1 m 左右，层内距 50 cm 左右。每个主枝上着生侧枝 3～4 个，整个树冠高 4～5 m。主侧枝修剪及其他枝的短截或疏留，与自然开心形相同。

此外，也可采用变则主干形，该树形干高 70～100 cm，主枝 4 个，均匀分布在 4 个方向，层间距 60 cm 左右，主枝角度大于 45°，每一主枝上有侧枝 2 个，第一侧枝距主枝基部 1 m 左右，第二侧枝着生在第一侧枝的对侧，距第一侧枝 40～50 cm，完成整形后树高 4～5 m。

进入结果期修剪的任务是充分利用空间，增加结果部位，保证内膛通风透光。具体应根据树势短截弱枝，培养健壮更新枝，及时控制树膛内强旺枝，疏除过密枝、纤细枝、雄花枝、发育枝、病虫枝以及徒长枝全部疏去，只留树冠外围的结果枝。一般在栗苞采收后立即进行。具体要处理好结果母枝、徒长枝和枝组。树冠外围生长健壮的 1 年生枝，大多为优良的结果母枝，要适当轻剪，就是每个 2 年生枝上留 2～3 个结果母枝，余下瘦弱枝适当疏除；树冠外围 20～30 cm 的中壮结果母枝除适量疏剪外，还应短截部分枝条，使之抽生新的结果母枝；5～10 cm 的弱结果母枝应疏剪或回缩。结果母枝的留量以树冠投影面积留枝 8～12 个/m^2 为宜。成年结果树上发生的徒长枝，应适当选留并加以利用。在选留徒长枝时，应注意枝的强弱、着生位置和方向。生长不旺的徒长枝一般不短截,生长旺盛的徒长枝除注意冬季修剪外应在夏季进行摘心,或通过拉枝削弱顶端优势,促使分枝扩大树冠,第 2 年从抽生的分枝中去强留弱,剪除顶端 1～2 个比较直立强旺的分枝,留水平斜生枝。对衰弱栗树上主枝基部发生的徒长枝,保留作更新枝。对多年结果后的枝组,应回缩使其更新复壮。如结果枝组基部无徒长枝,则留 3～5 cm短桩回缩。促使基部休眠芽萌发为新梢,再培养成新的枝组。当枝头出现大量的瘦弱枝和枯死枝时,应及时采用放强缩弱、缩放结合、轮替更新的方法进行修剪;树冠外围强壮结果母枝任其继续结果,对外围的“香头码”、“鸡爪码”等弱枝进行回缩修剪。回缩修剪前,应先培养大、中、小不同年龄的“接班枝”,以及时恢复树势。对不能抽生结果枝的衰弱大枝,一般都回缩到有徒长枝或休眠芽萌发的生长枝部位,以利用这些枝条培养骨干枝。其徒长枝的选择和利用同结果树的修剪。

五、花果管理

雄花序长到 1～2 cm 时,保留新梢最顶端 4～5 个雄花序,其余全部疏除。一般保留全树雄花序的 5%～10%。采用化学疏雄的方法是在混合花序 2 cm 时喷 1 次板栗疏雄醇。雄花序长到 5 cm 时喷施 0.2%的尿素＋0.2%的硼砂混合液,空苞严重的栗园可连续喷 3 次。当 1 个花枝上的雄花序或雄花序上大部分花簇的花药刚刚由青变黄时,在早晨 5 时前采集雄花序制备花粉。当一个总苞中的 3 个雌花的多裂性柱头完全伸出到反卷变黄时,用毛笔或带橡皮头的铅笔,蘸花粉点在反卷的柱头上。也可采用纱布袋抖撒法或喷粉法进行授粉;夏季修剪并疏栗蓬,及早疏除病虫、过密、瘦小的幼蓬,一般每个节上只保留 1 个蓬,30 cm 的结果枝可保留 2～3 个蓬,20 cm 的结果枝可保留 1～2 个蓬。

六、病虫害防治

板栗病虫害主要有栗胴枯病、栗红蜘蛛和栗瘤蜂等。具体防治方法是:栗树休眠期的 11 月下旬至翌年 2 月份,清除栗园病树病枝,刮除枝干粗皮、老皮、翘皮及树干缝隙,集中烧毁,以消灭越冬病虫。春季萌芽前喷 10～12 倍松碱合剂或 3～5°Be 石硫合剂,以杀死栗链蚧、蚜虫卵,且兼治干枯病。结合板栗冬季修剪剪去病虫害枝或刮除病斑、虫卵等。萌芽后剪除虫瘿、虫枝,黑光灯诱杀金龟子或地面喷 50%辛硫磷乳油 300 倍液防治金龟子,树上喷 50%杀螟硫磷乳油1 000倍液防治栗瘿蜂。新梢旺长期喷 48%的毒死蜱乳油 1 000～2 000 倍液＋50 倍机油乳剂防治栗链蚧,剪除病梢或喷 0.3°Be 石硫合剂防治栗白粉病等。进入开花期应用性激素诱杀或喷 50%杀螟硫磷或 50%辛硫磷乳油 1 000 倍液防治桃蛀螟。7 月上旬树干绑草把诱虫,7 月中旬开始捕杀云斑天牛,并及时锤杀树干上其圆形产卵痕下的卵。8 月上旬叶斑病、白粉病盛发前喷 1%波尔多液或 0.2～0.3°Be 石硫合剂、10%吡虫啉可湿性粉剂 4 000～6 000 倍液或 1.8%的阿维菌素乳油 3 000～5 000 倍液喷雾,防治栗透刺蛾成虫、栗实象甲成虫、栗实蛾成虫、桃蛀螟等。11 月上旬清理栗园落叶、残枝、落地栗蓬及树干上捆绑的草把,集中烧毁或深埋。

七、适时采收及采后处理

当栗蓬由绿变黄,再由黄变黄褐色,中央开裂,栗果由褐色完全变为深栗色,一触即脱落时采收。采收前要清除地面杂草或铺塑料膜,然后振动树体,将落下栗实、栗苞全部拣拾干净。每天早、晚各 1 次,随拾随贮藏。也可采用分批打落栗苞然后拣拾的方法采收,每隔 2～3 d 按照从树冠外围向内的顺序，用竹竿敲打小枝振落栗苞，然后将栗苞、栗实拣拾干净。采收后及时对栗苞进行“发汗”处理。具体方法是选择背阴冷凉通风的地方，将栗苞薄薄摊开，厚 20～30 cm，每天泼水翻动，降温“发汗”处理 2～3 d 后，进行人工脱粒。

第四节　园林应用

园林上应用的板栗(图 16-16)为乔木，高达 20 m，树冠扁球形，树皮灰褐色，交错纵深，幼枝被灰褐色绒毛，无顶芽。单叶互生，排成二列状，叶椭圆状披针形，长 9～18 cm，先端渐尖，基部圆形或广楔形，叶缘具尖芒状锯齿，叶被常有灰白色柔毛。花单性，雌雄同株，雄花为柔荑花序，直立，雌花生于枝条上部的雄花序基部，2～3 朵生于总苞内。总苞球形或扁球形，直径 6～8 cm。总苞发育成壳斗，外密被针刺，有紧贴星状柔毛，成熟后开裂，内有 2～3 个坚果，褐色。花期 5～6 月份，果期 9～10 月份。板栗树冠宽圆，枝繁叶茂，为著名的干果树种，是园林绿化结合生产的优良树种。在公园草坪及坡地孤植或群植均适宜。亦可用作山区绿化和水土保持树种。

图 16-16　板栗

1. 花枝　2. 雄花　3. 雌花　4. 叶之背面　5. 果枝　6. 壳斗　7. 果

第十七章

猕猴桃

猕猴桃是原产我国的一种古老树种，为当代国际上的一种新兴水果，被誉为“水果之王”。果实营养丰富，含有人体必需的各种营养物质。果实除鲜食外，还可制成各种加工品，具有维持心血管健康、抗肿消炎等重要医疗价值。猕猴桃早果丰产，适应性强，经济价值高，生产前景广阔。

第一节 生物学特性

一、生长结果习性

猕猴桃为落叶藤本果树，一般实生苗 5～6 年开始结果，10 年以后进入盛果期，嫁接苗定植后 2～3 年结果，4～5 年进入盛果期，其经济寿命长。自然生长的百年猕猴桃树，仍然结果累累。

（一）根

猕猴桃根为肉质根，由强大的侧根组成。其主根在幼苗生长的初期已萎缩消失。侧根和发达的次生侧根形成簇生性根群，并间歇性替代生长。只有少部分侧根加粗生长，形成骨干根。新根开始生长时呈白色，以后逐渐变成褐色。老根为灰褐色或黑褐色，能产生不定芽，有很强的再生能力。

猕猴桃为浅根性植物。一般土壤条件下，1 年生苗的根系分布在 20～40 cm 土层，成年植株根系主要分布在 20～60 cm 土层中。水平根分布范围很广，远超过地上部枝蔓的伸展范围。一般水平分布为冠径的 3 倍左右。在土质疏松、土层深厚、土壤团粒结构好、腐殖质含量高和土壤湿度适宜的园地，其水平根系分布可达地上冠径的 3～4 倍。

猕猴桃根系在适宜的温度条件下，可终年生长而明显的休眠期。不同地区猕猴桃根系年生长周期有所不同，一般有 3～4 个生长高峰。第 1 次在伤流期，为一次很弱的峰；第 2 次在新梢迅速生长期后；第 3 次在果实迅速膨大期后；第 4 次在采果前到落叶前。

（二）芽

猕猴桃的芽为腋芽，由 3～5 层黄褐色毛状鳞片、叶原始体和生长点组成，着生于叶腋间海绵状的芽座内，在叶腋间凸出或凹陷呈圆形或点状，在生长季，芽被叶柄覆盖，外形不容易看到。通常 1 个叶腋间有 1～3 个芽。其中较大的为主芽，两侧较小的为副芽，副芽一般呈潜伏状。当主芽受伤或枝条短截时，副芽便萌发生长，有时主、副芽同时萌发。潜伏芽寿命较长，有的可达数十年之久，可用于树冠更新。主芽可分为花芽和叶芽两种。幼苗和徒长枝上的芽多为叶芽，水平枝或结果枝中、下部萌发的芽常为花芽，个别徒长枝上的芽也可形成花芽。花芽为混合芽，开花后或结果后的部位不再生芽，此段常称盲节。叶芽瘦小，只抽生枝叶，不结果。

花芽肥大、饱满，抽生枝条，开花结果。成年树枝上粗壮的营养枝或结果枝中上部的芽，易形成花芽。猕猴桃的芽具有早熟性。已经开花结果部位的叶腋间的芽，一般不能再萌发而成为盲芽。猕猴桃主芽、副芽受伤死亡后，脱落部位附近植株基部的隐芽还会萌芽抽枝，恢复植株正常生长。

春季主芽萌发后，新梢出现，芽即开始发育。新梢基部叶腋处的叶原基首先开始发育。一直持续到最后叶腋处。芽的叶原基呈螺旋状排列，约 4 d 发生一个，开花时基部第一个腋芽已有 13 个叶原基，仲夏大量的芽已发育成熟。冬季每个芽有 3～4 个鳞片，2～3 个过渡态叶原基，15 个叶原基和子代腋芽原基组成(图 17-1)。每个芽中发育的叶原基数量不同。

猕猴桃芽发育 40 d 后，最外端的 3～4 个子代腋芽开始发育。冬季休眠时，大多数子代腋芽发育至 10 个叶原基，外部密被大量棉状茸毛。冬季休眠芽包被在叶柄基部膨大叶座内，密被大量棉状茸毛保护芽体。

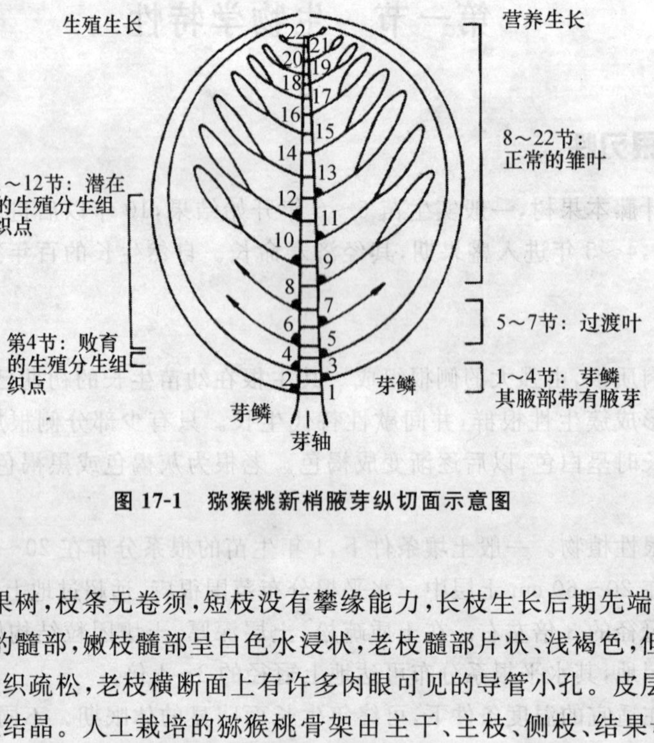

图 17-1 猕猴桃新梢腋芽纵切面示意图

(三)枝

猕猴桃为蔓性果树，枝条无卷须，短枝没有攀缘能力，长枝生长后期先端缠绕攀缘于它物。木质部中央有很大的髓部，嫩枝髓部呈白色水浸状，老枝髓部片状、浅褐色，但根颈及主干部分充实，枝条木质部组织疏松，老枝横断面上有许多肉眼可见的导管小孔。皮层内萌生许多大型异细胞，呈簇生针状结晶。人工栽培的猕猴桃骨架由主干、主枝、侧枝、结果母枝、结果枝和营养枝组成。主干由实生苗的上胚轴或嫁接苗的接芽向上生长形成，主枝是由主干上发出的骨架性多年生枝，侧枝是主枝上的骨架性分枝。

猕猴桃枝条根据性质和功能的不同可分为营养枝、结果枝和结果母枝。营养枝是只长枝叶不能开花结实(雌株)或不能开花(雄株)的新梢。根据其生长势强弱，营养枝可分为徒长枝、普通营养枝和短枝。徒长枝生长势强，直立，长达 3～4 m，节间长，组织疏松。多数由老枝基部的潜伏芽萌发形成。普通营养枝生长势中等，一般长 1～2 m，叶腋间均有芽，芽体饱满光滑。主要从幼龄树和强壮枝中部萌发，是来年较好的结果母枝。根据发育枝数量可预测来年树体结果状况。短枝从结果过多的树体上萌发或树冠内部或下部枝萌发。该类枝细弱、皮色绿，长约 20 cm，由于所处光照不足，生长 2～4 年后逐渐枯死。结果枝是指能够开花结果的新梢(雄株称开花枝或简称花枝)，依据长度可分为五类：①徒长性果枝。长 100～150 cm，多着生在结果母枝中部，由上位芽萌发而来。该种枝生长旺，枝条不充实，结果能力差，一般一个结果枝上坐 1～2 个果。②长果枝。长 50～100 cm，主要从结果母枝的中、下部萌发。枝条壮实，组织也充实，腋芽饱满，果实大，品质好，可连续结果。③中果枝。长 30～50 cm，多数由结果母枝中、下部的平生或斜生芽萌发，生长势中等。组织充实，结果性能好，也能连续结果。④短果枝。长 10～30 cm，多从结果母枝下位芽和顶部下位芽萌发，或从生长弱的结果母枝上抽生。节间短，生长势弱，停止生长早，果实小，结果能力差。⑤短缩果枝。长 10 cm 以下，枝条缩短，停止生长早，果个小。一般顶部 1～3 个芽萌发，以后很快枯死。品种间主要结果枝类型有所不同，有的品种以长、中果枝结果为主，有的以中、短果枝结果为主，有的品种短缩果枝也能很好结果。结果母枝，也称开花母枝，指抽生结果枝的 1 年生枝，发育良好的发育枝和结果枝，当年都可成为结果母枝。

猕猴桃枝条常按顺时针方向旋转(左旋)，盘绕支撑物，向上生长。极性强，有明显的背地性，但无卷须，短枝无攀缘能力，仅长枝的先端部分有攀缘能力。枝条在生长过程中有顶梢自枯现象。枝蔓被土或腐叶层埋后常会产生不定根。枝条在 1 年中有 2～4 次生长高峰：第 1 次从萌芽至开花期(4 月上旬至 5 月下旬)，第 2 次在 7 月份。9 月份以后新梢生长趋缓慢。在自然状态下，枝条可萌发二次副梢和三次副梢，副梢也可发育成较好的结果母枝。

(四)叶

猕猴桃的叶片大而薄，稍有弹性，单叶，互生，膜质、纸质、革质。一般长 5～20 cm，宽 6～18 cm。嫩叶黄绿色，老叶暗绿色或绿色，背面淡绿色，密生白色或灰棕色星状茸毛。美味猕猴桃叶片角质层较薄，有 1～2 层栅栏组织细胞，海绵组织为薄壁细胞，充满了细胞质，细胞间隙小，表皮细胞不规则，下表皮具有小而不规则的气孔。叶多数具长叶柄，常无锯齿，叶脉成对，网脉长方格状，有些种的叶脉在叶缘处网结，多无托叶。叶片生长从 3 月下旬开始，4 月中旬展叶，5 月下旬叶片生长最快，之后叶片生长速度逐渐减缓，到 6 月上中旬叶片基本停长。从展叶到停长历时 38 d 左右，生长高峰在 5 月下旬。

(五)开花结果习性

猕猴桃多为雌雄异株，但中华猕猴桃有雌雄花同株。雌花、雄花都是形态上的两性花，生理上的单性花，雌花是雄蕊退化或仅具有畸形花粉粒，不能授粉。猕猴桃花序多为两歧聚伞花序。花初开时呈白色，后渐变成淡黄色或橙黄色。花形大而美观，花冠直径 2.5～7 cm(图 17-2)。猕猴桃花芽为混合芽，在春季先抽生新梢，单花芽在新梢中、下部叶腋着生，呈单生或聚伞花序，一般 1～3 朵。花瓣 5～11 枚。花萼绿色或褐色，5～9 枚，覆瓦状排列，基部合生，多宿存。花梗长 3 cm 左右，有茸毛。通常着生在结果母枝第 3～7 节，萌发后抽生结果枝，再在结果枝基部 2～3 节抽生花蕾，开花结果，一般着果 2～5 个。雄株开花母株抽生花枝能力强，花量多。雌花有单生和两歧聚伞花序两种。一般顶花发育，侧花退化，多呈单生状态，少则 2～3 朵。花在结果枝第二节起叶腋处着生，以第 2～6 节居多。花蕾大，倒卵形。子房发达，扁球形或圆球形。花柱基部联合，柱头白色，多为 21～41 枚，呈放射状。雄蕊退化，花丝白色，低于子房，向下弯曲，花药微黄，花粉粒小，仅有空瘪的花粉囊，无发芽能力。雄花多为两歧聚伞花序，单生花很少，常为 3 朵。从花枝基部无叶节着生。花蕾小，扁圆。雄蕊多为 126～183 个，花丝高于子房，花药黄色，丁字形着生，花粉粒大，发育正常，具有发芽能力。子房小，有心室无胚珠，不能正常发育。

猕猴桃花芽分化分为生理分化和形态分化两个阶段。生理分化一般在前一年 7 月中下旬至 9 月上中旬；形态分化从开花当年萌发开始，到花蕾露白前完成。

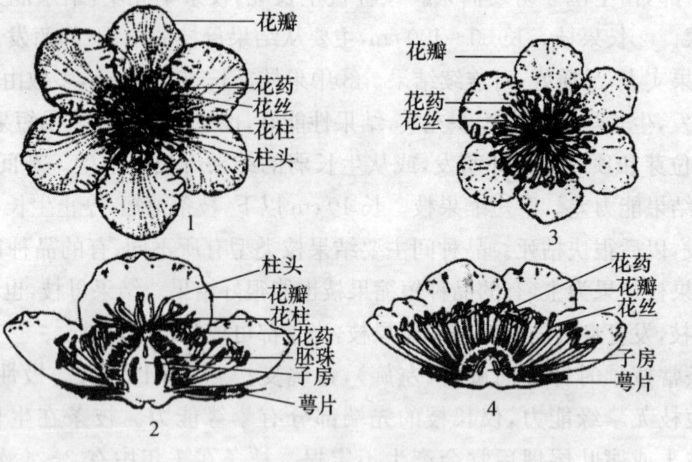

图 17-2　猕猴桃花解剖示意图

1～2. 雌花　3～4. 雄花

猕猴桃果实是浆果，子房上位，由 34～35 个心皮构成，每一心皮具有 11～45 个胚珠，胚珠着生在轴胎座上，一般形成两排（图 17-3）。未经采摘的成熟果实，经霜冻后仍可挂在植株上。生产上可采用此法进行计划采摘或短期贮藏。其种子很小，形似芝麻（图 17-4）。

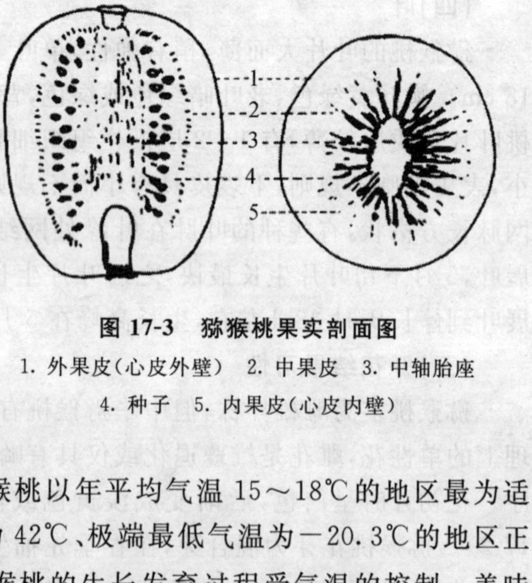

图 17-3　猕猴桃果实剖面图

1. 外果皮（心皮外壁）　2. 中果皮　3. 中轴胎座　4. 种子　5. 内果皮（心皮内壁）

二、对环境条件要求

（一）温度

大多数猕猴桃要求温暖湿润的气候，即亚热带或暖温带湿润和半湿润气候。主要分布在北纬 18°～34°的广大地区。中华猕猴桃和美味猕猴桃以年平均气温 15～18℃的地区最为适宜，要求无霜期在 160 d 以上，可在极端最高气温为 42℃、极端最低气温为－20.3℃的地区正常生长。猕猴桃的生长发育过程受气温的控制。美味猕猴桃在气温升到 10℃以上时，芽开始萌动，达到 15℃以上时开花，20℃以上时结果，秋末气温下降到 12℃以下时，开始休眠落叶。冬季经 950～1 000 h 低于 4℃的低温积累，就可满足休眠需要。猕猴桃对早春倒春寒、晚霜及早霜十分敏感，在低温、霜害地区采取埋土防寒，可取得良好的效果。

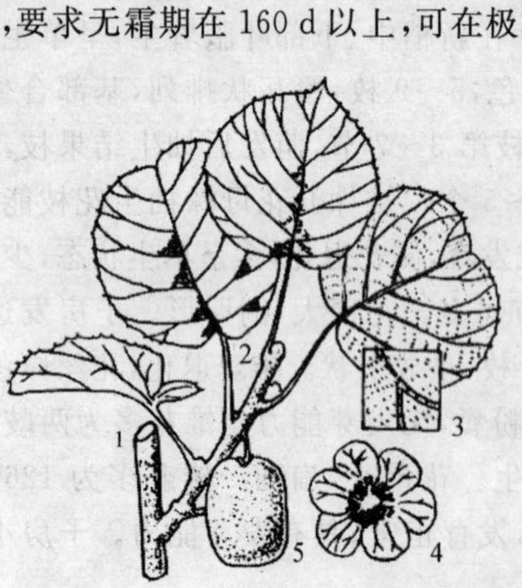

图 17-4　软毛猕猴桃形态

1. 枝　2. 叶　3. 叶部分放大　4. 花　5. 果

（二）光照

多数猕猴桃种类喜半阴环境。在不同发育阶段对光照要求不同，幼苗期喜阴凉，怕阳光直射。移栽的幼苗需遮阳保墒。成年开花阶段需要充足的光照，才能保证正常的开花结果。但有强光曝晒则易出现叶缘焦枯、果实日灼。一般猕猴桃是中等喜光性果树，喜漫射光，忌阳光直射。要求日照时数为1 300～2 600 h，自然光照强度在40%～45%为宜。

(三)水分

猕猴桃喜潮湿，怕干旱，不耐涝。适于年降水量742～1 865 mm，空气相对湿度74%～86%的环境。中华猕猴桃在土壤含水量5%～6%时，叶片开始萎蔫，长期的积水会导致植株枯萎死亡。

(四)土壤

猕猴桃对土壤适应性较强，最适宜在土层深厚、肥沃、疏松的沙壤土上生长。在透气性差的黏重土壤上生长不良，喜微酸性土壤，pH 5.5～7之间的土壤生长较好。

(五)风

风对猕猴桃生长有一定影响。春季干风可使枝条干枯；夏季干热风会使叶缘焦枯，叶片凋萎；大风常造成嫩梢折断，叶片破碎，果实擦伤。在多风地区应注意设置防风林。

第二节 主要种类和优良品种

一、主要种类

猕猴桃又名阳桃、仙桃、毛桃、藤梨等。属猕猴桃科(Actinidiaceae)猕猴桃属(*Actinidia*)，为多年生藤本果树。广义的猕猴桃指猕猴桃科猕猴桃属的所有植物，狭义的猕猴桃指猕猴桃属中中华猕猴桃(*A. chinensis*)和美味猕猴桃[*A. deliciosa*(Chev.)Liang et Ferguson]。在全世界目前已知的61个猕猴桃种中，有59个种分布在我国，其中包括开发利用价值高且作为栽培品种利用最多的中华猕猴桃及美味猕猴桃。

(一)中华猕猴桃(图17-5)

中华猕猴桃又名光杨桃、软毛猕猴桃。大型落叶木质藤本。植株生长势较强。新梢密被灰白色茸毛，茸毛随枝条的成熟而脱落。1年生枝半木质化或木质化前呈绿色。成熟枝条深褐色，皮孔凸出，髓片层状，淡褐色，芽垫较小。叶片纸质，倒卵形或近圆形，基部心形，两侧对称，先端圆钝或微凹。叶面暗绿色，叶背覆白色星状绒毛。雌花为单花，少数为聚伞花序，初开白色，后逐渐变为黄色。雄花为聚伞花序，每花序为2～3朵花，初开为白色，后变为黄色。果初

图17-5 中华猕猴桃

时被柔弱绒毛，果皮褐色，熟后易脱落。果实椭圆形，顶端较窄。长 4～5 cm，宽 3～4 cm，萼片及花柱宿存。果梗绿色、褐色，稀被浅黄色绒毛，长约 2.2 cm。果肉绿、黄绿，质细，香味淡，味甜酸。一般果重 30～50 g，开花期 6 月份，果熟期 8～9 月份。主要分布在赣、湘、鄂、闽、浙、豫南及西南部、皖南、桂、滇、黔，海拔 500～1 900 m 的山区，常与美味猕猴桃交叉，但更偏南，且分布的海拔高度要低约 400 m。经济利用不及美味猕猴桃，但发展潜力大。

（二）美味猕猴桃（图 17-6）

美味猕猴桃又名木阳桃、毛杨桃、山梨子、硬毛猕猴桃。植株生长势强。新梢先端密被红褐色长糙毛。植株密被棕黄色硬毛，多年生枝绒毛脱落，但不易脱尽，且脱毛，后残迹显著。成熟枝条褐色，髓层状褐色，皮孔稀、白色、点状或椭圆状。冬芽不完全裸露，呈毛茸状。茎、叶柄，被黄褐色长硬毛，毛落或留残迹。叶近圆形或长圆形，基部浅心形，较对称，先端圆形或微凹形。叶面深绿，无毛，主侧脉黄绿色。叶背绿色，密被浅黄色星状毛和茸毛。雌花白色，后变黄色至杏黄色，花甚香，多为单花，少数为聚伞花序，雄花为聚伞花序，每花序 3 朵花，少数 2 朵花。果实长圆形或椭圆形，被黄褐色长糙毛，不脱落。果皮绿色或褐绿色，果点淡褐绿色、椭圆形、中多。果顶窄于中部，萼片宿存。果柄深褐色，无毛。平均单果重 60 g，可溶性固形物含量 6.61%～17%，鲜果含维生素 C 较多，果肉多绿色或翠绿色，色美味浓，品质较佳，果实较耐贮藏，可鲜食或加工，是猕猴桃栽培的主要种，具有很高的经济价值。本种自然分布于云贵高原到黄山为斜线的横断山脉以东、秦岭以南地区，对水分要求较高。

图 17-6　美味猕猴桃

（三）毛花猕猴桃（*A. eranthm* Benth.）（图 17-7）

新梢黄棕色，被乳白色或淡黄色茸毛。多年生枝褐色，硬且粗，髓片层状，白色。叶为厚纸质，椭圆形。叶面深绿色，有光泽，无毛。叶背浅灰绿白色。密被白色星状毛或茸毛。雌花为聚伞花序，花粉红色。子房近球形，白色，密被白色短茸毛。果实长圆柱形，密被白色长茸毛，果皮绿色，果点金黄色、密而小，平均单果重 25.4 g，果肉翠绿色。本种主要分布于广东、广西、江西、湖南、福建、贵州等地，耐热性很强，且果实维生素含量高，鲜食、加工兼用。

图 17-7　毛花猕猴桃

(四)软枣猕猴桃[*A. arguta* (Sieb. et Zucc.)Planch. et Miq.](图 17-8)

该种类多年生枝光滑无毛,浅灰褐色或深褐色,髓为片状褐色、浅灰色或红褐色,无毛。皮孔长棱形,密而小,色浅。叶片椭圆形、长卵形、倒卵形,基部近圆形,阔楔形。叶缘锯齿密,近叶基部全缘,叶面深绿色、有光泽、无毛,叶背浅绿色或灰白色。雌花聚伞花序,多为单生,子房上位,瓶状绿色。雄花为聚伞花序,每花序有多朵花。果实扁圆形、近圆形,单果重 4～9 g,最大单果重 27 g,果顶圆、具喙。果肉绿色,汁液多,味甜略酸。本种主要分布在辽宁、吉林、黑龙江、河南、河北、山东等地。果实风味好,但不耐贮藏。极耐寒,可耐－39℃低温。宜作加工和抗寒育种材料。

图 17-8　软枣猕猴桃

二、主要优良品种

(一)金早(图 17-9)

图 17-9 金早

为优良鲜食雌性品种。株型紧凑,树势中庸,果实卵圆形,果皮黄褐色,果顶突出,中轴胎座小。平均单果重 102 g,最大单果重 159 g。果肉黄色,汁多味甜,清香,品质佳。维生素 C 含量1 240 mg/kg,总酸含量 17 g/kg,可溶性固形物含量 13.3%,总糖含量 5.1%。嫁接苗定植第 2 年有 76%的植株开花结果,最高株产 4.5 kg,5 年后进入盛果期,产量 15.5 t/hm²。在武汉,3 月上中旬萌芽,4 月底始花,8 月中旬果实成熟,是弥补市场空缺的优良早熟品种。

(二)金霞(图 17-10)

为优良鲜食雌性品种。树势健壮,果实近圆柱形,平均单果重 85 g,最大单果重 134 g。果皮灰褐色,果顶微凹,密被灰色短绒毛。果心小,果肉淡黄色,汁多味甜,维生素 C 含量 1 100 mg/kg,可溶性固形物含量 15.0%,总糖含量 7.4%,有机酸含量 0.95%,总氨基酸 0.603%,品质上等。嫁接苗定植后第 2 年开始结果,盛果期最高产量 80 kg/株。果实成熟较晚,在武汉 9 月中下旬成熟,是中华猕猴桃中耐贮性强的品种,果实适于鲜食与加工。植株耐高温、干旱,抗风能力强。

(三)武植 3 号(图 17-11)

为优良鲜食雌性品种。树势强旺,果实椭圆形,果皮薄,暗绿色,果面茸毛稀少。平均单果重 118 g,最大单果重 156 g。果肉绿色,质细汁多,味浓而具清香,果心小,品质上等。维生素 C 含量 2 750～3 000 mg/kg,总酸含量 9～15 g/kg,可溶性固形物含量 15.2%,总糖 11.2%,品质上等。嫁接苗定植后第 2 年开始结果,产量 4.5 kg/株,第 3 年平均产量 12.5 kg/株。在武汉果实 9 月底成熟。

图 17-10 金霞

图 17-11 武植 3 号

(四)金桃(图 17-12)

为优良鲜食雌性品种。树势中庸,枝条萌发力强。果实长圆柱形,果皮黄褐色,果面光洁无毛,果顶稍凸,外观漂亮。平均单果重 82 g,最大果重 121 g,果心小而软,果肉金黄色,质地脆,细而多汁,酸甜适中,维生素 C 含量 1 470～1 520 mg/kg,有机酸 1.69%,含可溶性固形物 18.05%,品质上等。丰产稳产,产量高,平均产量 30 t/hm^2。在武汉 9 月中下旬成熟,常温下可贮藏 40 d 左右。抗病虫能力强。

图 17-12 金桃

(五)金艳

为优良鲜食雌性品种。是以毛花猕猴桃为母本,以中华猕猴桃作父本进行杂交,从杂交后代中选育出的新品种。树势强旺,枝梢粗壮,果长圆柱形,平均单果重 101 g,最大果重 141 g,美观整齐,果皮黄褐色,少茸毛。果肉金黄,果实可溶性固形物含量平均为 16%,最高可达 19.8%,含酸量为 0.86%～1.55%,固酸比 10.5～18,维生素 C 含量高达 1 055 mg/kg,肉质细嫩多汁,风味香甜可口,营养丰富。果实软熟前硬度大(18.0～20.9 kg/m^2),特耐贮藏,在常温下贮藏 3 个月好果率仍超过 90%,与最耐贮的品种"海沃德"相当,远优于国内其他猕猴桃主栽品种,优于国际上另两个黄肉品种"Hort16A"和"金桃"。嫁接苗定植第 2 年开始挂果,在高标准建园的情况下,第 3 年产量可达到1 000 kg/667 m^2,第 4 年进入盛果期,产量 2 500 kg/667 m^2。

(六)磨山 4 号(国家审定品种)

为雄性品种。属中华猕猴桃雄性品种,株型紧凑,节间短,长势中等,1 年生枝棕褐色,皮孔突起,较密集,叶片肥厚,叶色浓绿富有光泽,半革质。普通中华猕猴桃雄花为聚伞花序,2～3 朵花,而"磨山 4 号"多为多聚伞花序,3～6 朵花,花期比其他雄性品种花期长约 10 d。花萼 6 片,花瓣 6～10 片,花径可达 4～4.3 cm,花药黄色,平均每朵花的花药数 59.5,每花药的平均花粉量为40 100粒,可育花粉 189.3 万粒,发芽率 75%。在武汉,花期为 4 月 25 日至 5 月 15 日,落叶期为 12 月份左右,抗病虫能力强。

(七)早鲜

由江西省农业科学院园艺研究所选出,属中华猕猴桃系。果实圆柱形,平均单果重 83.4 g,果肉黄色或绿黄色,果心小,质细多汁,微清香。可溶性固形物含量 12.5%～16.4%,每 100 g 鲜果肉含维生素 C 73.5～112.8 mg,并含有 16 种游离氨基酸,品质优良。果实采收期为 8 月中下旬至 9 月初。果实在室温下可存放 10～15 d,货架期 10 d 左右。该品种树势较强,以短缩果枝和短果枝结果为主,花朵着生在结果枝 1～9 节叶腋间,较丰产,但抗旱性、抗涝性较差。

(八)秦美(图 17-13)

由陕西省果树研究所选出,属美味猕猴桃系。果实近椭圆形,果皮褐色,平均单果重102.5 g,果肉绿色,肉质细嫩多汁,有香味。可溶性固形物含量 10.2%～17%,每 100 g 鲜果维生素 C 190～354 mg,品质优良。果实采收期为 10 月下旬至 11 月上旬。耐贮藏,室内常温(10℃)下可贮藏 100 d。以中、长果枝结果为主,结果枝多着生在结果母枝的第 5～12 节。结果早,丰产、稳产,抗逆性强,适应性广,适宜 pH 值 6.5～7.5 壤土及沙土条件下栽培。

(九)华美 2 号(图 17-14)

由河南省西峡猕猴桃研究所选出,属美味猕猴桃系。果实长圆锥形,果皮黄褐色,平均单果重 112 g,果肉黄绿色,肉质细嫩多汁,富有芳香。可溶性固形物含量 14.6%,每 100 g 鲜果肉含维生素 C 50～76 mg。耐贮性强,果实货架期长。该品种生长势中庸,以长果枝结果为主,结果枝多着生在结果母枝的第 5～12 节,但早熟性、丰产性较差。

图 17-13 秦美

图 17-14 华美 2 号

(十)江山娇(图 17-15)

图 17-15 江山娇

以中华为母本,毛花为父本杂交一代中选育的观赏鲜食兼用的品种。树势强旺,花色艳丽,玫瑰红色,花瓣多(6～8 瓣),花瓣增大(花径 4.5 cm×4.5 cm)。果实扁圆形,平均果重25 g,最大果重 39 g,果肉翠绿色,质细,维生素 C 含量高达814 mg/100 g,可溶性固形物14%～16%,总糖 10.8%,有机酸 1.3%。1 年开花为 5 次,每次花期一般 7～10 d,最长可达 20 d。在武汉,第 1 次开花的始花期 5 月 4 日,终花期 5 月 15 日。第 1 次开花结果后,结果母枝又抽出新的结果枝,1 年内不断现蕾,开花,结果,花果同存,果实比毛花大。可作为长廊、围篱等园林绿化树种,可培养成多种树形,美化环境。该品种适应性广,抗性强。

(十一)超红(湖北省审定品种)(图 17-16)

以毛花为母本，中华为父本杂交一代中选育的观花品种。树势强旺，花色艳丽，玫瑰红色，花冠大，花量大，花粉多而芳香，花期长，1年开花4次以上，1年中首次开花从5月7日开始，至5月30日终花，历时23 d。随后6、7、8月份相继开花。花枝率高，达96%，花量大，为聚伞花序，每花序有花5～11朵，花瓣5～10瓣，花径4.8 cm(毛花4.0 cm)。超红枝条蔓性强，可以根据园林用途进行多种造型，装饰围篱可设计为扇形、双臂双层树形；装饰长廊可培养成单主干双(多)主蔓的大棚架树形，生长季节花团锦簇，既可供人歇足休息，又可欣赏风景，是庭院及园林长廊绿化优良树种。

图 17-16　超红

第三节　基本生产技术

一、育苗

猕猴桃可采用实生、扦插、压条、嫁接和组织培养方法繁殖，生产上应用最为普遍的是嫁接和扦插。

(一)嫁接

主要采用单芽片腹接、单芽枝腹接等方法。猕猴桃培育砧木苗要注意出苗前后进行覆盖和遮阳。

1. 单芽片腹接：该法在春、夏、秋季都可采用。2月份成活率及萌芽率较高。当砧木部位直径达0.5 cm以上时进行嫁接。具体操作程序是：①削芽片。在接芽下约1 cm处，以45°斜切到接穗直径的2/5处，再从芽上方约1 cm处，沿形成层往下纵切，略带木质部，直到与第一刀底部相交，取下芽片，全长2～3 cm。②切砧木。在砧木离地面5～10 cm处，选择光滑面，按削芽片同样方法切削，使切面稍大于接芽片。③嵌芽片及包扎。将芽片嵌入砧木切口对准形成层，上端最好稍露白，用塑料薄膜带捆绑，露出接芽及叶柄即可(图 17-17)。

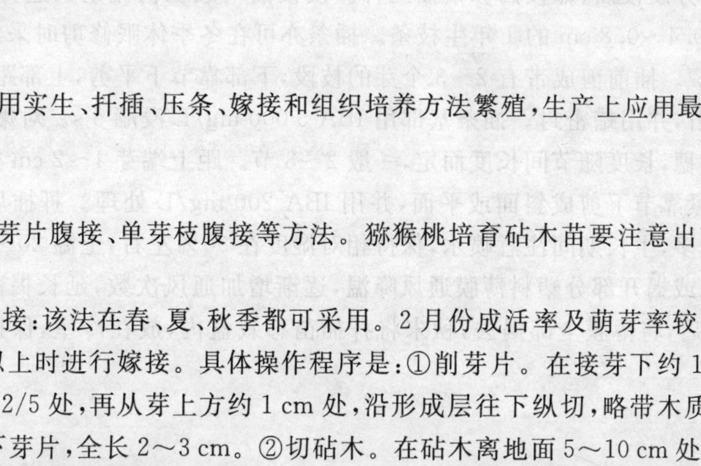

图 17-17　单芽片腹接

1. 削芽片　2. 切砧木　3. 嵌芽片及包扎

2. 单芽枝腹接：春、夏、秋季都可采用此法(早春应在猕猴桃伤流期前 20～30 d 进行)。砧木充实，粗度 0.5～1.5 cm 易成活。接穗切带一个芽的枝段，从芽的背面或侧面选择一个平直面，削 3～4 cm 长，深度以刚露木质部为度的削面。在其对应面削 50°左右的短斜面。砧木于离地面 10～15 cm 处，选比较平滑的一面，从上向下切削，并将削离的外皮保留 1/3 切除，然后插入接穗，用塑料薄膜条包扎，露出接穗芽(图 17-18)。

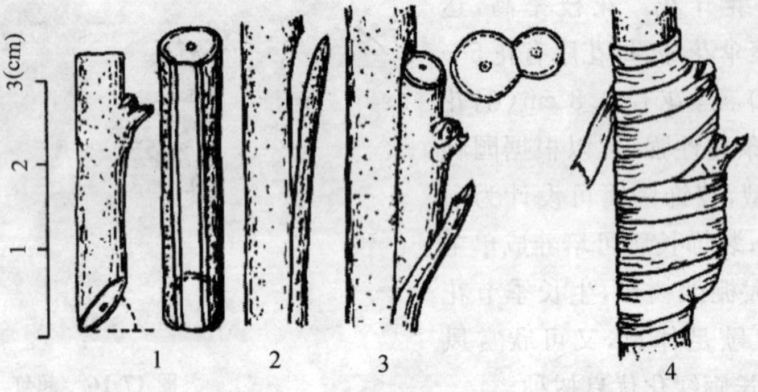

图 17-18 单芽枝腹接

1. 削接芽 2. 切砧木 3. 插接芽 4. 包扎

(二)扦插

猕猴桃扦插分硬枝插、嫩枝插和根插三种。硬枝插一般在伤流期前进行。插条选择健壮且腋芽饱满，粗 0.4～0.8 cm 的 1 年生枝条。插条亦可在冬季休眠修剪时采集，如不能立即扦插，可先立即沙藏。插前剪成带有 2～3 个芽的枝段，下部靠节下平剪，上部距芽上 1～2 cm 处剪断，剪口要平滑，并用蜡密封。插条基部用 IBA 5 000 mg/L 浸蘸 5 s。对嫩枝插选当年生半木质化枝条作插穗，长度随节间长度而定，一般 2～3 节。距上端芽 1～2 cm 处平剪，并留一片或半片叶，下端紧靠节下剪成斜面或平面，并用 IBA 200 mg/L 处理。扦插后灌水，以后注意床土不要供水过多，生长期间注意喷水，保持相对湿度在 90%左右，土温 20～25℃。若气温升高，可喷水降温，或揭开部分塑料薄膜通风降温，逐渐增加通风次数，延长揭薄膜时间，锻炼幼苗，1.5～2 个月后，将薄膜全部揭去，秋末将扦插苗移栽盆内，放在冷室，保持一定湿度，翌春定植。

二、建园

猕猴桃选择在年均气温 12℃以上，极端最低温度不低于－16℃，年降水量在1 000 mm 以上，空气相对湿度大于或等于 70%，土层深厚、富含有机质、pH 值 6～7、地下水位在 1 m 以下的轻壤土、中壤土或沙壤土地块建园。苗木选择纯正、无检疫性病虫害、生长健壮、抗病力强、品质好、商品性好的品种。中华猕猴桃品种使用中华猕猴桃或美味猕猴桃作砧木，美味猕猴桃品种使用美味猕猴桃作砧木。主栽品种与授粉品种比例为 1：(5～8)。猕猴桃在春、秋皆可定植，但北方以春栽为宜。春季定植在 4 月至 5 月中旬，秋植在 10 月上中旬。定植株行距大棚架为 4 m×4 m，T 形架为(3.5～4)m×(2.5～3)m，篱架 3 m×3 m。采用高垄栽植。定植时，每穴施入腐熟有机肥 20 kg，过磷酸钙 1 kg，埋土后轻轻踏实。为加速培育主干、增加主干牢固性，在定植时需立支柱，以绑缚枝干，使其垂直向上迅速生长。定植后在苗的周围插上带叶的枝条覆盖，使透光率在 30%左右。也可在行间靠近苗木播种生长迅速的高秆作物，春、夏季利用其枝、叶、茎秆遮阳，秋季间作物枝叶干枯后，小树则暴露在全光照之下生长。对春季风大地区，定植后将苗按倒用土盖上，发芽时除去覆土；或用塑料膜覆盖，发芽时剪洞将枝条露出。秋栽苗木栽后埋土越冬。

三、土肥水管理

幼龄果园结合秋冬施肥进行深翻改土，深翻通常与秋施基肥结合，一般在果实采收后进行。翻土深度一般 60～80 cm。穴栽树可采取逐年扩穴的方法，直到植株间土壤全部深翻为止。深翻要避免伤根，翻后即灌水，以促进根系的恢复。行间间作豆科植物如大豆、绿豆等。雨季或灌水后应注意中耕除草，保持全园疏松无杂草状态。夏季高温来临前进行覆盖。覆盖材料为秸秆、锯末、糠壳、绿肥和杂草等，覆盖方法有 3 种：树盘覆盖、种植带覆盖和全园覆盖。其中以种植带覆盖为最常用，覆盖厚度约 25 cm。休眠期进行追肥、灌水。肥料以速效性的氮肥为主，配合磷、钾肥，施入量幼树为 15 kg/667 m^2，成年树为 30 kg/667 m^2，硼砂 5～10 kg/667 m^2。萌芽和新梢生长期根据农时及时种植间作物，根外追施 1 次 0.2%尿素，或根据猕猴桃缺素情况，追施适量铁、锌、钙、镁等其他微量元素肥料。开花前灌 1 次水。在花蕾期或盛花期喷洒 0.1%～0.2%硼酸或硼砂 1～2 次，或地面施硼砂 25～40 g/株。花后 20 d 施硫酸钾 30～40 kg/667 m^2，树势弱的施复合肥，并灌水。9 月上中旬追施纯钾肥或磷、钾复合肥 30 kg/667 m^2 并灌水。其间叶面喷施 2 次 0.2%～0.3%的磷酸二氢钾。并注意适时灌“跑马水”。对结果大树最好采用喷灌。雨季应及时排除积水。果实采收后结合深翻改土秋施基肥。在离主干 50 cm 左右挖深 30～40 cm 沟施入。施充分腐熟的有机肥用量为 5 000 kg/667 m^2，混合施入过磷酸钙 80 kg/667 m^2，达到“1 斤果 2 斤肥”。施肥后及时灌水。

四、整形修剪

(一)主要架式及整形过程

(1)架式：猕猴桃架式主要有篱架(单、双)、棚架(平顶、倾斜)及 T 形小棚架。棚架基本结构同葡萄。篱架高 1.8～2 m，架距 4～6 m，架上牵引 3 道铁丝，第一道铁丝距地面 60 cm，以上间隔 60～70 cm 设第二、第三道铁丝。T 形小棚架架高 1.8～2 m，架距 3～4 m，架顶横梁宽 1.5～2 m，其上拉 3～5 道铁丝。在支柱上，从地面向上相距 60～70 cm 拉两道铁丝。在 3～5 年内以篱架为主，同时培养棚架，当架面布满后，逐步淘汰篱架部分，充分利用 T 形架。

(2)整形：对于篱架可用多主蔓扇形、双臂双层水平形或双臂三层水平形；平顶大棚架是 T 形小棚架的扩大，具体整形方法基本相同，仅主蔓稍多。T 形小棚架采用双臂三层水平形，其整形过程是：苗木在两根支柱中间定植后，留 3～5 个饱满芽短截。春季选留 3 个生长健壮的新梢直立绑缚，分别培养成主干和第 1 层铁丝上的 2 个主蔓。培养第 1 层主蔓的新梢达到一定长度后绑缚在第 1 层铁丝的两边。培养主干的新梢长到超过第 2 层铁丝以上时摘心，使其产生分枝，培养出第 2 层，用同样方法可培养出棚架上的第 3 层，第 3 层不培养主干。棚架形成后，逐步疏除第 1、第 2 层主蔓。

(二)修剪

猕猴桃冬剪在落叶后至伤流期之前进行。主要任务是幼树整形：结果树调整骨架上侧蔓和结果母枝，确定结果母枝数量和芽数，更新结果母枝；衰老树根据程度进行更新修剪。对1～2 年生树，其冬剪主要以轻剪长放为主；3～4 年生树，以轻剪并辅以短截为主；第 5 年以后，篱架猕猴桃主要以轻重短截及疏枝为主；猕猴桃T形小棚架，除作为绑缚在架面上的结果母枝以中度短截为主外，其余枝可行较重短截或疏除。冬剪主要掌握留枝量、修剪长度和枝蔓更新三项技术。

留枝量可根据架式确定。篱架每株保持健壮的结果母枝50～60个，就是30～45 cm留一结果母枝，留结果母枝3个/m^2。T形小棚架保留16～20个达到架面的结果母枝，就是每30～50 cm留一结果母枝。猕猴桃结果母枝的有效芽数大致保持在30～35个/m^2，具体计算方法参考葡萄一章。

结果母枝的剪留长度(芽数)，根据架式、品种结果习性、枝梢用途、树龄树势、结果母枝强弱和枝芽负载量等因素综合确定。一般篱架的结果母枝留2～8个芽短截；T字形小棚架时，对缚于棚面上的结果母枝留14～20个芽短截，其余枝留2～8个芽后短截或疏除。

枝蔓更新主要根据被更新枝条的生长状况确定。若母枝基部有生长充实健壮的新枝，可将结果母枝回缩到健壮的部位；若结果母枝生长过弱或其上分枝过高，冬季修剪时，可根据具体情况短截或回缩到适当位置。更新结果母枝，要有计划地进行，一般每年对全树1/3左右的结果母枝进行更新，尤其对棚面上的母枝尤为重要。

猕猴桃雄株冬剪主要是疏除细弱枝、枯死枝、扭曲缠绕枝、病虫枝、交叉重叠枝、过密枝和不必要的徒长枝。轻截生长充实的各次枝。短截留作更新的徒长枝、发育枝，回缩多年生衰老枝。一般萌芽前整修架面，上架绑蔓。

猕猴桃夏季修剪主要是抹芽、摘心、疏枝和绑枝等。具体要求是萌芽后及时抹芽。对砧木上的萌蘖，主干、主蔓上长出的过密芽，直立向上的徒长芽，结果母枝或枝组上密生的、位置不当的、细弱芽，双生、三生芽只留1个；抹芽后绑枝前根据架面确定结果枝留量：在结果母枝上，每隔15～20 cm保留1个结果枝，在架面保留正常结果枝10～12个/m^2；新梢长至30～40 cm长时开始绑枝。一般应将结果枝和营养枝均匀地绑缚在架面上。对较直立生长的旺盛枝，要将其引缚成斜向或水平向。在开花前10 d对旺长新梢摘心。徒长枝如作预备枝，留4～6片叶摘心。发育枝可留14～15叶摘心；结果枝从开花部位以上留7～8片叶摘心。摘心后新梢先端所萌发的二次梢一般只留1个，待出现2～3片叶后反复摘心，或在枝条突然变细、芽片变小、梢头弯曲处摘心。在果实发育期未抹芽、摘心的旺长新梢，在坐果后1～2周进行短截和疏枝。疏除过多的发育枝、细弱的结果枝及病虫枝。短截生长过旺而未及时摘心的新梢及交叉枝、缠绕枝和下垂枝。

五、花果管理

当植株有15%以上雌花开放时，在猕猴桃园设置蜂箱1～2个/667 m^2。并配合人工辅助授粉。具体采用两种方法：一是将雄花采集到器皿中，花粉散开后，用毛笔将花粉涂到雌花柱头上；二是将刚开放的雄花摘下对准雌花花柱轻轻转动，一朵雄花可授5～8朵雌花。也可将花粉用滑石粉稀释成20～50倍，用电动喷粉器喷粉。并在花蕾期或盛花期施硼酸或硼砂。为提高产量和果实品质，应进行疏花疏果。疏花蕾一般在侧花蕾分离后2周开始，强壮长果枝留5～6个花蕾，中庸果枝留3～4个花蕾，短果枝疏花疏果留1个花蕾。要求疏除时保留主花而疏除侧花，全树留花量应比预留的果数多20%～30%。疏果在坐果后1～2周内完成。一般短缩果枝上的果均应疏去，中、长果枝留2～3个果，短果枝留1个果或不留；徒长性结果枝上果个大留4～5个果；同一枝上，中、上部果多留，尽量疏去基部果。使其叶果比达到(5～6)∶1。

六、病虫害防治

猕猴桃病虫害主要有溃疡病、猕猴桃根线虫病、金龟子、白粉虱、小叶蝉等。具体防治方法是：休眠期彻底清园。萌芽前全园喷 1 次 3～5°Be 石硫合剂，杀死越冬病虫卵，防治多种病虫害。萌芽和新梢生长期，采用黑光灯、糖醋液等诱杀金龟子等害虫。喷布 50％马拉硫磷乳油 1 000 倍液或 20％的甲氰菊酯乳油 2 000～3 000 倍液防治介壳虫、金龟子、白粉虱、小叶蝉等害虫。萌芽至开花期喷农用链霉素防治花腐病。交替喷布 80％的代森锰锌可湿性粉剂 600～800 倍液、1％等量式波尔多液、70％甲基硫菌灵可湿性粉剂 1 000～1 500 倍液，以防治溃疡病、干枯病、花腐病、褐斑病、白粉病、叶枯病、软腐病、炭疽病等病害。开花期仍采用黑光灯、糖醋液等诱杀防治金龟子等。在花前、花后喷布 20％的甲氰菊酯乳油 2 000～3 000 倍液，或 5％的吡虫啉 2 000～3 000 倍液等防治金龟子、白粉虱、小叶蝉、木蠹蛾等虫害。并及时人工摘除有病梢、病叶、病果，并于花前、花后交替喷布 70％甲基硫菌灵可湿性粉剂 1 000～1 500 倍液、1％等量式波尔多液、50％的退菌特可湿性粉剂 800 倍液等，防治花腐病、黑星病、黑斑病等病害。果实发育期喷布 20％的甲氰菊酯乳油 2 000～3 000 倍液，或 5％的吡虫啉 2 000～3 000 倍液，1.8％的阿维菌素乳油 3 000～5 000 倍液防治金龟子、蛾、螨等害虫；及时套袋，人工摘除病梢、病叶、病果，并喷布 70％甲基硫菌灵可湿性粉剂 1 000～1 500 倍液，或 50％的退菌特可湿性粉剂 800 倍液等防治花腐病、黑星病、褐斑病等病害。果实成熟及落叶期喷布 5％吡虫啉乳油 2 000～3 000 倍液，1.8％的阿维菌素乳油 3 000～5 000 倍液等防治蛾、螨等虫害；1％等量式波尔多液或 50％的退菌特可湿性粉剂 800 倍液防治溃疡病、花腐病等病害。

七、适时采收与催熟

根据果品用途确定采收时期，就是在猕猴桃的不同成熟期进行采收。中华猕猴桃供贮藏用的果品应在果实达到可采成熟度时采收。具体标准是可溶性固形物含量达到 6.1％～7.5％；用于短期贮藏的猕猴桃可在可溶性固形物含量达到 9％～12％的食用成熟度时采收；若采收后及时出售，要求可溶性固形物含量达到 12％～18％，就是猕猴桃的生理成熟度时采收。采收时采用人工采摘，轻摘轻放，从果梗离层处折断，放入布袋或篮子内，再集中放到大筐或木箱中。筐或箱内垫上草或塑料膜。为及时供应市场，可采用乙烯催熟，其方法有三：一是采前树体喷布，浓度是 50 mg/L；二是采后果实喷布，可用 400 倍液，常温下 12 d 之后果实全部变软；三是贮藏前处理果实，先用 500 倍液浸果数分钟，晾干后在进行分级、包装和贮藏。

第四节　园 林 应 用

园林用猕猴桃（图 17-19）为落叶藤本。枝褐色，有柔毛，髓白色，层片状。单叶互生，圆形或宽倒卵形，顶端钝圆或微凹，基部圆形至心形，缘有芒状小齿，表面有疏毛，背面密生灰白色星状绒毛。花单生或数朵生于叶腋，初开时乳白色，后变为黄色。浆果卵状长圆形，密被黄棕色有分枝的长柔毛。花期 5～6 月份，果熟期 8～10 月份。

猕猴桃根深叶茂，茎蔓盘曲回旋，花大，美丽而具有芳香。在庭院棚架栽培及栅拦、篱笆、围墙绿化上被视为一种大有发展前景的垂直绿化植物。由于其富于明快的季相变化，因而颇具有观赏价值。加上早春萌叶清脆，夏初花香怡人，入秋浆果垂枝累累，严冬其苍干更显遒劲，可自然式园林中布置花廊、花架等园林小品，也可攀附在树上或山石陡壁上，作为点缀、装饰之物。可用来庭院棚架绿化。在门廊前，院落空地及向阳墙隅等处，搭棚架栽培，根据环境其架式可选用单壁式、双壁式和丁字形式。在栅栏、篱笆及围墙绿化，可根据猕猴桃的喜光特性，在阳面布置。在花厅、花架及拱门等处，可采用猕猴桃制拱顶棚架，形成绿色长廊来造景。不仅覆盖面宽，而且垂直面广，很有气势。选择一些透空支架图案支架或廊式棚架，通过绑蔓、牵引，使其茎蔓沿着设计路线攀缘伸展，再通过修剪造型，便可达到预期的效果。在拱门组景上若布置得当，其茎蔓的缠绕与披垂性及叶果的季相观赏性，也非常饶有兴味。在覆盖假山与装饰树干上，猕猴桃可作为假山置石及动物雕塑的衬托植物，它可用来缠绕苍木枯树，从而给以古朴和复苏之感。

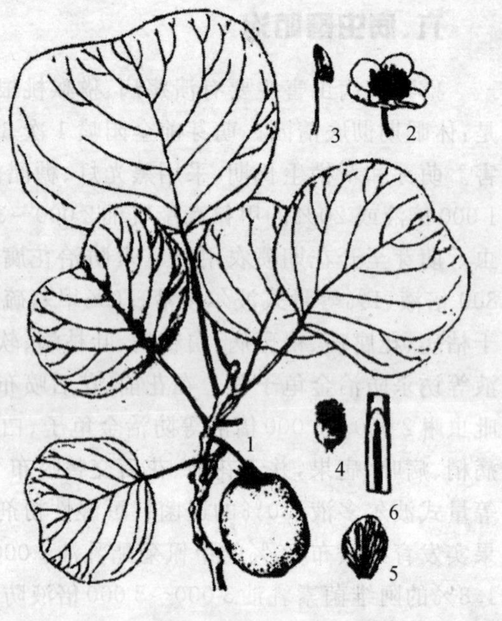

图 17-19 猕猴桃

1. 果枝 2. 花 3. 雄蕊 4. 雌蕊 5. 花瓣 6. 髓心

第十八章

柿 >>>

柿是我国主要果树树种之一，因在晚秋成熟，故有“晚秋佳果”的美称。柿在我国已有2 000年以上的栽培历史。其果色泽艳丽，甘甜多汁，具有较高的营养价值和药用疗效。柿果除鲜食外，还可制成柿饼、柿脯、柿干以及酿酒、制醋等，为水果和干果兼用果品。柿树叶大果艳，树形美观，抗逆性强，耐尘力强，是良好的园林美化和行道树种。柿树具有寿命长，产量高，收益大，易管理的优点，发展柿树生产对增加农民收入，调整农业产业结构方面具有重要的意义。

第一节　生物学特性

一、生长结果习性

柿树嫁接后5～6年开始结果，15年后进入盛果期，经济寿命在100年以上。丰产园3～4年开始结果，5～6年进入盛果期。

(一)根系

柿根系分布取决于砧木。君迁子作砧木，根系发达，分枝力强，细根多。根系大多分布在10～40 cm深土层中；垂直根深达3 m以上，水平分布为冠径的2～3倍。柿根系单宁含量多，受伤后难愈合，发根困难，应注意保护根系。根系春季开始生长晚于地上部，一般地上部展叶时开始生长。

(二)枝条

柿枝条分为营养枝、结果枝和结果母枝。结果母枝是指着生混合花芽的枝条；结果枝是指由混合花芽抽生的枝条，大多由结果母枝的顶芽及其以下1～3个侧芽发出，再往下的侧芽抽生为营养枝。营养枝是不能开花结果的枝，其上着生叶片进行光合作用制造有机营养物质，其一般短而弱。柿结果枝第3～7节叶腋间着生花蕾，开花结果，着生花的各节没有叶芽，开花结果后成为盲节。柿在平均温度12℃以上时萌芽。新梢生长以春季为主，成年树一般只抽生春梢，生长量较小，幼龄树和生长势旺的树可生长2～3次梢。柿树顶端优势和层性都比较明显，但新梢生长初期先端有下垂性，枯顶后不再下垂。

(三)芽

柿树芽分叶芽和花芽两种。花芽为混合花芽。叶芽较瘦小，着生于1年生枝的中下部，萌发后抽生营养枝。花芽较肥大，位于1年生枝的顶部1～3节，萌发后抽生结果枝。柿树枝条顶芽为伪顶芽。枝条基部有两个鳞片覆盖的副芽，常不萌发而成为潜伏芽，其寿命较长。

柿树的花芽分化在新梢停止生长后1个月，大约在6月中旬，当新梢侧芽内雏梢具有8～9片叶原始体时，自基部第3节开始向上，在雏梢叶腋间连续分化花的原始体。每个混合花芽一般分化 3～5 朵花。

(四)花

柿树的花有雌花、雄花、两性花三种类型。一般栽培品种仅生雌花，单生于结果枝第 3～7 节叶腋间，雄蕊退化，可单性结实。雄花 1～3 朵聚生于弱枝或结果枝下部，呈吊钟状。

柿树在展叶后 30～40 d，日均温达 17℃以上时开花，花期 3～12 d，大多数品种为 6 d。

(五)果实

柿果实是由子房发育而成的浆果。果实发育过程分为 3 个明显的阶段：第一阶段为开花后 60 d 以内，幼果迅速膨大，最后基本定形；第二阶段自花后 60 d 至着色，果实停长后或间歇性膨大；第三阶段从果实着色至采收，果实又明显增大。

(六)落花落果

柿的落花落果包括落蕾、落花和落果。开花前落蕾，落花在 5 月上中旬，部分花脱落。幼果形成后有落果现象，以花后 2～3 周较重，6 月中旬以后落果减轻，8 月上中旬至成熟落果很少。

二、对环境条件要求

(一)温度

柿树喜温耐寒。在年平均温度 10.0～21.5℃，绝对最低温度不低于－20℃的地区均可栽培，但以年平均气温 13～19℃最为适宜。并且甜柿耐寒力比涩柿弱，要求生长期(4～11 月份)平均气温在 17℃以上。冬季低于－15℃时易发生冻害。

(二)水分

柿树耐湿抗旱。在年降水量 500～700 mm、光照充足地方，生长发育良好，丰产优质。由于柿树根系分布深广，故较耐旱，一般在年降水量 450 mm 以上地方，不需灌溉，但在开花坐果期，发生干旱，易造成大量落花落果。

(三)光照

柿树喜光，但也较耐阴。一般在光照充足地方，柿树生长发育好，果实品质优良。对于甜柿要求 4～10 月份日照时数在 1 400 h 以上。

(四)土壤

柿树对土壤要求不严，山区、丘陵、平地、河滩均能生长。但以土层深 1 m、土壤 pH 值 6.0～7.5、含盐量 0.3%以下、地下水位在 1.5 m 以下，保水排水良好的壤土和黏壤土为宜。

第二节 主要种类和优良品种

一、主要种类

柿属柿树科柿树属植物。柿属植物全世界约有 250 种，原产我国的有 49 种。其中供生产栽培用的有"柿、君迁子、油柿、瓣果柿、乌木、浙江柿、台湾柿"7 种，目前生产栽培以前 3 种为主。

(一)柿(图 18-1)

柿原产我国,为主要栽培种。其果实以能否在树上自然脱涩分甜柿和涩柿两类。涩柿是我国传统栽培的柿品种。柿为落叶乔木,高 10 m 以上,树冠呈自然半圆形或圆头形。叶片厚,呈卵圆形或椭圆形,叶面有光泽。花黄白色,花瓣基部联合成筒状,先端反卷。花有雌花和雄花。雌花大,单生于结果新梢叶腋内,心皮 6～8 个,雌蕊 6～8 枚,子房上位,退化雄蕊 8～12 枚,萼片大,四裂,宿存。雄花小,2～5 朵聚生,呈聚伞花序着生于新梢叶腋内。有雄蕊16～24 枚,子房退化,萼片小,贴伏于花冠基部。果实大,多呈扁圆、长圆、卵圆或方形。9～11 月份成熟,熟前绿色,成熟后橙红色或黄色。

图 18-1　柿

(二)君迁子(图 18-2)

君迁子又名软枣、黑枣等,原产我国黄河流域、土耳其及阿富汗。多野生,实生繁殖,耐寒力强,是我国北方柿的优良砧木。君迁子为落叶乔木,树体高大,树冠开张。树皮暗黑色,呈方块状裂,嫩梢具灰色短柔毛。叶片比柿小,椭圆形或长椭圆形,叶面被柔毛,无光泽。雌雄同株或异株,花较小,花瓣基部联合成筒状,先端反卷,着生于结果新梢叶腋内,雌花单生,雄花 2～3 朵聚生,呈聚伞花序。果实小,直径 1.0～1.5 cm,长卵形或球形,扁球形,成熟后黄绿色至橙黄色,味涩,不堪食用,充分成熟后呈蓝黑色或黑褐色,味甜可食。君迁子雌株开花结果。依果实内种子多少分为多核、少核和无核三种类型。少核或无核类型有栽培者。雄株只开雄花而不结果,可作授粉树或砧木用。

(三)油柿(图 18-3)

油柿又名漆柿、稗柿,原产于我国中部和西南部。江苏、浙江一些地区栽培较多。为落叶乔木,树高 6～7 m,树冠圆形。老树干皮呈灰白色,片状剥落,新梢密生黄褐色短茸毛。叶长卵形或椭圆形,叶面及叶背均密生灰白色茸毛。花单性,雌雄花同株或异株。雌花单生或与雄花同一花序上，位于花序中央，雄花序有花 1～4 朵。果大型，圆形或卵圆形，果面分泌黏液，有短柔毛，果实橙黄色或淡绿色，常有黑色斑纹，果内种子较多，果可生食，但主要用于提取柿漆。其实生繁殖可作柿树砧木。

图 18-2 君迁子

二、主要优良品种

(一)涩柿类

目前经济栽培的涩柿类优良品种主要有磨盘柿、镜面柿、新安牛心柿、高脚方柿、恭城水柿等。

1. 大磨盘柿(图 18-4)

大磨盘柿又名盖柿(河南、山西)、盒柿(山东)、腰带柿(湖南)。为华北地区生食涩柿主栽品种，亦可用于制饼。果实扁圆形，略方，胴部缢痕深而明显，形如磨盘。果实极大，平均单果重 250 g，最大可达 500 g 以上。果皮橙黄色或橙红色。果肉淡黄色，肉质松脆多汁，味甜，无核，可溶性固形物含量 16.6%～18.2%。10 月中下旬成熟，耐贮运。该品种树势强，适应性强，抗寒，抗旱，较抗圆斑病，但抗风力差。喜肥沃土壤，单性结实力强，生理落果少，但大、小年较明显，产量中等。

图 18-3 油柿

2. 托柿(图 18-5)

托柿又名莲花柿(河北)，产于山东、河北等省，是生食、制饼兼用型涩柿品种。果实短圆柱略方形，果顶平，果面具十字形沟纹，缢痕较浅，平均单果重 150 g。果皮薄，橙黄到橘红色。果肉橙红色，多纤维，味甘甜，可溶性固形物含量 21.4%，品质上等。果实 10 月下旬成熟。不耐贮运。该品种高产稳产，易成花，寿命长。适应性强，抗风力极强。

图 18-4　大磨盘柿

图 18-5　托柿

3. 镜面柿(图 18-6)

镜面柿果实平均单果重 195 g。扁圆形，略方。深橙红色，果肉橙红色，汁少，味甜，种子少。果肉易变软，宜软食或加工柿饼。该品种喜深厚土壤，抗旱耐涝，丰产稳产。果实特别适于加工柿饼。主要分布于山东菏泽。

图 18-6　镜面柿

4. 新安牛心柿(图 18-7)

新安牛心柿平均单果重 165 g，大小整齐。长心形，果皮橙红色，果皮细腻。肉质松脆，汁液特多，味浓甜，品质上等，可用于加工柿饼或鲜食。主要分布在河南新安、渑池、济源、沁阳一带。树势强，丰产。

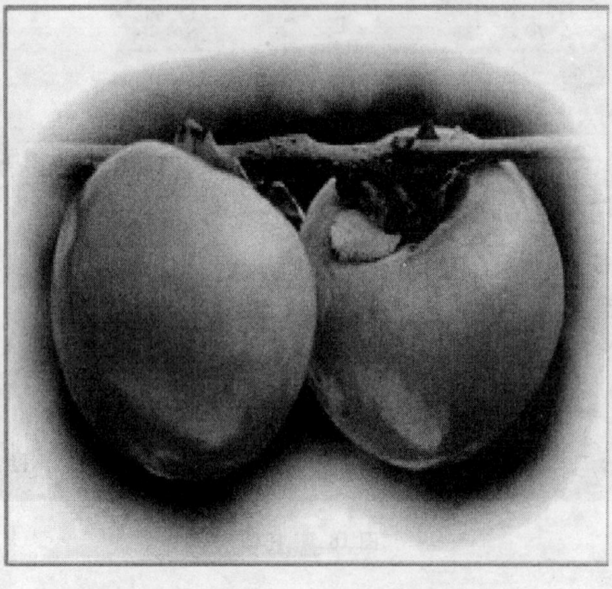

图 18-7　新安牛新柿

5. 高脚方柿(图 18-8)

高脚方柿平均单果重约 158 g,高方圆形,橙黄色。果肉黄色,肉质较粗,汁少味甜,品质上等。主要分布在浙江、江西。树势强健,丰产、稳产。

图 18-8 高脚方柿

6. 恭城水柿(图 18-9)

果实平均单果重约 144 g,高扁圆形,深橙红色。果肉橙色,肉质脆硬,味甜,软化后水质,品质上等,宜加工柿饼或鲜食。分布于广西壮族自治区的恭城、平东等地。该品种与油柿嫁接亲合力强,树势中庸,丰产,质优,但不耐旱。

(二)甜柿类

1. 罗田甜柿(图 18-10)

罗田甜柿原产我国湖北,为生食、制饼兼用甜柿品种。果实扁圆形,平均单果重 100 g,橙红色,着色后即可食用。果肉致密,味甜,含糖 20%,品质中上等。核较多。果实 10 月下旬成熟。不耐贮运。该品种高产、稳产,易成花,寿命长。抗干旱,耐湿热。

2. 富有柿(图 18-11)

富有柿原产日本岐阜县。果实扁圆形,平均单果重 200～250 g,果皮橙红色,熟后浓红色。果肉橙红色,肉质致密,柔软味甜,含糖 18.7%,品质优。一般 10 月下旬采收,11 月中旬至 12 月上旬完熟。能在树上脱涩,宜硬食。该品种与君迁子亲合力差,宜用本砧。树势强健,易形成花芽,丰产,大、小年不明显。易患炭疽病和根头癌病。单性结实力差,应配置授粉树。

3. 次郎柿(图 18-12)

次郎柿原产日本静冈县。果实平均单果重 200～300 g,果实扁圆形,从蒂部至果顶有 4 条明显的纵沟，果皮橙红色，完全成熟时呈红色。果肉黄红色，肉质细脆，汁多味甜，品质上等。核小，亦有无核。10 月中下旬成熟。该品种树冠较小，枝条节间短，结果稳定，需配置授粉树或进行人工授粉。

图 18-9 恭城水柿

图 18-10 罗田甜柿

图 18-11　富有柿

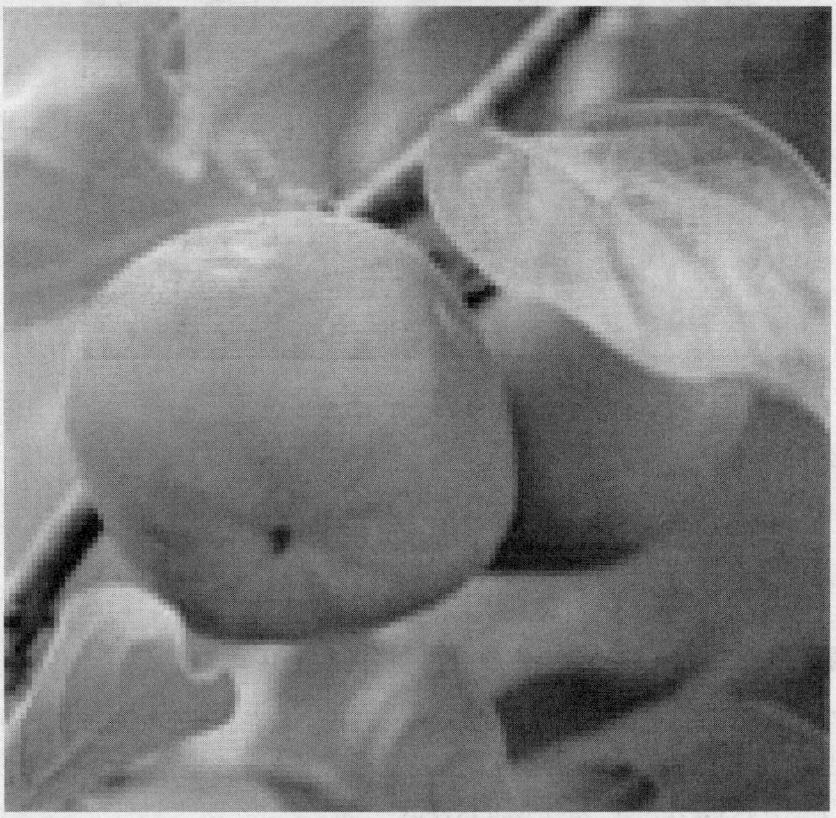

图 18-12　次郎柿

4. 日本斤柿(图 18-13)

日本斤柿是河南省林业科学研究所 2001 年从日本引进,因其重量 1 斤左右,故名日本斤柿。经隔离观察,高接鉴定,嫁接繁殖和河南省多点试验,认为适合河南省各地大力发展栽培。该品种幼树长势健壮,结果后随产量增加树形自然开张。1 年生枝呈灰褐色,皮孔纵长,中下部枝条下垂。叶片呈长椭圆形,叶片较厚,叶色深绿,正面有蜡质,光泽较强,叶背面主脉呈金黄色或绿色,侧脉呈轮生状沿主脉向两侧延伸。叶脉近处有褐黄色绒毛。有腋花芽结果习性,自花结实坐果率高,结果枝上结果部位集中。进入盛果期早,定植后第 2 年开始挂果,第 3 年进入盛果期,大量结果后,树体趋向中庸,无大小年结果现象。果实呈高桩形,果顶平或微凹,果面有明显 4 条纵沟。果实成熟后为橙红色,平均单果重 400 g,最大果实重 650 g 以上。果皮厚,果肉金黄色或橙红色,基本无籽,肉质绵甜,可溶性固形物含量 17%~19%,纤维较小,具有很强的适口性,品质极佳。其适应性和抗逆性均较强。根系发达,抗旱能力较强,对土壤要求不严。沙壤土、黏土均能生长良好,温度适应,5 月底进入盛花期,10 月初果面着金黄色,可采收上市,采收期可延长到 11 月中旬左右,12 月上旬落叶。

图 18-13 日本斤柿

第三节 基本生产技术

一、育苗

柿采用嫁接法育苗。砧木为君迁子、实生柿。枝接一般在 3 月下旬至 4 月上旬,春季萌芽前后,采用劈接、皮下接和腹接法;芽接萌芽在萌芽时采用 T 字形芽接;而 6~9 月份可采用嵌芽接、“工”字形芽接、套芽接和“T”字形芽接方法。

二、建园

(一)品种选择和授粉树配置

柿品种选择要根据立地条件、气候特点、栽培目的和经营规模确定。在交通便利、城镇附近或工矿区，选择果大、色艳、味美、质优、脱涩容易的鲜食品种；反之选择果实中等大、果形整齐、果面光滑、出饼率高、饼质好的品种。经营规模小(1 hm^2 以下)的地方，宜在同一园内选2～3个成熟期大体一致品种，经营规模大(大于2 hm^2)的地方，应不同成熟期品种合理搭配。

(二)栽植

北方柿在春季萌芽前的3月中旬栽植；南方柿在秋季落叶后的11～12月份栽植。滩地、土层深厚的肥沃地株行距为4 m×6 m或6 m×8 m；丘陵、土层较瘠薄的株行距为4 m×6 m或5 m×6 m，而柿粮间作园则采用南北行向栽植，株行距为6 m×(20～30)m。定植前挖长、宽、深各1 m的定植穴，表、心土分放。在表土中每株加入(35＋10)kg饼肥，混合好后待用。苗木选择粗壮，芽大，接口愈合良好的苗木。栽前苗木用清水浸泡24 h。栽时，苗木根系向四周伸展，且与土壤紧密接触。栽后做好树盘，灌透水。待水渗下后用细土覆盖。干旱地区树盘覆1 m^2 地膜，外高内低呈漏斗形。

三、土肥水管理

柿树定植后扩穴深翻；而成年树秋耕或深刨20～30 cm，并避免损伤大根。春季柿园树下覆膜，树盘覆草；而幼园和柿粮间作园，行间种植矮秆作物如花生、甘薯和豆类。并注意清除杂草。3月上中旬施尿素0.5～1.0 kg/株；花前5～10 d，施尿素0.3～0.4 kg/株；6月上中旬定果后及时追施磷酸二铵0.1 kg/株，7月份果实膨大期施磷酸二铵0.12 kg/株＋硫酸钾复合肥0.5 kg/株，9月份果实采收后施磷酸二铵0.12 kg/株＋硫酸钾复合肥0.5 kg/株。采用环状沟沟施或穴施法。在生理落果期每15 d喷1次0.3%～0.5%的尿素，生长季后期叶面喷布0.3%～0.5%的磷酸二氢钾。果实采收后至落叶期施农家肥50～100 kg/株；尿素0.5 kg/株，过磷酸钙1 kg/株，硫酸钾复合肥1.5 kg/株。除每次施肥后灌水外，重点灌好新梢生长期、幼果膨大期和着色后果实膨大期水。一般幼树灌水量50～100 kg/株，成年树100～150 kg/株。灌水方法是盘灌、沟灌、畦灌和穴灌，有条件者最好采用喷灌、滴灌、渗灌、微喷灌等，无灌溉条件山丘果园，采用覆膜或覆草保墒。

四、整形修剪技术

柿树树形有疏散分层形、自然圆头形和纺锤形。树姿直立品种可用疏散分层形；干性弱、分枝多、树姿较开张品种，采用自然圆头形；而成片密植栽培可采用纺锤形。疏散分层形干高1 m左右，第1层主枝3～4个，第2层主枝2～3个，第3层主枝1～2个。层间距60～70 cm，层内距40～50 cm。上下层主枝错落分布。而纺锤形干高50 cm，主枝8～12个，分枝角度70°～85°，在中心干错落分布，相间15～20 cm，在主枝上着生中、小型结果枝组。树高3 m左右，冠径3～4 m。

栽后按树形结构要求定干，选好主枝。休眠期主、侧枝延长枝轻短截或缓放。中心干延长枝剪留约80 cm。注意调整骨干枝角度、长势和平衡关系，衰弱时及时缩剪更新复壮。结果枝组培养以先放后缩为主。徒长枝拿枝后缓放，或先截后放培养枝组。枝组修剪放缩结合，过高、过长老枝组，及时回缩；短而细弱枝组，先放后缩。结果母枝去弱、疏密、留壮，或剪去顶端3～4个花芽。留下结果母枝生长健壮的一般不短截；强旺结果母枝剪去顶端1～3个芽；生长较弱的结果母枝从充实饱满的侧芽上方剪去。如果无侧芽，可从基部留1～2 cm残桩短截。结果枝当年未形成花芽，可留基部潜伏芽短截，或缩剪到下部分枝处。有发展空间的徒长枝短截补空，否则从基部疏去。

柿树萌芽后及时抹除幼树整形带以下的芽，抹除大树上主枝交叉处、锯口附近和大枝拱起处萌发的向上或向下的芽和新梢，留侧下方1～2个新梢培养结果母枝。幼树骨干枝延长枝长至50 cm左右摘心；大树骨干枝上新梢长至30～40 cm时反复摘心，以培养结果枝组；有利用价值的徒长枝留20 cm摘心。盛花期对生长健壮的旺树，在主枝基部、主干中下部或结果枝组上，环剥0.3～0.5 cm，剥口用报纸或塑料膜包扎；并疏除细弱枝、过密枝。幼树整形期间，选留适当健壮枝作骨干枝，对其剪口下第一芽萌发新梢扶正绑直。

五、花果管理

柿树开花前疏花蕾。保留结果枝发育最大、开放最早的花蕾，其余疏除。始果期幼树主、侧枝上花蕾全部疏除。甜柿品种果园防蜂或人工辅助授粉；花期喷0.1%的硼砂+300 mg/kg赤霉素；或0.3%的尿素+0.1%的硼砂+0.5%的磷酸二氢钾，以提高坐果率。花后35～40 d早期生理落果后疏果。首先疏除病虫果、伤果、畸形果、迟花果及易日灼果，保留不受日光直射的侧生果或下垂果，保留个大、整齐、深绿色，萼片大而完整的果实。保留1枝1～2个果，或15～18片叶留1个果。叶片在5片以下的小枝和主侧枝延长枝上不留果。

六、病虫害防治

柿树病虫害主要是“四病三虫”。“四病”是柿黑星病、圆斑病、角斑病、白粉病；“三虫”是柿棉蚧、柿蒂虫、柿小叶蝉。具体防治方法是：休眠期11月份剪除刺蛾虫茧；树干绑草把取下和园内落叶集中焚烧，以杀灭越冬病虫；入冬前喷5°Be石硫合剂；3月份主干、主枝刮粗皮。在主干基部方圆60 cm内堆土，堆高20 cm左右。发芽前，近地面树干上环状刮粗皮，宽20 cm左右，然后涂40.7%的毒死蜱乳油；喷5°Be石硫合剂，或5%的柴油乳剂，以铲除越冬病虫卵；发芽时，沿树干周围0.5～0.8 m以外土施辛硫磷；发芽后喷0.2°Be石硫合剂，石灰倍量式波尔多液，或80%的代森锰锌可湿性粉剂600～800倍液，防治柿黑星病、圆斑病、角斑病、白粉病等病害，并剪除柿黑星病病叶、病果。开花期除去树干基部堆土，摘除虫果，5月份喷2.5%的溴氰菊酯乳油4 000倍液防治柿小叶蝉、柿蒂虫；喷80%的代森锰锌可湿性粉剂600～800倍液，抑制白粉病、炭疽病。6月份喷2.5%溴氰菊酯乳油4 000倍液杀死柿小叶蝉，喷50%辛硫磷乳油600倍液+20号石油乳剂120倍液，防治柿棉蚧；喷1：(2～5)：600倍波尔多液，防治柿圆斑病、角斑病、白粉病。7月份喷20%的甲氰菊酯乳油2 000倍液，或2.5%溴氰菊酯乳油4 000倍液防治柿蒂虫，并摘除其危害果，结合喷波尔多液防多种病害；刮粗皮、绑草把，诱集柿蒂虫越冬幼虫，并加强柿棉蚧的防治。9月份摘除柿蒂虫为害果，喷50%的辛硫磷+20号柴油乳剂120倍液，防治柿棉蚧和柿蒂虫。并喷波尔多液预防炭疽病。果实采收后及落叶期，及时清理果园落叶及柿树病残体。

七、适期采收

根据柿果用途适期采收。榨取柿漆用果实在单宁含量最高的8月下旬采收；涩柿鲜食品种在果实由绿变黄尚未变红时采收；制柿饼用果实在果皮黄色减退呈橘红色时采收；软柿(烘柿)鲜食，在充分成熟、呈现固有色泽而未软化时采收；甜柿品种在充分成熟、完全脱涩、果皮由黄变红、果肉尚未软化时采收。采收采用折枝法或摘果法。折枝法是用手、夹杆或挠钩将果实连同果枝上、中部一同折下。摘果法是用手或采果器将柿果逐个摘下。二者交替使用。采收时轻拿轻放，采后及时剪去果柄，并在分级时将萼片摘去。

第四节　园林应用

园林上应用的柿树(图 18-14)高达 20 m。树干暗灰色，呈黄褐色，多毛。小枝暗褐色，新梢有褐色毛。冬芽肥大，黄褐色，多毛。单叶互生，椭圆形或倒卵形，近革质，先端突尖，基部近圆形，叶面光亮无毛，背面疏生短褐色柔毛。花雌雄异株或杂性同株，雄花聚伞花序，雌花及两性花单生，花冠黄白色。浆果肉质，卵圆形或扁球形、方形等，形状多样，基部有宿存花萼，熟时果皮橙黄或橘红色。花期 5～6 月份，果期 9～10 月份。

柿叶片多为近革质，厚而浓暗，给人以光影闪烁之感；柿叶形优美墨绿油亮。柿叶经霜即红，可用来渲染秋色。柿果具有观赏价值，被广泛应用于园林中，也是园林结合生产的理想选择。柿果实颜色形状大小也各有不同，很多品种在果实观赏特性方面具有优越性。从色泽上分，有红柿、黄柿、青柿、朱柿、白柿、乌柿等；从形状上分，有四棱柿、八棱柿、鸡心柿、牛心柿、金瓶柿、石榴柿、嘴柿、铜盆柿、腰伐柿、莲花柿、镜面柿、面柿、藕柿等形状各异的柿果，观赏价值较高。果实夏季青绿，入秋后变为橙黄、黄红色，美丽可爱，10 月份后树上果实变为橙红色，累累佳实悬于绿荫丛中，极为壮观。柿树树干挺直。树冠开展，高大挺拔，苍劲巍然，夏叶肥枝壮，绿叶满枝，浓荫蔽日。老柿树树姿苍古，枝条弯曲，有着别具一格的观赏性。整形修剪是果树优质高产的主要技术措施，也是果树造型的主要手段，造型设计首先要满足果树生产的要求，在此基础上，与园林艺术相结合，高度体现技术与艺术相结合的特点。可以利用柿树丰富多彩的花色、果色，通过嫁接，把不同栽培品种嫁接在同一棵树上，增加柿树的科学性和观赏价值。如可以按果形将鸡心柿、石榴柿、四棱柿、八棱柿、莲花柿、磨盘柿等品种组合嫁接；也可按果色将红柿、黄柿、青柿、朱柿、白柿、乌柿等品种组合嫁接。选择不同花色、不同果色、不同果形、不同成熟期的果树组合在一个树上，可以延长观赏期，具有独特的观赏价值。

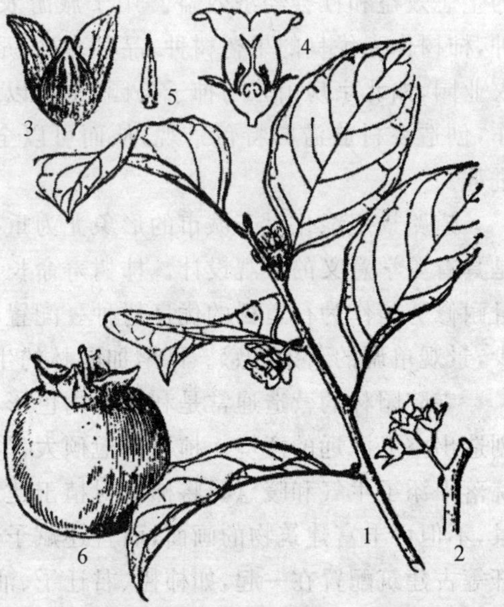

图 18-14　柿

1. 花枝　2. 雄花序　3. 雄花纵切面　4. 雌花纵切面　5. 雄蕊　6. 果

在公园和风景区绿化上，柿树作为形色兼美的景观树种，可在公园和风景区中广泛应用，既可在空旷的平地、山坡或草坪上表现出独立木的姿态美，作为中心景观，发挥中心视点及引导视线的作用，也可与其他植物配植，一般用于草坪中央或边缘、花坛一角、院落或廊架的向阳角隅、园路转弯处、假山登道旁等，构成景观树丛或生态群落。作为观果树种，柿树在园林绿化中不仅丰富了观赏树种，解决了园林景观中植物种类少、缺乏层次、观赏期短的难题，而且还突出了季节的变化，使城市更接近于自然，同时也满足了我国城市建设对新型绿化树种的需求，创造出别具一格的自然景观和人文景观。

城市绿化可选用柿树植于幼儿游戏区和老年人休息场所，既能遮阳，又可利用树下空间进行活动；还可将其配植在庭院空地、小区园路尽端和交叉处；亦可同海棠（*Malus spectabilis*）、丁香（*Syringa oblata*）、紫薇（*Lagerstroemia indica*）等配置在建筑周围、山石一隅，通过因借、对比、烘托等手法，将人工美与自然美有机地组合，使建筑物与山石周围的景观协调一致，从而使居住区和庭院产生出一种生动活泼且季相变化鲜明的景观效果，同时还可优化和改善居住区生态环境。将柿树种植于村庄外围，可营造村庄绿色空间，对调节村镇气候，改善农业生产环境和乡村生态环境有直接效果，同时柿树还具有一定的经济价值，可以增加农民收入。

随着经济发展水平的不断增长，出现了旅游农业这一新的农业开发形式，如观光农业园、乡村旅游景区等，不仅可以大大丰富城镇居民的业余生活，而且又可绿化荒山荒滩，获得理想的生态效益和社会经济效益。用于旅游农业绿化的树种多选择具有特色的果树以及乡土树种，柿树作为优良的果树树种，品种多样，形美高产，内涵丰富，既可以建造以柿文化为主题的农业园，如北京房山张坊柿子公园，也可以通过与茶、食用菌以及其他农作物的复合栽培或间作，创造乡村旅游的特色景观，从而可以全面推动农业的多功能综合开发和农村市场经济的进程。

道路景观绿化对于城市的形象尤为重要，道路水系植物造景不应是简单意义上的绿化，而是具有美学意义的景观设计。柿树寿命长、树干通直、树形优美，花香果艳、叶色具有季相变化且耐修剪是作为行道树的优良树种。配置柿树植物，可缓解秋冬季大量树木落叶，开花树种稀少，景观单调的萧条之感。可增加园林的生气，对营造秋冬季的园林景观更具有重要意义。

寺院园林的营造通常是利用植物色彩、形态、质地，尤其是文化内涵等特征与环境的关系，创造出空灵深远的意境。柿树树冠硕大，果实光艳，深秋叶片像枫叶一样由绿转红，给清冷的院落平添了生气和暖意。将柿树对植于建筑出入口两侧。或磴道石级与桥头的两旁，烘托主景，不但可丰富建筑物的画面，而且还赋予建筑物以时间和空间的生机动态感，常和厅、堂殿、轩等古建筑配置在一起，如柿树、君迁子、油柿、粉叶柿、罗浮柿等均可配植于寺院园林之中。

厂矿地生态绿化是城市绿地系统中不可或缺的一项。厂矿的有毒气体及复杂土壤条件会让普通绿化植物难以生存，故厂矿地绿化难度较高。柿树植物大多为常绿乔木，枝叶繁茂，叶大质厚，不仅季相景观优美，而且对病菌和有毒气体有很强的抗性，能黏附空气中的烟尘，对于改善空气质量有重要意义。因此，可以采取群植的种植形式，以柿树为基调树种，疏密得当、虚实相生，四周再配以其他抗性强的小乔木、灌木如夹竹桃（*Nerium indicum*）、木槿（*Hibiscus syriacus*）、石榴（*Punica granatum* J.）等以及精巧别致的园林小品设施，在降低污染的同时可营造出一个生态、美学相和谐的小环境。

柿树植物可有效地增加园林树种的多样性和景观持续性。充分利用现有栽培体系，把既有生态效益，又能产生较好经济价值的柿树植物纳入景观树栽培范畴，是观赏果树在城市绿化发展中的一条新路。

第十九章

石 榴

石榴原产于伊朗及阿富汗等中亚国家，汉代传入我国。其果实艳丽，籽粒似玛瑙水晶，味甜酸，是一种珍稀鲜食水果。石榴既可生食，也可制成果汁，具有重要的医用疗效。此外，石榴花色艳丽，枝繁果美，是重要的园林观赏和盆景树木。西安市已将其定为市花。

第一节　生物学特性

一、生长结果习性

石榴用嫁接、扦插或分株繁殖的苗木，一般栽后3～4年开始结果，而用种子繁殖的实生苗需10多年才开花结果。石榴经济结果年限60～70年，而寿命则达百年以上。

(一)根系

石榴实生繁殖根系在土壤中水平分布主要集中在主干周围4～5 m，超过树冠投影面积1倍左右的范围内；而垂直分布可深入土壤下15～60 cm。营养繁殖的石榴无明显的主根，其须根发达。另外，石榴根蘖多，可用来进行分株繁殖。

(二)枝条

石榴枝条一般比较纤细，腋芽明显，枝条先端成针刺，皆为对生。枝条通常分为营养枝、结果枝和结果母枝。石榴营养枝是指直接着生叶片进行光合作用制造有机营养物质的枝，一般不能开花结果；结果母枝则是指着生混合芽的1年生枝；而结果枝是指混合花芽萌发抽生的着生花果的新梢(图19-1)。

石榴长枝和徒长枝先端多自枯或成针状，无顶芽。长枝长30～40 cm，一般长枝每年继续扩大树冠。生长较弱，基部簇生树叶的短枝，先端有1个顶芽，这些短枝在当年营养良好情况下，顶芽发育成混合芽，成为结果母枝，次年抽生结果枝，反之，营养不良则仍为叶芽，次年仍生长很弱，仍为短枝。但也有因受刺激而成为徒长枝的。生长强旺的徒长枝年生长量达1 m以上，并发生二、三次枝。这些二次枝、三次枝当年可发育成短枝，而发育较早的二次枝当年能形成混合芽。来年即可发生果枝。

(三)芽

石榴的芽分为叶芽和混合花芽。以季节而变色，有紫、绿、橙三色。叶芽着生于1年生枝叶腋间，其萌发后抽生发育枝；而混合花芽多着生在发育健壮的极短枝顶部或近顶部，萌发后抽生带叶片的结果枝。此外，石榴也有潜伏芽，在受到刺激后，多萌发为徒长性枝条。

(四)花

石榴花以1朵或2朵以上(多的可达9朵)着生在结果枝顶端及顶端以下叶腋间，其中1朵在顶端(顶生花芽)，其余则为侧生(腋花芽)。石榴花分为完全花、中间花型和不完全花三种。完全花是正常花，其花冠大，子房肥大，整个花呈葫芦状（图 19-2）。该种花易完成受精作用而形成籽粒（种子）。中间花型花冠、萼筒较大，近似于圆筒形，其花粉粒略大，部分可正常萌发，但坐果率中等。不完全花是退化花，其花冠小，子房瘦小，呈喇叭形。该种花无受精成为籽粒作用。

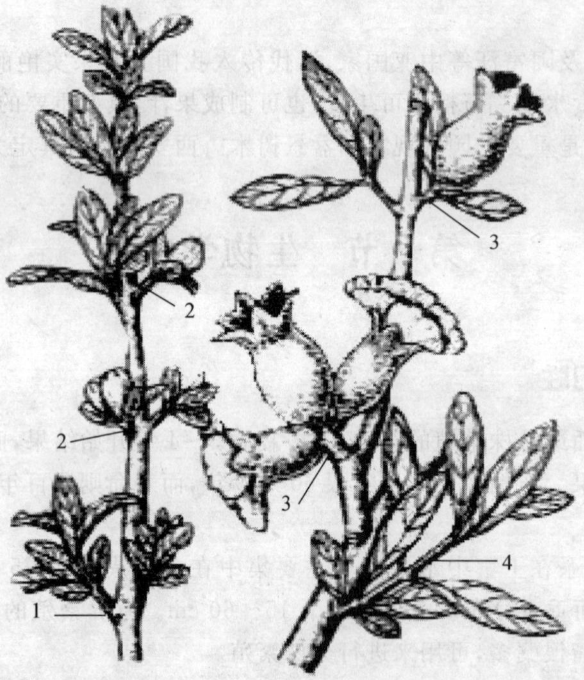

图 19-1　石榴开花与结果状况

1. 短营养枝抽生新梢　2. 短结果母枝抽生结果枝　3. 结果枝　4. 新梢

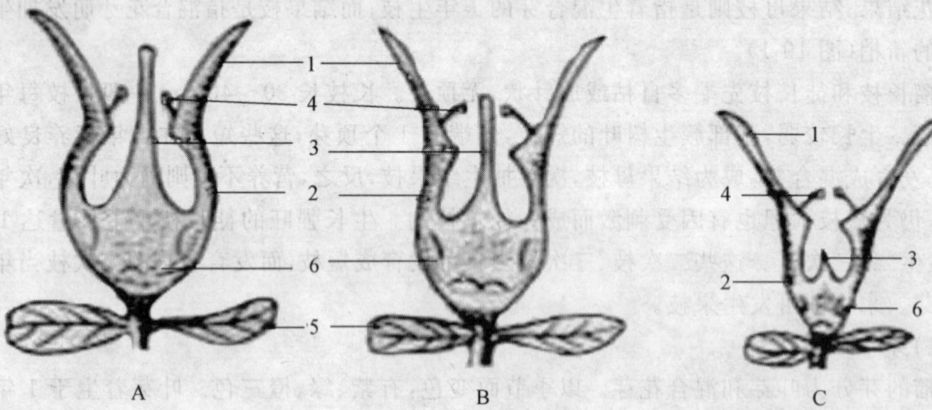

图 19-2　石榴不同类型花的纵剖面

A. 正常(果)花　B. 中间型花　C. 退化型花

1. 萼片　2. 萼筒　3. 雌蕊　4. 雄蕊　5. 托叶　6. 心皮

石榴开花与枝条生长相对应。一般石榴枝条 1 年中有 2～3 次生长，分别抽生春梢、夏梢和秋梢。而每次抽梢都开花结果，因此石榴花期可持续 2～3 个月。根据这种情况，生产上将石榴花期分为 3 期：头花、二花和三花。一般头花最好，坐果率高，果实大，成熟好。而在一个花枝上，顶花先开，侧花后开。

(五)果实

石榴果实生长发育过程分为幼果期、硬核期和转色期 3 个时期。其生长曲线基本属于单 S 形。幼果期出现在坐果后 4～7 周，此期果实膨大最快；硬核期出现在坐果后 6～13 周，该期果实膨大速度显著降低；转色期出现在采前 4～5 周，此期果实膨大再次加快。果实生长从坐果到成熟需要 110～120 d。石榴落花落果的特点是落花重，落果轻。主要集中在盛花后期，脱落量占全年落果总数的 80%～96%。一旦稳定坐果，则很少落果，稳定坐果的标志是幼果转色，即由红(黄)转绿。石榴在成熟前，还会出现部分裂果和落果现象。

(六)种子

石榴种子也叫籽粒，由外种皮、内种皮和胚组成。其中食用部分为多汁的外种皮。内种皮角质，较坚硬，有的内种皮变软则成为软仁石榴，或叫软籽石榴。

二、对环境条件的要求

(一)温度

石榴适宜温暖气候条件。对高温反应不敏感。生长季要求≥10℃有效积温3 000℃以上，而冬季在－15℃以下时，则会出现冻害，故－15℃是石榴能否露地越冬的临界温度。

(二)光照

石榴是喜光树种。在光照充足的条件下，正常花分化率高，果实色泽艳丽，籽粒品质好。光照不足时，生长结果较差，正常花分化率低，果实色泽淡，籽粒品质差。

(三)水分

石榴抗旱耐涝，年降水量 500 mm 以上地区均可栽培。现蕾至初花期，应保持适当的湿润，干旱会引起严重落花落蕾。盛花期阴雨影响授粉受精，但花期降水多也易造成枝叶徒长，加重落花落果；果实膨大期干旱缺水会抑制果实发育；但果实成熟期，要求气候干燥，土壤湿润；而果实采收期过多的雨水会引起裂果。

(四)海拔

海拔高度也就是地势影响石榴的色泽和品质。高海拔果园果实色泽、籽粒品质明显优于低海拔地区。

(五)土壤

石榴对土壤要求不严格，在 pH 值 4.5～8.2 的各类土壤上均可生长，其最适 pH 值 6.5～7.5。一般石榴以灰质壤土或质地疏松、透水性强的沙质壤土最好。石榴的耐盐能力很强，其耐盐力可达 0.4%，是落叶果树中最耐盐的树种之一。

第二节　主要种类和优良品种

一、主要种类

石榴又名安石榴、若榴、丹榴、天浆及金婴等，属石榴科石榴属，为落叶小乔木或灌木。作为栽培仅有石榴一个种。石榴分枝多，嫩枝有棱，略呈方形或六角形，成长后则枝条圆滑。小枝柔韧，不易折断，先端呈针刺状。叶对生或丛生，质厚，全缘，长倒卵形或长椭圆形，先端稍尖，有光泽。花两性，但雌蕊退化的雄花数量多，一朵或数朵着生在当年生新梢的顶端及近顶端树叶的叶腋间，子房下位，萼筒为钟状或筒状，萼筒与子房连生，形成石榴的果皮。花瓣极薄，5～7片，鲜红色或白色，果皮厚，红色或黄褐色或黄白色。子房5～7室，有极薄的膜彼此分离，每室内有多数种子，种子的“外种皮”成为肉质层，成为食用部分，呈鲜红、淡红或黄白色，内含汁液，味甜稍酸，或特酸。本种有两个变种，即重瓣红石榴和白石榴。

在生产上，石榴根据其使用价值通常分为果石榴和花石榴两大类。果石榴以生产果实为主，多为石榴原种，绝大多数栽培品种均属此类。花石榴以观花为主，多做观赏和盆栽，多为重瓣，花色艳丽，观赏价值较高，一般不产生果实，或很少形成果实，如醉美人、墨石榴、一串铃等。

二、主要优良品种

据统计：我国现有石榴品种150个以上，其中食用品种140个，观赏品种极其变种10余个。目前石榴树种当中的优良品种，果实近圆形或扁圆形，果皮鲜红色，果面光洁有光泽，外形极美观，厚度0.5～0.8 cm，质脆，籽粒鲜红色，粒大肉厚，平均百粒重54 g，含可溶性固形物17%～19%，味甜微酸，核小半软，口感好，风味极佳，品质上等。

(一)食用优良品种

1. 泰山红(图19-3)

泰山红是山东省果树所发现于泰山南麓庭院内。果实圆形或扁圆形，平均单果重450 g，最大单果重750 g。果皮鲜红色，果面光洁艳丽。籽粒鲜红色，晶莹剔透，粒大肉厚，平均百粒重54 g，含可溶性固形物的17%～19%，味甜微酸，核小，半软，口感好，风味极佳。产地9月下旬至10月上旬成熟。采收期遇连阴雨易裂果。该品种树势健旺，抗寒耐旱。

图19-3 泰山红

2. 豫石榴系列品种

(1)豫石榴1号(图19-4):树势开张,5年生树冠幅4 m,高3 m,枝条密集,成枝力强;幼枝紫红色,老枝深褐色;幼叶紫红色,成叶窄小,浓绿;花红色,总花量大。平均单果重270.5 g,最大单果重672 g。果形指数0.92。果皮红色,有星点果锈。出籽率56.3%,出汁率89.6%。籽粒可溶性固形物含量14.5%,含糖量10.4%,含酸量0.37%,味酸甜。

图19-4 豫石榴1号

(2)豫石榴2号(图19-5):树冠紧凑,5年生树冠幅2.5 m,高3.5 m,枝条稀疏,成枝力较弱;幼枝青绿色,老枝浅褐色;幼叶浅绿色,成叶宽大,深绿;花冠白色,总花量少。平均单果重348.6 g,最大单果重850 g。果形指数0.90。果皮黄白色,洁亮。出籽率54.2%,出汁率89.4%,籽粒可溶性固形物含量14.0%,含糖量10.9%,含酸量0.16%,味甜。

图19-5 豫石榴2号

(3)豫石榴3号:树势开张,5年生树冠幅2.8 m,高3.5 m,枝条稀疏,成枝力一般;老枝深褐色，幼枝紫红色，成叶宽大，深绿；花冠红色，总花量少。平均单果重 281.7 g，最大单果重 536 g。果形指数 0.85。果皮紫红色，洁亮。出籽率 56%，出汁率 88.5%，籽粒可溶性固形物含量 14.2%，含糖量 10.9%，含酸量 0.36%，味酸甜。

3 个石榴品种雌雄同花，自花结实。1 号、2 号、3 号完全花率分别为 23.2%、45.4%和 29.9%，坐果率分别为 57.1%、59.0%和 72.5%。结果母枝一般为上年形成的枝条，结果枝在结果母枝上抽生，叶片 2～20 个，顶端形成花蕾 1～9 个。强结果枝上的结果枝比例为 83%以上，而结果枝上的结果枝仅为 16%左右。3 个石榴新品种，适宜土壤 pH 值 5.5～5.8。在高肥力地区，丰产性尤为突出；在沙地、黄土丘陵土肥水较差条件下，植株生长中庸，丰产性和果实的优良品质也可表现出来。在－2℃下可安全越冬。3 个品种对干腐病均有良好抗性。扦插苗栽后第三年结果，第五年进入盛果期，盛果期可达 50 年以上。

3. 大红 1 号（图 19-6）

该品种丰产，树体强健，枝条粗壮，叶片中等；果为圆形，单果重 500～800 g，最大果重约1 600 g，皮色鲜红，光洁艳丽，果皮厚 0.5 cm，籽粒红色，百粒重 55 g，营养丰富，含糖量 17%，可溶性物 19%以上，富含钙、磷、铁等微量元素，味甜微酸，口感好，含果汁 69%，品质极佳。早果性强，一般当年栽培，翌年即开花结果，单株结果 15～30 个，3 年后进入盛果期，一般产量2 000～3 000 kg/667 m^2，效益可观。9 月中下旬果实成熟，具有不裂果、耐贮运等特点。

图 19-6　大红 1 号

4. 大果黑籽甜石榴（图 19-7）

大果黑籽甜石榴树势强健，耐寒抗旱，抗病，树冠大，半圆形，枝条粗壮，多年生枝灰褐色，枝条开张性强，叶大，宽披针形，叶柄短，基部红色，叶浓黑绿带红色，树冠紧凑。果实近圆球形，果皮鲜红，果面光洁而有光泽，外观极美观，平均单果重 700 g，最大单果重1 530 g，籽粒特大，百粒重 68 g，仁中软，可嚼碎咽下，籽粒黑玛瑙色，颜色极其漂亮吸引人，汁液多，味浓甜略带有红糖香浓甜味，出籽率 85%，出汁率 89%，籽粒可溶性固形物含量 32%，含糖量 26%，含酸量 7%,品质特优。9 月下旬成熟,耐储藏,是极有发展潜力的石榴品种之一。

(二)观赏和盆栽优良品种

石榴观赏和盆栽品种有半矮化和矮化两种类型。半矮化石榴品种适于庭院种植或作行道树;矮化种作盆植家养即可。其代表品种有醉美人、墨石榴、一串铃等。

图 19-7　大果黑籽甜石榴

图 19-8　醉美人

1. 醉美人(图 19-8)

树冠较大,树形半矮,树姿开张。叶较大,嫩梢、幼叶、萼筒、花瓣均为鲜红色;花冠硕大,直径 20～70 mm;花瓣数极多,有重萼(重台)花。临潼地区每年 4 月初萌芽,5～6 月份开花,花繁似锦,是公园、庭院、行道绿化的上乘树种。

2. 墨石榴(图 19-9)

属极矮生种,树冠极矮,树势较强。枝条细弱,紫褐色,茎刺细密。叶狭小,披针形,浓绿色;嫩梢、幼叶、花瓣鲜红色,花萼、果皮、籽粒紫红色。4 月份萌芽,5～10 月份不间断地开花结果。果实小,圆球形,直径 3～5 cm。秋季充分成熟裂果后,紫红种子外露尤为美观,是家庭养花盆栽、盆景制作的理想树种。

图 19-9　墨石榴

3. 一串铃

为陕西临潼常见结实品种。其树势较弱,树冠较矮,开张。枝粗壮,叶大、绿色。嫩梢、新叶浅红色。萼、花朱红色。筒状花量多,易坐果,成串珠状,果圆球形,平均单果重不足 200 g,故称“一串铃”。果皮底色黄白,阳面浅红至鲜红色。籽粒大,鲜红色,百粒重 40 g 左右,味甜美,可溶性固形物 15%～16%。核软渣少,故又称“软籽石榴”。因其枝干虬曲易造形,且花多易结果,很适于制作盆景。该品种 5～6 月份开花,9 月上中旬成熟。易裂果,不耐贮藏。

第三节 基本生产技术

一、育苗

石榴可采用扦插、分株、压条、嫁接和组织培养等方法繁殖。目前生产上大量育苗以硬枝扦插繁殖苗木为主。苗圃地选择地势平坦，背风向阳，土层深厚，质地疏松，排水良好，蓄水保肥、中性或微酸性的沙质壤土为宜。并且挑选无危险性病害的土壤育苗。扦插前施充分腐熟的有机肥 50～80 kg/株，然后深翻、灌水。土壤解冻前作畦长 10 m，宽 1 m，浅耕耙平后待插。落叶后到萌芽前从生长健壮、优质丰产的优良品种母树上剪取茎基部粗 0.5～1.5 cm 的 1～2 年生枝条，剪去茎刺，湿沙埋入土中贮藏。硬枝扦插在适宜条件下 1 年 4 季均可进行。但以春季硬枝扦插、秋季绿枝扦插易成活。硬枝扦插有短枝插和长枝插两种类型。短枝插枝长 12～15 cm，有 2～3 节。要求下端剪成斜面，上端距芽眼 0.5～1.0 cm 处剪平。短枝插条剪好后立即浸入清水中浸泡 12～24 h。在事先做好的畦内按 30 cm×10 cm 扦插。长枝插在建园或庭院内少量繁殖采用。一般每穴插 80～100 cm 长插条 2～3 根，入土深 40～50 cm，要求插条与地面成 50°～60°。绿枝插在生长季利用半木质化绿枝插条繁殖。大量育苗时，插条长 15～20 cm；扦插建园插条长 80～100 cm。

二、建园

北方平原农区建园选择背风向阳，土层深厚、肥沃，地下水位低于 1 m，pH 值 6.5～7.5 的地段建园；而丘陵山坡地坡度选择在 5°～20°之间地段。品种选择早、中、晚熟品种合理搭配。要求同一园中选花期相同或相近品种。而小型石榴园选 2～3 个品种。栽植方式采用长方形。定植穴宽 50～60 cm，深 80～100 cm。北方春栽，南方秋栽。栽前苗木用清水浸泡 12～14 h，修平伤根，根部蘸泥浆，并按（5～8）：1 比例配栽授粉树。栽后距地面 5～10 cm 处截干平茬。

三、土肥水管理

建园前后土壤改良，掏沙取石，广种绿肥，进行全园深翻。对山岭薄地、较黏重土壤，深翻 0.8～1.0 m；而土层深厚的沙质土壤深翻 0.5～0.6 m，重施农家肥，果园覆盖，树盘培土，在栽后 1～3 年，用豆类或薯类作物间作。株间和树盘内保持土壤无杂草状态。秋季采果后到落叶前后结合深翻改土施入。幼树施土杂肥 7.5～10 kg/株，大树施 50 kg/株，或采用"斤果斤肥"，施肥后灌水。开花前 5～10 d 施清粪水 20～40 kg/株＋尿素 0.1～0.3 kg/株；6 月下旬至 7 月上旬，施三元复合肥 0.4～0.8 kg/株；果实转色前 1 周左右，追施磷、钾为主肥料；施过磷酸钙 1.5～2.5 kg/株，硫酸钾复合肥 1.5～2.5 kg/株。采果后每隔 10～15 d 喷 0.5%的尿素＋0.3%的磷酸二氢钾 2～3 次。水分管理除每次施肥后灌水外，重点灌好萌芽水、花前水、果实膨大水、着色水和封冻水。在雨季做好排水工作，采前 15 d 不浇水。

四、整形修剪

石榴可选用三主枝开心形、单主干自然开心形、双主干"V"形、三主枝自然圆头形等树形。

三主干开心形全树具有 3 个方位角 120°的主枝，每个主枝与地面水平夹角 45°。在每个主枝上配置 3～4 个侧枝，第 1 侧枝距地面 60 cm，第 2 侧枝距第 1 侧枝 60 cm，第 3、4 侧枝相距40 cm。每个主枝上配置 10～15 个大、中型结果枝组。树冠高控制在 3.5～4.0 m。

石榴幼树整形期间，1 年生枝轻短截；3～4 年生幼树，延长枝一般剪留 40～50 cm，侧生枝剪留长度稍短于延长枝。同时疏除树冠内膛各级枝上过密、交叉的小枝，其他枝缓放不剪。盛果期石榴树，疏弱枝留强枝，同时缓放着生混合芽的健壮短枝。衰老期对衰弱的主、侧枝等进行较重回缩剪，一般缩剪主枝的 1/2～1/3。剪口保留结果枝组不缩剪。若采用单主干自然开心形，其整形修剪过程为：定植后在距地面 80 cm 处定干，抽生新梢后留 3～4 个枝条作主枝，其余枝条全部疏除。最下面的主枝距地面 30 cm 以上，主枝与中干夹角 45°～50°，过旺主枝及时摘心。第 1 年冬剪时，在主枝 1/2～2/3 处短截。并且强枝短留，弱枝长留。第 2 年春季萌芽后，在主枝上选留 1～2 个侧枝和部分辅养枝，第 1 侧枝距中心干 40～50 cm，并疏去过密枝。冬剪时，主枝延长枝和侧枝延长枝按第 1 年方法短截。第 3 年每个主枝再选留 1～2 个侧枝，此时树形骨架大致形成，树高 3 m 左右。第 4 年冬剪时，短截中心干和各主侧枝延长枝，疏除徒长枝、过密枝、病虫枝，保留中等结果枝，注意更新复壮结果枝组和调整结果枝数量。夏季修剪主要采用疏除旺枝、密枝等措施改善树体通风透光条件。

五、花果管理

石榴花果管理包括提高坐果率、疏花疏果、果实套袋等几方面内容。提高坐果率应从四方面着手。一是建园时注意合理配置授粉树，并加强土、肥、水管理、病虫害防治和合理修剪。二是花芽分化前在树冠外围挖 40～50 cm 深沟断根，或施多效唑，3～4 年生幼旺树在 5 月下旬至 6 月上旬施多效唑 1.0～1.5 g/株，或 7 月份喷1 500～2 000 mg/L。三是花期疏去过多细小果枝，进行环状剥皮，放蜂、人工授粉，喷布 0.1%～0.2%硼砂、0.05%赤霉素等。能辨出退化花蕾时，及时摘除退化花蕾。四是合理负载。6 月上中旬，1、2 茬花的幼果坐稳后进行疏果：坐果不多时部分枝留双果，坐果足够时留单果。疏除畸形果、病虫果，保留头花果，选留二花果，疏除三花果，不留或少留中长枝果，保留中短枝果。成年树按中短结果枝基部茎粗确定留果量，直径 1 cm 的留 1～2 个果，2～3 cm 留 2～3 个果。一般 3 年生树留果 15～30 个，4 年生留果 50～100 个，5 年生留果 100～150 个。果实发育期，用 1 份 40%辛硫磷∶50 份黄土配成软泥堵萼筒，或在 6 月中旬套 18 cm×17 cm 的纸袋。套袋前喷 1 次杀虫剂与杀菌剂的混合液。采果前 20 d 左右解除果袋。摘除盖在果面上叶片，采用拉枝、别枝、转果或在树盘土壤上铺设反光农膜等，以促进果实着色。

六、病虫害防治

石榴上病虫害主要是“二病五虫”。“二病”是干腐病、早期落叶病；“五虫”是桃小食心虫、桃蛀螟、茶翅蝽、绒蚧、龟蜡蚧等。具体防治方法是：萌芽前刮除枝干翘皮，清理病虫枝果，集中烧毁或深埋，结合喷 3～5°Be 石硫合剂，或 45%的多硫化钡（索利巴尔）50～80 倍液，以消灭树上越冬桃蛀螟、龟蜡蚧、刺蛾等害虫及干腐病、落叶病病菌。萌芽新梢生长期，设置黑光灯或糖醋液诱杀桃蛀螟成虫，结合树冠下土壤喷 50%辛硫磷乳油 100 倍液，并配合树盘松土、耙平，防治桃小食心虫、步曲虫。在树上喷 20%氰戊菊酯乳油 2 000 倍液＋50%的辛硫磷乳油

1 500 倍液＋50％的多菌灵可湿性粉剂 800 倍液，或 80％代森锰锌可湿性粉剂 600～800 倍液等，防治桃小食心虫、桃蛀螟、茶翅蝽、绒蚧、龟蜡蚧等害虫及干腐病、落叶病等。6 月底喷洒石灰倍量式波尔多液或 50％多菌灵可湿性粉剂 800 倍液＋30％的桃小灵乳油2 000倍液，或 20％的氰戊菊酯乳油 2 000 倍液，防治干腐病、落叶病、桃小食心虫、桃蛀螟、木蠹蛾、龟蜡蚧等。摘除桃蛀螟、桃小食心虫为害虫果，碾轧或深埋。剪除木蠹蛾虫梢烧毁或深埋。7 月底喷洒 80％代森锰锌可湿性粉剂 500 倍液，或 70％甲基硫菌灵可湿性粉剂 800 倍液＋20％甲氰菊酯乳油2 000倍液；或 20％氰戊菊酯乳油2 000倍液，或 20％氰戊菊酯乳油2 000倍液，防治桃小食心虫、桃蛀螟、刺蛾、龟蜡蚧、茶刺蝽，干腐病、落叶病等。9 月下旬树干绑草把，诱杀桃小食心虫、刺蛾等害虫；继续喷杀菌剂、杀虫剂保护枝叶。入冬前剪虫梢、摘拾虫果，集中烧毁或深埋，以防治木蠹蛾、桃小食心虫、桃蛀螟等害虫。

七、适时采收

石榴根据品种、籽粒颜色，适时采收。红色品种果皮底色由深绿变为浅黄色，而白石榴果皮由绿变黄时采收。具体应根据实际情况，分批采收，头花、二茬花果采收早，开花坐果晚的三茬花果成熟晚，应晚采。采收时要用采果剪，并注意果梗不要留得太长。

第四节 园林应用

园林用石榴树（图 19-10）高 5～7 m，幼枝近圆形或四棱形，顶端常呈刺状，有短枝。单叶对生，在短枝上簇生，倒卵形或长椭圆形，表面有光泽，背面中脉凸起，先端渐尖或微凹，基部渐狭，全缘。花两性，1～5 朵聚生，花萼钟形，橘红色，质厚，顶端 5～7 裂，花瓣红色，有皱折。浆果具革质果皮，卵球形，顶端有宿存花萼。种子多数，有肉质外种皮。花期 5～6 月份，果期 9～10 月份。花有单瓣、重瓣之分。重瓣品种雌雄蕊多瓣化而不孕，花瓣多达数十枚，花多红色，也有白色和黄、粉红等色。常见变种有白花石榴、黄花石榴、复瓣白花石榴、重瓣红花石榴等。

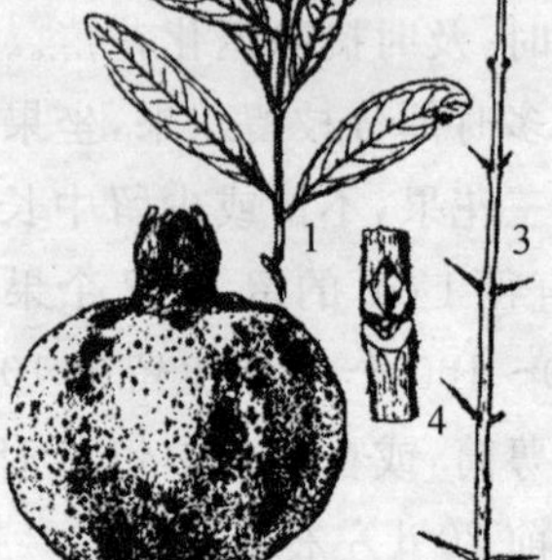

图 19-10 石榴

1. 花枝 2. 果 3. 幼枝 4. 芽

石榴花朵艳丽。石榴的花瓣有单瓣、重瓣之分，重瓣者层层叠叠；石榴的花色有大红、桃红、橙黄、粉白等多种，以红色为最多。红彤彤的石榴花如火如荼、亮丽耀眼；白灿灿的石榴花纯洁素雅、沁人心脾；花边石榴中间粉色，边缘白色，瓣大层多，花期较长，更是观赏石榴品种中的奇葩；各色重瓣观赏石榴，花朵更大，层数更多，类似牡丹，显示出丰满华贵、富丽堂皇的气质。石榴花开于初夏，在绿叶荫荫之中，燃起一片火红，灿若云霞，绚烂之极。世界上西班牙、利比亚等国，把石榴花尊为国花，我国陕西西安、安徽合肥、河南新乡、山东枣庄等城市，也把石榴花定为市花。

石榴果实丰硕。其与佛手、桃子一起，被誉为我国三大吉祥之果。石榴果既甘甜可口、有一定的经济功用，又丰满硕大，有较高的欣赏价值。石榴果状如灯笼，代表吉庆和睦；籽粒饱满，象征繁荣昌盛。另外，石榴果那鲜艳亮丽的颜色，不易脱落的性状，也具有很好的观赏意义。金秋时节，赏过了花，石榴果熟，挂满枝头，丹葩结秀，华实并丽，嘴裂籽露，圆润晶莹，煞为好看。现在生长在我国的石榴，是汉代张骞出使西域时带回国的。石榴具有许多美好的寓意，因而得到了人们的广泛喜爱，我国民间素有视石榴为吉祥物的传统，借石榴多籽来祝愿后代多子多福、家族兴旺繁盛。

石榴树姿奇美。其树干扭曲遒劲，树皮斑驳剥落，有古朴苍劲、雄壮奇异之美，是制作树桩盆景的绝好树种，若再挂几个红红的石榴果，衬托着碧叶褐干，更易做成盆景精品。石榴树枝柔软绵韧，较易整形处理；树根既多又浅，也便于盆栽；耐瘠薄干旱，易于成活，是集观桩、观果为一体发展前景广阔的优良盆景材料。石榴树那虬曲的枝干，横斜的枝条，苍老遒劲的树桩，疏密相间的碧绿叶片，色彩各异、形状奇特的花果，可谓私家园林、百姓绿化之佳品，自古以来就深受人们欣赏喜爱。

石榴树树叶碧绿又有光泽，花色较多且花期较长，果实丰硕饱满而有特色，自然成形较好，是典型的公共园林观赏树种。石榴盆景的色彩多样、姿态各异。一些植株矮化、枝条细密、叶花皆小、花期较长的石榴品种，如月季石榴、紫果石榴等，进行盆中栽植绿化，园林观赏效果较好。对小型盆栽的观花石榴，可用来摆设盆花群或放在室内以供观赏；对栽在大盆内的大型观果石榴，可在花卉装饰中用作立体陈设或作为背景材料。石榴也可孤植。孤植又叫独植、单植，是指为了突出显示树木的个体之美，而采用单株植物孤独种植的配置方式。石榴树的花、果观赏效果都较为显著，石榴树的老干、嫩叶也都极具观赏性，这使得它非常适宜孤植于开阔空旷的地点，如大片的草坪之上、庭院花坛的中心、主干道路的交叉口，以及园林小道的转折点、地形平缓的坡地、敞亮的湖泊池塘驳岸边缘等处。为了突出孤植石榴的个体美，一般要选用树体高大、树形优美、花朵繁盛、果实丰硕的石榴单株。把石榴孤植于居家小院的一隅，在中国古代就是重要绿化方式；石榴孤植这种配置使用方式，在现在较多地适用于街头绿地、居住绿地的绿化、美化。石榴进行丛植，就是把几株至几十株的石榴树，较为紧密地种植在一起，形成致密厚实的石榴树丛，这种配置方式叫做丛植。丛植既能赏其个体美，也能赏其群体美，多用于园林绿地的显耀位置。石榴树最宜丛植于宾馆酒店、影院剧场的院内，以及露天舞池、游廊外侧，或者由民族形式建筑所构成的封闭庭院之中。石榴寿命长、冠幅大、树形美、花果艳、具有显著季相变化、较耐修剪的特点，使用它丛植进行绿化、美化广受欢迎。在一些单位或家庭院落的大门两侧、公共道路的绿地或隔离地段，也常有把石榴树先丛植，后对植于门庭之侧，或列植于廊道两旁，丛植后再复以对植和列植的方式，进行配置使用的现象。石榴群植就是把几十株至上百株石榴树栽培在一起，或把石榴树和其他乔灌木成群搭配种植，这种培植方式称作群植，在公园、游园绿地植物配置中使用频繁。石榴既可以成片栽植突出效果，也可作为常绿植物的点缀伴景。群植石榴树在园林绿化中可作背景使用，在大的自然风景区中也可以作为主景。如随着蜿蜒道路而群植的石榴树丛林，清新优雅，春叶碧绿，夏花吐艳。到了仲秋，果实芬芳变成红黄，点点朱金垂悬于碧叶绿枝之间，相映成趣，风光无限。对群植的牡丹花石榴等小型观赏石榴品种，进行定期地修剪整形，能营造出矮化的石榴丛群带，可代替部分绿篱和草坪，效果极好。园林上可营造石榴树林。如果较大面积、成片地种植石榴树，则会形成可观的石榴树林。用这种方式造林，可以只用石榴树营造纯林，也可用石榴树和其他树木搭配营造混交林。如营造石榴树防护林带、道路隔离带、城郊绿化带以及自然风景区中的名胜风景林、特色农家庄园等。石榴适应性强，栽培区域广，除了吸收二氧化碳进行光合作用、释放大量氧气外，还能吸附大气尘埃、吸收空气中的二氧化硫、氯气、硫化氢、铅蒸汽等有毒有害气体，可减轻污染、净化空气，绿化、环保作用二者兼得。在城市近郊营造大片石榴树林，能改善园林绿地功能，丰富园林绿化景观；在山区阳坡山地营造大片石榴树林，符合灌草先行的植物群落演替规律，能达到树冠截留降雨、树下削减径流的要求，会保持水土、防止冲刷，具有更高的生态、经济和社会效益。

第二十章 无花果

无花果原产地中海沿岸，是世界上最古老的果树之一。其营养丰富，风味独特，具有较高的药用价值，被誉为21世纪人类健康的"守护神"。除鲜食外，无花果还可制成各种加工品果干、果脯、蜜饯等。无花果叶片可制成果茶，还可提取食用香料和类黄酮物质。无花果树姿优雅，枝叶婆娑，其病虫害相对较少，既是无公害果品，也是天然观赏树木。

第一节 生物学特性

一、生长结果习性

无花果为亚热带落叶果树，多为小乔木或灌木。一般无性繁殖的无花果，栽植后2～3年开始结果，6～7年进入盛果期，其经济结果年限为40～70年，而寿命则达百年以上。

(一)根

无花果根为茎源根系，无主根，根系分布较浅。为肉质根。幼嫩须根呈白色，成熟老根为褐色。在土壤水分过多时，根系会因缺氧而窒息死亡。无花果根系在15 cm深地温达10℃时开始生长，20～26℃时进入生长高峰，8℃以下停止生长。

(二)枝、叶和芽

无花果生长势强，并有多次生长习性。幼树新梢及徒长枝年生长量可达2 m以上。其枝开张角度大，萌芽力和成枝力均较弱。树冠稀疏，树冠非常明显。

无花果叶片为倒卵形或圆形，掌状单叶，5～7裂，叶互生、革质。叶面粗糙，叶背有锈色硬毛，叶脉极明显，叶落后在枝条上可留下三角形叶柄痕。

无花果1年生枝上顶芽饱满，中上部芽次之，基部为瘪芽而成为潜伏芽。其寿命可达数十年。在骨干枝易萌发形成大量不定芽，树冠易更新。

无花果在春季气温15℃以上时开始萌发，22～28℃时新梢生长旺盛。萌芽后，新梢从基部3～4节起，在每一叶腋内形成1～3个芽，中间圆锥形的小芽为叶芽，两侧圆而大的芽为花芽，花芽抽生隐头花序。

(三)花和果实

无花果雌雄异花，着生于隐头花序内部，其中普通型、中间型和斯密尔那型无花果只有雌花，而原生型无花果有雌花、雄花以及虫瘿花。虫瘿花是短柱头雌花，也是无花果蜂寄生的场所。种植斯密尔那型或中间型无花果需要配置原生型无花果作为授粉树。如果在新区种植原生型无花果，还需要注意引进无花果蜂。无花果的隐头花序分化与枝条伸长同时进行。除了枝条基部几个节位叶腋间不能形成花序外，其上每片叶片的叶腋中都能分化花序。每年夏天成熟的夏果分布在枝条的顶端，其原基的分化是从前一年的秋季开始(图20-1)。入冬后花序分化暂时停止，开春后继续分化，并往往在叶芽萌动前后开始膨大。形成秋果的花序原基是在当年混合芽萌发前后开始分化的，并随着新梢不断伸长，自下而上地在叶腋间逐渐分化出花序原基。新梢生长、花芽分化、幼果发育以及果实成熟等不同生育阶段相互交融在一起。无花果花托肥大，多汁中空，花托顶端有孔，孔口是空气和昆虫进出的通道，其周围排列许多鳞片状苞片。在果实内壁密生小花1 500～2 800朵。果实形成20 d左右时开花。普通型无花果花托内只有雌花，但无受精能力，胚珠发育不完全，不经授粉受精即可膨大发育成聚合果。

无花果按果实形成时期可分为春果、夏果和秋果。春果结果部位均为上年生枝未曾结果部位，多出现在生长中庸健壮的1年生枝的基部和顶端，但春果数量很少。当年生结果新梢叶腋内分化形成夏果。当年生结果新梢停滞一段生长后，在6月至7月上旬开始2次加长生长，形成秋梢，在秋梢叶腋内分化形成秋果。春果是在腋芽内分化花托原始体后休眠越冬，第2年继续分化形成花的其余器官。夏果和秋果都是在萌芽后抽生的新梢由基部向上，渐次形成。无花果在芽萌发前无花芽分化迹象，形成花芽的途径主要是芽外分化。就是在无花果新梢生长的同时，腋芽内进行花托分化、果实发育等过程。

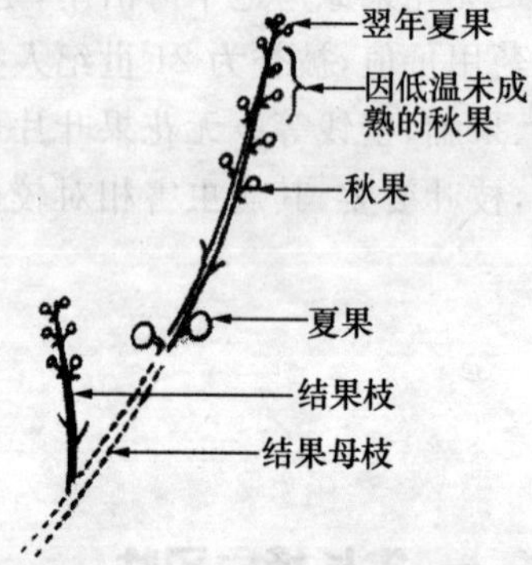

图 20-1　无花果生长结果习性

无花果果实发育分为幼果期、果实膨大期和果实成熟期三个时期。幼果期从果粒膨大到果实绿色鲜嫩，果面茸毛明显，历时10～15 d。该期果实体积和重量增长慢，但细胞数量增长快，果实组织致密紧实。果实膨大期果面逐渐变为深绿色，果面茸毛变少，此期有40～50 d，果实体积增长加快，果肉组织开始变得疏松。果实成熟期果面茸毛几乎全部脱落，果实体积急增，果肉成熟变软，此期只有4～6 d。果实糖分积累急剧上升，果酸含量显著下降，表现出无花果特有的甘甜软糯风味。

无花果果实成熟是从结果枝基部起依次向上逐个成熟，下一节位果实成熟后，临近上个节位的果实才能成熟，集中采果期在7～9月份。

二、对环境条件的要求

(一)温度

无花果喜温不耐寒。以年平均温度15℃，夏季平均最高温度20℃，冬季平均最低温度8℃较为适宜。冬季温度达－12℃时新梢顶端就开始受冻，在－20～－22℃时根颈以上的整个地上部将受冻死亡。在年生长周期内，要求5℃以上生物学积温达4 800℃，对无花果生长最为有利。

(二)光照

无花果为喜光果树。在良好光照条件下，树体健壮，花芽饱满，坐果率高，果枝寿命长，果实含糖量高。

(三)水分

无花果抗旱不耐涝。在积水情况下，树体很快凋萎落叶，甚至死亡。但无花果在新梢及果实迅速生长期需要大量水分。

(四)土壤

无花果对土壤适应范围较广,沙土、壤土、黏土、弱酸性或弱碱性土中均能生长,但以pH 7.2～7.6、土层深厚肥沃、排水良好的沙性壤土最适合其生长和结实。无花果对土壤盐分的忍耐力较强,无论是硫酸盐还是氯化物盐渍土,均可生长,能忍耐 0.3%～0.5%的土壤含盐量,是开发盐碱地的先锋树种之一。但无花果应避免在同一块地上 2～3 年内重复种植。同时避开地下水位高、土壤易积水地块上种植。

第二节　主要种类和优良品种

一、主要种类

无花果属桑科榕属植物。此属约有 600 种,但作为果树商品化栽培的仅有普通型无花果一种。

无花果按照花器构造与授粉特性差异,可分为四个类群:雌雄异花的原生型无花果、雌性花的斯密尔那型无花果、中间型无花果和单性结实的普通型无花果。世界上无花果的主要生产栽培品种大部分为普通型,欧洲及美国加利福尼亚州有斯密尔那型无花果,而我国栽培的无花果皆为普通型。普通型无花果的特点是:隐头花序中只有雌花,不需要经过授粉受精就能自发单性结实。若经异花授粉,也能形成有育性的种子。

(一)原生型无花果(图 20-2)

该种类是小亚细亚及阿拉伯一带原野生种,为该地许多栽培品种的祖先。雌雄同株异花。花序中有雄花、雌花和虫瘿花。雄花着生于隐头花序托内的上半部,虫瘿花密生于花托的下半部,雌花也生于下半部,但为数较少。温暖地区一年能陆续结果,形成春果、夏果和秋果。但是果小,食用价值低,通常作为授粉树者杂交育种的亲本。

图 20-2　原生型无花果

(二)斯密尔型无花果(图 20-3)

自古以来在小亚细亚斯密尔那地方栽培。在花序中只形成雌花,但这种雌花只有经过无花果传粉蜂授粉后才能长成可食的果实。许多制干用的优良品种属于该类。

(三)普通型无花果(图 20-4)

目前,世界各国生产所用的无花果品种多数属于该类型。其特点是隐头花序中只有雌花,而且不需要经过授粉就能自发单性结实。若经异花授粉,也能形成有育性的种子。

(四)中间型无花果

其授粉特性介于斯密尔型无花果和普通型无花果之间。其中第一批隐头花序不经过授粉受精作用就能自发发育形成可食用的果实，类似于普通型无花果；而其后形成的隐头花序必须经过雄花品种授粉才能正常结实，故类似于斯密尔型无花果。

图 20-3 斯密尔型无花果

二、主要优良品种

(一)布兰瑞克(图 20-5)

原产法国，是目前我国推广的优良品种之一。夏秋果兼用，以秋果为主。夏果 7 月中下旬成熟，果数少，多集中在基部 1～5 叶腋中，果呈长卵形，颈小，果梗短，果实大，平均单果重 80 g，最大果重达 150 g，果面淡黄色，光滑而纵浅条不明显，收果量为秋果的 1/10，成熟果易出现细裂纹。秋果 8 月中旬至 10 月中旬陆续采收，延续到下霜为止。其果形不正，为稍偏一方长卵形果。单果平均重 30～60 g，最大可达 100 g。果皮黄褐，果肉红褐色，味甘，可溶性固形物 18%，有芳香味，品质优良。果实基部与顶部成熟度不一致。作为鲜食品种有缺点，是制果干的主要品种，加工制果酱，制蜜饯、做罐头都可，制成的果脯品质优良。该品种长势中庸，树姿半开张，结果性、丰产性好，产量比较稳定，成熟期遇雨果顶易开裂、腐烂。耐盐碱、耐寒力强，黄河以南地区可露地越冬。

图 20-4 普通型无花果

(二)黄果一号

由大黄无花果优良单株中选出，夏秋果兼用种。夏果 6 月下旬成熟，果数中等，长卵形、颈

图 20-5 布兰瑞克

小、果梗短、果实大，一般 120 g 左右，最重达 200 g 以上，果面黄色。秋果 8 月上旬至 10 月份陆续采收，延续到下霜为止。果形为稍偏一方长卵形果。单果重 50～80 g，最大可达 125 g。果皮黄色，果肉红褐色，味甘甜，品质优良。果实基部和顶部成熟度不一致，可作生食和加工兼用，结果性和丰产性好，品质极优。

(三)绿果一号

树冠自然圆头形，树势旺，树姿半开张。本品种为夏秋果兼用，以秋果为主。秋果倒圆锥形，部分果端面呈钝三棱形，果形指数 1.06，果大纵横径 5.4 cm×5.1 cm。平均秋果重 70 g 左右，最大可达 170 g 以上，色泽浅绿，无果顶，果柄粗，极长，果目大，开张，果面平滑，不开裂，近果处有裂纹，果目鳞片呈三角形，果点大，白色，中等密度，凸出果面，果肋明显，果实中空，果肉紫红色，可溶性固形物达 17%。味甜，稍酸，酸甜适中，品质极上。

(四)麦司依陶芬(图 20-6)

麦司依陶芬为原产于美国加利福尼亚州。为夏秋兼用果。夏果长卵圆形，单果重 80～100 g。果皮绿紫色。秋果倒圆锥形，一般单果重 60～90 g，果成熟时紫褐色，皮薄而韧，果肉桃红色，肉质粗，可溶性固形物含量 10%～15%。较甜，香味少，品质中等。树势中庸，枝条较易开张，枝量多，生长量大，丰产。不耐盐碱，耐寒力差，适宜长江以南冬季较温暖地区露地栽培或在北方保护地栽培。

(五)波姬红(图 20-7)

波姬红属普通无花果类型，1998 年由山东省林业科学院从美国德克萨斯州引入我国。波姬红树势中庸、健壮，分枝力强，树姿半开张，新梢年生长量可达 2.5 m，枝粗 2.3 cm，平均节间长 5.1 cm。叶片中等大小，掌状深裂，裂片成条状，叶径 27 cm，裂深 15 cm，叶缘具明显不规则波状锯齿，成熟片叶具有波状叶距，叶色浓绿，叶脉掌状 5 出，叶柄长 15 cm，黄绿色，幼苗期，叶片 2～4 裂，裂较浅、无叶距。果实为夏秋兼用型，秋果为主，始坐果部位 2～3 节，大型果，果色鲜艳，熟果长卵圆形，紫红色，有蜡质光泽，果肋明显，果形指数 1.37，果径短 0.4～0.6 cm，果目鲜红色，中等开张。果肉浅红，中空，秋果单果重 60～90 g，最大单果重 110 g。味甜、汁多，可溶性固型物 16%～20%，品质极佳。耐寒较强丰产性能好。山东济宁嘉祥果熟期 7 月下旬至10月中下旬。

图 20-6　麦司依陶芬

图 20-7　波姬红

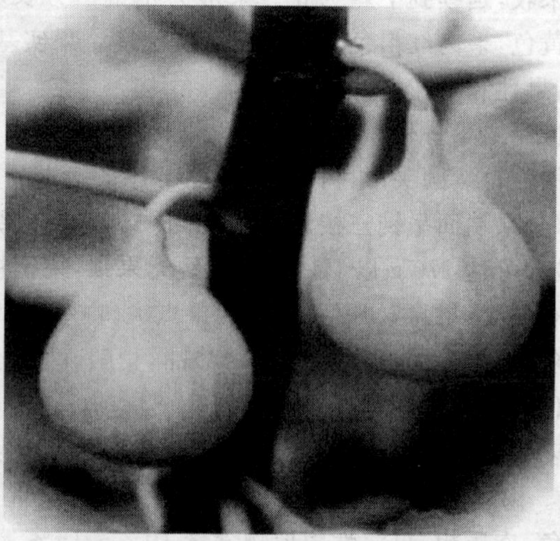

图 20-8　金傲芬

(六)金傲芬(图 20-8)

金傲芬属普通无花果类型。1998年山东省林业科学院由美国加利福尼亚州引入我国。其树冠自然圆头形,树势旺,枝条粗壮直立分枝少,幼嫩枝黄绿色较脆。多年生枝条灰褐色,树干光滑。叶片较大,叶径36 cm,多为掌状分裂,裂度较深(12～15 cm),叶型指数0.94,叶缘具微波状锯齿,叶基多具叶距,叶色浓绿,叶脉掌状5基出,叶柄长14～15 cm。夏秋果为主,始坐果部位2～4节果实大卵圆形,果颈明显,果皮金黄色,有光泽,似涂层蜡质。果实纵横径6.2 cm×6.0 cm,单果重90 g,最大单果重160 g。果目银白色,微开0.5～0.6 cm,果柄长0.9～1.8 cm,果肉淡黄色,致密无空隙,可溶性固型物18%以上,风味佳,品质极上。该品种丰产性能好,耐寒,扦插当年结果,2年生产量9 kg/株以上,山东济宁嘉祥地区果熟期7月下旬至10月下旬，条件适宜可延长至12月份。

(七)日本紫果(图 20-9)

日本紫果属普通无花果类型。为秋果专用品种。该品种树势强旺，分枝力强，1年生枝条基部灰绿色，上部绿色，多年生枝条青灰色。3年生树，新梢年生长量平均1.5 m 以上，枝粗 2.1 cm，平均株抽枝12条，新梢平均节间6.1 cm。叶片大而厚，掌状深裂，裂深18.5 cm，叶形指数0.97，叶柄长10 cm，叶脉显著掌状与基出，叶基2个小裂叶。果实扁圆卵形，始坐果部位3～6节，成熟果深紫色，果皮具白色果粉，果颈不明显，果柄短，0.2 cm 左右。果形指数0.83，果目红色。果肉鲜艳红色，致密，汁多甘甜、味美，果、叶富含微量元素硒，较耐贮运，可溶性固型物18%～23%，品质极佳。该品种丰产，较耐寒，果熟期8月下旬，为目前国内外备受欢迎的鲜食加工兼用优良品种。

图 20-9　日本紫果

第三节　基本生产技术

一、育苗

无花果育苗方法主要有扦插繁殖、压条繁殖、分株繁殖和嫁接繁殖。目前生产上普遍采用硬枝扦插育苗。要求提前贮藏好插条。当春季日均温达到15℃以上时进行扦插。扦插密度为30 cm×40 cm。出苗后插条上仅保留一个新梢生长，培育成高1 m左右，基部直径1.0～1.5 cm的壮苗。

二、建园

鲜食无花果园应建在距大、中城市较近，交通运输方便的市郊。所选地应背风向阳，前茬地未种植过桑树和无花果的地段。品种选择果实大、果形整齐，含糖量高的品种。若主要作为加工原料，则应选择果实黄绿、大小适中、含糖量高且丰产性好的品种。而冬季越冬地区应首先选择抗寒性和抗旱性强的品种。盐碱地建园，应选择耐盐力较强的品种。生产上一般采用计划密植栽培以及常规复合栽培等种植制度。采用计划密植栽培制度，最初株行距(1～2) m×(2～3) m，以后逐年间伐，最后株行距为4 m×6 m，复合栽培制度下种植无花果，株行距为(3～4) m×(5～6) m。宽阔行间选择间作蔬菜、草本药材、花卉和瓜果等。一般盐渍地或适宜地区选择计划密植方式，而城郊地区和冬季需越冬保护地区则选择复合模式。北方一般春季栽植。在气候温暖南方，秋冬季亦可栽植。栽植时采用深坑浅栽方式。定植穴深50～70 cm、直径60～70 cm，施入人粪尿25～30 kg/穴，过磷酸钙2 kg/株，并与土壤拌匀。幼苗栽植后培土压实，浇足水，并在树盘上覆草或地膜。

三、土肥水管理

山丘和黏土区的无花果园，应在初果幼龄期，深翻 2～3 次，深度为 40～50 cm，隔行和隔株进行深翻；并根据土壤类型，中耕除草，深 5～10 cm，保持土壤疏松无杂草状态。盐地的无花果园，采用行间生草或间作物与覆草相结合的土壤管理度；山丘地无花果园，采用覆草和种草相结合的土壤管理制度；平原地区的无花果园，在幼树和初果期，行间可间作豆科作物和蔬菜类作物；密植果园，应实行精细管理栽培。无花果一般落叶后 11 月中旬至 12 月上旬施基肥。施充分腐熟有机肥 3 000～4 000 $kg/667\ m^2$。施肥方法：可在行间或株间，开出宽 30 cm、深 30～50 cm 的施肥沟施入。无花果在条件允许条件下，每年追肥 7～8 次，一般追肥 3～4 次。基肥施足时，第 1 次追肥在新梢旺长时的 5 月份，以氮肥为主，施尿素 200～300 kg/hm^2。第 2～3 次追肥在果实成熟期的 8～10 月份，以复合肥为主，每次施 N、P、K 三元复合肥 250～300 kg/hm^2。施肥方法同基肥。在正常降雨不能满足无花果正常生长发育情况下，及时补充水分。重点是越冬前、发芽期和果实生长发育期的 7～9 月份。灌水的方法，除采用传统的沟灌、穴灌外，还可进行喷灌和滴灌。果实成熟期，多雨季节或低洼地带，要注意及时排除积水或做高垄。

四、整形修剪

无花果大面积栽培地区，应用广泛的树形是多主枝自然开心形。具体整形方法是定植后留 60 cm 定干，培养 3～4 个强壮主枝。当新梢长到 40～50 cm 时摘心，再在每个主枝上培养 2～3 个侧枝。第 2 年春对主枝延长枝中短截，促发健壮枝，如此 3 年树冠形成。纺锤形整形适宜在株行距较大时采用，整形方法是定干高度约 60 cm。保持中心干生长，必要时设立支架。在中心干上培养约 10 个主枝，主枝不分层，螺旋排列。其开张角度 70°～90°。庭院栽培无花果可采用“X”形或一字形。“X”形主干高 50 cm，主枝 4 个。一字形主干高 50 cm，主枝 2 个。两种树形均是将主枝压平呈“X”形或“一”字形，在主枝上培养结果新枝，结果枝间隔为 20～50 cm，结果枝培养 24～26 个/株。修剪时对树冠上强壮的 1～2 年生枝尽量少短截或不短截；过高过长枝组应及时回缩到较粗壮分枝处，细弱枝组也要注意回缩更新复壮。培养粗壮结果母枝。一般休眠期按照树形要求，自然开心形、纺锤形的主枝延长枝在饱满芽处剪留 30～50 cm。当树冠达到结构高度时，主枝回缩到有分枝处。结果枝组过长时，也回缩到有分枝处，尽可能保留 50 cm 以下粗壮短枝。疏除细弱枝、过密枝，留健壮枝结果。“X”形和“一”字形的结果母枝在基部留 2～3 个短截。萌芽后抹除根蘖和剪锯口处的萌芽以及过密、过细弱的新梢，将新梢间距控制在 20～25 cm。

五、果实发育期管理

无花果在幼果形成后，对同时萌发的副梢留一小叶后及早摘除，并简单疏去畸形、弱小、病虫危害果实。在果实青绿转全黄时(果重青绿转全黄时，重约 60 g)进行套袋。在生长后期随着果实采收，逐步摘去下部老叶。保持通风透光。并每隔 7～10 d 喷施 1 次叶面肥，喷施 0.3%～0.5%的磷酸二氢钾、尿素。8～9 月份果实成熟期喷 0.3%硝酸钙。当结果新梢长到一定长度或留果数达到要求时，摘心控制新梢生长。

六、病虫害防治

无花果主要病虫害为炭疽病、角斑病、枝枯病、灰斑病、果锈病、桑天牛、黄刺蛾、东方金龟子等，生产上以综合防治为主。入冬前清除园内枯枝落叶和病残果，集中深埋或烧毁。萌芽前喷 1 次 4°Be 石硫合剂。病害发生初期用 80％代森锰锌可湿性粉剂 800 倍液或 50％的多菌灵可湿性粉剂 800 倍液防治；用 80％敌敌畏乳油 800 倍液或 50％氯丹乳剂 800～1 000倍液或青虫菌 800 倍液防治桑天牛、黄刺蛾。在长约 60 cm 的树条蘸上 80％敌敌畏乳油 100 倍液分散插在地里，诱杀东方金龟子成虫效果很好。

七、适时采收

无花果每年 6 月下旬至 11 月均有果实先后成熟，应分期分批采收，一般每隔 2～3 d 采收 1 次。果实顶部小孔渐渐开裂，果皮出现明显的网纹时采收风味最佳。选无风的晴天或阴天采收，摘果时要轻拿轻放，防止碰压损失，然后按果品标准分级，及时进行销售或入库。

第四节　园 林 应 用

园林上应用无花果(图 20-10)，高达 10 m，有乳汁，树皮灰褐色，平滑或不规则纵裂。小枝粗壮，托叶包被幼芽，脱落后在枝上留有明显的环状托叶痕。单叶互生，宽卵形或近圆形，3～5 掌状裂，少有不裂，边缘有波状齿，上面粗糙，背面有短毛。肉质花序托有短梗，单生于叶腋。隐花果梨形，绿黄色至黑紫色。花期 4～5 月份。

图 20-10　无花果

1. 果枝　2. 雄花　3. 雌花

叶片宽大，果实奇特，夏秋果实累累，是优良的庭院绿化和经济树种，具有抗多种有毒气体的特性，耐烟尘，少病虫害，可用于厂矿绿化和家庭副业生产。也可盆栽观赏。

第二十一章 草莓

草莓是多年生常绿草本果树。其浆果营养丰富，经济价值较高，具有一定的医疗保健价值。草莓浆果成熟较早，一般 5～6 月份即可上市，对保证果品周年供应起到一定作用。草莓除鲜食外，还可加工成草莓酱、草莓酒、草莓汁等各种加工品，经济价值较高。草莓适应性也强，栽培管理容易，结果较早，较丰产。

第一节 生物学特性

一、形态特征及生长结果习性

草莓是多年生常绿草本植物，植株矮小，呈丛状生长，株高一般 20～30 cm。短缩的茎上密集地着生叶片，并抽生花序和匍匐茎，下部生根。植株外形见图 21-1。生长结果习性为根、茎、叶、芽、花和花序、果实等方面。

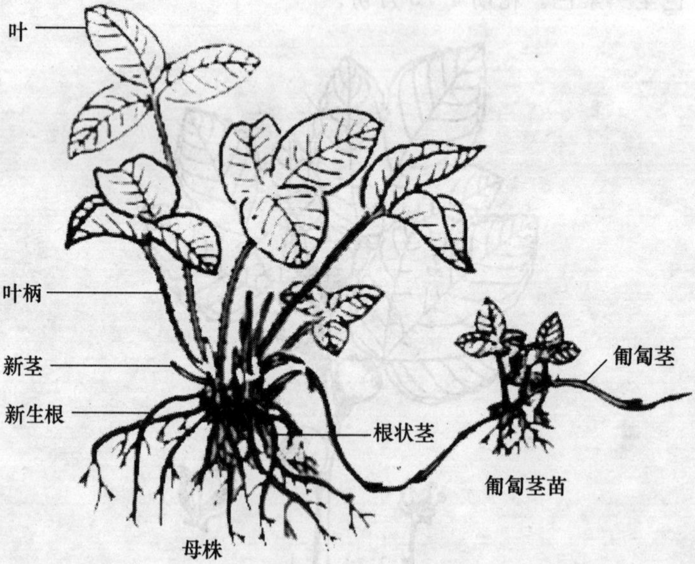

图 21-1 植株

（一）根

草莓为须根系。根由新茎和根状茎上的不定根组成，主要分布在距地表 20 cm 深土层内。新根呈乳白色至浅黄色，老根呈黑褐色，当其生长到一定粗度后不再加粗生长，加长生长也逐渐停止。新茎于第二年成为根状茎后,须根逐渐衰老枯死,而上部根状茎再长出新的根系来代替。随着新茎的部位不断升高,发生不定根的部位也相应升高,甚至露出地面,进而影响新根的产生和过程生长。草莓根的生长比地上部开始早 10 d 左右,结束生长则晚。整个生长期根系都生长,以春季生长最旺盛,其次是晚秋。

(二)茎

草莓的茎有新茎、根状茎和匍匐茎 3 种,其中前两种生长在地下,也统称为地下茎。后一种生长在地上,也称为地上茎。

1. 新茎

新茎是当年生茎,呈弓背形。其加长生长速度缓慢,年生长仅 0.5～2.0 cm,而加粗生长较旺盛,呈短缩茎状态。新茎产生不定根。新茎顶芽到秋季可形成混合花芽,成为主茎的第一花序,且花序均发生在弓背方向。新茎上密生具有长柄叶片,每片叶的叶腋部位着生腋芽,腋芽具有早熟性。当年形成的腋芽,有的当年就发出新茎分枝或萌发成匍匐茎。

2. 根状茎

新茎第 2 年叶片全部枯死后,成为外形似根的根状茎。根状茎是草莓的多年生茎,是一种具有节和年轮的地下茎,是贮藏营养物质的器官。植株生长第 3 年,首先从下部老的根状茎开始,逐渐向上枯死。根状茎愈老,地上部生长愈差。草莓新茎上未萌发的腋芽,是根状茎的隐芽。当草莓根状茎受损伤时,隐芽能发出新茎,并在新茎基部生出新的不定根,很快恢复生长。

3. 匍匐茎

匍匐茎是草莓新茎的腋芽萌发形成,为一种特殊的地上茎。茎细而节间长,萌发初期向上生长,超过叶面高度后便垂向株丛少而日照充足地方,顺向地面匍匐生长。草莓抽生匍匐茎的多少取决于品种、年龄等。一般地下茎多的品种,发生匍匐茎较少。2～3 年生植株抽生能力最强。匍匐茎是草莓的营养繁殖器官。1 年生植株利用匍匐茎的繁殖系数在 20 以上,每条匍匐茎至少能形成 2 株匍匐茎苗。在匍匐茎偶数节(第 2、4、6 节)部位,向上长出正常叶,向下形成不定根,当接触地面时即扎入土中,形成一株匍匐茎苗。在同一母株上早期抽生的匍匐茎能形成高质量的幼苗,并且靠母株越近的幼苗生长发育越好。匍匐茎的第 1 节和第 3 节有的可产生匍匐茎分枝。匍匐茎分枝的偶数节上同样能抽生匍匐茎(称为第 2 次匍匐茎),形成草莓幼株(图 21-2)。

(三)叶

草莓的叶属于基生复叶,由 3 片小叶组成,叶柄较长,一般 10～20 cm,叶密生于短缩新茎上,呈螺旋状排列。叶柄基部与新茎连接的部分,有两片托叶鞘包于新茎上。随着新茎生长,老叶相继枯萎,陆续出现新叶。不同时期长出的叶,其寿命长短不同。从着果到采果前的叶片较典型,能反映该品种的特征。新叶展开后约 30 d 达到最大叶面积,叶片平均寿命 60～80 d。草莓叶片具有常绿性,秋季长出的叶,在环境适宜和保护条件下,能保持绿色越冬,其寿命可长达 200～250 d,翌年春季生长一段时间后才枯死,为新叶所代替。越冬叶片保留多,有利于提高产量。草莓叶片表面密布细小茸毛,小叶多数为椭圆形。叶缘锯齿状缺口,有的边缘上卷,呈匙形;有的平展;也有两边上卷、叶尖部分平展等形状。

(四)芽

草莓的芽可分为顶芽和腋芽。顶芽着生于新茎的尖端,向上长出叶片和延伸新茎。顶芽在夏季结果后进入旺盛生长，秋季开始形成混合花芽，叫顶花芽。第 2 年混合花芽萌发先抽生新茎，在新茎上长出 3～4 片叶后，抽生花序，腋芽着生在新茎叶腋里，也叫侧芽。腋芽具有早熟性，在开花结果期可萌发成新茎分枝，形成新茎苗。夏季新茎上的腋芽萌发抽生匍匐茎。秋末，新茎上腋芽不在萌发匍匐茎，有的形成侧生混合花芽，叫侧花芽，第 2 年抽生花序。未萌发腋芽，有的成为潜伏芽，当植株顶芽手损伤时萌发，有利于植株生存。

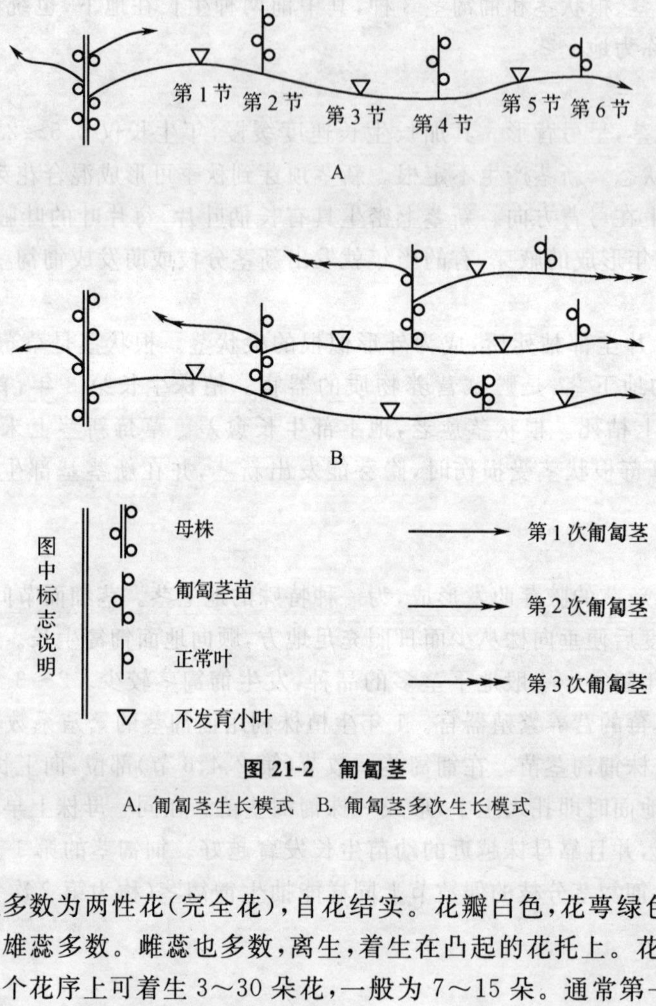

图 21-2 匍匐茎

A. 匍匐茎生长模式 B. 匍匐茎多次生长模式

(五)花和花序

草莓的花绝大多数为两性花(完全花)，自花结实。花瓣白色，花萼绿色，花萼、花瓣均有 5 片或 5 片以上。雄蕊多数。雌蕊也多数，离生，着生在凸起的花托上。花序为聚伞花序，或多歧聚伞花序。一个花序上可着生 3～30 朵花，一般为 7～15 朵。通常第一级花序的一朵中心花最先开，再由两个苞片间形成的两朵二级花开放，每二级花的苞片腋中产生三级花，依此类推。因此草莓开花期拖延较长。

(六)果实

草莓果实主要由花托膨大形成，植物学上称为假果，栽培学称为浆果。果面多呈深红或浅红色，果肉多为红色或橙红色。果心充实或稍有空心。果面嵌生着许多像芝麻粒似的种子(瘦果，为真正果实)。瘦果在浆果表面嵌生深度不同，或与果面平，或凸出表面，或凹入果面，瘦果凸出果面的品种一般较耐贮运。果实大小取决于品种。同一花序中以第一级序果最大，级数越高，果个越小。大果品种第一级序最大果重可超过 60 g。草莓鲜果中约 90％是水分，果实膨大期水分不足会使果实变小。果实膨大期适宜的天气条件是白天气温 20～25℃，夜间气温 10℃左右，日照充足。果实形状是品种特征之一，有圆锥形、楔形、圆形、扇形等(图 21-3)。

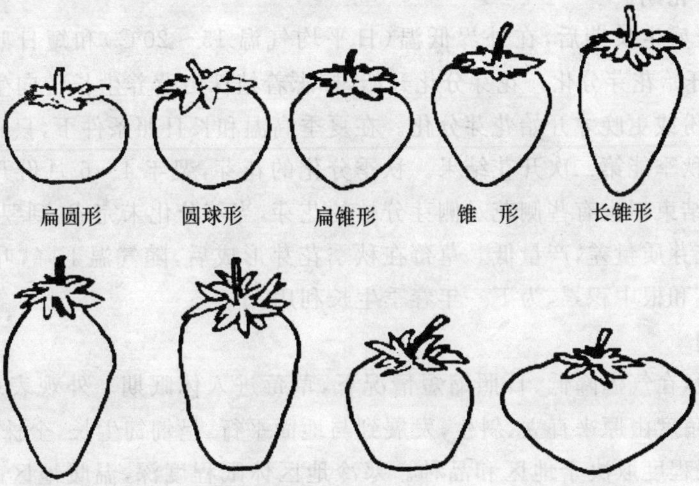

图 21-3 草莓果实形状

二、物候期

(一)萌芽和开始生长期

春季地温在 2～5℃时,根系开始生长。根系生长比地上部早 7～10 d。此时根系生长主要是上年秋季长出的根继续延伸,随地温升高,逐渐发出新根。草莓早春生长主要依靠根状茎及根中贮藏的营养物质。根系生长 7 d 左右茎顶端开始萌芽,先抽出新茎,随后陆续出现新叶,越冬叶片逐渐枯死。春季开始生长时期,取决于各地气候条件:山东、北京、天津等在 3 月上中旬,黑龙江在 4 月下旬。

(二)现蕾期

地上部生长约 1 个月后出现花蕾。当新茎长出 3 片叶,而第四片叶未全长出时,花序就在第四片叶的托叶鞘内显露,之后花序梗伸长,露出整个花序。草莓显蕾后,植株仍以营养生长为主。该期随气温升高和新叶相继发生,叶片光合作用加强,根系生长达到第一个高峰。

(三)开花和结果期

草莓从花蕾显露到第一朵花开放需 15 d 左右。由开花到果实成熟又需 1 个月左右。花期长短,取决于品种和环境条件,一般持续 20 余天。在同一花序上有时甚至第一朵花所结的果已成熟,而最末的花还正在开。因此,草莓的开花期与结果期难以截然分开。在开花期,根停止延长生长,并且逐渐变黄,在根颈基部萌发不定根。到开花盛期,叶数及叶面积迅速增加,光合作用加强。果实成熟前 10 d,体积和重量增加达到高峰,叶片制造的营养物质几乎全部供给果实。果实成熟期在黄河故道地区为 5 月上中旬,河北中部为 5 月中下旬。

(四)旺盛生长期

浆果采收后,植株进入旺盛生长期。先是腋芽大量发生匍匐茎,新茎分枝加速生长,新茎基部发生不定根,形成新的根系。匍匐茎和新茎的大量产生,形成新的幼株。该期是草莓全年营养生长的第二高峰期,可延续到秋末。其间约 1 个月,温度较高,草莓处于缓慢生长阶段,气温超过 30℃时甚至停长,处于休眠状态。秋末随着气温下降,植株生长减缓。

（五）花芽分化期

草莓经过旺盛生长期后，在外界低温（日平均气温 15～20℃）和短日照（日照时数 10～12 h）的条件下开始花芽分化。花芽分化开始，标志着植株由营养生长转向生殖生长。一般品种多在 8～9 月份或更晚才开始花芽分化。在夏季高温和长日照条件下，只有四季草莓才开始花芽分化，当年秋季能第二次开花结果。秋季分化的花芽，翌年 4～6 月份开花结果。花芽分化一般 11 月份结束。也有些侧花及侧芽分枝的花芽，当年分化未完成，到翌年春季继续进行。当年春季分化花芽质量差，产量低。草莓在秋季花芽形成后，随气温下降，叶片制造的营养物质开始转移到茎和根中积累，为下一年春季生长利用。

（六）休眠期

花芽形成后，在气温降低、日照缩短情况下，草莓进入休眠期。外观表现为叶柄短，叶片小，叶片发生的角度由原来直立、斜生，发展到与地面平行，呈匍匐生长，全株矮化莲座状，生长极其缓慢。休眠程度取决于地区和品种。寒冷地区休眠程度深，温暖地区品种休眠程度浅。导致草莓的外界条件主要是低温和短日照，其中以短日照时间长短影响最大。

三、对环境条件要求

（一）温度

草莓对温度适应性强。春季当气温达 5℃时，开始生长。此时抗寒能力降低，遇到－9℃的低温就会受冻害，－10℃时大多数植株死亡。草莓根系在 10℃时生长较快，最适生长温度为 18～20℃。秋季气温降到 2～8℃时，根生长减弱。地上部生长发育最适温度为 20～26℃。开花期低于 0℃或高于 40℃，都影响授粉与受精和种子的发育。花芽分化应在低于 17℃条件下进行，当降到 5℃以下时，花芽分化停止。

（二）水分

草莓生长发育过程中需要充足的水分。但在不同生长发育期，对水分要求量不一致。早春开始生长期和开花期，要求水分不低于土壤最大持水量的 70%，果实生长和成熟期需要水分最多，要求在土壤最大持水量的 80%以上，果实采收后植株进入旺盛生长期，要求土壤含水量在 70%左右，秋季九十月份植株要求水分较少，土壤含水量要求 60%。不仅土壤含水量对草莓植株生长发育有影响，空气相对湿度也有影响。空气相对湿度过高或过低均不利于草莓花药开裂和花粉萌发。一般以空气相对湿度达 40%左右最适宜花药开裂和花粉萌发。随着空气相对湿度增加，花药开裂率直线下降，当空气相对湿度达 80%时，花药开裂率和花粉萌发率均很低。

（三）光照

草莓喜光，又比较耐阴，可在果树行间种植。草莓不同生育阶段对光照要求不同。在花芽形成期，要求每天 10～12 h 的短日照和较低温度；花芽分化期需要长日照。在开花结果期和旺盛生长期，草莓需要每天 12～15 h 的较长日照时间。

（四）土壤

草莓适宜在疏松肥沃、地下水位较低（1 m 以下）、通气良好的呈中性或微酸性的沙壤土上生长良好。沼泽地、盐碱地、黏土沙土都不适于栽植草莓。一般黏土上生长草莓果实味酸、色暗、品质差，成熟期比沙土晚 2～3 d。

第二节　主要种类和优良品种

一、主要种类

草莓属蔷薇科草莓属。本属植物共有约50个种，分别起源于亚洲、欧洲和美洲，在众多种中，目前只有凤梨草莓被广泛栽培，其他均处于野生、半野生状态。

(一)凤梨草莓(图21-4)

凤梨草莓也称大果草莓，广泛分布于陕西、甘肃、四川等省。生长于山坡、草地。株高6～15 cm。花茎高出地面，密被开展绒毛。羽状五小叶，质地较厚，倒卵圆形或椭圆形。叶柄长于叶片，密被开展柔毛。花梗、萼片均被柔毛。浆果椭圆形，红色，萼片反卷。

图21-4　凤梨草莓

(二)东方草莓(图21-5)

东方草莓在我国东北、华北、西北都有分布。其野生于山坡、草地或林下等处。植株高约20 cm，全株密生长绒毛。小叶3枚，卵状菱形，表面绿色，有毛，背面灰白色，幼叶、花茎均被绒毛。花较大，浆果圆形或圆锥形，红色。可生食或加工。

图21-5　东方草莓

(三)森林草莓(图21-6)

森林草莓也称野生草莓，二倍体种，在亚洲、欧洲、美洲和非洲的部分地区均有分布。其植株矮小，直立性强。叶面光滑，背面有纤细茸毛。花序高于叶面，花梗细，花小，直径 1.0～1.5 cm，白色，两性花。果小，圆形或长圆锥形，红色或浅红色。萼片平贴，瘦果突出果面。该种有许多变种，如四季草莓，果小，种子较大，发芽力极强。

图 21-6　森林草莓

(四)短蔓草莓(图 21-7)

短蔓草莓也称绿色草莓，二倍体种，分布于欧洲北部到中亚草原地带。其植株外形与森林草莓相似，但很少发生匍匐茎。叶片薄，浓绿色。花序直立，两性花。花初开时为黄绿色，不久转为白色。果实成熟时为绿色，唯有阳面红色。种子凹入果面。春季与秋季两次开花。

图 21-7　短蔓草莓

(五)麝香草莓(图 21-8)

麝香草莓也称蛇莓，六倍体种，主要分布在欧洲的森林及灌木丛中。其植株高大。叶大，淡绿色，叶面有稀疏茸毛，具有明显皱褶，叶背密生丝状茸毛。花序显著高于叶面，花大，白色，雌雄异株。果实较小，长圆锥形，深紫红色，有明显颈状部。果肉松软，香味极浓。萼片反卷。

(六)五叶草莓

五叶草莓分布于陕西、甘肃、四川等省。生长于山坡、草地。其植株高 6～15 cm。花茎高出叶面，密被开展柔毛。羽状五小叶，质地较厚，倒卵圆形或椭圆形。叶柄长于叶片，密被开展柔毛。花梗、萼片均被柔毛。浆果椭圆形，红色，萼片反卷。

图 21-8　麝香草莓

二、主要优良品种

(一)幸香(图 21-9)

日本最新品种,是以丰香做母本,爱美为父本杂交选育而成。该品种植株生产势强,植株半直立,匍匐茎抽生能力强,果为圆锥形,果形正,无畸形果,果色鲜红色,果实硬度好,是目前日本品种中最好的一个。该品种在日本有取代"丰香"的趋势。

图 21-9　幸香

(二)枥乙女(图 21-10)

新引进日本中熟品种,亲本为久留米 49 号×枥峰,植株生长势强旺,叶色深绿,叶大而厚,大果型品种,果圆锥形,鲜红色,有光泽,果面平整,果肉淡红,果心红色,酸甜适口,品质优,果实较硬,抗病性较强。

图 21-10　枥乙女

(三)章姬(图 21-11)

日本特早熟品种,休眠期浅,生长势强,聚伞形花序,花序抽生量大,果为长圆锥形,口味甜香,品质特好,果质细腻,产量较高,苗期易感叶部病害,应注意防治,可作为近市场地区栽植。

图 21-11　章姬

（四）港丰

港丰也称丰香变异，植株生长势健强，植株半开张，叶片椭圆形，较大，叶色浓绿，匍匐茎抽生能力特强，花序抽生量大，平于或高于叶面，亩产量达3 000～3 500 kg/667 m^2。

（五）卡尔特一号（C）

卡尔特一号也称玛丽亚，西班牙中熟品种，植株长势强，叶片较厚，呈椭圆形，叶缘锯齿浅，颜色浓绿，抽生匍匐茎能力较弱，但成苗率较高，常规苗易感蛇眼病，果实为圆锥形，果面鲜红色，有光泽，肉质淡黄色，风味芳香酸甜，硬度好，耐运输。第一级序果均重 35 g 左右，最大单果重 70 g。休眠期较深，5℃以下低温 500～600 h 可打破休眠。

（六）鬼怒甘（图 21-12）

日本早熟品种，植株高，叶片大，生长势极度旺盛，几乎无生长衰弱期，繁殖力很强，花序低于叶面，果为圆锥形，种子红色微凹果面，果色浓红，有光泽，果肉细腻味甜，香味浓，品质佳，一级序果均重 40 g，最大单果重 70 g。硬度较好，休眠期浅，打破休眠所需 5℃以下低温 70 h 左右，极耐寒和抗高温，适宜各种形式栽培。

图 21-12　鬼怒甘

（七）哈尼

美国中早熟品种，植株生长势较强，中庸健壮，半开张，繁殖力强，抗蛇眼病。叶片中等偏大，椭圆形，叶较厚，深绿色，光滑。果实中等大小，圆锥形，整齐，果面深红色，有光泽，果肉全红，汁液多，风味酸甜有香味，果实硬度好，耐运输。较丰产，果个大，一级序果均重 19 g，最大果重 38 g。匍匐茎抽生能力中等。适应性非常强，抗病能力较强，但对黄萎病和红中柱根腐病的抗性较弱，适合露地栽培。

（八）明晶

沈阳农业大学从草莓品种日出的实生苗中选出，1989 年通过辽宁省农作物品种审定委员会的审定。该品种植株生长势强，株态较直立。叶片椭圆形，略呈匙状，较厚，颜色较深。花序低于叶面，果实大，第一级序果平均单果重 27 g。果实近圆形，果面红色，光泽很好。果肉红色，致密，髓心小，果汁多，风味酸甜爽口。果皮韧性强，果实硬度大，耐贮运。单株平均抽生花序 1.8 个，产量较高。适应性强，适宜栽培地区广泛，抗逆性强，特别是抗寒性较强，抗病。适合露地栽培。

（九）全明星（图 21-13）

该品种是美国农业部马里兰州农业试验站杂交育成。亲本为 US4419×MDUS3184。植株生长势强，株态较直立。叶片较大，叶色深绿，叶面平展。果实圆锥形，果面鲜红色，有光泽，果个大，整齐美观，肉质细腻，风味酸甜，鲜实和加工兼用品种。果面和果肉的硬度都很大，耐贮运性极强。休眠较深，中晚熟，丰产性强。匍匐茎抽生能力中等。适应强，耐高温、高湿，抗黄萎病和红中柱根腐病，适合半促成栽培和露地栽培。

（十）森嘎拉

森嘎拉为德国品种，树势中庸，叶片深绿色。果实中等大小，圆锥形，果面深红色，果肉红色，汁液多，风味甜酸，品质优良，果实较软，是优良加工品种。植株抽生花序能力强，有 5～9 个花序/株。植株抽生匍匐茎能力较弱。适应性较强，抗病力中等，适合半促成栽培和露地栽培，产量可达1 500～2 000 kg/667 m^2。

图 21-13 全明星

第三节 基本生产技术

一、育苗

草莓育苗方法有匍匐茎分株、新茎分株、播种、组织培养等法，目前生产上主要以匍匐茎苗进行繁殖。匍匐茎分株繁殖草莓，生产上常有两种方式：一是利用结果后的植株作母株繁殖种苗，即当生产田果实采收后，就地任其发生匍匐茎，形成匍匐茎苗，秋季选留较好的匍匐茎苗定植。该法产生的茎苗弱而不整齐，直接影响第二年产量，一般减产 30% 以上。二是以专用母株繁殖秧苗，就是母株不结果，专门用以繁殖苗木。此法可以培育壮苗，可在生产上大面积推广。具体技术如下。

(一)繁殖田准备

繁殖田选择疏松，有机质含量 1% 以上的土壤，排灌方便的地块。定植前整地作畦，施充分腐熟农家肥 4～5 t/667 m^2，尿素 15 kg/667 m^2，耕翻、耙平、清除杂草，做成平畦或高畦，畦宽 1 m。

(二)母株选择和定植

母株选择品种纯正，植株健壮，根系发育良好，无病虫害的植株。9 月上中旬定植。在每畦中部定植 1 行，株距 30～40 cm。根据品种抽生匍匐茎的能力，抽生强的适当稀些，抽生弱的适当密些。栽植时植株根系自然舒展。培土程度为土覆平后既不埋心又不露根为宜。

(三)繁殖田的管理

母株越冬后早春抽生花序，及时彻底摘除。匍匐茎抽生时期，加强土、肥、水管理。土壤保持湿润、疏松，适当追氮、磷、钾复合肥 10 kg/667 m^2，施肥后及时灌水，松土除草。在 6 月份匍匐茎大量发生时期，经常使匍匐茎合理分布，进行压土。干旱时选早晨或傍晚每周灌水 1 次。7～8 月份匍匐茎旺盛生长期，在匍匐茎爬满畦面，出现拥挤时，及时间苗、摘心。8 月底形成的茎苗可在 8 月上中旬各喷 1 次 2 000 mg/kg 矮壮素。匍匐茎抽生差的品种喷洒植物赤霉素 (GA_3)50 mg/L。四季草莓品种在 6 月上、中、下旬和 7 月上旬各喷 1 次 50 mg/kg 的 GA_3，每株喷 5 mL,结合摘除花序,效果明显。

(四)茎苗假植及管理

茎苗假植时间在 8 月下旬至 9 月上旬。假植地块要求排灌水方便,土壤疏松肥沃。在整地作畦时撒施足量的腐熟有机肥及适量的复合肥。在假植苗起出前 1 d 对母株田浇水。茎苗起出后,立即将根系浸泡在 70%甲基托布津可湿性粉剂 300 倍液或 50%的多菌灵液 500 倍液中 1 h。假植株行距(12～15) cm×(15～18) cm。假植时根系垂直向下,不弯曲,不埋心,假植后浇水。晴天中午遮阳,晚上揭开。1 周内早晚浇水,成活后追 1 次肥,9 月中旬追施第 2 次肥,追施氮、磷、钾复合肥 12～15 g/m^2。经常去除老叶、病叶和匍匐茎,保留 4～5 片叶。假植 1 个月后,控水促进花芽分化。

二、建园

草莓园地选择地势较高、地面平坦、土质疏松、土壤肥沃、酸碱适宜、排灌方便、通风良好的地点。坡地坡度不超过 2°～4°,坡向以南坡和东南坡为好。前茬作物为番茄、马铃薯、茄子、黄瓜、西瓜、棉花等地块,严格进行土壤消毒。大面积发展草莓,还应考虑到交通、消费、贮藏和加工等方面的条件。栽植草莓前彻底清除园地杂草,有条件的地方采用除草剂或耕翻土壤,彻底消灭杂草。连作草莓或土壤中有线虫、蛴螬等地下害虫的地块,栽植前进行土壤消毒或喷农药,消灭害虫。连作或周年结果的四季草莓,一般施用腐熟的优质农家肥5 000 kg/667 m^2 以上＋过磷酸钙 50 kg/667 m^2＋氯化钾 50 kg/667 m^2,或加氮、磷、钾三元复合肥 50 kg/667 m^2。土壤缺素的园块,可补充相应的微肥或直接施用多元复合肥。全园均匀地撒施肥料后,彻底耕翻土壤,使土肥混匀。耕翻深度 30 cm 左右,耕翻土壤整平、耙细、沉实。土壤整平、沉实后,按定植要求作畦打垄。北方常采用平畦栽培,畦宽 1.0～1.2 m,长一般 10～15 m,畦埂宽 20～30 cm,埂高 10～15 cm。采用高畦栽培根据当地情况。一般畦宽 1.2～1.5 m,高 15～20 cm,畦间距 25～30 cm。在北方地区有灌溉条件可起垄栽培:垄宽 50 cm,高 15～20 cm,垄距 120 cm(大果四季草莓垄可再宽些)。该形式更适合地膜覆盖,还可减少果实污染和病虫害的发生。栽植前大小苗分开,分别栽植管理。栽苗时应注意栽植方向,一季草莓要求每株草莓伸出的花序均在同一方向,栽苗时应将新茎的弓背朝预定的同一方向栽植。垄栽时让花序向外,即苗的弓背向外。平畦栽时新茎弓背向里。四季草莓赛娃、美得莱特的新茎,栽植时不考虑方向问题。

栽植深度是苗心的茎部与地面平齐,即“深不埋心,浅不露根”的原则。栽后要立即灌透水。在干旱情况下,栽后 1 周内每天浇小水 1 次,1 周后每 2～3 d 浇 1 次水,不大水漫灌,畦面不积水。灌水后还应及时检查,露根或淤心苗及时进行调整。缓苗后检查补苗。

栽植贮藏苗时,宜先将苗箱放置阴凉处 2～3 h,然后将苗取出,将苗立于水槽内 2～3 h。为了提高苗子的成活率,栽植前后还要注意:一是要选择壮苗。二是起苗前圃地浇透水,摘除老叶,起苗时尽量少伤根系,起出的苗要放在阴凉处。外地引种,注意降温保湿。三是有条件时带土栽植或随移随栽。四是定植前去除老叶,只留 3 片未展开新叶。五是选择阴天或傍晚栽植。六是及时浇水。七是药剂处理,定植前用萘乙酸 5 mg/kg 浸灌根系或用 ABT 生根粉处理以提高成活率。

三、土肥水管理

草莓栽植成活后和早春撤除防寒物及清扫后,及时覆膜;而不覆膜栽植草莓,要多次进行浅中耕 3～4 cm，以不损伤根系为宜。但在草莓开花结果期不中耕。采果后，中耕结合追肥、培土进行，中耕深 8 cm。而四季草莓则少耕或免耕，最好采取覆膜的办法。草莓园田间可采用人工除草，覆膜压草，轮作换茬等综合措施进行。为减少用工，以除草剂除草为主。草莓移栽前 1 周，将土壤耙平后，每 667 m^2 用 48%氟乐灵乳油 100～125 mL＋水 35 kg，均匀喷雾于土表，随机用机械或钉耙耙土，耙土要均匀，深 1～3 cm，使药液与土壤充分混合。一般喷药到耙土时间不超过 6 h。氟乐灵特别适合地膜覆盖栽培，一般用药 1 次基本能控制整个生长期的杂草。或者用 50%的草萘胺(大惠利)可湿性粉剂(100～200) g＋水 30 kg 左右，均匀喷雾于土表，对草莓安全有效。也可将已出土杂草铲除干净后，用 40%的西玛津胶悬剂(200～500)mL＋水 40 kg 左右，均匀喷于表土，可收到良好效果。但使用任何除草剂时，土壤不要太干燥，一般掌握在田间最大持水量的 50%～60%，才能起到应有效果。草莓苗期人工除草后，在马齿苋、看麦娘、狗尾草、稗草等杂草 3～5 叶期，每 667 m^2 用 35%的精稳杀得乳油(40～70)mL＋水 40 kg 喷雾；或每 667 m^2 用 10%禾草克乳油(40～125) mL＋水 35 kg 均匀喷雾于杂草的茎叶上。草莓一般土壤追肥 3 次：第 1 次在萌芽前一般每 667 m^2 施复合肥 10～15 kg，或用尿素 7～10 kg；第 2 次在开花前施入。以磷、钾肥为主，兼施适量的尿素，或施氮、磷、钾复合肥每 667 m^2 施 8～10 kg；第 3 次在采果后施入尿素 10～15 kg/667 m^2，以补充土壤营养的不足，保证植株健壮生长，促进花芽分化，提高植株越冬能力。四季草莓 1 年 4 季连续开花结果，一般每年追 5～8 次氮磷钾复合肥。生长季节，结合防治病虫可多次叶面喷肥，喷施 0.2%～0.3%的磷酸二氢钾。四季草莓叶面追肥。草莓对水分的要求较高，栽植后灌好缓苗水以缩短缓苗期，每次追肥后及时灌水。从开花期到浆果成熟期间，干旱年份，生长季应视土壤的干旱情况增加浇水次数，始终保持土壤田间持水量的 70%左右。在有条件的地方，应采用滴灌。多雨年份，雨季应注意排水防涝。

四、植株管理

草莓必须及早摘除匍匐茎。摘除匍匐茎比不摘除增产 40%。草莓一般只保留 1～4 级花序上的果，其余及早疏除，每株留 10～15 个果。为提高果实品质，在花后 2～3 周内，在草莓株丛间铺草，垫在花序下面，或者用切成 15 cm 左右的草秸围成草圈垫在果实下面。适时摘除水平着生并已变黄的叶片，以改善通风透光条件，减轻病虫发生。

五、病虫害防治

草莓病虫害主要有灰霉病、炭疽病、病毒病、根腐病、芽枯病、叶枯病、蛇眼病；蚜虫、叶螨、蛴螬、叶甲、斜纹夜蛾等。其防治技术是采用以农业防治为主的综合防治措施：选用抗病品种；培育健壮秧苗。具体措施：一是利用花药组培等技术培育无病毒母株，同时 2～3 年换 1 次种；二是从无病地引苗，并在无病地育苗；三是按照各种类型的秧苗标准，落实好培育措施，并注意苗期病虫害防治。加强草莓栽培管理，可有效地抑制病虫害的发生，具体措施有：施足优质基肥，促进草莓健壮生育；采用高畦栽植，改善通风透光条件；掌握合理密植，降低草莓株间湿度；进行地膜覆盖，避免果实接触土壤；防止高温多湿，创造良好生长环境；使植株保持健壮，提高植株抗病能力；搞好园地卫生，消灭病菌侵染来源。日光照射土壤消毒，对防治草莓萎黄病、芽枯病及线虫等，具有较好效果。重视轮作换茬，一般种植草莓两年以后要与禾本科作物轮作。合理使用农药：重点在开花前防治，每隔 7～10 d 用药 1 次，连续 3～4 次，直到开花期。要合理选用高效、低毒、低残留药剂适时防治。具体防治可参照表 21-1。

表 21-1 草莓病虫害防治使用药剂情况

药剂名称	防治对象	使用浓度
50%速克灵可湿性粉剂	灰霉病、白粉病	800～1 000倍液喷雾
10%世高水溶剂	白粉病	2 000倍液喷雾
40%福星可湿性粉剂	白粉病	6 000倍液喷雾
75%百菌清可湿性粉剂	炭疽病	800 倍液喷雾
50%多菌灵可湿性粉剂	白粉病	500～600 倍液喷雾
5%抑太保乳油	斜纹夜蛾	2 000～2 500倍液喷雾
73%克螨特乳油	蚜虫、红蜘蛛	1 000倍液喷雾
47%乐斯本乳剂	蚜虫	1 000倍液喷雾
0.6%齐螨素乳油	红蜘蛛、蚜虫、根结线虫	3 000～5 000倍液喷雾
Bt(苏云金杆菌)乳油	菜青虫、斜纹夜蛾	500～800 倍液喷雾
3%米乐尔颗粒剂	地下害虫、线虫	1.5～2 kg 毒土撒施

在病虫害发生初期彻底防治以红蜘蛛和白粉病、灰霉病为主的病虫害；果实采收开始后尽量减少施用农药；春季温度回升后，注意红蜘蛛、花蓟马等害虫的危害，及时喷药防治。

六、果实采收

多数草莓品种开花后 1 个月左右分批不间断采收。果实成熟时，其底色由绿变白，果面 2/3 变红或全面变红，果实开始变软并散发出诱人香气。当地销售在九十成熟时采收，外地销售达到八成熟时采收。具体采收在早晨露水干后至大热之前进行，注意轻摘、轻拿、轻放，严防机械损伤。

七、采收后管理

草莓果实采收后继续进行植株调整。要及时挖除多余的新茎分枝，保持适当密度，留下秧苗将老叶去除，仅保留 2～3 片新叶。随新茎发生部位不断上移，根状茎也相应抬升，须根暴露在外。在初秋新根大量发生之前对草莓植株及时培土。并且培土与中耕除草和施肥相结合，以施用有机肥为主，施肥量同基肥。培土厚度以露出苗心(生长点)为度。同时，为保证留下母株健壮生长，匍匐茎要摘除 2～3 次，以保证母株健壮生长。

第四节 园 林 应 用

草莓(图 21-14)株型变化多样，丰富多彩，或直立开展，或匍匐成片；株高相差不大，均匀整齐，丰满圆润，层次有致。具有很好的观赏价值。

草莓的叶多为基生三出复叶，椭圆形或圆形，形态各异，托叶带柄，茸毛覆面，花边锯齿，螺旋排列，层次有别，大小有序，枝叶繁茂，婆娑多姿，富于变化，奇特美丽。草莓植物以绿色为主色调，主要有墨绿，如静宝、香菲等；有蓝绿色，如丰香、女峰等；也有浅绿色的，如欧宝、斯科特等。但随季节的变化，草莓的颜色亦不同，一般春、夏季以绿色为主，郁郁葱葱；秋冬季开始变色，以红褐色为主，绚丽多彩。草莓之花形似梅花，纯白如雪，清香悠悠；花序如伞，层次分明，美观大方；花期较长，且花果能同期出现，白花，绿叶，红果，交相辉映，赏心悦目。草莓果形多样，有的形似柿子，呈扁圆形或圆形，盈盈欲滴；有的似圆锥，玲珑可爱；还有的长楔形，奇特无比；色彩鲜艳，深红色、红色、橘红色、白色，琳琅满目，绚丽多彩。

图 21-14　园林用草莓

草莓植物与其他园林植物一样，可以用作多种形式，不仅可以作为独立的花带、花丛、地被栽植等，还可以与其他植物搭配应用，并可建立专门的观赏园。根据草莓的形态类型和生态特性，可以将草莓应用于多种景观中。草莓植物露地栽培，将其可以丛植或以群植的形式栽成花带、花丛、地被等；在公园、路边地势平坦地带，种植成带状或丛状，能够充分表现出草莓的观赏特性，使单调的景物颜色具有了一些动感的美，还有如在稀疏的林下大面积种植，不仅能丰富植物群落，还具有良好的景观效果和生态效果，而且草莓为宿根性植物，养护简单，节约费用。草莓由于富于色彩变化，可与其他植物搭配应用，如石竹、月季、草坪、金叶女贞等；设计景观，配置图案。以绿色为背景，搭配花叶颜色，起到对比鲜明，相得益彰之效，衬托出园林设计景观效果，突出设计主题。草莓性喜湿润潮湿的环境条件，可以把草莓与其他水性植物搭配种植在水际边、池塘边、水池边缘、溪畔及岩石间隙等地，可使驳岸处理自然化，与水的柔和风格协调一致，营造水际景观。草莓还可以将其叶片、花、果实等应用在花艺装饰中，如绿叶、白花、红果的草莓奇特的组合，与其他花艺材料的有机结合，可以使锦上添花，富有诗情画意。

参考文献

[1]王尚堃,等.果树生产实用新技术及园林应用[M].北京:中国农业大学出版社,2011.
[2]薛金国,等.园林植物病害诊断与防治[M].北京:中国农业大学出版社,2009.
[3]马骏,等.果树生产技术(北方本)[M].北京:中国农业出版社,2006.
[4]李道德.果树栽培[M].北京:中国农业出版社,2001.
[5]郗荣庭.果树栽培学总论.3版[M].北京:中国农业出版社,1997.
[6]张玉星.果树栽培学各论(北方本).3版[M].北京:中国农业出版社,2003.
[7]黑龙江佳木斯农业学校,等.果树栽培学总论[M].北京:农业出版社,1993.
[8]北京市农业学校.果树栽培学各论(北方本)[M].北京:农业出版社,1991.
[9]薛金国,等.植物病害防治原理与实践[M].郑州:中原农民出版社,2007.
[10]浙江大学.农业植物病理学[M].上海:上海科学技术出版社,1980.
[11]周仲铭,等.林木病理学[M].北京:中国林业出版社,1981.
[12]张文静,等.园林植物[M].郑州:黄河水利出版社,2010.
[13]陈延熙.植物病害的发生和防治[M].北京:农业出版社,1981.
[14]华南农学院,等.植物病理学[M].北京:农业出版社,1980.
[15]邱国金.园林树木[M].北京:中国农业出版社,2006.
[16]杜纪格,等.花卉果树栽培实用新技术[M].北京:中国环境科学出版社,2009.
[17]冯社章,等.果树生产技术(北方本)[M].北京:化学工业出版社,2007.
[18]于泽源.果树栽培.2版[M].北京:高等教育出版社,2010.
[19]张俊楼,等.北方林果树病虫害防治手册[M].北京:科学技术文献出版社,1987.
[20]北京市林业局.北京果树栽培技术手册[M].北京:北京出版社,1982.
[21]傅秀红.果树生产技术(南方本)[M].北京:中国农业出版社,2007.
[22]张传来,等.金光杏梅果实生长动态观察初报[J].中国农学通报,2005,21(11):265-268.
[23]王尚堃,等.萌苹果优质高产高效栽培技术[J].林业实用技术,2011(2):22-24.
[24]柴立英,等.园艺作物保护学[M].北京:电子科技大学出版社,1999.
[25]江苏农学院植物保护系.植物病害诊断[M].北京:中国农业出版社,1978.
[26]张传来,等.提高苹果品质栽培技术[J].河北果树,2008(6):11-13.
[27]王尚堃,等.绿宝石梨优质高产高效栽培技术[J].林业实用技术,2009(8):23-25.
[28]陈建峰,等.新西兰品种特性及丰产技术[J].河南农业,2007(10):23.
[29]张传来,等.不同红梨品种果实中营养元素含量的光谱测定[J].光谱学与光谱分析,2007,27(3):595-597.
[30]刘晓林,等.新西兰红梨的特性及快速育苗技术[J].河南农业,2006(6):48.
[31]万四新,等.满天红梨优质丰产栽培技术[J].河南林业,2005(3):55-56.
[32]张传来.红酥脆梨优质丰产栽培技术[J].山东林业科技,2005(3):61-62.
[33]张传来,等.美人酥梨优质丰产栽培技术[J].经济林研究,2004(4):95-97.

[34]刘捍中,等.葡萄生产技术手册[M].上海:上海科学技术出版社,2005.
[35]周慧文.桃树丰产栽培[M].北京:金盾出版社,1995.
[36]王尚堃,等.新川中岛桃无公害丰产栽培技术[J].北方园艺,2007(12):88-90.
[37]王尚堃,等.美国金太阳杏无公害丰产栽培技术[J].农业科技通讯,2007(5):46-47.
[38]王尚堃,等.凯特杏品种表现及无公害高产栽培技术[J].农业新技术,2005(6):39-40.
[39]王尚堃,等.凯特杏丰产栽培技术[J].中国果树,2005(1):41-42.
[40]王尚堃,等.黑琥珀、安哥诺李丰产栽培技术[J].中国果树,2005(5):41-42.
[41]张传来,等.尤萨李品种表现及其优质高产栽培技术[J].安徽农业科学,2006(20):5237-5238.
[42]徐炜,等.女神李无公害丰产栽培技术[J].现代农业科技,2006(15):28-33.
[43]万四新.日本大石早生李无公害优质高产技术[J].农业科技通讯,2008(7):184-186.
[44]王尚堃.大石早生李在河南商水丰产栽培技术[J].中国果树,2008(4):47-48.
[45]王尚堃,等.美国布朗李病虫无公害综合防治技术[J].北方园艺,2007(5):97-98.
[46]张传来,等.金光杏梅果实发育过程中微量元素含量的光谱测定[J].光谱学与光谱分析,2005,25(7):1139-1141.
[47]苗卫东,等."金光杏梅"快速育苗技术总结[J].山西果树,2003(1):45.
[48]王尚堃,等.金光杏梅无公害早果丰产栽培技术[J].北方园艺,2007(11):136-138.
[49]张传来,等.美国杂交杏李风味玫瑰丰产栽培技术[J].北方园艺,2007(7):119-120.
[50]王尚堃.日本斤柿优质高产栽培技术[J].北方园艺,2006(1):88.
[51]王尚堃.泰山红石榴无公害丰产栽培技术[J].特种经济动植物,2005(10):30.
[52]张畅,等.柿属树种在园林绿化中的应用综述[J].贵州农业科学,2010(6):177-179.
[53]姚赞标,等.试论石榴的观赏特性及园林应用[J].现代园艺,2011(1):57-58.
[54]曹尚银.无花果高效栽培与加工利用[M].北京:中国农业出版社,2002.
[55]唐梁楠,等.草莓优质高产栽培新技术[M].北京:金盾出版社,1997.
[56]王燕军,等.11个早实核桃品种在河南禹州的表现初报[J].中国果树,2007(2):22-23.
[57]薛金国,等.提高核桃嫁接成活率的大方块芽接法[J].落叶果树,2005(6):38-39.
[58]韩红,等.核桃常见病虫害的发生与防治[J].农业科技与信息,2008(1):26-27.